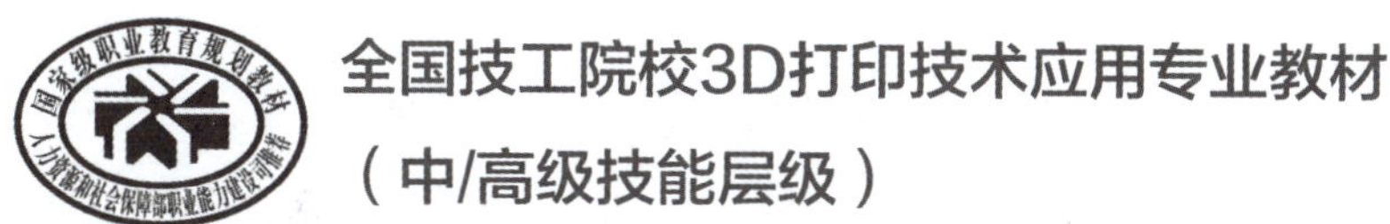

全国技工院校3D打印技术应用专业教材

（中/高级技能层级）

产品三维建模与结构设计（SolidWorks）

人力资源社会保障部教材办公室　组织编写

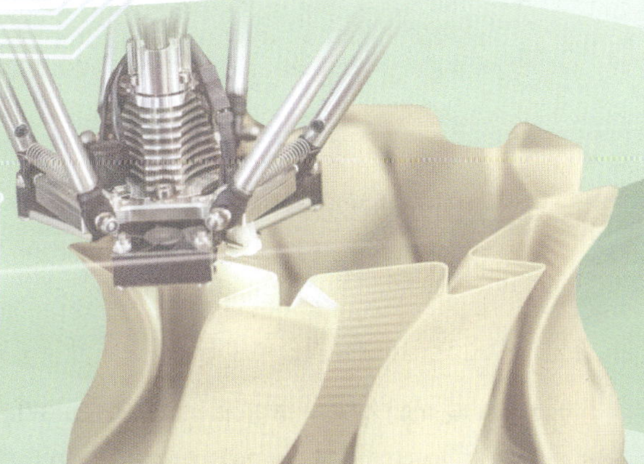

U0949209

中国劳动社会保障出版社

简介

本书是全国技工院校 3D 打印技术应用专业教材，主要内容包括 SolidWorks 入门、草图绘制、实体建模、曲面建模、组件装配和工程图项目。

本书由祝平蕾主编，胡旭兰、张会桥任副主编，杨彩红、吕世国、梁文华、王高满、陈李、郑敏明、刘凡参与编写，王继武主审。

图书在版编目（CIP）数据

产品三维建模与结构设计：SolidWorks / 人力资源社会保障部教材办公室组织编写. -- 北京：中国劳动社会保障出版社，2019

全国技工院校 3D 打印技术应用专业教材. 中 / 高级技能层级

ISBN 978-7-5167-4157-3

Ⅰ. ①产… Ⅱ. ①人… Ⅲ. ①机械设计－计算机辅助设计－应用软件－技工学校－教材 Ⅳ. ①TH122

中国版本图书馆CIP数据核字（2019）第256468号

中国劳动社会保障出版社出版发行

（北京市惠新东街 1 号　邮政编码：100029）

*

保定市中画美凯印刷有限公司印刷装订　　新华书店经销

787 毫米 × 1092 毫米　16 开本　17.5 印张　371 千字

2019 年 12 月第 1 版　　2022 年12月第 4 次印刷

定价：49.00 元

营销中心电话：400-606-6496

出版社网址：http://www.class.com.cn

http://jg.class.com.cn

版权专有　　侵权必究

如有印装差错，请与本社联系调换：（010）81211666

我社将与版权执法机关配合，大力打击盗印、销售和使用盗版图书活动，敬请广大读者协助举报，经查实将给予举报者奖励。

举报电话：（010）64954652

技工院校 3D 打印技术应用专业
教材编审委员会名单

编审委员会

主　　任：刘　春　程　琦

副 主 任：刘海光　杜庚星　曹江涛　吴　静　苏军生

委　　员：胡旭兰　周　军　徐廷国　金君堂　张利军　何建铵
庞恩泉　颜芳娟　郭利华　高　杨　张　毅　张　冲
郑艳萍　王培荣　苏扬帆　杨振虎　朱凤波　王继武

技术支持：国家增材制造创新中心

本书编审人员

主　　编：祝平蕾

副 主 编：胡旭兰　张会桥

参　　编：杨彩红　吕世国　梁文华　王高满　陈　李　郑敏明
刘　凡

主　　审：王继武

前言

PREFACE

2015 年，国务院印发《中国制造 2025》行动纲领，部署全面推进实施制造强国战略，提出要坚持“创新驱动、质量为先、绿色发展、结构优化、人才为本”的基本方针，解决“核心基础零部件（元器件）、先进基础工艺、关键基础材料和产业技术基础”等问题，以 3D 打印为代表的先进制造技术产业应用和产业化势在必行。

增材制造（Additive Manufacturing）俗称 3D 打印，是融合了计算机辅助设计、材料加工与成形技术，以数字模型文件为基础，通过软件与数控系统将专用的金属材料、非金属材料以及医用生物材料，按照挤压、烧结、熔融、光固化、喷射等方式逐层堆积，制造出实体物品的制造技术。当前，3D 打印技术已经从研发转向产业化应用，其与信息网络技术的深度融合，将给传统制造业带来变革性影响，被称为新一轮工业革命的标志性技术之一。

随着产业的迅速发展，3D 打印技术应用人才的需求缺口日益凸显，迫切需要各地技工院校开设相关专业，培养符合市场需求的技能型人才。为了满足全国技工院校 3D 打印技术应用专业的教学要求，人力资源社会保障部教材办公室组织有关学校的骨干教师和行业、企业专家，开发了本套全国技工院校 3D 打印技术应用专业教材。

本次教材开发工作的重点主要体现在以下几个方面：

第一，通过行业、企业调研确定人才培养目标，构建课程体系。

通过行业、企业调研，掌握企业对 3D 打印技术应用专业人才的岗位需求和发展趋势，确定人才培养目标，构建科学合理的课程体系。根据课程的教学目标以及学生的认知规律，构建学生的知识和能力框架，在教材中展现新技术、新设备、新材料、新工艺，体现教材的先进性。

第二，坚持以能力为本位，突出职业教育特色。

教材采用项目—任务的模式编写，突出职业教育特色，项目选取企业的代表性工作任务进行教学转化，有机融入必要的基础知识，知识以够用、实用为原则，以满足社会对技能型人才的需要。同时，在教材中突出对学生创新意识和创新能力的培养。

第三，丰富教材表现形式，提升教学效果。

为了使教材内容更加直观、形象，教材中使用了大量的高质量照片，避免大段文字描述；精心设计栏目，以便学生更直观地理解和掌握所学内容，符合学生的认知规律；部分教材采用四色印刷，图文并茂，增强了教材内容的表现效果。

第四，开发多种教学资源，提供优质教学服务。

在教学服务方面，为方便教师教学和学生学习，配套提供了制作素材、电子课件、教案示例等教学资源，可通过中国技工教育网（http://jg.class.com.cn）下载使用。除此之外，在部分教材中还借助二维码技术，针对教材中的重点、难点内容，开发制作了微视频、动画等，可使用移动设备扫描书中二维码在线观看。

在教材的开发过程中，得到了快速制造国家工程研究中心的大力支持，保证了教材的编写质量和配套资源的顺利开发，在此表示感谢。此外，教材的编写工作还得到了河北、辽宁、江苏、山东、河南、广东、陕西等省人力资源社会保障厅及有关学校的大力支持，在此我们表示诚挚的谢意。

人力资源社会保障部教材办公室

2019 年 6 月

目录
CONTENTS

项目一 SolidWorks 入门

任务　起子的设计 001

项目二 草图绘制

任务 1　绘制冲压片平面草图 015
任务 2　绘制垫片平面草图 025
任务 3　绘制端盖平面草图 036

项目三 实体建模

任务 1　手柄的设计 048
任务 2　节能灯的外形设计 064
任务 3　印章的设计 080
任务 4　轴承座的设计 091
任务 5　一套内六角套筒的设计 103
任务 6　复杂水瓶的设计 114

项目四 曲面建模

任务 1 鼠标外壳的设计 130

任务 2 吹风机外壳的设计 145

项目五 组件装配

任务 1 手压泵的装配 163

任务 2 分解开瓶器 176

任务 3 子母门页的装配设计 185

任务 4 搅拌器的运动仿真和分析 197

项目六 工程图

任务 1 创建压紧块工程图 206

任务 2 创建轴承座工程图 217

任务 3 创建传动轴工程图 229

任务 4 创建定滑轮爆炸工程图 245

附录 练习素材集 252

项目一

SolidWorks 入门

作为 SolidWorks 软件初学者，首先需要对该软件的工作界面、环境设置和文件常用管理方法等基本知识有一个初步的认识，本项目将通过实施具体任务来介绍软件的基本知识。

任务　起子的设计

任务目标

1. 了解 SolidWorks 的基本知识。
2. 熟悉 SolidWorks 的工作界面和环境设置方法。
3. 掌握 SolidWorks 的基本建模过程。

任务描述

结合给定的“素材\项目一　SolidWorks 入门\起子 .JPG”文件，完成如图 1-1-1 所示起子（简易开瓶器）的建模。该起子模型结构简单，创建模型时可先将图片按照比例插入草图中，沿着起子轮廓进行绘图得到起子的草图，再用拉伸实体完成起子造型，最后通过添加材质和外观等操作完善起子模型。

图 1-1-1　起子

知识准备

一、SolidWorks 软件简介

SolidWorks 软件是由美国 SolidWorks 公司开发的世界上第一款基于 Windows 平台的三维机械设计软件，自 1995 年问世以来，以其易用性和创新性，极大地提高了产品的设计效率，广泛应用于航空航天、汽车设计、机械设计、造船、医疗器械和电工电子等领域。

SolidWorks 2015 版较之前版本在创新性、易用性和整体性能等方面都得到了显著的加强，包括增强了对复杂装配的处理能力、复杂曲面的设计能力，以及专门为中国市场增加的中国国标（GB）内容等。本书使用的 SolidWorks 软件版本即为 SolidWorks 2015。

1. SolidWorks 主要模块介绍

SolidWorks 是一个大型软件，由零件设计、装配模块、工程图模块等多个功能模块组成，每一个功能模块都有自己独立的功能。设计人员可以根据需要调用其中的某一个模块进行设计，不同的功能模块创建的文件有不同的文件扩展名，下面主要介绍常用的零件模块和装配模块。

（1）零件模块。零件模块用于创建和编辑三维实体模型。在大多数情况下，创建三维实体模型是使用 SolidWorks 软件进行产品设计和开发的主要目的，因此零件模块也是参数化实体造型最基本、最核心的模块。利用 SolidWorks 软件进行三维实体造型的过程，实际上就是使用零件模块依次创建各种类型特征的过程。

（2）装配模块。一个产品往往由多个零件组合而成，装配模块用来建立零件间的相对位置关系，从而形成复杂的装配体。SolidWorks 装配模块具有以下特点：提供了方便的部件定位方法，能轻松设置部件间的位置关系；提供了十几种配合方式，通过对部件添加多个配合，可以准确地把部件装配到位；提供了强大的爆炸图工具，可以方便地生成装配体的爆炸视图。

2. SolidWorks 建模的一般过程

SolidWorks 软件在绝大多数三维实体建模的过程中，均是从绘制草图开始，绘制出二维草图截面后，通过对草图截面的不同操作来生成三维实体。如将草图截面沿法向拉伸一段距离即可生成拉伸实体特征，将草图截面沿指定曲线做扫描运动即可生成扫描实体特征，将草图截面沿指定的中心轴线旋转则可以生成旋转实体特征等。因此，按照对二维草图截面的不同操作方式，SolidWorks 创建三维实体特征的主要方法有拉伸实体特征、扫描实体特征、旋转实体特征和混合实体特征等。

SolidWorks 软件可以在零件上创建多种特征，如实体特征、曲面特征以及其他种类的

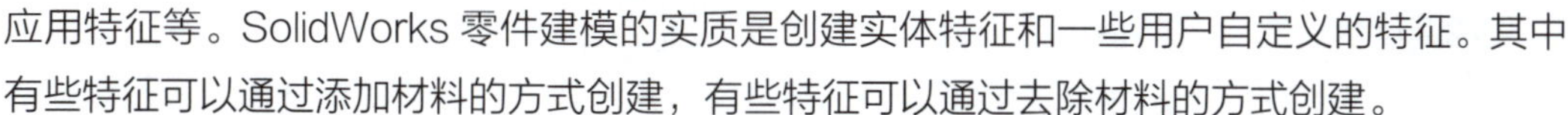

应用特征等。SolidWorks 零件建模的实质是创建实体特征和一些用户自定义的特征。其中有些特征可以通过添加材料的方式创建，有些特征可以通过去除材料的方式创建。

利用 SolidWorks 建模首先要从整体上研究将要建模的零件，分析其特征组成，明确不同特征之间的关系，确定不同特征的创建顺序，在此基础上通过二维平面草图的拉伸、扫描、旋转和混合等工具来实现三维实体模型的构建。

SolidWorks 建模的一般过程如下：

（1）建立或选取基准特征作为模型空间定位的基准：如基准面、基准轴和基准坐标系等。建立每个实体特征时，都要利用基准特征作为参照。

（2）建立基础实体特征：拉伸、扫描、旋转、混合等。

（3）建立工程特征：孔、倒角、筋等。

（4）特征的修改：通过特征阵列、特征复制等编辑操作修改特征。

（5）添加材质和渲染处理。

二、工作界面

SolidWorks 2015 工作界面主要包括菜单栏、标准工具栏、功能选项卡、设计树、状态栏、悬浮工具栏、任务窗格和绘图区等，如图 1-1-2 所示。

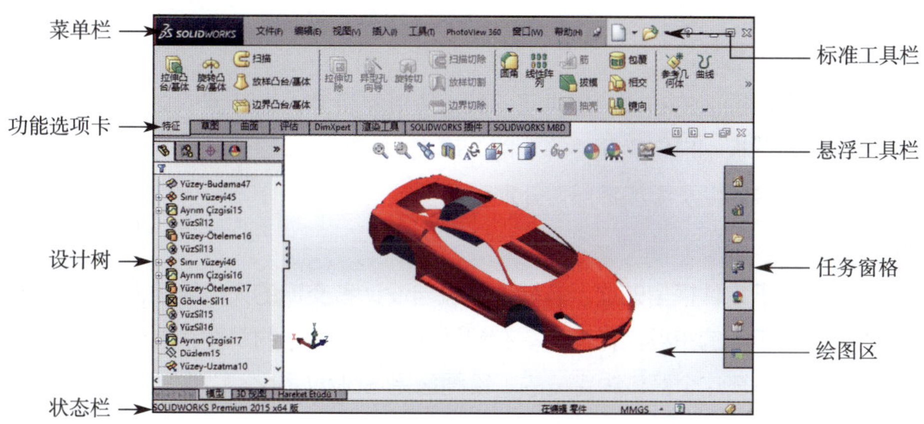

图 1-1-2　SolidWorks2015 工作界面

1. 菜单栏

菜单栏包含 SolidWorks 软件的所有操作命令，包括文件、编辑、视图、插入、工具、窗口和帮助等菜单。

2. 标准工具栏

标准工具栏集成了软件各个模块常用的功能，包括新建、打开、保存等文件管理命令，以及打印、文件属性、选项等设置。

3. 功能选项卡

功能选项卡中的按钮提供了直观、便捷的命令打开方式，可以快速单击相应按钮实现对零件模型的操作。用户可根据自己的设计领域、使用习惯来定制功能选项卡。

小贴士

功能选项卡中某些按钮呈灰色，其在操作过程中无法被选中，这是因为在当前模式环境下该命令不可用，一旦进入相关环境，它们便会自动被激活。

4. 设计树

设计树中记录了用户所做的每一步操作，如添加一个特征、加入一个视图或插入一个零件等。通过对设计树的管理，可以方便地对三维模型进行修改和设计。

5. 状态栏

状态栏用于显示当前的操作状态。用户进行软件操作过程中，状态栏会实时显示当前操作、当前状态和当前操作相关的提示信息等。

6. 悬浮工具栏

悬浮工具栏位于绘图区上方，用于建模过程中调整视图视角和外观显示等，包括局部放大、剖面视图、视图定向、显示样式、隐藏 / 显示项目、编辑外观、应用布景和视图设定等功能。

7. 任务窗格

任务窗格位于绘图区的右侧，提供了 SolidWorks 资源、设计库、文件探索器、外观布景和贴图、视图调色板、自定义属性等功能，可以方便地导入设计库零件、工程图图样上的视图、装配体中的零件以及添加零部件外观和属性等。

8. 绘图区

绘图区主要用于零件模型的显示，是计算机与设计者交流的人机界面，也是进行零件设计、制作工程图、装配的主要操作窗口。在设计过程中所进行的草图绘制、零件装配、工程图绘制等操作，均是在这个区域中完成的，绘图区是 SolidWorks 软件的主要工作区域。

三、文件操作

1. 新建文件

（1）新建文件时，可以根据不同的需求选择不同的文件类型。启动 SolidWorks 软件，在打开的界面中单击标准工具栏中的“新建”按钮（或者在菜单栏中执行“文件”→“新建”命令）将弹出“新建 SolidWorks 文件”对话框，如图 1-1-3 所示。

（2）在“新建 SolidWorks 文件”对话框中单击“零件”图标（或者“装配体”和“工程图”图标），再单击“确定”按钮即可进入相应的设计环境。

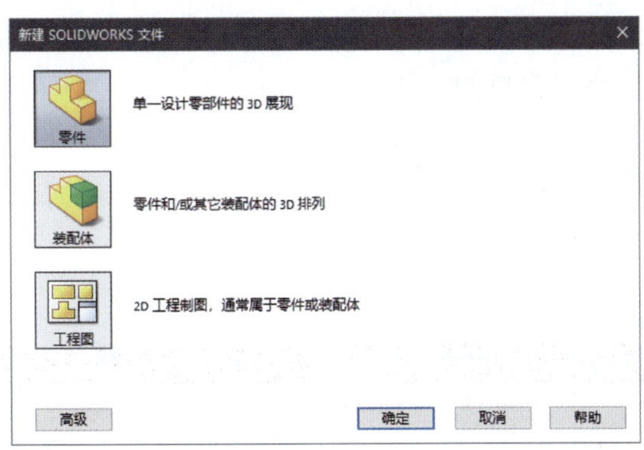

图 1-1-3 “新建 SolidWorks 文件”对话框

2. 打开文件

在 SolidWorks 工作界面中，单击标准工具栏中的“打开”按钮（或者在菜单栏中执行“文件”→“打开”命令），查找并选中零部件，如图 1-1-4 所示，再单击“打开”对话框中的“打开”按钮，即可打开文件。

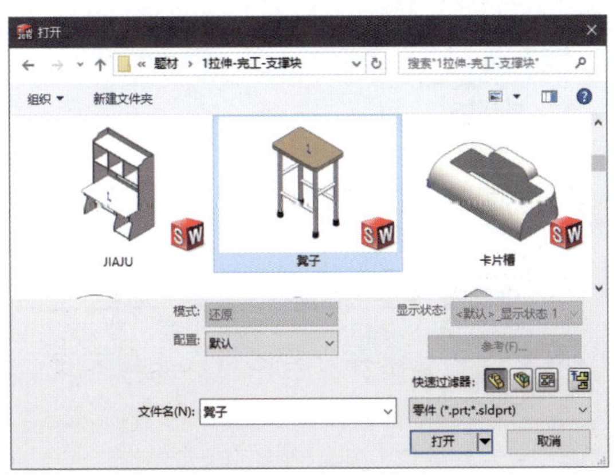

图 1-1-4 打开文件

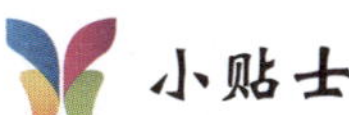

小贴士

若要打开最近浏览过的文档，则可在标准工具栏中单击“打开”按钮右侧的小三角，在弹出的下拉选项中选择“浏览最近文档”命令，如图 1-1-5 所示，随后在弹出的“最近文档”对话框中选择最近打开过的文件即可。

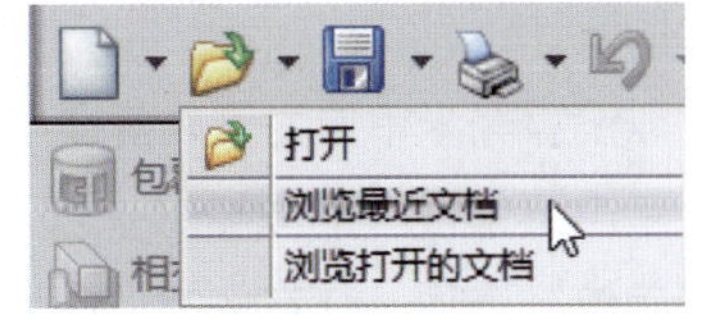

图 1-1-5 “浏览最近文档”命令

3. 保存文件

SolidWorks 提供了保存、另存为和全部保存等多种保存方式，其功能如下：

（1）保存：将修改过的文档保存在当前文档所在文件夹中，并覆盖当前文件。

（2）另存为：将文档保存为其他文件。

（3）全部保存：将 SolidWorks 绘图区域中多个文档存在各自文件夹的文件中。

在保存过程中，除了保存成原文件格式外，还可指定保存成其他格式类型的文件，以实现与其他软件的数据交换，如保存为 3D 打印常用的 STL 文件格式，如图 1-1-6 所示。

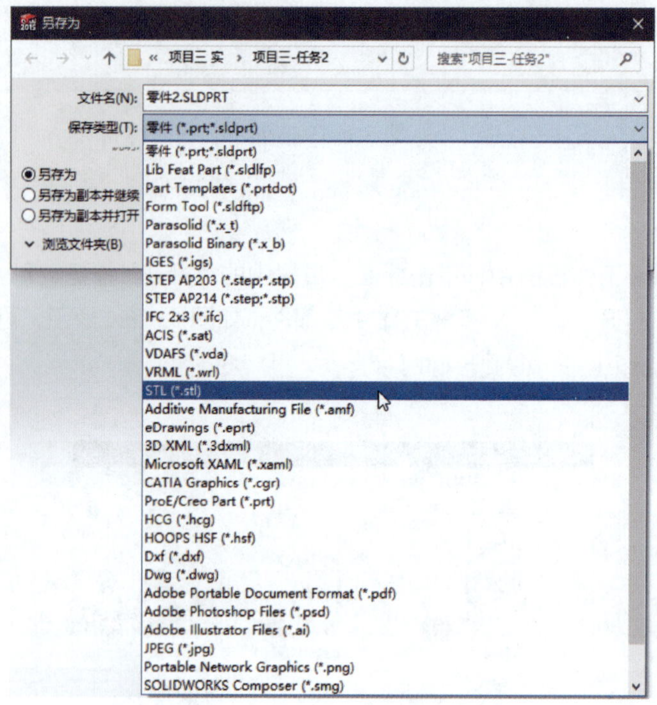

图 1-1-6　保存为其他格式类型文件

四、操作环境设置

1. 单位设置

SolidWorks 提供了文件单位的设置功能，可以实现不同的长度单位、质量单位和时间单位之间的任意切换，以适应不同国家或不同产品设计习惯之间的产品设计交流，实现更好的协同设计。

以设置毫米单位为例，其操作步骤如下：

单击菜单栏“工具”→“选项”菜单命令，选择“文档属性”选项卡，单击左侧列表中的“单位”选项，在右侧的“单位系统”选项组中选择“MMGS（毫米、克、秒）”单选按钮，并对对话框中的长度单位等相关参数进行设置，如图 1-1-7 所示，单击“确定”按钮完成单位设置（本书中，除特别注明外，所有涉及的长度尺寸单位皆为 mm）。

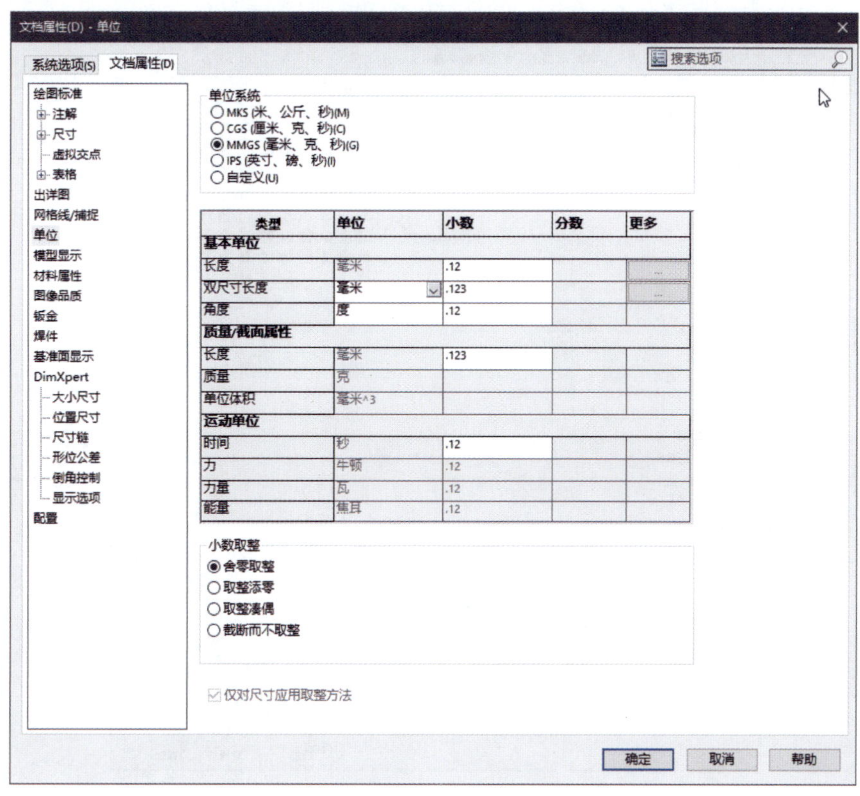

图 1-1-7　设置单位

2. 在功能选项卡上添加和删除命令按钮

SolidWorks 中的功能选项卡一般只显示一些常用的按钮，对于一些不常用的按钮则需要根据自己的实际需要进行添加。

以添加“测量”按钮为例，其操作步骤如下：

选择菜单栏“工具”→“自定义”命令，在“自定义”对话框中单击“命令”选项卡，如图 1-1-8 所示，在左侧“类别”栏中选择“工具”，在右侧“按钮”选项中选择并拖动“测量”按钮 到“特征”选项卡，即在“特征”选项卡中添加了“测量”按钮，如图 1-1-9 所示。反之有效，需删除功能选项卡中的按钮时，将该按钮拖动到“自定义”对话框的“按钮”选项中，即可删除功能选项卡中的命令。

五、设置外观和材料

1. 设置实体外观

系统默认创建模型产品的颜色为灰色。在零件和装配体模型中，为了使造型显示具有层次感和真实感，通常需要改变实体的颜色、透明度以及光源等。

其操作步骤如下：

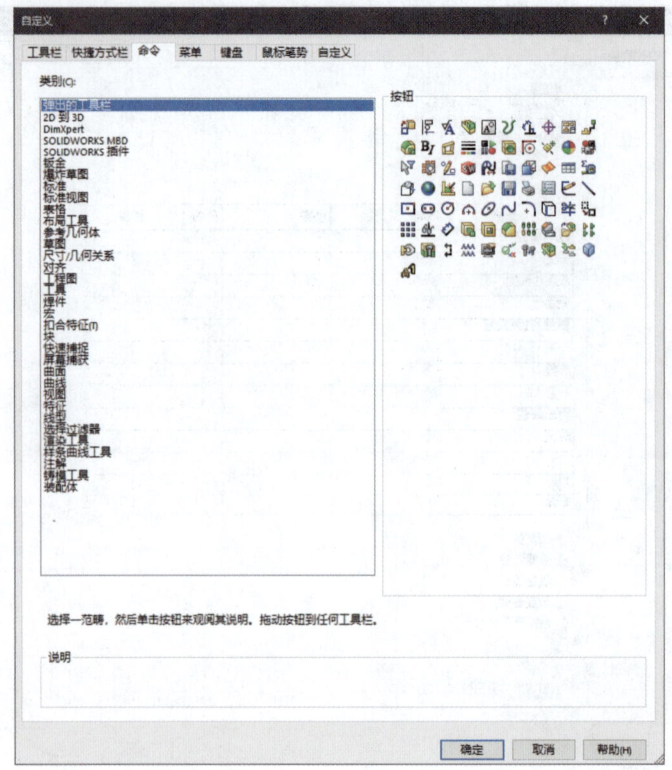

图 1-1-8 “自定义”对话框

图 1-1-9 在“特征”选项卡中添加“测量”按钮

（1）单击悬浮工具栏中的“编辑外观”按钮，左侧弹出“颜色”属性管理器，右侧弹出“外观、布景和贴图”任务窗格，如图 1-1-10 所示。

（2）在“颜色”属性管理器中可以设置产品的颜色、透明度、光线等参数，在“外观、布景和贴图”任务窗格中可以给产品添加各种材料的外观和布景。

（3）设置完成后单击“颜色”属性管理器中的“确定”按钮，完成产品外观的设置。如图 1-1-11 所示，为添加外观的水杯。

2. 添加材质

材质是零件的重要设计数据。材质的选用是零件设计过程中对零件受力条件、几何形状和工艺条件综合分析的结果，同时材质在后期装配工程图和零件工程图中构建有关数据（例如明细表）时，也经常会用到。

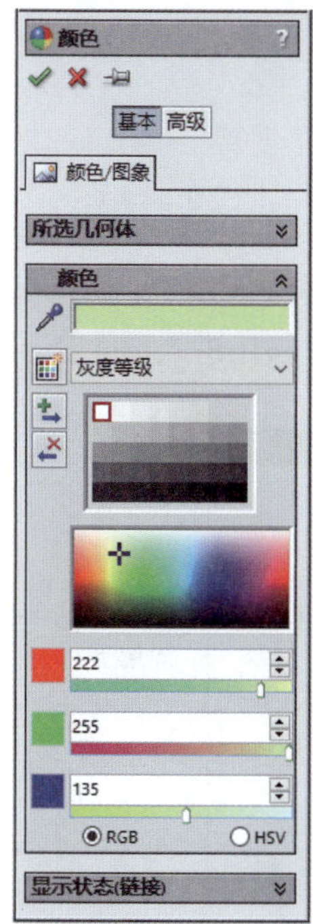

图 1-1-10 “颜色”属性管理器和“外观、布景和贴图”任务窗格

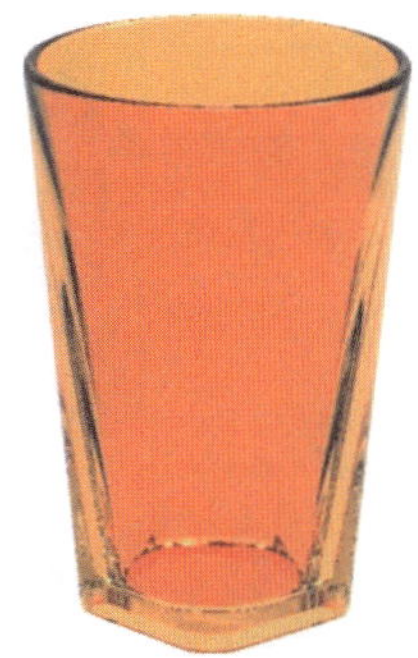

图 1-1-11 添加外观的水杯

添加材质的操作步骤如下：

在设计树中右键单击“材质 < 未指定 >”，从弹出的快捷菜单中选择“编辑材料”命令，再在“材料”对话框中选择所需添加的材料，如图 1-1-12 所示，单击“应用”按钮，即完成材质添加。如图 1-1-13 所示是添加了不锈钢材质的水龙头。

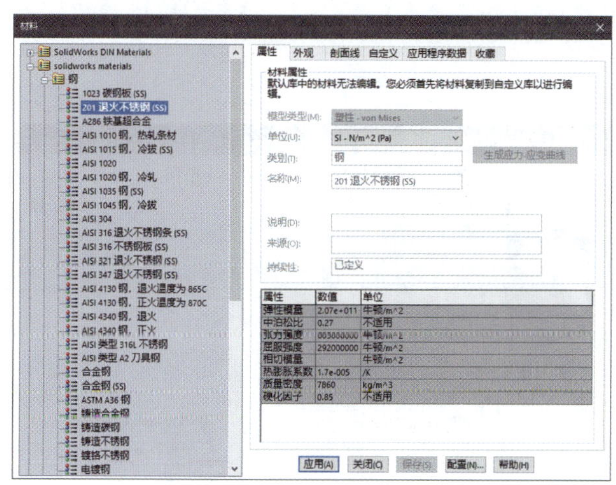

图 1-1-12 选择材料

图 1-1-13 添加不锈钢材质的水龙头

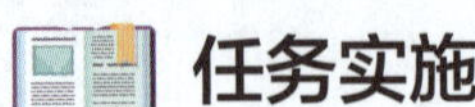

操作演示

一、新建文件

启动 SolidWorks 软件后，单击“新建”按钮，在弹出的“新建 SolidWorks 文件”对话框中单击“零件”图标，如图 1-1-14 所示，再单击“确定”按钮进入零件设计工作环境。

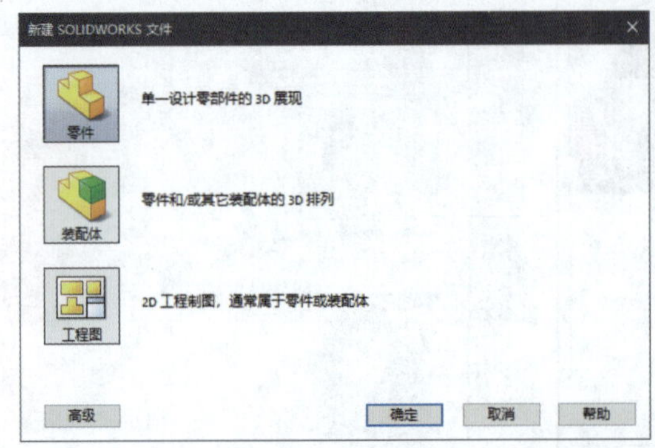

图 1-1-14 “新建 SolidWorks 文件”对话框

二、创建起子

1. 进入草图绘制环境

在设计树中选择“前视基准面”，在光标右上方的快捷工具栏中单击“草图绘制”按钮，如图 1-1-15 所示，进入草图绘制环境（简称草绘环境）。

2. 插入图片

单击菜单栏“工具”→“草图工具”→“草图图片”，弹出“打开”对话框，打开“素材\项目一 SolidWorks 入门\起子 .JPG”文件，如图 1-1-16 所示，单击“打开”按钮后插入图片。

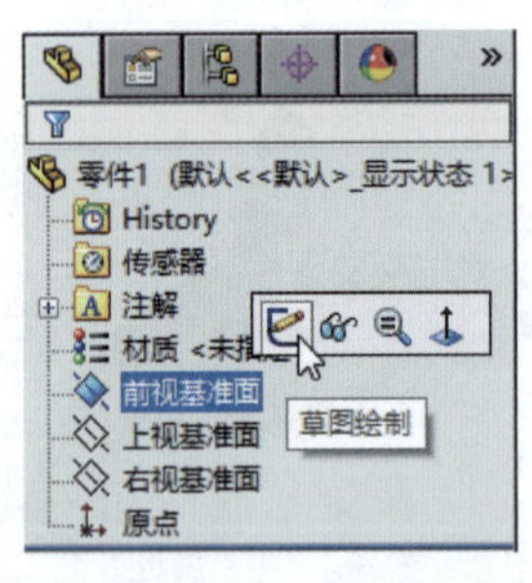

图 1-1-15 单击“草图绘制”按钮

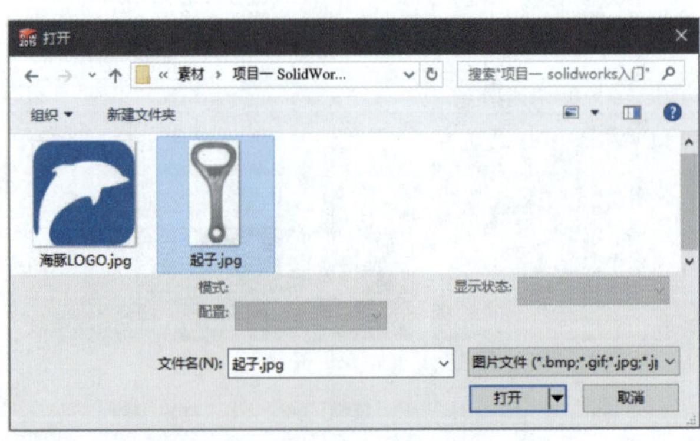

图 1-1-16 打开“起子”文件

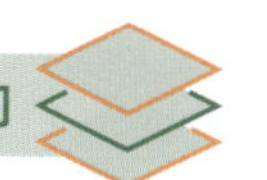

3. 调整图片高度

在左侧弹出的“草图图片”属性管理器中，设置图片高度为“100 mm”，如图 1-1-17 所示，单击“确定”按钮 ✔，完成图片高度调整，如图 1-1-18 所示。

图 1-1-17　设置图片高度

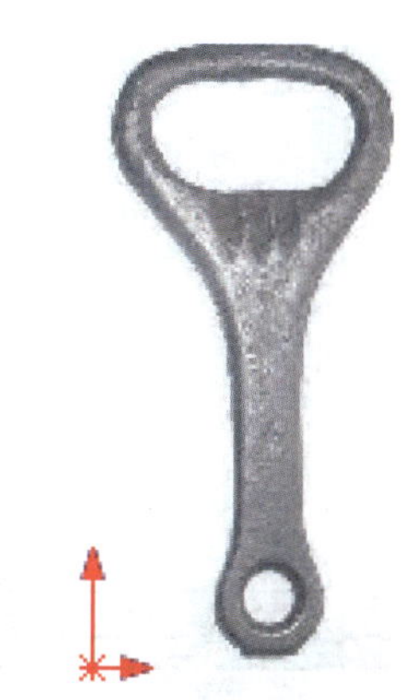

图 1-1-18　插入的起子图片

4. 绘制草图

（1）在“草图”选项卡中单击“样条曲线”按钮，沿着起子图片的外轮廓和内轮廓绘制草图，效果如图 1-1-19 所示。

（2）在“草图”选项卡中单击“圆”按钮，绘制起子的挂孔，效果如图 1-1-20 所示。

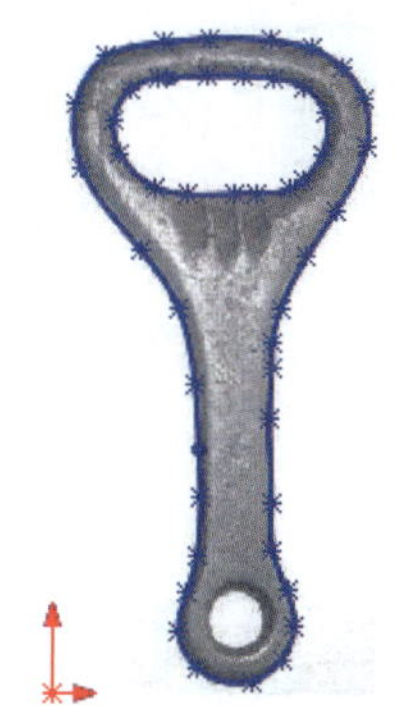

图 1-1-19　绘制样条曲线

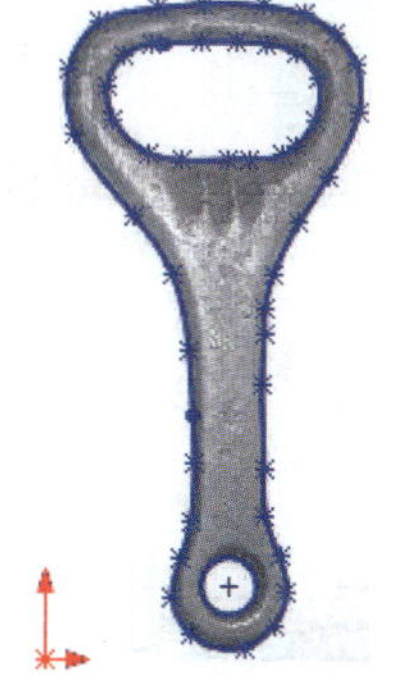

图 1 1 20　绘制起子的挂孔

小贴士

草绘过程中，如需将草绘视图正对用户，可按“Space”空格键，在弹出的“方向”窗口中单击“正视于”按钮。

5. 拉伸实体

在“特征”选项卡中单击“拉伸凸台 / 基体”按钮，在左侧弹出的“凸台 - 拉伸 1”属性管理器中将拉伸深度设置为“3 mm”，其他选项保持默认，如图 1-1-21 所示，单击“确定”按钮完成起子的建模，效果如图 1-1-22 所示。

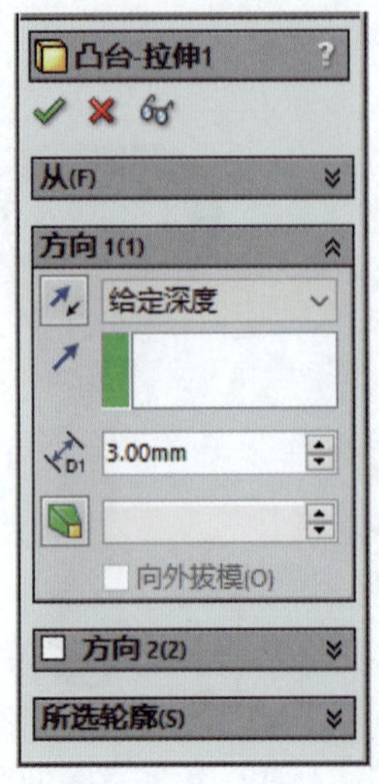

图 1-1-21　设置拉伸参数

图 1-1-22　起子模型

三、选择材质和外观

1. 选择材质

在设计树中右键单击“材质 <未指定>”，在弹出的快捷菜单中选择“编辑材料”命令，在“材料”对话框中选择“SolidWorks materials”→“钢”→“1023 碳钢板”，如图 1-1-23 所示，单击“应用”按钮完成材质添加，效果如图 1-1-24 所示。

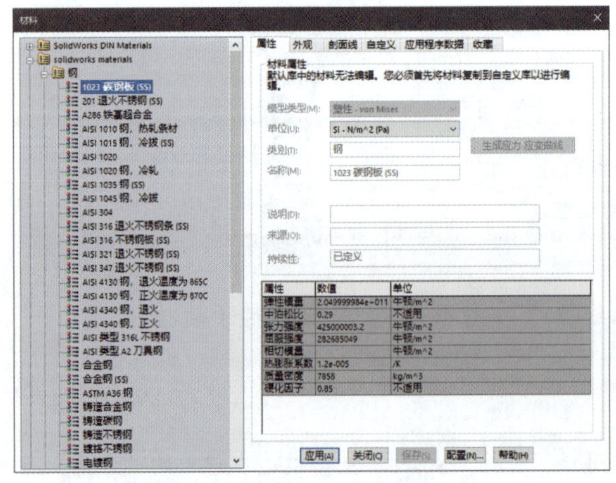

图 1-1-23　选择材质

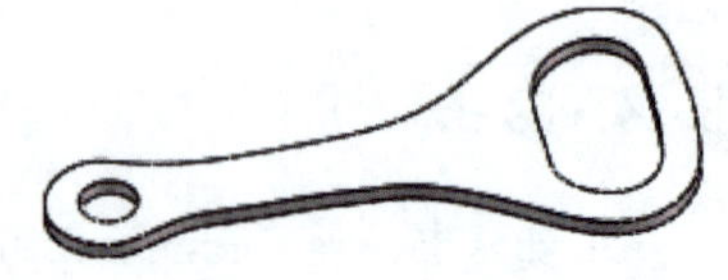

图 1-1-24　添加材质后的起子

2. 选择外观

单击悬浮工具栏中的“编辑外观”按钮，在右侧“外观、布景和贴图”任务窗格中选择“外观”→“金属”→“钢”→“抛光钢”，如图 1-1-25 所示，双击“抛光钢”图标即可添加外观，效果如图 1-1-26 所示。

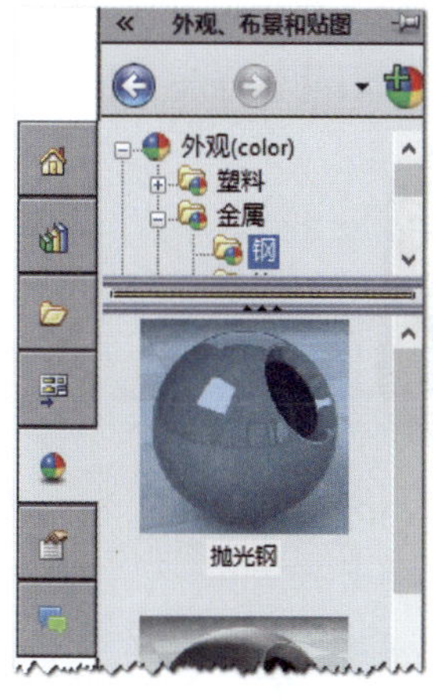

图 1-1-25　选择外观

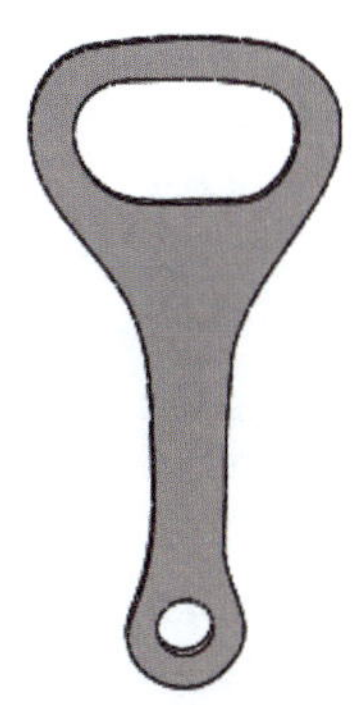

图 1-1-26　添加外观后的起子

3. 保存为 STL 格式文件

在标准工具栏中单击“保存”按钮右边的小三角，在下拉选项中单击“另存为”按钮，修改文件名为“起子”，保存类型选择“STL（*.stl）”（STL 格式是 3D 打印常用的文件格式），然后单击“保存”按钮完成起子的设计。

小贴士

产品的美观度常需要通过渲染效果图才能显示出来，渲染效果图的简单创建方法如下：单击“渲染工具”功能选项卡中的“最终渲染”按钮，弹出“最终渲染”窗口，如图 1-1-27 所示，单击“保存图像”按钮，将零件模型命名为“起子”，生成起子渲染效果图，如图 1-1-28 所示。

为提高产品的外观效果，本教材内的所有产品造型最终都以渲染效果图的方式表达。

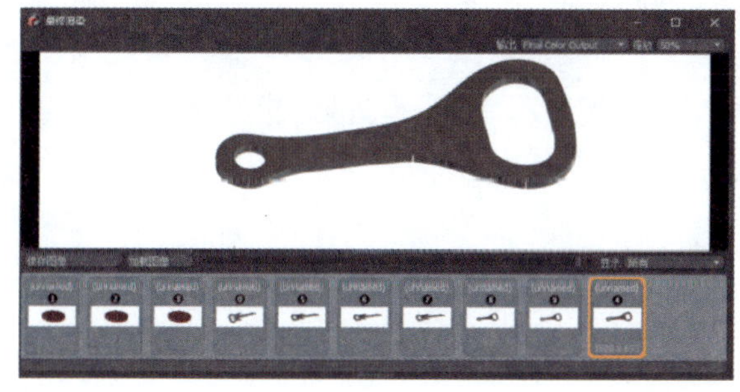

图 1-1-27　“最终渲染”窗口

图 1-1-28　渲染后的起子

 任务巩固

根据“素材\项目一　SolidWorks 入门\海豚 LOGO.JPG”文件，完成海豚 LOGO 的设计，实体厚度为 3 mm，材质是 ABS，外观是红色，效果如图 1-1-29 所示。

图 1-1-29　海豚 LOGO

操作演示

项目二

草图绘制

草图绘制是指在草绘环境下创建二维平面图，用于定义三维特征的形状、尺寸和位置，是三维实体建模的基础。因草图是二维图形，所以创建任何草图，都必须先确定它所依附的草绘平面，进入草绘环境后再完成直线、圆、矩形等图线的创建，以及对图线添加约束、复制剪裁和标注尺寸等编辑操作。

任务 1　绘制冲压片平面草图

任务目标

1. 熟悉草图绘制环境界面。
2. 掌握直线、矩形的画法。
3. 掌握圆角和倒角的画法。
4. 掌握尺寸标注的方法。

任务描述

绘制如图 2-1-1 所示的冲压片平面草图并标注尺寸。冲压片平面草图由直线、矩形和圆角组成，在绘制时首先绘制相似的图形，再通过添加尺寸标注来确定图样。

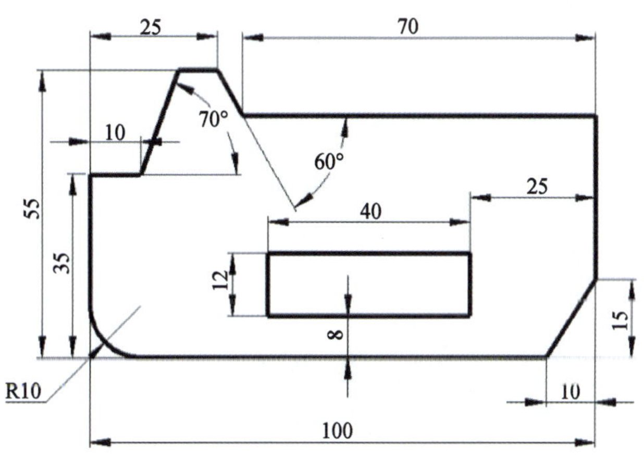

图 2-1-1　冲压片平面草图

知识准备

一、草图基本操作

1. 进入和退出草绘环境

（1）进入草绘环境。在零件模块中，单击“草图”选项卡中的“草图绘制”按钮（或者单击“草图”选项卡中的任一绘制按钮），再选择任一基准面或实体平面即可进入草绘环境，如图 2-1-2 所示。

（2）绘制草图。进入草绘环境后即可利用直线、圆、圆弧等命令绘制草图。

（3）退出草绘环境。草图绘制完成后，在“草图”选项卡中单击“退出草图”按钮（或单击绘图区右上角的“退出草图”按钮）即可退出草绘环境。

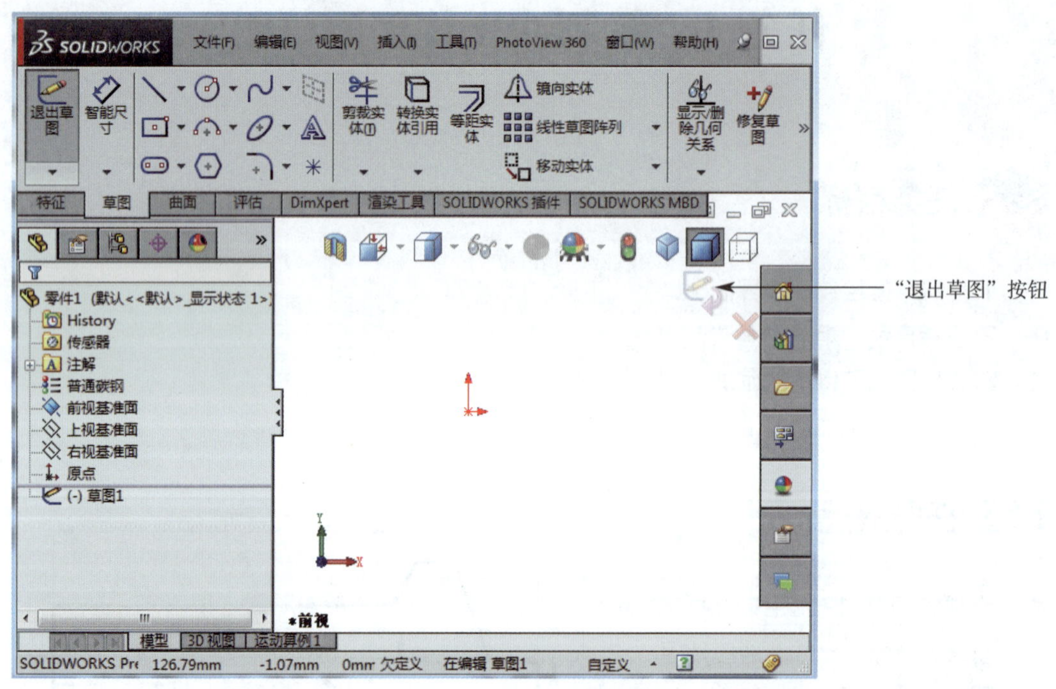

图 2-1-2　进入草绘环境

2.“草图”选项卡

“草图”选项卡提供了草图绘制常用的大多数工具，并且进行了分类，主要包括尺寸标注工具、草图绘制工具和草图编辑工具等。系统默认的“草图”选项卡如图 2-1-3 所示，将光标移到某一命令按钮时，会显示出该命令的含义和操作提示。

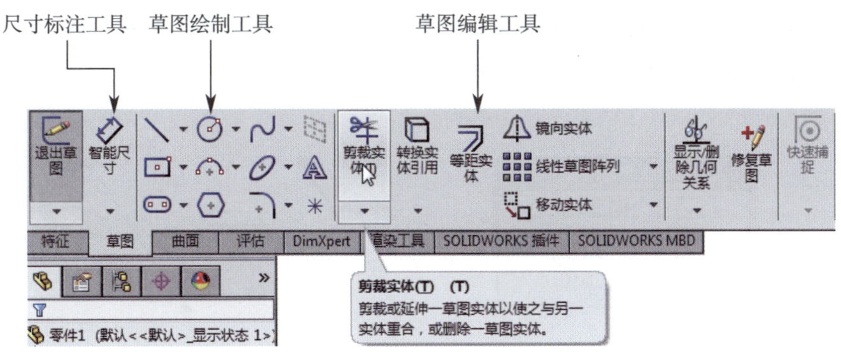

图 2-1-3 “草图”选项卡

二、绘制直线和矩形

1. 绘制直线

“直线”命令主要用于绘制直线、中心线和中点线，是最基本的绘图命令，如图 2-1-4 所示。

图 2-1-4 “直线”命令

直线、中心线、中点线的绘制方法相同，以绘制直线为例，其基本操作步骤如下：

在草绘环境下，单击“草图”选项卡中的“直线”按钮 （或者在菜单栏选择“工具”→“草图绘制实体”→“直线”命令），弹出“插入线条”属性管理器，如图 2-1-5 所示，在绘图区域单击选取不重合的两点即可，如图 2-1-6 所示。

图 2-1-5 “插入线条”属性管理器

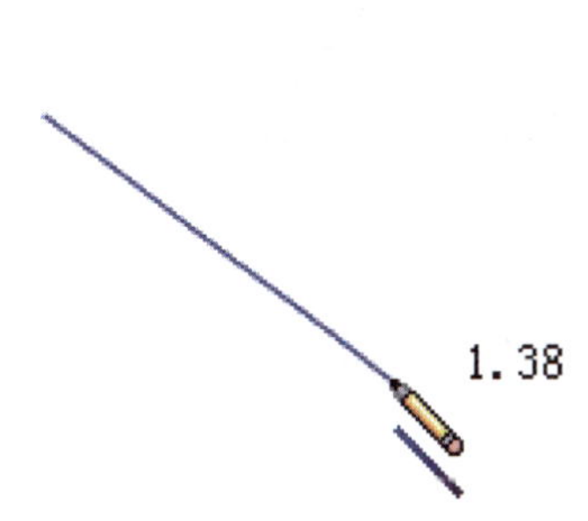

图 2-1-6 绘制直线

小贴士

中心线和实线可以通过勾选“插入线条”属性管理器内“选项”栏中的“作为构造线”

复选框来相互转换类型（或者选择线条后，单击光标右上角快捷工具栏中的“构造几何线”按钮相互转换类型），如图 2-1-7 所示。

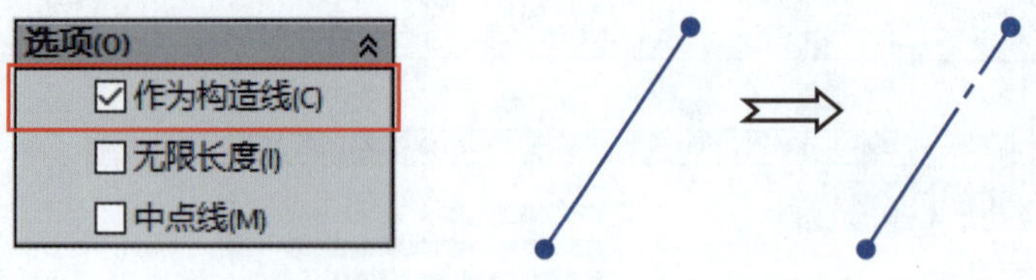

图 2-1-7　实线转换为中心线

2. 绘制矩形

“边角矩形”命令是绘制四边形的主要绘图命令。可绘制的矩形类型包括边角矩形、中心矩形、3 点边角矩形、3 点中心矩形和平行四边形，如图 2-1-8 所示。

以绘制边角矩形为例，其操作步骤如下：

在草绘环境下，单击“草图”选项卡中的“边角矩形”按钮，左侧弹出“矩形”属性管理器，在“矩形类型”栏中选择“边角矩形”，在绘图区域分别单击不重合的两点即完成矩形绘制，如图 2-1-9 所示。

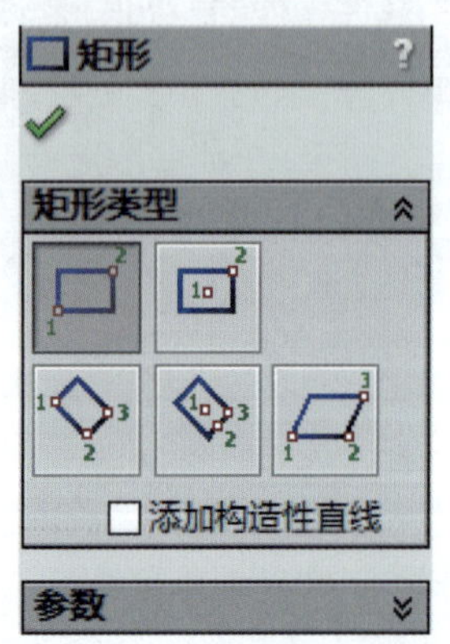

图 2-1-8　矩形类型选择

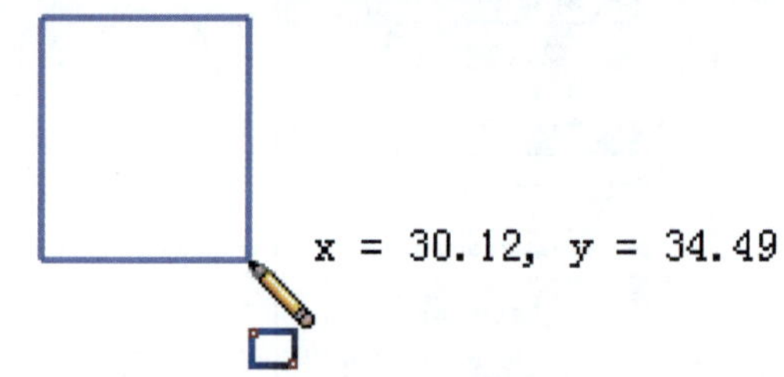

图 2-1-9　绘制矩形

三、绘制圆角和倒角

1. 绘制圆角

绘制圆角可以将草图中两相交图线进行圆角处理。

绘制圆角的操作步骤如下：

在草绘环境下，单击“草图”选项卡中的“绘制圆角”按钮，在弹出的“绘制圆角”属性管理器中设置圆角半径值，如图 2-1-10 所示，分别选择圆角过渡的线（或者选择两条

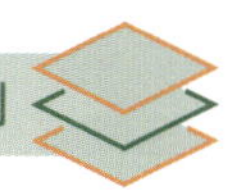

相交线的顶点），单击鼠标右键即可完成圆角的绘制，如图 2-1-11 所示。

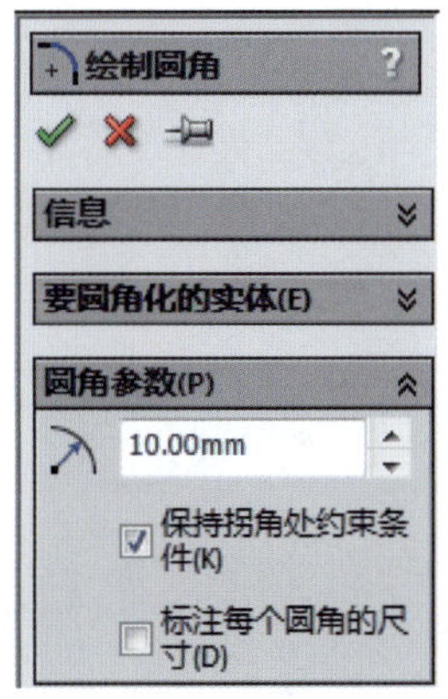

图 2-1-10 圆角半径值设置

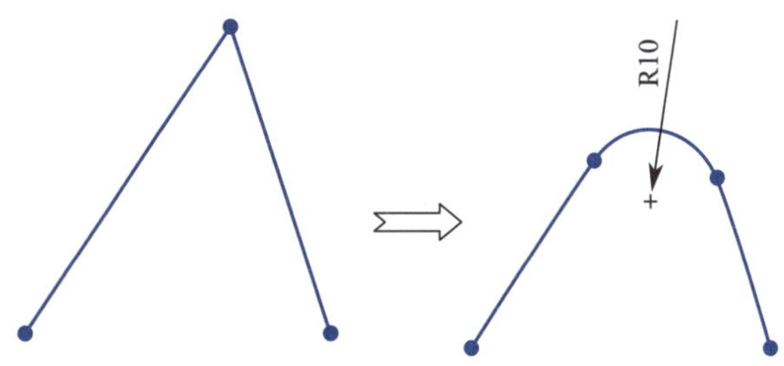

图 2-1-11 绘制圆角

小贴士

1. SolidWorks 2015 软件有一个新的功能，在执行完草图编辑命令后，鼠标会显示为，这时直接单击右键即可确定并退出该命令，方便快捷。

2. 创建圆角时，所选取的两个图线可以相交，也可以不相交，圆角在其端点处与所选图线都是相切关系。

2. 绘制倒角

绘制倒角的方式有“角度距离”“距离 - 距离”和“相等距离”三种，如图 2-1-12 所示。

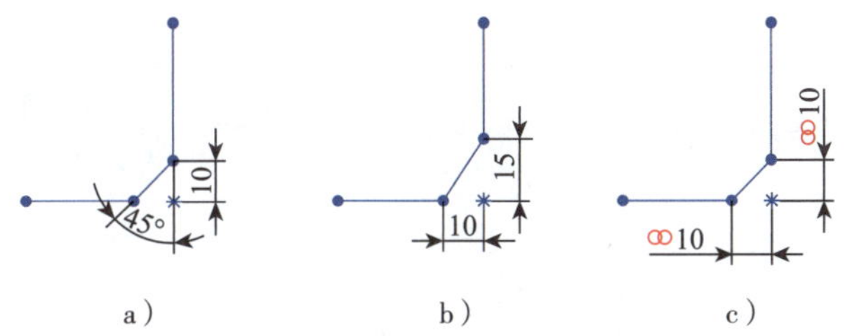

图 2-1-12 倒角的三种类型

a）“角度距离”方式 b）“距离 - 距离”方式 c）“相等距离”方式

以绘制“角度距离”方式的倒角为例，具操作步骤如下：

在“草图”选项卡中单击“绘制倒角”按钮，在弹出的“绘制倒角”属性管理器中选择倒角方式为“角度距离”，设置倒角距离和倒角角度，如图 2-1-13 所示，选取倒角的两条线条（或者两条相交线条的顶点），单击鼠标右键即可完成倒角绘制，如图 2-1-14 所示。

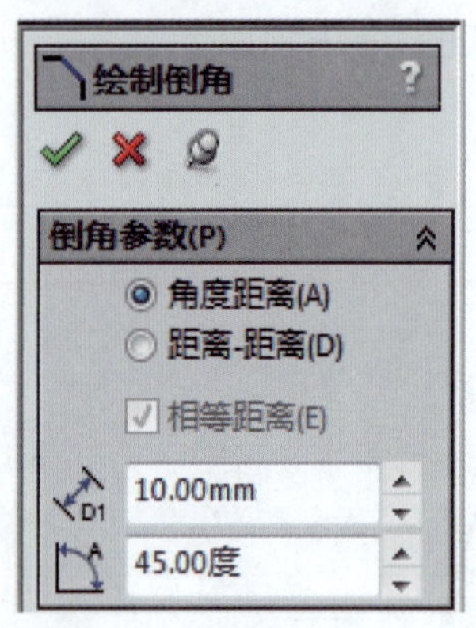

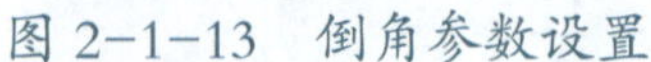
图 2-1-13　倒角参数设置

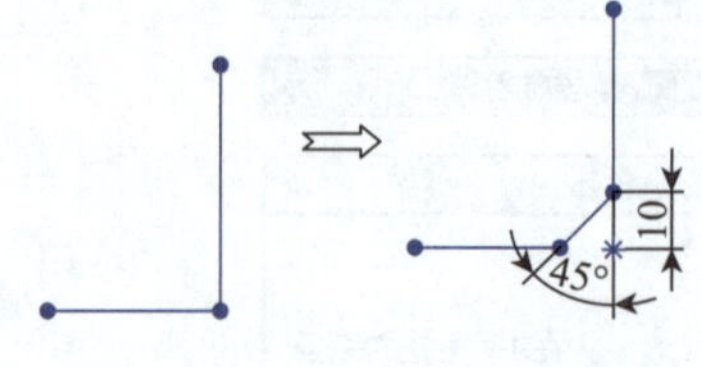

图 2-1-14　绘制倒角

四、尺寸标注

绘制图线确定了截面图形的大体轮廓，并没有具体规范图形的大小。尺寸标注主要是确定图形具体的尺寸。SolidWorks 软件的草图标注采用参数化定义方法，图形随着标注尺寸的改变而实时地改变。

在 SolidWorks 中主要有以下几种尺寸标注类型：线性尺寸、角度尺寸、圆尺寸和圆弧尺寸，这些尺寸一般都可使用“智能尺寸”命令进行标注。

1. 线性尺寸标注

线性尺寸一般分水平尺寸、垂直尺寸和平行尺寸三种。

以标注圆心距为例，其操作步骤如下：

（1）在“草图”选项卡中单击“智能尺寸”图标，分别单击两个圆的任意边线，然后单击屏幕任意一点，确定尺寸的放置位置。

（2）在出现的“修改”对话框中，修改标注尺寸，如图 2-1-15 所示。

（3）按“Enter”键完成尺寸标注，如图 2-1-16 所示。

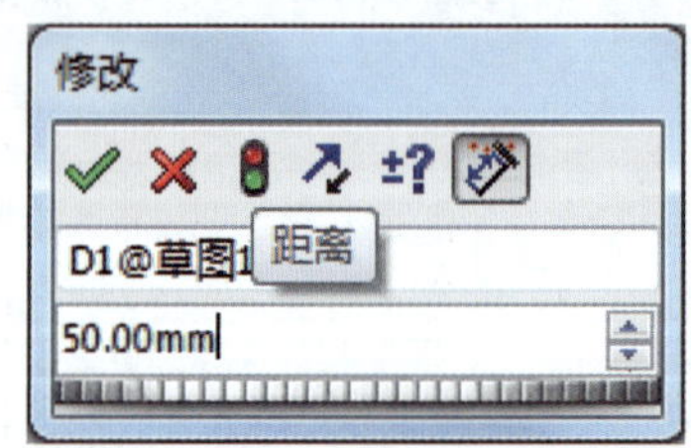

图 2-1-15　修改标注尺寸

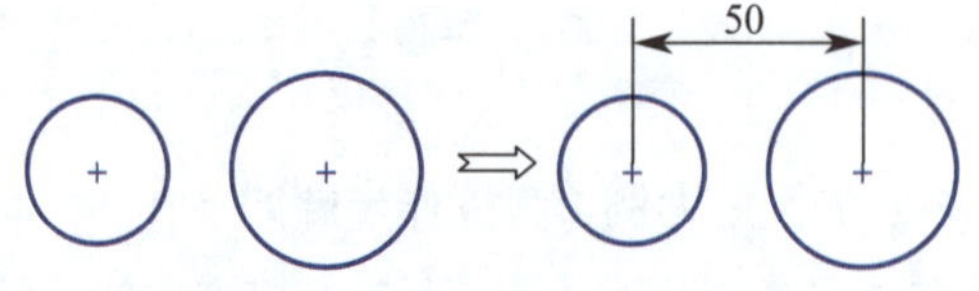

图 2-1-16　标注线性尺寸

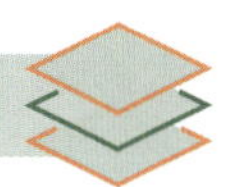

2. 角度尺寸标注

角度尺寸标注一般分为两直线之间的夹角尺寸标注、直线与点之间的夹角尺寸标注和圆弧的角度尺寸标注三种。不同类型的角度尺寸标注操作步骤见表 2-1-1。

▼ 表 2-1-1　角度尺寸标注操作步骤

标注类型	操作步骤	图示
两直线之间的夹角	单击“智能尺寸”按钮，然后单击一条直线后，再单击另一条直线，标注出两直线之间的夹角角度尺寸	45°
直线与点之间的夹角	单击“智能尺寸”按钮，然后选择直线两个端点，再选择点，标注出直线与点之间的夹角角度尺寸	45°
圆弧的角度	单击“智能尺寸”按钮，然后选择圆弧的两个端点和圆心，标注出圆弧的角度尺寸	90°

3. 圆弧尺寸标注

圆弧尺寸标注一般分为圆弧半径尺寸标注、圆弧直径尺寸标注和圆弧弧长标注三种。标注直径和半径的方法一样，系统默认草绘环境中圆的标注是直径尺寸，圆弧的标注是半径尺寸。圆弧尺寸标注操作步骤见表 2-1-2。

▼ 表 2-1-2　圆弧尺寸标注操作步骤

标注类型	操作步骤	图示
圆弧半径	单击“智能尺寸”按钮，然后选择圆弧，移动光标拖动半径尺寸，标注出圆弧半径	R30
圆弧弧长	单击“智能尺寸”按钮，然后分别选择圆弧的两个端点，再单击圆弧线，标注出圆弧弧长	20

小贴士

1. 在草绘环境下进行尺寸标注时，弹出的“修改”对话框中可以输入算术符号，将其作为计算器使用，计算的结果就是标注的数值。

2. “智能标注”命令可以直接标注旋转直径尺寸，操作方法是：选择中心线和直线后，将鼠标指向中心线的另一侧，就可标注出旋转直径尺寸，如图 2-1-17 所示。

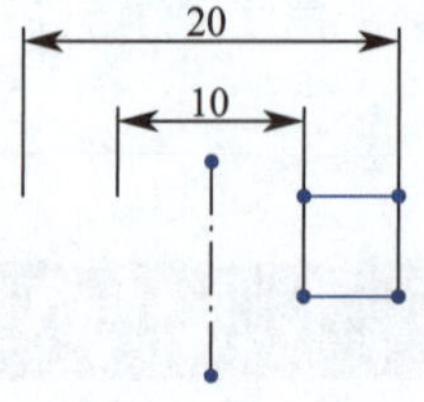

图 2-1-17　标注旋转直径尺寸

3. 根据草图的尺寸标注，可以将草图分为三种状态：欠定义状态、完全定义状态与过定义状态，如图 2-1-18 所示。

草图以蓝色显示时，说明草图为欠定义状态。

草图以黑色显示时，说明草图为完全定义状态。

草图以红色显示时，说明草图尺寸标注错误，处于过定义状态。

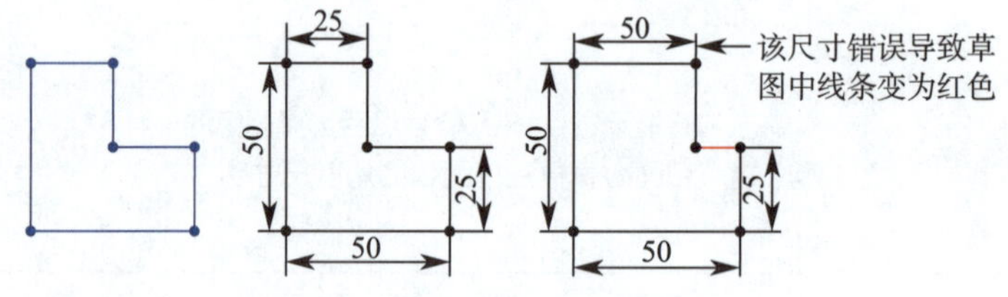

图 2-1-18　草图的三种状态

任务实施

操作演示

一、进入草绘环境

1. 新建文件

单击“新建”按钮，在弹出的“新建 SolidWorks 文件”对话框中选择“零件”图标，单击“确定”按钮，进入零件设计工作环境。

2. 进入草绘环境

在软件左侧的设计树中选择“前视基准面”，单击快捷工具栏中的“草图绘制”按钮即进入草图绘制环境。

二、绘制冲压片轮廓

1. 绘制外形相似轮廓

在“草图”选项卡中单击“直线”按钮，从原点开始连续绘制平面图的外形相似轮廓，如图 2-1-19 所示。

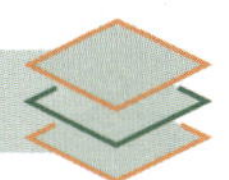

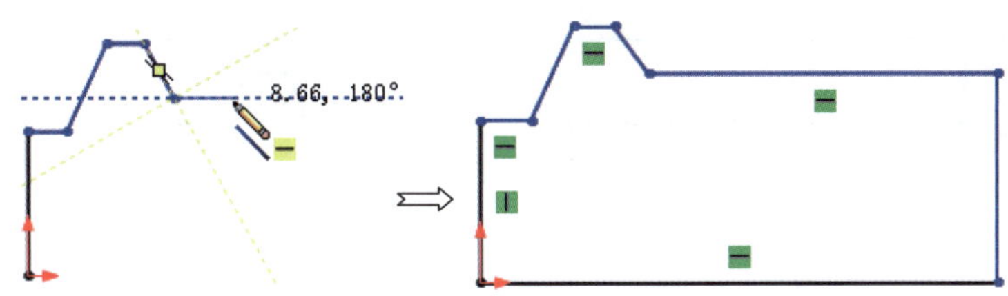

图 2-1-19　绘制外形相似轮廓

小贴士

在绘制直线时，注意移动的光标右侧有相对距离和角度的提示，如图 2-1-20 所示。应用这个提示可以绘制与冲压片平面草图大小较接近的图形，大小和形状越接近目标图样，标注尺寸时就越容易，同时线条也不易出现变形。

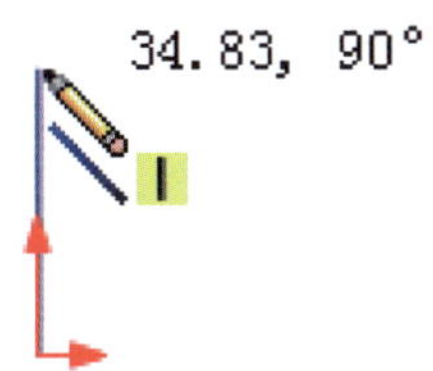

图 2-1-20　光标右侧的距离和角度提示

2. 标注外轮廓尺寸

在“草图”选项卡中单击“智能尺寸”按钮，添加尺寸（先添加角度尺寸，再标注线性尺寸），标注完毕草图会变成黑色，表示该草图已经完全约束，效果如图 2-1-21 所示。

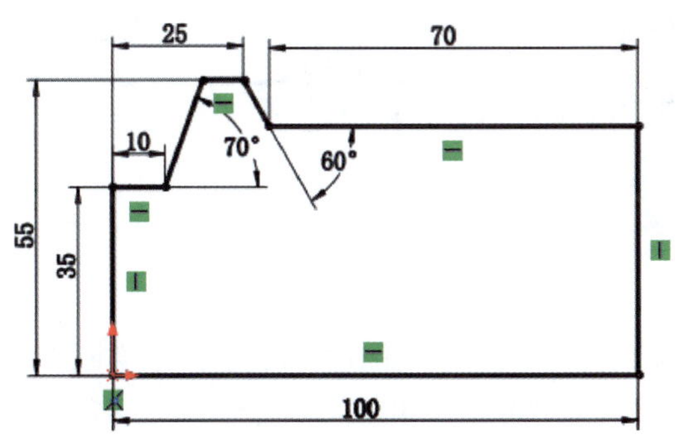

图 2-1-21　标注外轮廓尺寸

二、绘制矩形

在“草图”选项卡中单击“边角矩形”按钮，绘制如图 2-1-22 所示矩形，并进行尺寸标注，效果如图 2-1-23 所示。

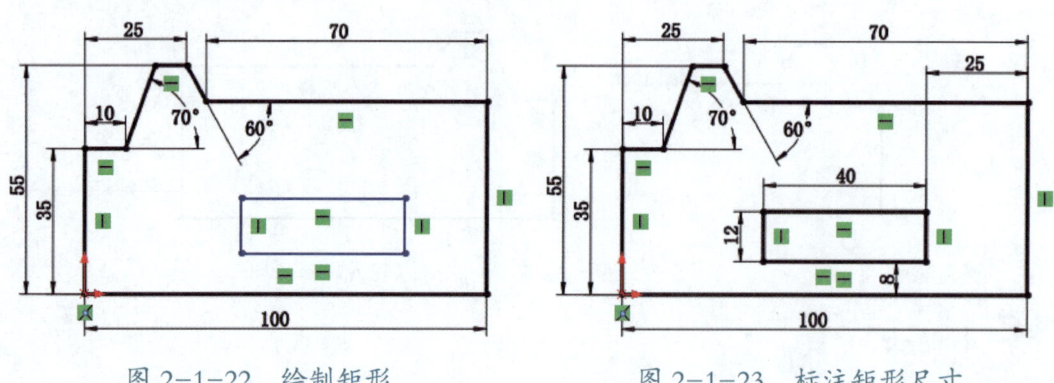

图 2-1-22　绘制矩形　　　　图 2-1-23　标注矩形尺寸

四、绘制圆角和倒角

1. 绘制圆角

在“草图”选项卡中单击“绘制圆角”按钮，设置圆角半径为“10 mm”，如图 2-1-24 所示，在绘图区选中要绘制圆角的顶点，完成圆角绘制，如图 2-1-25 所示。

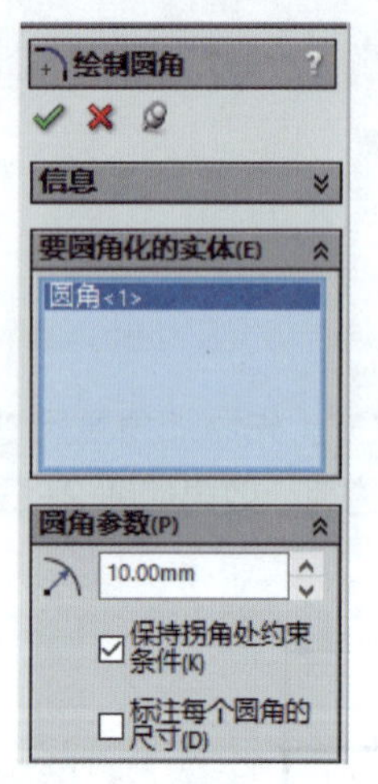

图 2-1-24　设置圆角参数

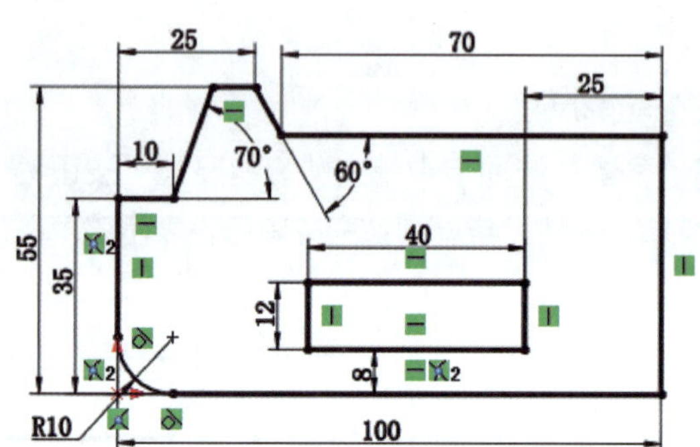

图 2-1-25　绘制圆角

2. 绘制倒角

单击“绘制倒角”按钮，在“绘制倒角”属性管理器中选择“距离 - 距离”倒角方式，D1 和 D2 参数分别输入“15 mm”和“10 mm”，如图 2-1-26 所示；在绘图区选中要绘制倒角的顶点（轮廓右下角的交点），完成倒角绘制后的效果如图 2-1-27 所示。至此，冲压片平面草图绘制完毕。

3. 保存

单击绘图区右上角的“退出草图”按钮退出草绘环境。单击标准工具栏中的“保存”按钮，将文件命名为“冲压片平面草图”。

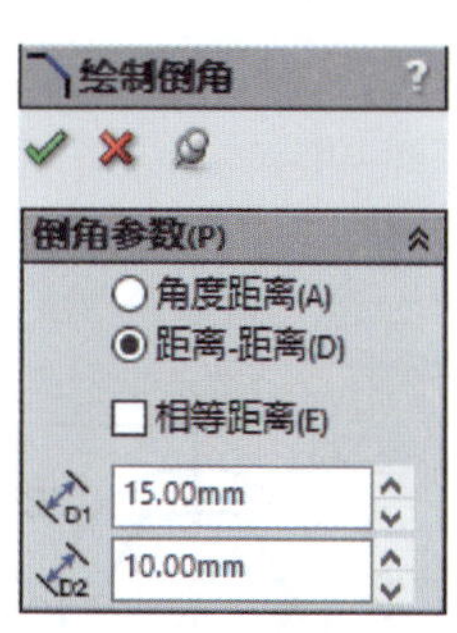

图 2-1-26 设置倒角参数

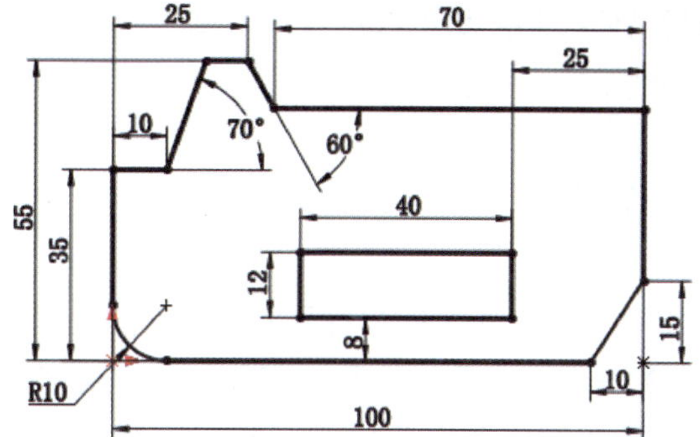

图 2-1-27 完成冲压片平面草图

任务巩固

在草绘环境下绘制直角钣金平面草图，如图 2-1-28 所示，并标注尺寸。

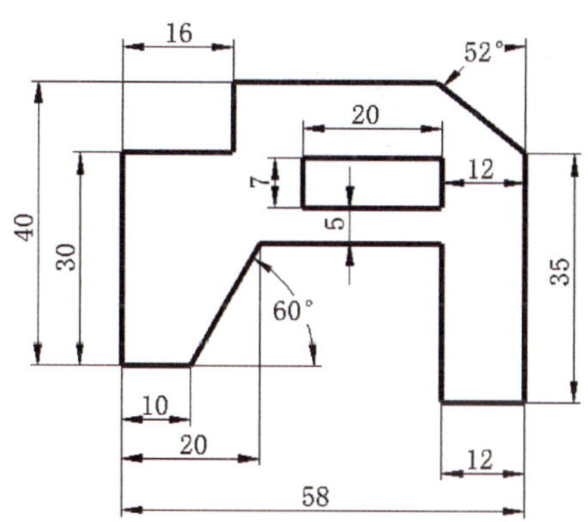

图 2-1-28 直角钣金平面草图

任务 2 绘制垫片平面草图

任务目标

1. 掌握圆、圆弧、椭圆、多边形及槽口曲线的绘制方法。

2. 掌握几何约束的添加与运用。
3. 掌握线条剪裁的操作方法。

任务描述

绘制如图 2-2-1 所示的垫片平面草图，并进行尺寸标注。该垫片平面草图由圆、圆弧、槽口和多边形等构成，槽口的形状左右不对称，中间 *R*4.5 和 *R*6 两条圆弧分别相切于圆和槽口之间，在绘制时应先绘制圆和多边形，再绘制槽口，然后绘制 *R*4.5 和 *R*6 两个圆弧，设置几何约束后标注尺寸即完成平面草图绘制，所用到的几何约束有相切、重合等。

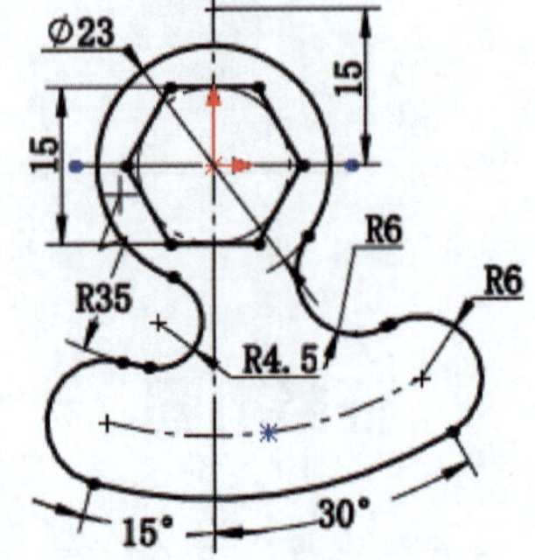

图 2-2-1　垫片平面草图

知识准备

一、绘制圆弧类图线

1. 绘制圆

绘制圆有圆心绘制和周边圆绘制两种方式。

以圆心绘制方式为例，其操作步骤如下：

在草绘环境下，单击“草图”选项卡中的“圆”按钮，弹出“圆”属性管理器，保持默认的“圆心”类型，如图 2-2-2 所示，指定圆心位置，拖动光标，即完成圆的绘制，如图 2-2-3 所示。

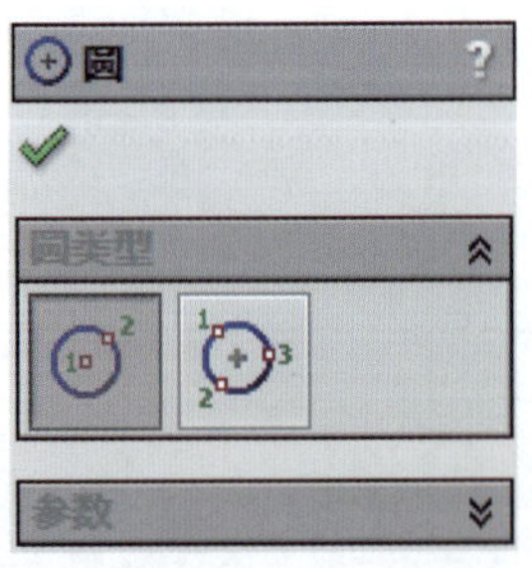

图 2-2-2　圆类型选项

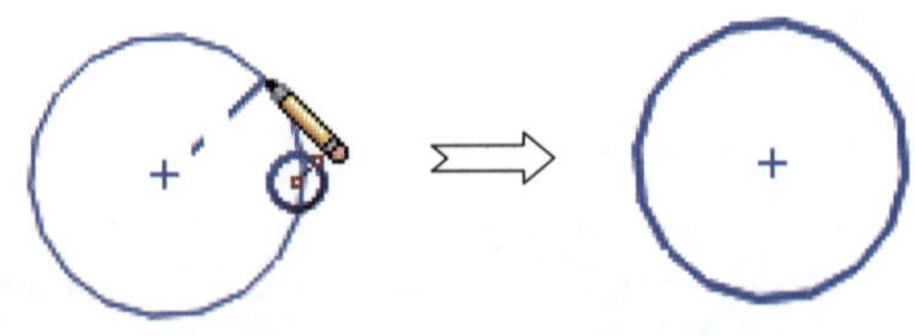
图 2-2-3　圆的绘制

2. 绘制圆弧

绘制圆弧的方式有圆心 / 起 / 终点画弧绘制、切线弧绘制和 3 点圆弧绘制三种。

以 3 点圆弧绘制方式为例，其操作步骤如下：

在草绘环境下，单击“草图”选项卡中的“圆弧”按钮，弹出“圆弧”属性管理器，选择其中的“3 点圆弧”类型，如图 2-2-4 所示。按照属性管理器中的图例示意，先点选圆弧起点，再点选圆弧的终点，最后拖动光标选择圆弧中间点，即完成圆弧的绘制，如图 2-2-5 所示。

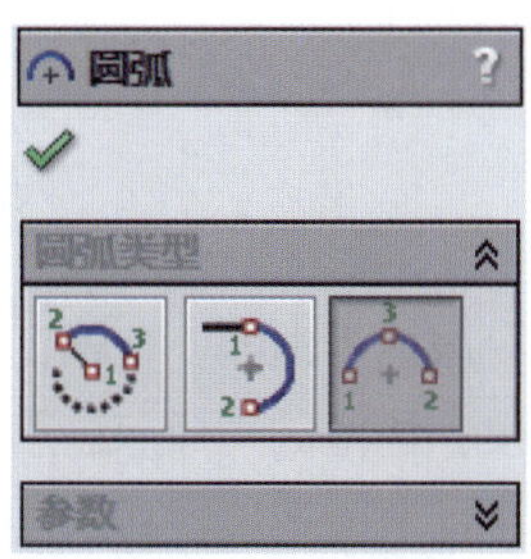

图 2-2-4　圆弧类型选项

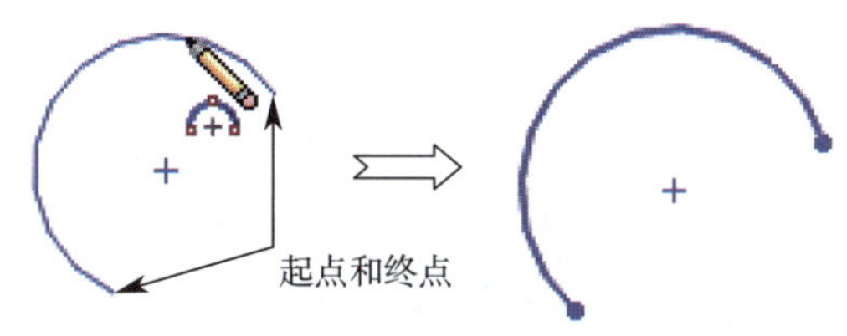

图 2-2-5　3 点圆弧的绘制

小贴士

在绘制直线时，光标触碰线条的端点后，再将光标移动到直线的外部绘图时，可以绘制与已绘制直线相切的圆弧，如图 2-2-6 所示。

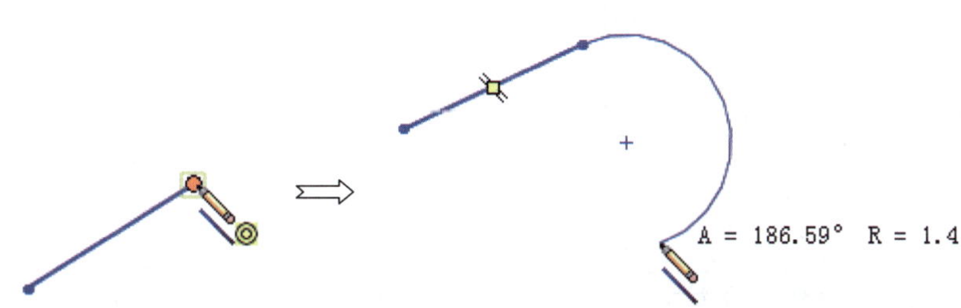

图 2-2-6　绘制与直线相切的圆弧

3. 绘制椭圆和部分椭圆

绘制椭圆和部分椭圆的方法相似。

以绘制椭圆为例，其操作步骤如下：

在草绘环境下，单击“草图”选项卡中的“椭圆”按钮，在绘图区的适当位置单击确定椭圆圆心的位置，拖动光标并单击确定椭圆一个半轴的长度，再次拖动光标并单击确定椭圆另一个半轴的长度，即完成椭圆的绘制，如图 2-2-7 所示。

4. 绘制槽口曲线

槽口曲线是用来表示机械零件中槽特征的曲线。槽口曲线包括直槽口、中心点直槽口、3 点圆弧槽口和中心点圆弧槽口四种类型。

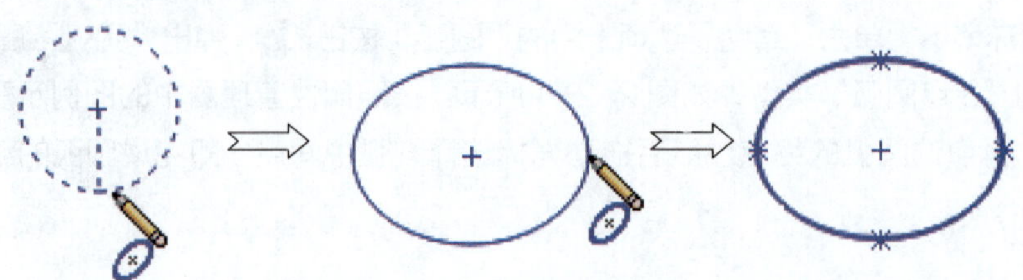

图 2-2-7　椭圆的绘制

以绘制直槽口为例，其操作步骤如下：

在“草图”选项卡中单击“槽口”按钮，弹出“槽口”属性管理器，在槽口类型中选择“直槽口”，如图 2-2-8 所示，绘制一条线段确定槽口长度，再拖动光标点选第 3 点确定槽口的宽度，即完成直槽口的绘制，如图 2-2-9 所示。

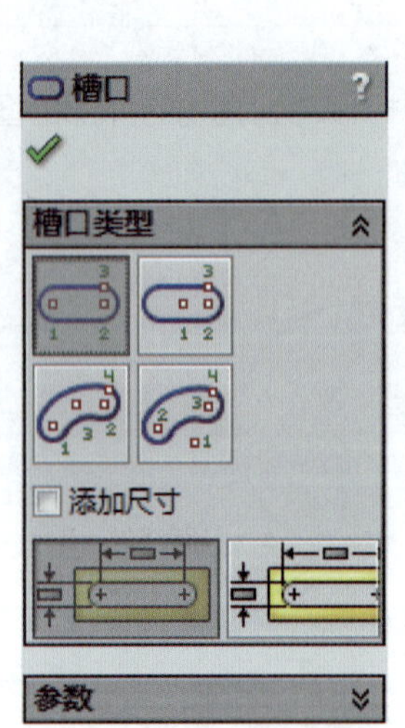

图 2-2-8　槽口类型选项

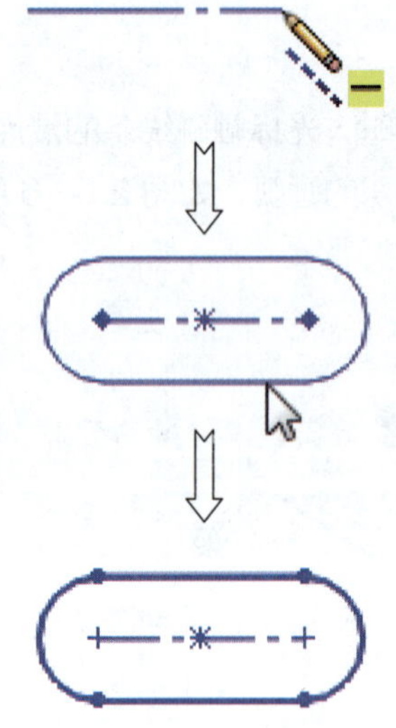

图 2-2-9　直槽口的绘制

二、绘制多边形

绘制多边形有内切圆绘制和外接圆绘制两种类型，绘制步骤比较简单。

以绘制内切圆六边形为例，其操作步骤如下：

在“草图”选项卡中单击“绘制多边形”按钮，在左侧“多边形”属性管理器中选择“内切圆”类型，设置边数为“6”，其他保持默认，如图 2-2-10 所示。在绘图区单击确定多边形中心的位置，向外移动光标确定多边形的大小，再次单击即完成多边形的绘制，如图 2-2-11 所示。

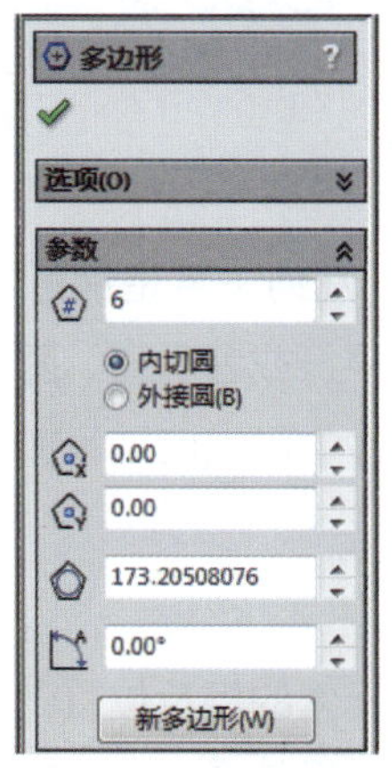

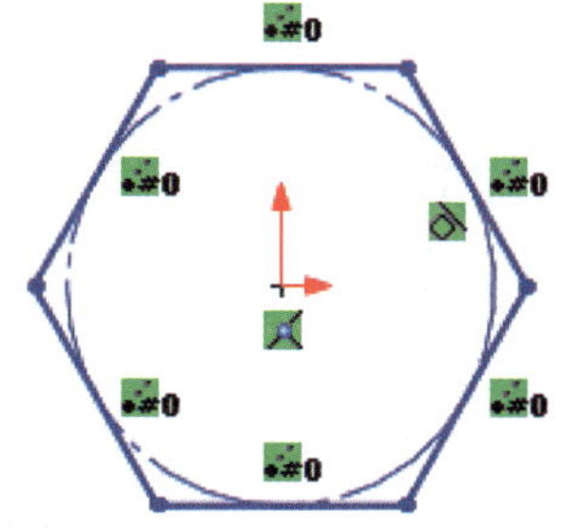

图 2-2-10　多边形参数设置　　　图 2-2-11　内切圆六边形的绘制

三、剪裁实体

剪裁实体是指对直线、圆弧等线条进行修剪和延伸，包括强劲剪裁、边角、在内剪除、在外剪除和剪裁到最近端五种剪裁实体方式。

以常用的强劲剪裁为例，其操作步骤如下：

在“草图”选项卡中单击“剪裁实体”按钮，在弹出的“剪裁”属性管理器中选择“强劲剪裁”，如图 2-2-12 所示，拖动光标划过的图线会被剪裁，如图 2-2-13 所示。

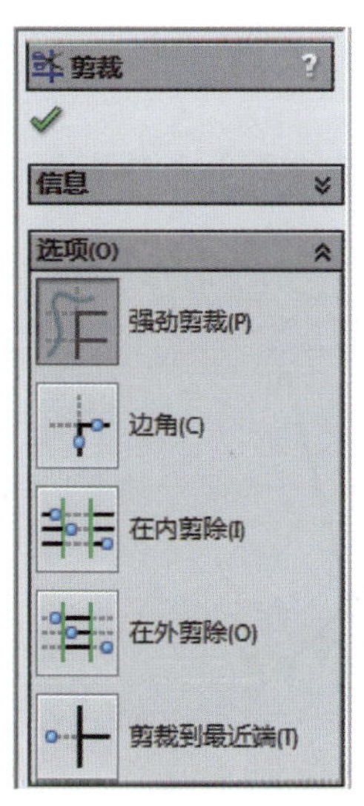

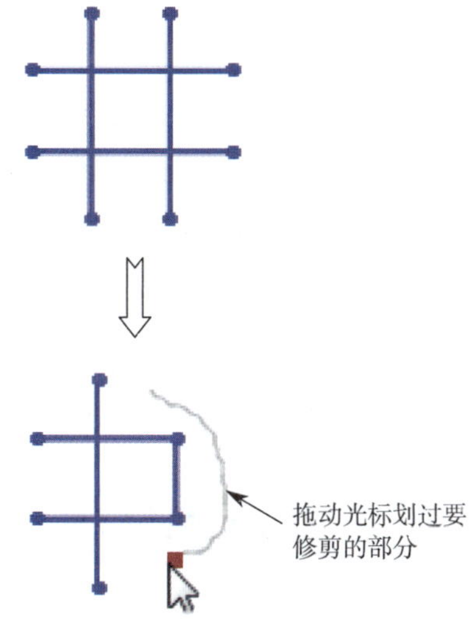

图 2-2-12　“剪裁”属性管理器　　　图 2-2-13　强劲剪裁方式

小贴士

使用“剪裁实体”命令中的“强劲剪裁”时，按下“Shift”键的同时拖动线条会产生延伸或缩短的效果。

四、几何约束

对各几何元素间施加的几何关系限制即为几何约束。几何关系是指各几何元素与基准面、轴线、边线或端点之间的相对位置关系。如两条直线平行或者垂直、两个圆相切或者同心等，均是两几何元素间的几何关系。在 SolidWorks 软件中可以自动添加几何关系，也可以手工添加几何关系，下面分别介绍其操作方法。

1. 自动添加几何关系

自动添加几何关系是指在绘图过程中，系统根据几何元素的相互位置，自动赋予其几何意义，不需另行添加几何关系。如在绘制一条垂直直线时，系统会自动添加“垂直”几何关系⊥，如图 2-2-14 所示。

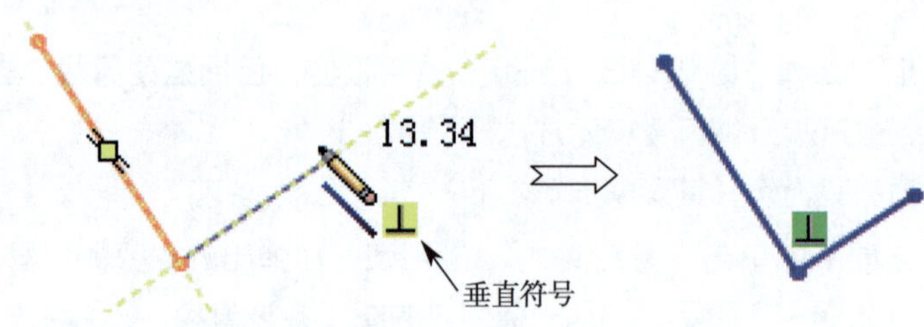

图 2-2-14　自动添加垂直关系

小贴士

拖动线段端点到其他线条，也会自动添加水平、竖直或中点等基本几何关系，如图 2-2-15 所示。

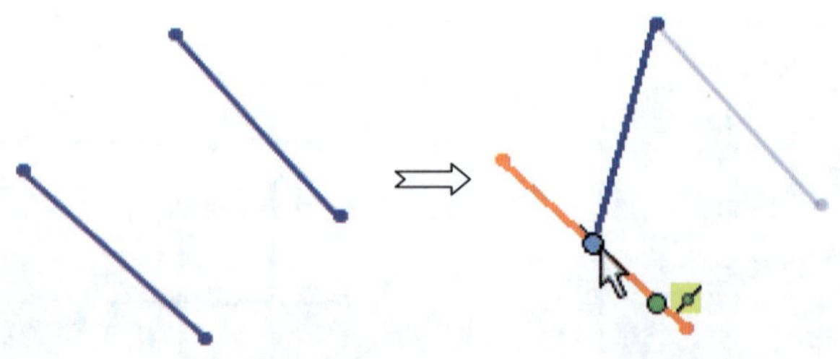

图 2-2-15　拖动线段端点自动添加中点

2. 手动添加几何关系

手动添加几何关系是指用户根据模型设计需要，手动设置图形元素间的几何约束关系。SolidWorks 提供的常用几何关系命令有水平、竖直、垂直、相等、共线、平行、相切、同

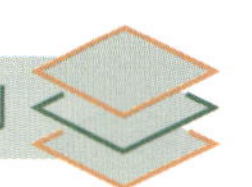

心、中点、对称、重合等。这些几何关系的类型及其含义见表 2-2-1。

▼ 表 2-2-1　SolidWorks 中的几何类型及其含义

几何关系类型	含义	图示
水平	使选择的对象按水平位置放置	
竖直	使选择的对象按竖直方向放置	
垂直	使两条选择的直线相互垂直放置	
相等	使选择的图形元素等长或者等径	
共线	使两条或两条以上的直线落在同一条直线或者延长线上	
平行	使两条或两条以上的直线与一条直线相互平行	

续表

几何关系类型	含义	图示
相切	使两个图线相切	
同心	使两圆或者圆弧同心	
中点	使点（端点或圆心点）位于线段的中点	
对称	使两条图线对称于一条中心线	
重合	使两个端点（包括圆心）重合到一起	

以手动添加相切约束为例，其操作步骤如下：

如图 2-2-16 所示，选中所需添加约束的两个线条，单击光标右上方快捷工具栏中的“使相切”按钮，即完成相切约束添加。

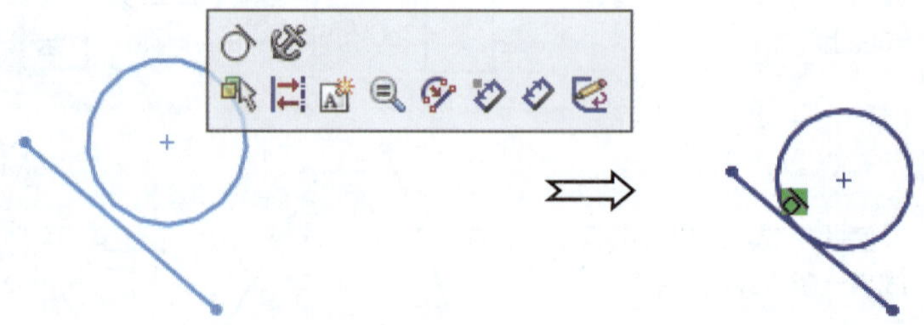

图 2-2-16　添加相切约束

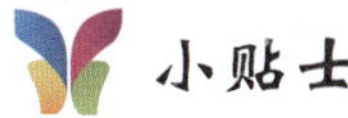

1. 在设置对称几何关系时，所选图形元素中必须包括中心线。
2. 几何约束的删除方法：直接选中约束符号后，单击“Delete”键即可删除。
3. 在选择对象时，按住“Shift”键可以选择多个对象。

任务实施

操作演示

一、进入草绘环境

1. 启动 SolidWorks 软件，单击“新建”按钮，在弹出的“新建 SolidWorks 文件”对话框中选择“零件”图标，单击“确定”按钮，进入零件设计工作环境。

2. 在设计树中选择“前视基准面”，单击快捷工具栏中的“草图绘制”按钮进入草绘环境。

二、绘制中心基准线和圆

1. 在“草图”选项卡中单击“直线”按钮右边的小三角，在下拉选项中单击“中心线”按钮，通过原点绘制一条竖直线和一条水平线（两条线长度可以通过拖动线段端点进行调整），如图 2-2-17 所示。

2. 在“草图”选项卡中单击“圆”按钮，绘制一个圆，圆心位于原点；单击“智能尺寸”按钮，标注尺寸为 ϕ23，如图 2-2-18 所示。

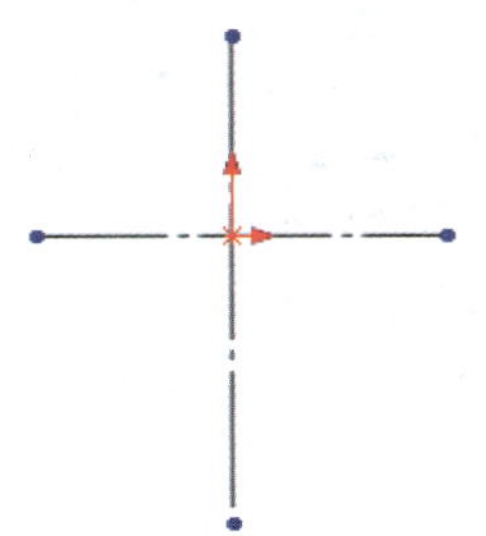

图 2-2-17　绘制中心线

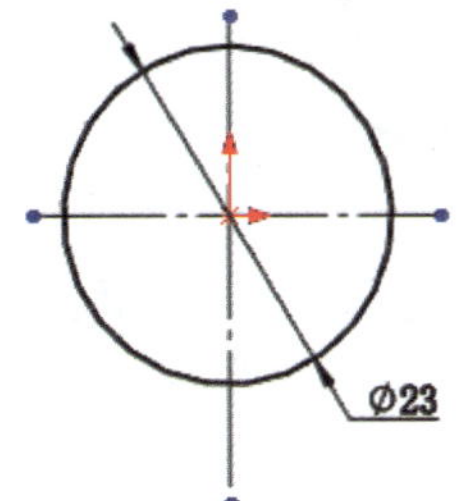

图 2-2-18　绘制 ϕ23 的圆

三、绘制多边形

1. 在“草图”选项卡中单击“多边形”按钮，在“多边形”属性管理器中设置参数为“6”，选择多边形类型为“内切圆”。

2. 以原点为中心绘制出多边形，单击“智能尺寸”按钮，标注线性尺寸为“15”，如图 2-2-19 所示。

3. 拖动六边形的一个端点到水平基准线上，将自动添加“重合”约束，如图 2-2-20 所示。

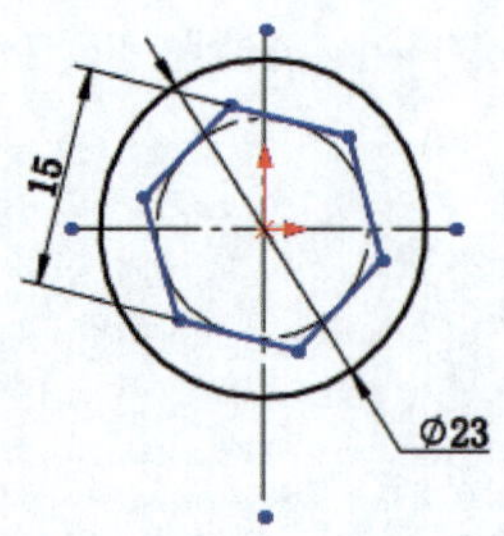

图 2-2-19　绘制出多边形并标注尺寸

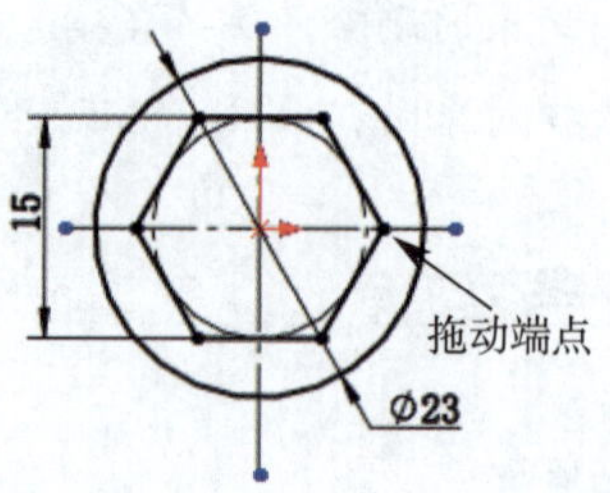

图 2-2-20　约束多边形

四、绘制槽口

1. 在“草图”选项卡中单击“槽口”按钮，从“槽口”属性管理器中选择“中心点圆弧槽口”类型。选择槽口圆心，槽口圆心位于竖直线上，绘制槽口如图 2-2-21 所示。

2. 使用“中心线”按钮来绘制两条基准线（方便之后标注角度尺寸），然后单击“智能尺寸”按钮，分别标注角度尺寸、半径尺寸和圆弧尺寸等，槽口绘制完成，如图 2-2-22 所示。

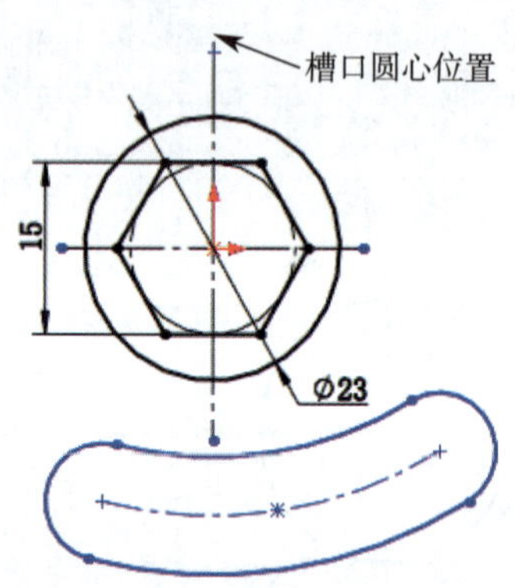

图 2-2-21　绘制槽口形状

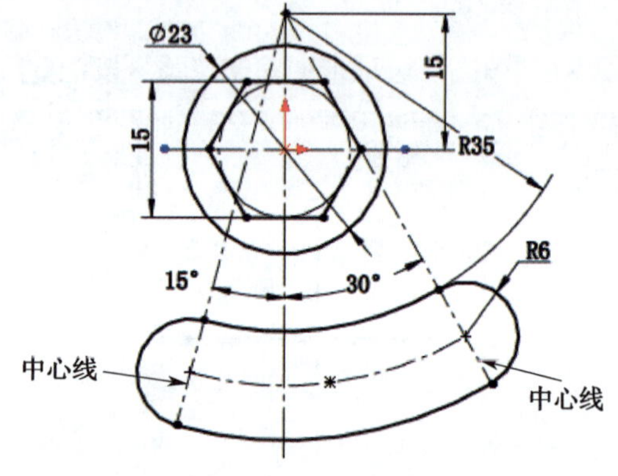

图 2-2-22　槽口绘制完成

五、绘制和编辑相切圆弧

1. 在“草图”选项卡中单击“三点圆弧”按钮，绘制两条圆弧，如图 2-2-23 所示。

2. 手动添加“相切”约束，分别是两个圆弧的上面端点和 ϕ23 圆相切、下面端点和槽口相切。

3. 单击“智能尺寸”按钮，将两个圆弧尺寸标注为 *R*4.5 和 *R*6，如图 2-2-24 所示。

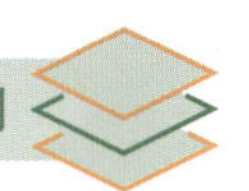

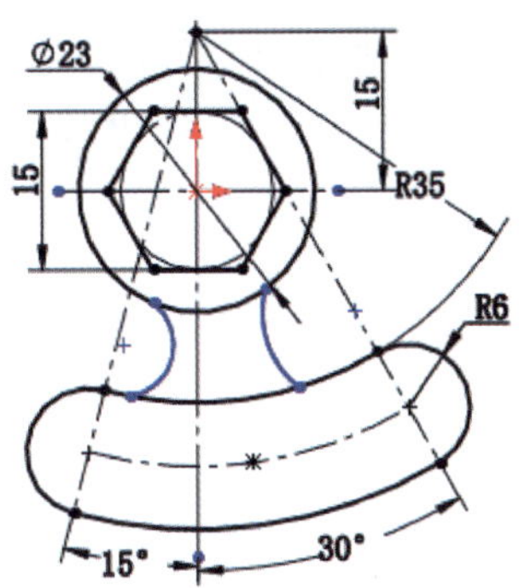

图 2-2-23　绘制两条圆弧

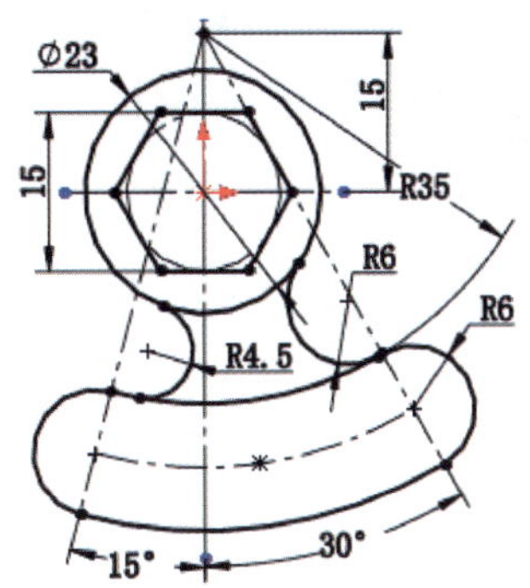

图 2-2-24　添加几何约束和标注尺寸

六、剪裁和保存草图

1. 在“草图”选项卡中单击“剪裁实体”按钮，选择“强劲剪裁”类型，拖动光标将圆和槽口的多余部分剪裁掉，如图 2-2-25 所示。

2. 手动添加“相切”约束，将槽口左右两边的圆弧（四个线条连接点）再次约束相切，效果如图 2-2-26 所示，至此垫片平面草图绘制完毕。

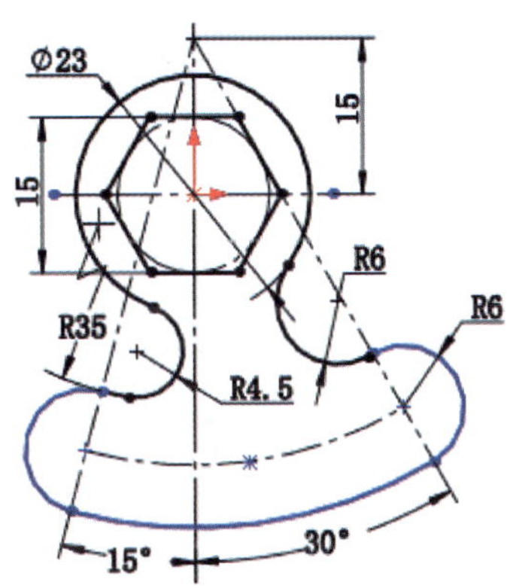

图 2-2-25　裁剪曲线

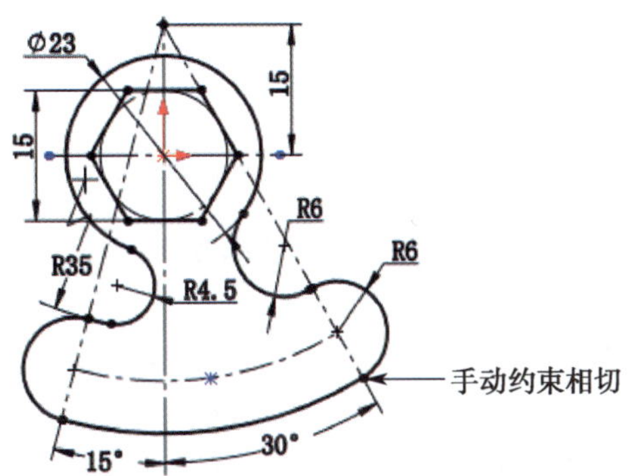

图 2-2-26　垫片平面草图

小贴士

裁剪过程中会弹出如图 2-2-27 所示的对话框，单击“确定”按钮后进行修剪，此时槽口会缺少几何约束，图形由黑色变成蓝色，需要通过手动添加“相切”约束，将槽口的圆弧连接点再次约束相切。

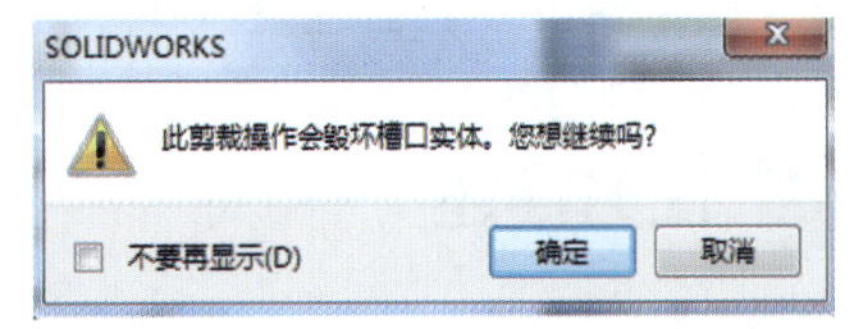

图 2-2-27　剪裁实体时出现的对话框

3. 单击绘图区右上角的“退出草图”按钮退出草绘环境。单击标准工具栏中的“保存”按钮，将文件命名为“垫片平面草图”。

任务巩固

在草绘环境下绘制限位块平面草图，如图 2-2-28 所示，并标注尺寸。

操作演示

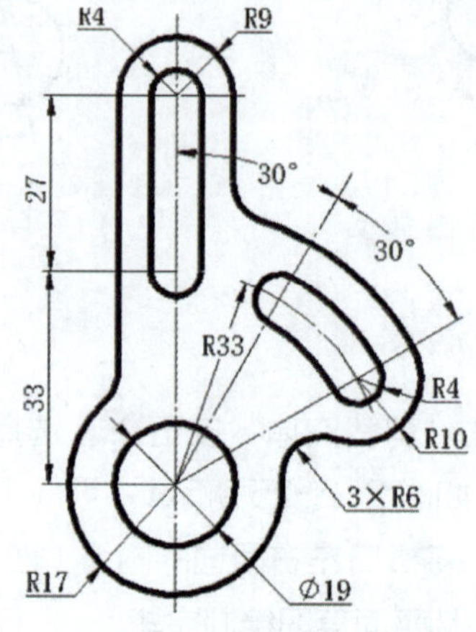

图 2-2-28　限位块平面草图

任务 3　绘制端盖平面草图

任务目标

1. 掌握镜像、等距实体命令的运用。
2. 掌握线性草图阵列和圆周草图阵列命令的运用。
3. 能够进行复杂草图的绘制和编辑。

任务描述

绘制如图 2-3-1 所示的端盖平面草图，并标注尺寸。该平面草图主要由双层外轮廓线、两个 $\phi 7$ 圆、五个 $\phi 4$ 小圆和六个小椭圆构成。因此，在绘图过程中可先绘制一条轮廓线再用等距偏移出另一条轮廓线，然后再使用线性草图阵列、圆周草图阵列和镜像等来创建端面

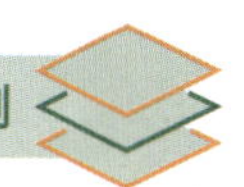

上的多个圆。

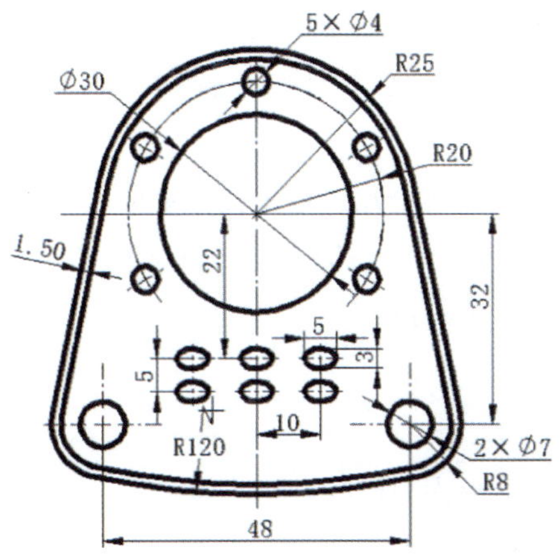

图 2-3-1　端盖平面草图

知识准备

一、镜像

镜像是以一条直线（或中心线）作为参考，复制出对称草图的操作。

执行“镜像”命令的操作步骤如下：

在草绘环境下，单击“草图”选项卡中的“镜像实体”按钮，弹出“镜像”属性管理器（见图 2-3-2），然后选择要镜像的图线，单击右键确认，再选择镜像参照线，单击“确定”按钮即可完成镜像操作，如图 2-3-3 所示。

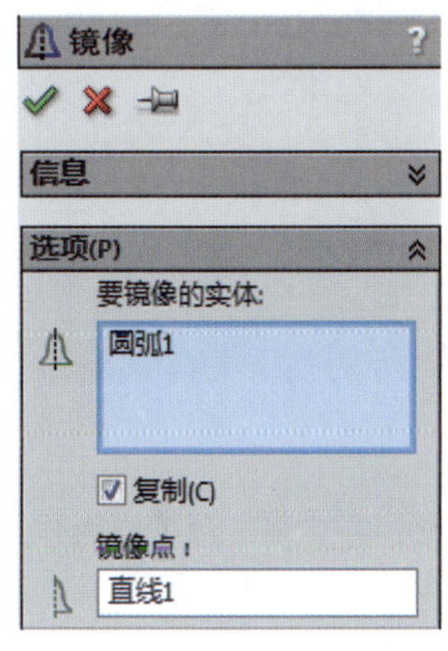

图 2-3-2　“镜像”属性管理器

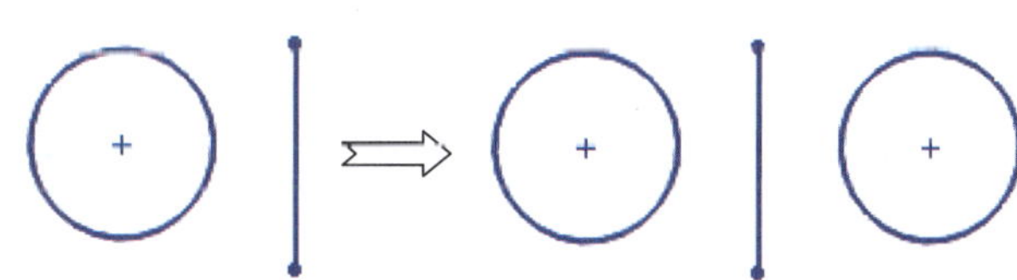

图 2-3-3　镜像操作

小贴士

1. 使用“镜像”命令时也可以先选择草图再选择工具，如果选择区域只有一根直实线，它会被默认为镜像参考线；如果选择区域只有一根中心线，则该中心线会被默认为镜像参考线。

2. 镜像时通常使用“镜像”属性管理器选择镜像对象和镜像参照线，具体方法是：单击“镜像”属性管理器的“要镜像的实体”选框，然后到绘图区拾取镜像对象；再单击“镜像点”选框，然后到绘图区拾取镜像参照线。

二、等距实体

等距实体是将已有的草图实体沿其法线方向偏移复制。

执行“等距实体”命令的操作步骤如下：

在草绘环境下选中要等距的图线，在“草图”选项卡中单击“等距实体”按钮，在“等距实体”属性管理器中设置距离和等距的方式，如图 2-3-4 所示，单击“确定”按钮即可完成等距实体操作，如图 2-3-5 所示。

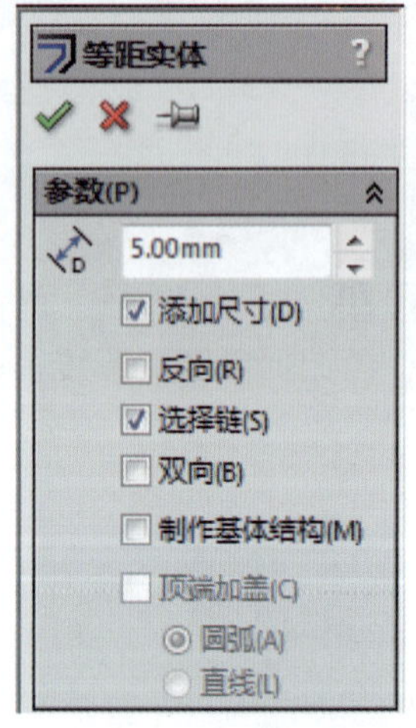

图 2-3-4 “等距实体”属性管理器

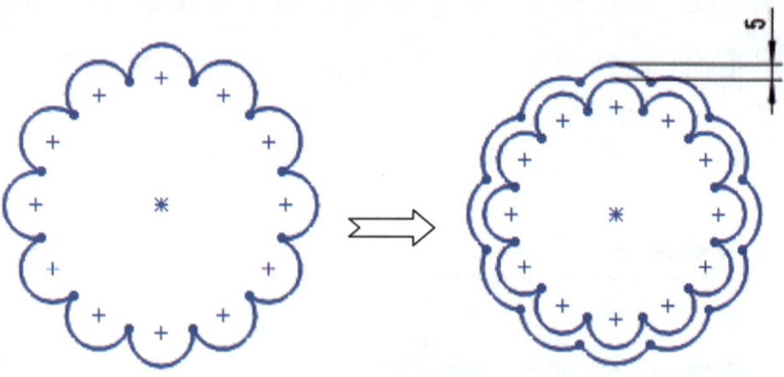

图 2-3-5 等距实体操作

小贴士

等距实体时，通过选择“反向”复选框或“双向”复选框，可实现三种等距操作，如图 2-3-6 所示。

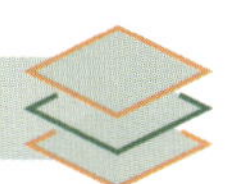

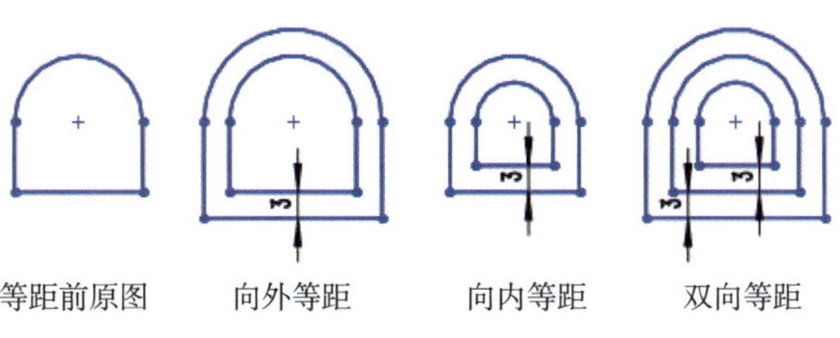

图 2-3-6　等距实体

三、阵列草图实体

阵列草图实体包括线性草图阵列和圆周草图阵列两种类型。

1. 线性草图阵列

线性草图阵列是将草图实体沿一个或两个轴复制生成多个排列图形。

执行“线性草图阵列”命令的操作步骤如下：

在草绘环境下选中需阵列的图线，单击“草图”选项卡中的“线性草图阵列”按钮，在“线性阵列”属性管理器中设置线性草图阵列距离、方向以及角度等参数，如图 2-3-7 所示，单击“确定”按钮即可完成线性草图阵列操作，如图 2-3-8 所示。

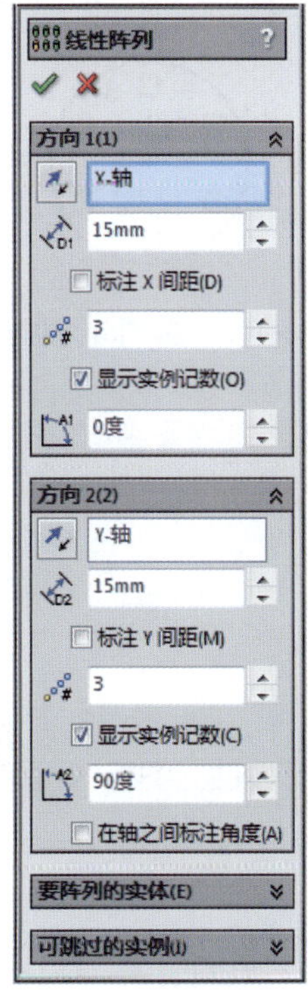

图 2-3-7　线性草图阵列参数设置

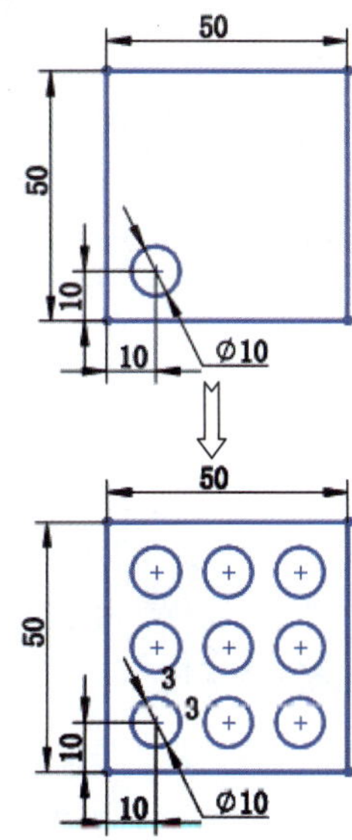

图 2-3-8　线性草图阵列操作

2. **圆周草图阵列**

圆周草图阵列是将草图实体沿一个中心点进行环状阵列。

执行“圆周草图陈列”命令的操作步骤如下：

在草绘环境下选中需阵列的图线，单击“草图”选项卡中的“圆周草图阵列”按钮，在“圆周阵列”属性管理器中设置圆周草图阵列的中心、阵列角度范围等参数，如图 2-3-9 所示，单击“确定”按钮即可完成圆周草图阵列操作，如图 2-3-10 所示。

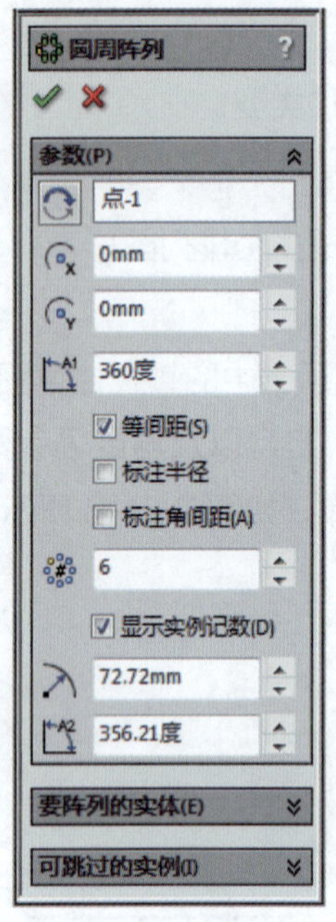

图 2-3-9　圆周草图阵列参数设置　　图 2-3-10　圆周草图阵列操作

任务实施

操作演示

一、进入草图绘制环境

1. **新建文件**

启动 SolidWorks 软件，单击“新建”按钮，选择“零件”图标，再单击“确定”按钮，进入零件设计工作环境。

2. **进入草绘环境**

在设计树中选择“前视基准面”，单击快捷工具栏中的“草图绘制”按钮进入草图绘制环境。

二、绘制基准线

1. 绘制中心线

在“草图”选项卡中单击“中心线”按钮，通过原点绘制一条竖直线和一条水平线，如图 2-3-11 所示。

2. 绘制圆弧

单击“圆心 / 起 / 终点画弧”按钮，以原点为中心绘制一条圆弧，并标注尺寸为 *R*20，如图 2-3-12 所示。

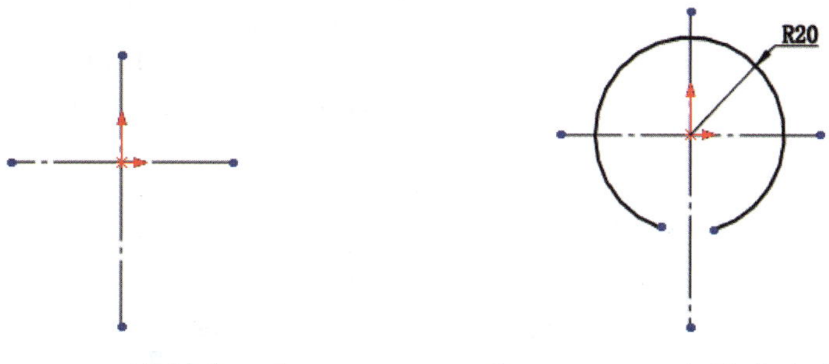

图 2-3-11　绘制中心线　　　图 2-3-12　绘制圆弧并标注

3. 转为构造几何线

单击选择圆弧曲线，在光标右上方的快捷工具栏中单击“构造几何线”按钮，转为圆弧构造线，如图 2-3-13 所示。

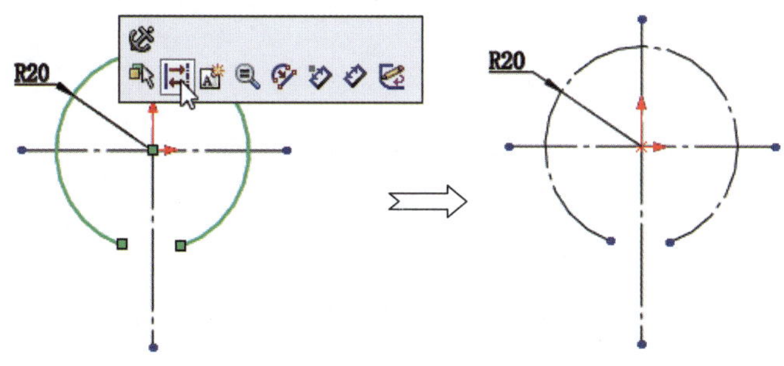

图 2-3-13　转为圆弧构造线

三、绘制端盖外轮廓

1. 绘制圆

在“草图”选项卡中单击“圆”按钮，绘制如图 2-3-14 所示的三个圆，其中两个小圆为同心圆。单击“智能尺寸”按钮，分别标注如图 2-3-15 所示尺寸。

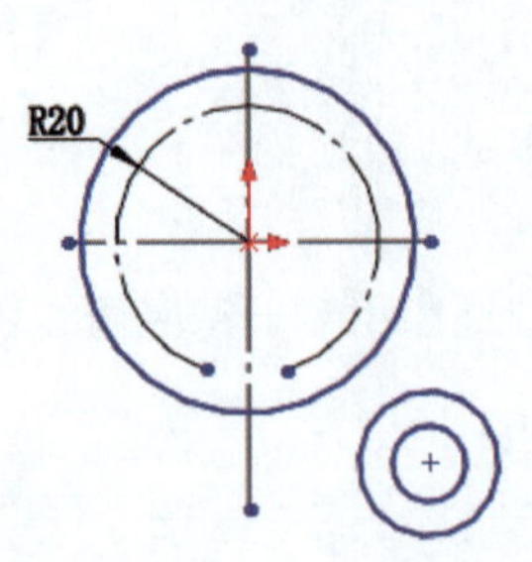

图 2-3-14 绘制三个圆

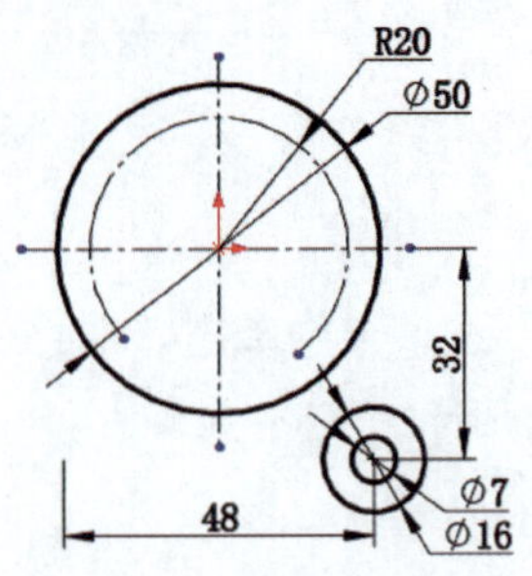

图 2-3-15 标注尺寸

小贴士

使用“智能尺寸”命令标注一个整圆时默认是直径标注，如将直径标注转换为半径标注（见图 2-3-16），可右键单击直径尺寸，在菜单中选择“显示成半径”即可。

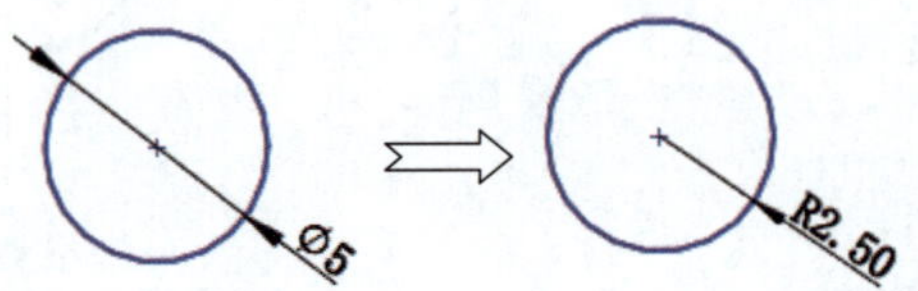

图 2-3-16 将直径标注转换为半径标注

2. 镜像图线

在草绘环境下，单击“草图”选项卡中的“镜像实体”按钮，选择要镜像的实体 ϕ16 和 ϕ7 圆，单击右键确认，再选择竖直的中心线作为镜像参照线，单击“确定”按钮镜像完成，如图 2-3-17 所示。

3. 绘制切弧

单击“3 点圆弧”按钮，绘制底部的圆弧，手动添加圆弧的两端和 ϕ16 圆的相切约束，并标注尺寸为 R120，如图 2-3-18 所示。

4. 绘制切线

单击“直线”按钮，绘制两边的切线，如图 2-3-19 所示。

5. 剪裁图线

单击“剪裁”按钮，选择“强劲剪裁”方式，拖动光标经过需剪裁的部分图线，剪裁后效果如图 2-3-20 所示。

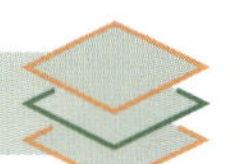

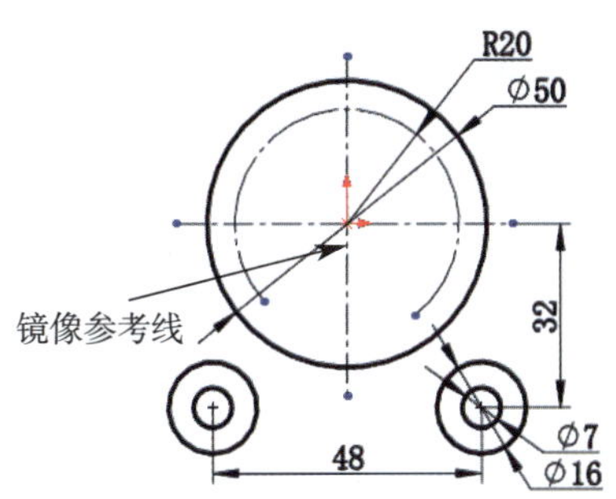

图 2-3-17 镜像 ϕ16 和 ϕ7 两个圆

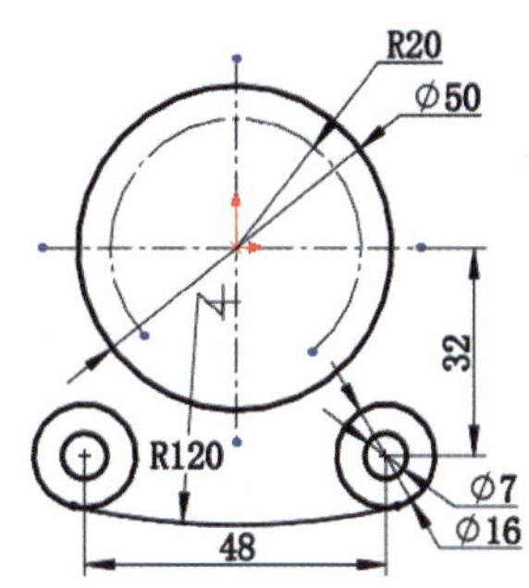

图 2-3-18 绘制 R120 的圆弧

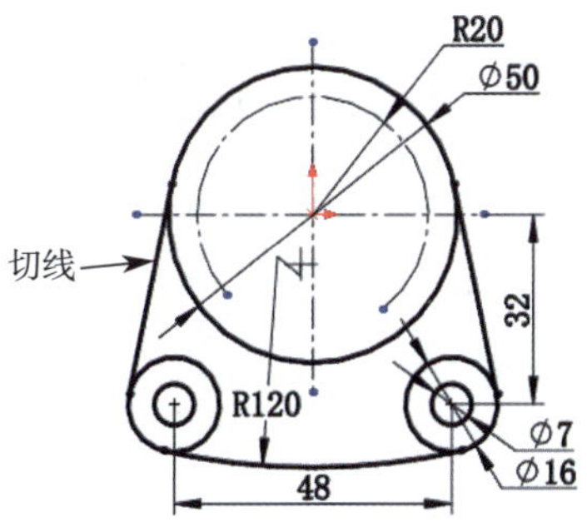

图 2-3-19 绘制两条切线

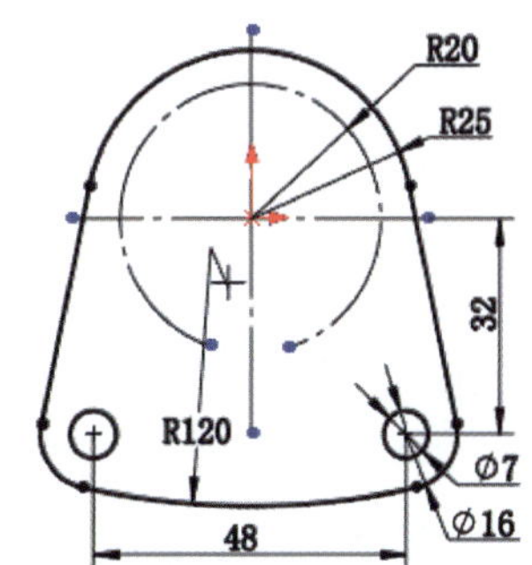

图 2-3-20 剪裁后的图形

6. 等距偏移图线（也称偏距实体）

单击“等距实体”按钮，在“等距实体”属性管理器中设置等距值为“1.5 mm”，其他选项保持默认，如图 2-3-21 所示；选择草图的外形轮廓，单击“确定”按钮完成等距偏移，效果如图 2-3-22 所示。

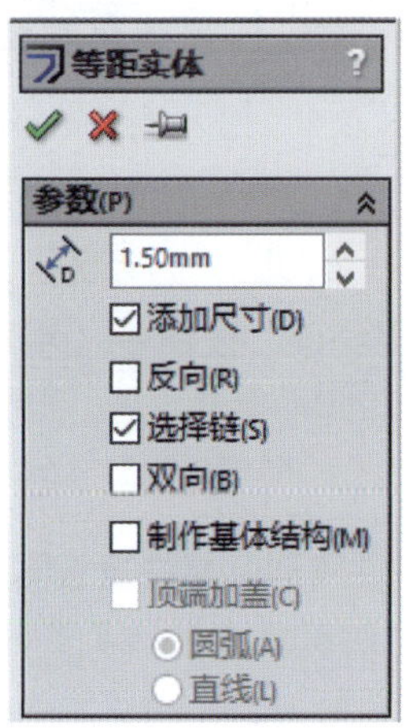

图 2-3-21 等距实体参数设置

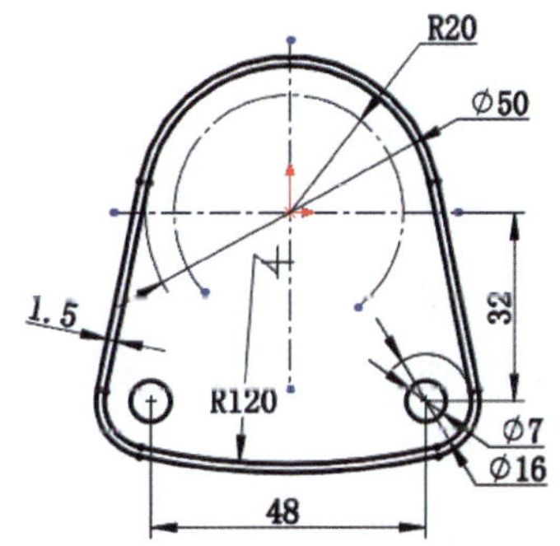

图 2-3-22 等距偏移后的草图

四、绘制端盖上的多个圆

1. 绘制 ϕ4 圆

单击“圆”按钮，绘制如图 2-3-23 所示的 ϕ4 圆。

2. 圆周草图阵列

选中 ϕ4 圆，单击“圆周草图阵列”按钮；在“圆周阵列”属性管理器中选择原点为阵列中心，阵列个数设置为“6”，并在“可跳过的实例”选项框中选择最底部的圆（即取消阵列最下面的小圆），参数设置如图 2-3-24 所示，单击“确定”按钮，完成 ϕ4 圆的阵列复制，如图 2-3-25 所示。

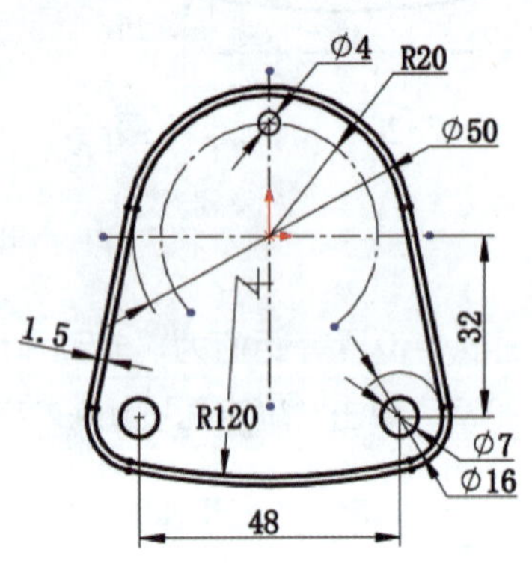

图 2-3-23　绘制 ϕ4 圆

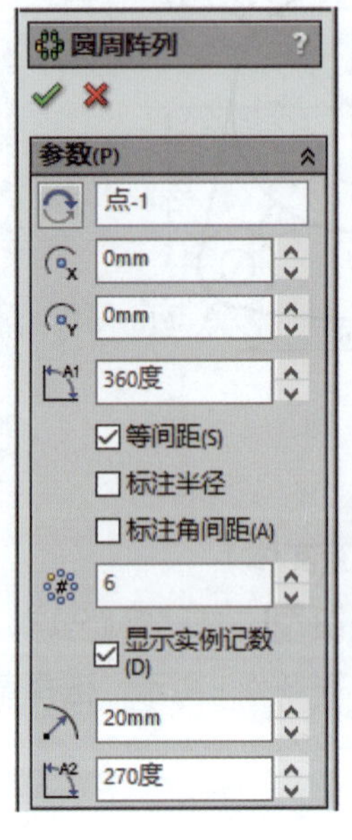

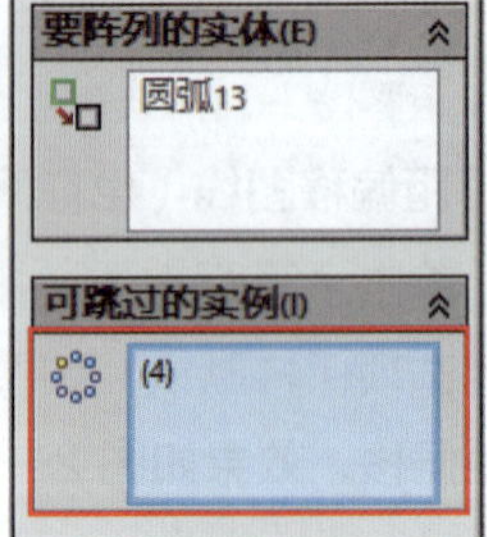

图 2-3-24　圆周阵列参数设置

3. 绘制椭圆

单击“椭圆”按钮，在端盖端面内合适位置绘制一个椭圆；选择椭圆的中心点和椭圆右侧（或左侧）的象限点，在快捷工具栏中单击“水平约束”按钮（手动添加约束），标注尺寸后如图 2-3-26 所示。

4. 线性草图阵列椭圆

选中该椭圆，单击“线性草图阵列”按钮；在“线性阵列”属性管理器中选择第一阵列方向的阵列间距为“10 mm”，阵列个数为“3”；第二阵列方向的阵列间距为“5mm”，阵列个数为“2”，通过“反向”按钮的切换来确定方向，参数设置如图 2-3-27 所示；单击“确定”按钮后的效果如图 2-3-28 所示。

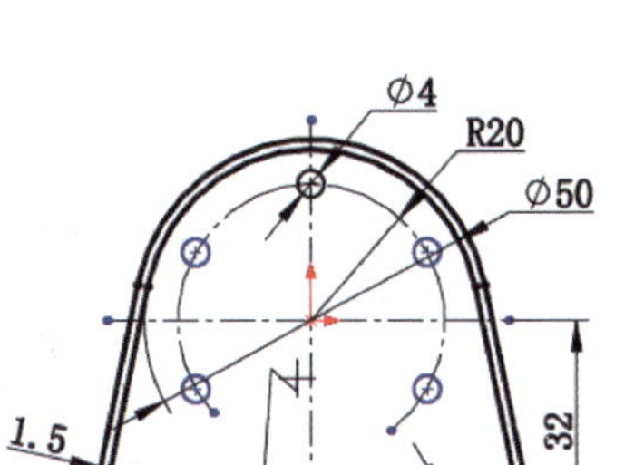

图 2-3-25 圆周阵列 ϕ4 圆

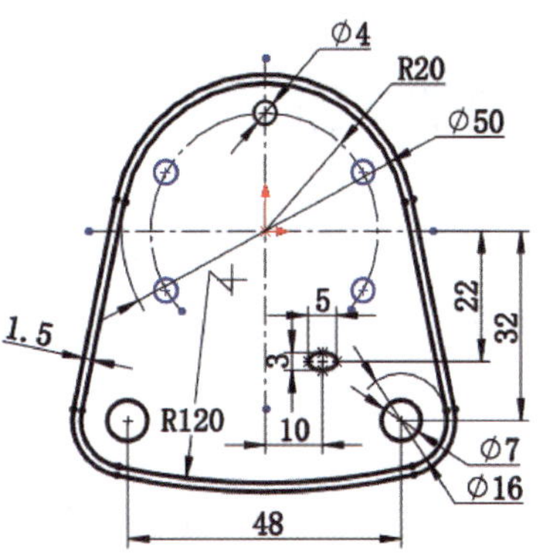

图 2-3-26 绘制椭圆

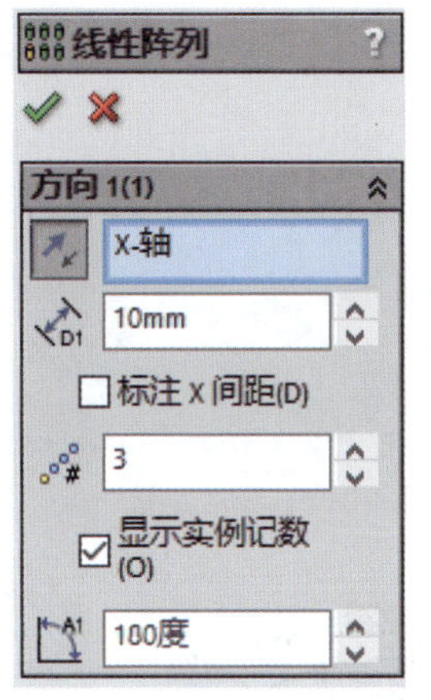

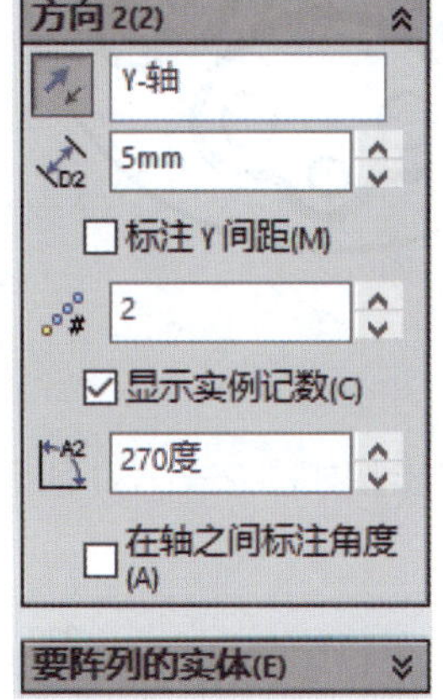

图 2-3-27 线性阵列参数设置

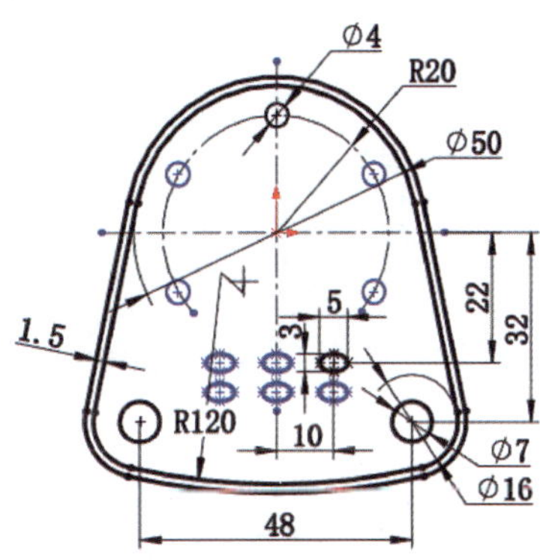

图 2-3-28 线性阵列椭圆

5. 绘制 ϕ30 圆

单击“圆”按钮，以原点为中心绘制一个圆并标注尺寸为 ϕ30，如图 2-3-29 所示，然后对照图 2-3-1 进行尺寸标注调整，至此端盖平面草图绘制完毕。

6. 保存

单击绘图区右上角的“退出草图”按钮退出草绘环境。单击标准工具栏中的“保存”按钮，将文件命名为“端盖平面草图”。

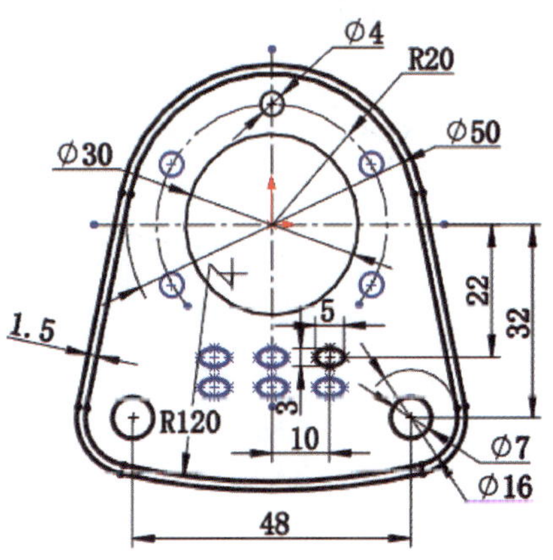

图 2-3-29 端盖平面草图

任务巩固

在草绘模式下绘制型芯平面草图，如图 2-3-30 所示，并标注尺寸。

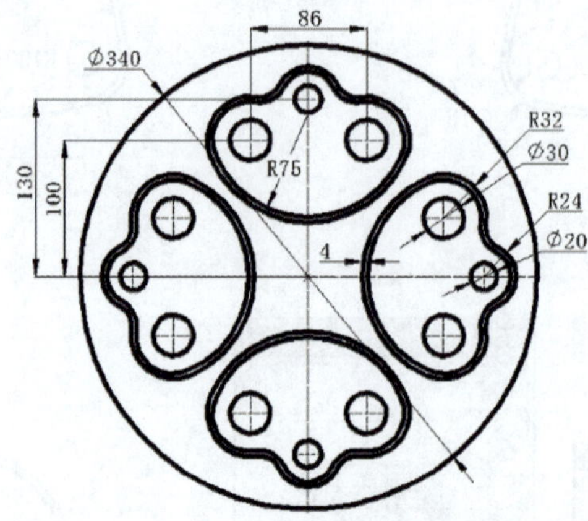

图 2-3-30　型芯平面草图

提示：绘制巩固练习平面草图的参考步骤如图 2-3-31 所示。

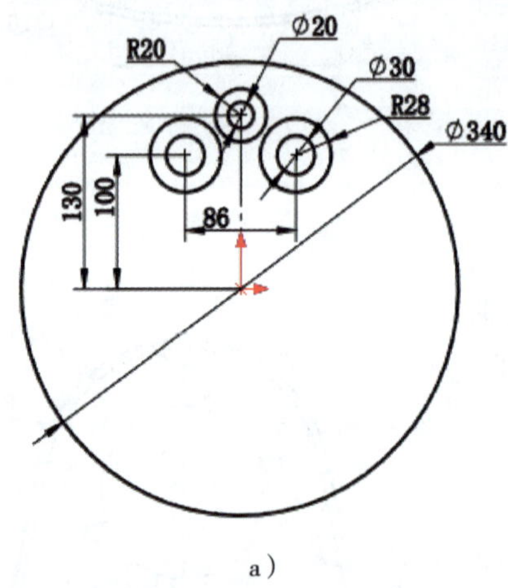

a）

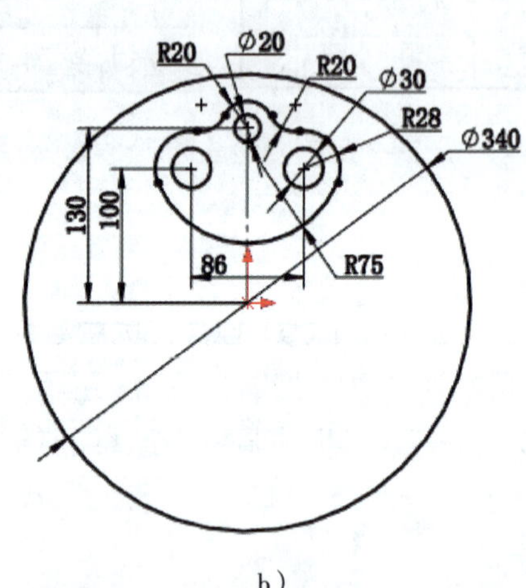

b）

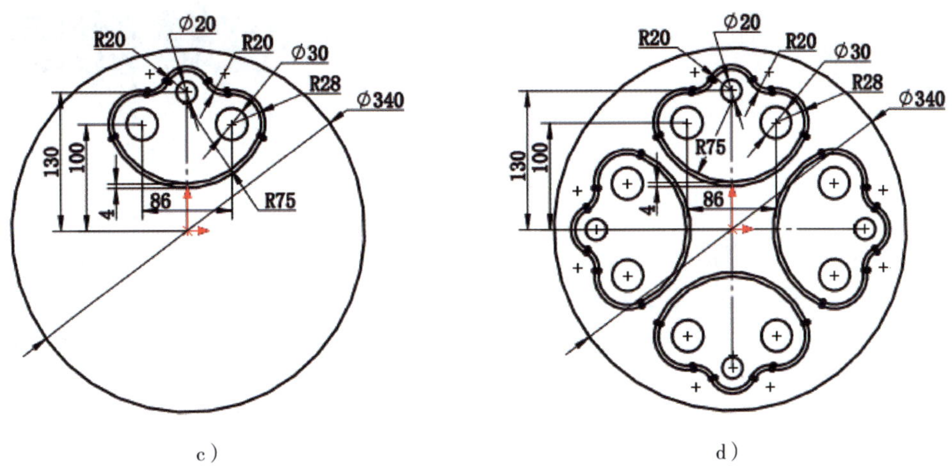

图 2-3-31 绘制型芯平面草图的参考步骤

a）绘制多个圆并标注尺寸 b）使用直线和切弧连接，添加几何约束

c）等距实体 d）圆周草图阵列

小贴士

本任务和任务巩固中绘制的草图较为复杂，主要是为了学习 SolidWorks 的草图绘制技巧。实际创建三维模型时一般不绘制如此复杂的草图，草图越简单越好，这样有利于草图的管理和特征的修改。

项目三

实体建模

实体建模是三维软件中最主要的模块之一，它以二维草图为截面，通过拉伸、旋转、扫描等实体建模方式形成，并通过圆角过渡、抽壳、镜像、阵列等辅助建模方式进行编辑完善，最终形成模型的实体特征。

任务 1　手柄的设计

任务目标

1. 掌握拉伸与旋转特征命令的运用。
2. 掌握倒圆角和倒角命令的运用。
3. 能够绘制由基本体组成的产品。

任务描述

设计完成如图 3-1-1 所示的手柄，手柄的材质是橡木。手柄的主体是多段圆弧构成的旋转体，手柄与其他部件连接的部位是一个正六边形的盲孔，同时考虑手柄的工作场合还需要进行倒圆角。创建思路为先旋转实体创建手柄的主体部分，再旋转切出手柄上的纹理，然后通过拉伸实体和拉伸切除完成手柄连接头，最后倒角和添加材质完成手柄的设计。

知识准备

一、“特征”选项卡

如图 3-1-2 所示，“特征”选项卡提供了零件建模常用的大多数命令，包括拉伸凸台 / 基体、旋转凸台 / 基体、扫描、放样凸台 / 基体、边界凸台 / 基体以及与其相对应的切除特

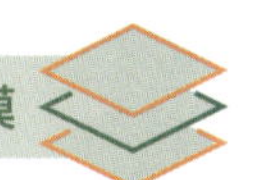

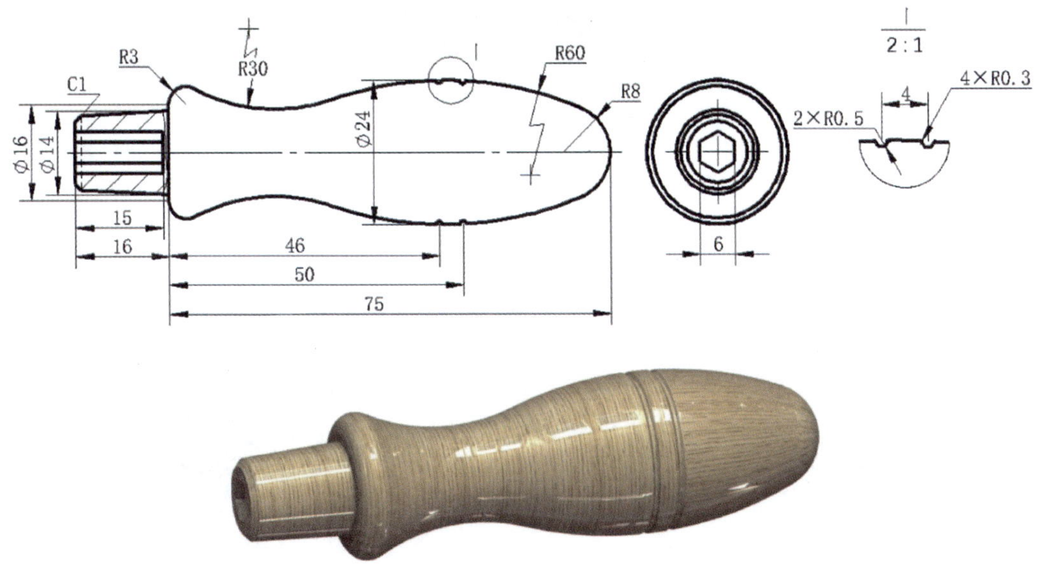

图 3-1-1 手柄

征等多种特征命令，还包括圆角、阵列、筋、拔模、抽壳等多个特征编辑命令，以及参考几何体等一些常用的辅助建模命令等。

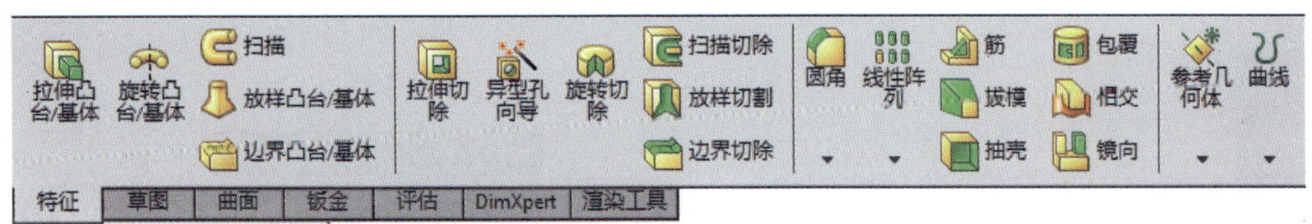

图 3-1-2 “特征”选项卡

二、拉伸凸台 / 基体

拉伸凸台 / 基体是将已有的一个或者多个二维草图轮廓截面沿着指定方向进行拉伸而形成的特征，是最常用的创建特征的方法。

1. 拉伸凸台 / 基体的方法

以创建一个圆柱体为例，其操作步骤如下：

（1）在草绘环境下，绘制一个草图，如图 3-1-3a 所示。

（2）保持草图的激活状态，在“特征”选项卡中单击“拉伸凸台 / 基体”按钮，弹出“凸台 - 拉伸”属性管理器，在属性管理器中输入拉伸深度为“10 mm”，其他选项保持默认设置，如图 3-1-3b 所示。

（3）单击“确定”按钮，得到如图 3-1-3c 所示的圆柱体。

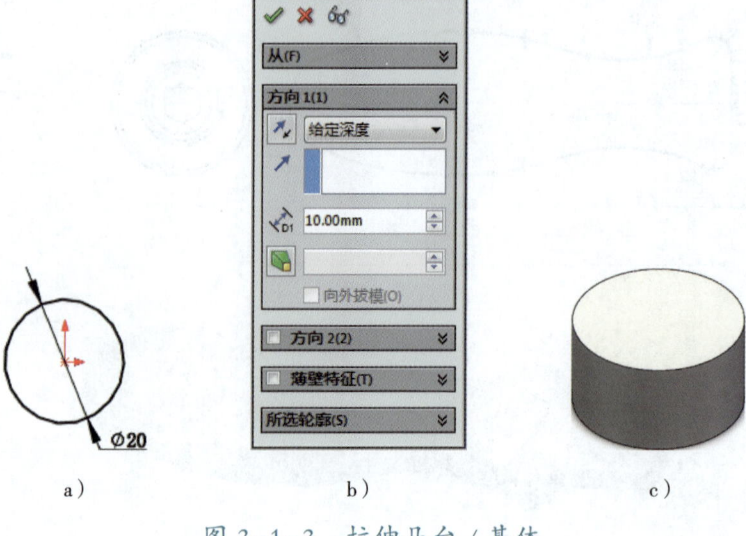

图 3-1-3　拉伸凸台 / 基体

2. 拉伸凸台 / 基体的拉伸开始条件和终止条件

创建拉伸特征时，有多种拉伸开始条件和终止条件，如图 3-1-4 所示为拉伸开始条件，如图 3-1-5 所示为拉伸终止条件。拉伸开始和终止条件的功能说明和示例分别见表 3-1-1 和表 3-1-2。

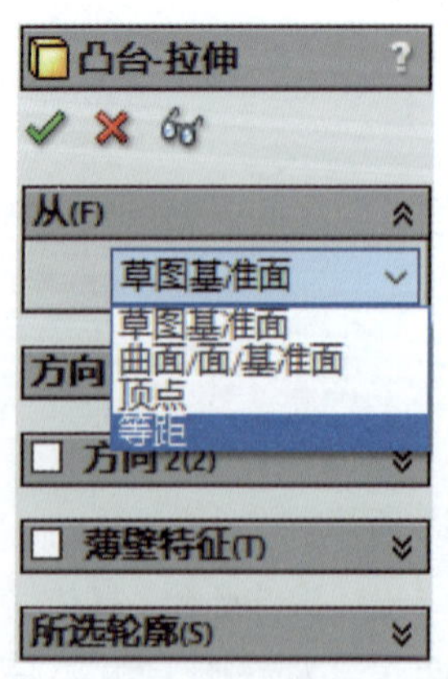

图 3-1-4　拉伸开始条件

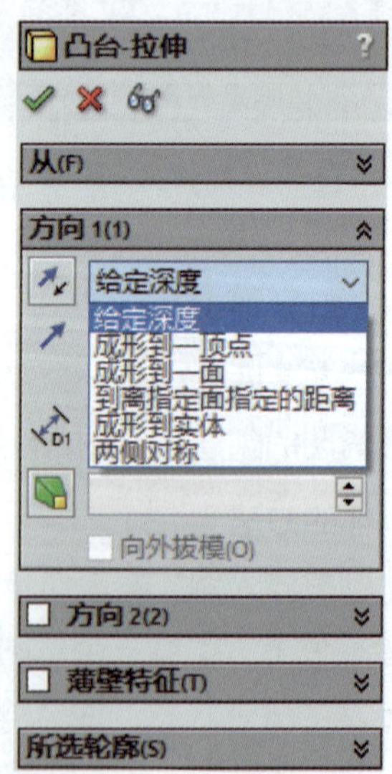

图 3-1-5　拉伸终止条件

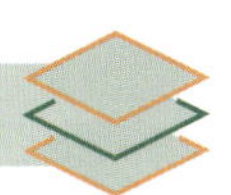

▼ 表 3-1-1　拉伸凸台 / 基体的拉伸开始条件的功能说明和示例

开始条件	功能说明	示例
草图基准面	从草图所在的基准面开始拉伸	
曲面 / 面 / 基准面	选择平面后，草图将从平面开始拉伸	从该面进行拉伸
顶点	草图从平行于草图所在基准面并通过所选顶点的面开始拉伸	
等距	输入一个等距距离后，草图将从与草图所在基准面指定距离的位置开始拉伸	

▼ 表 3-1-2　拉伸凸台 / 基体的拉伸终止条件的功能说明和示例

终止条件	功能说明	示例
给定深度	从草图的基准面拉伸到指定的距离平移处	
完全贯穿	从草图的基准面拉伸，直到贯穿所有现有的几何体	
成形到下一面	从草图的基准面拉伸到下一面，以生成特征	

续表

终止条件	功能说明	示例
成形到一面	从草图的基准面拉伸到所选的曲面	所选曲面
到离指定面指定的距离	从草图的基准面拉伸到距离某面或曲面的特定距离处	拉伸到与该面具有一定距离的平面处
两侧对称	从草图基准面向两个方向对称拉伸特征	
成形到一顶点	从草图基准面拉伸到一个平面，该平面平行于草图基准面且穿越指定的顶点	拉伸到该点

3.“凸台 - 拉伸”属性管理器中的其他选项

（1）合并结果：勾选此复选框，如有可能，执行拉伸操作后会将所产生的实体合并到现有实体；如果不选择，拉伸特征将生成一个不同实体。

（2）拔模开 / 关：单击“拔模开 / 关”按钮可在后边文本框中设置拔模角度，拔模后效果如图 3-1-6 所示，勾选“向外拔模”复选框后的拔模效果如图 3-1-7 所示。

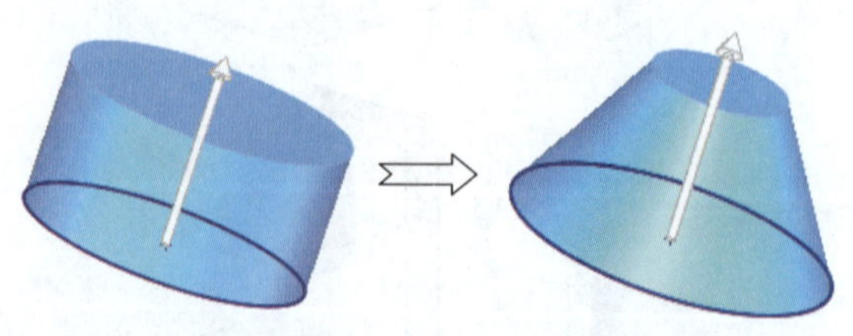

图 3-1-6　拔模实体效果

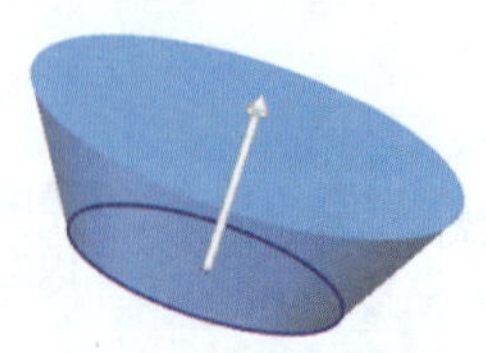

图 3-1-7　向外拔模实体效果

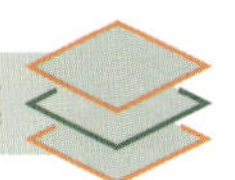

（3）方向 2 拉伸：如图 3-1-8 所示，在“凸台 - 拉伸”属性管理器中勾选“方向 2”后，可用于设置另外一个方向的拉伸，效果如图 3-1-9 所示。

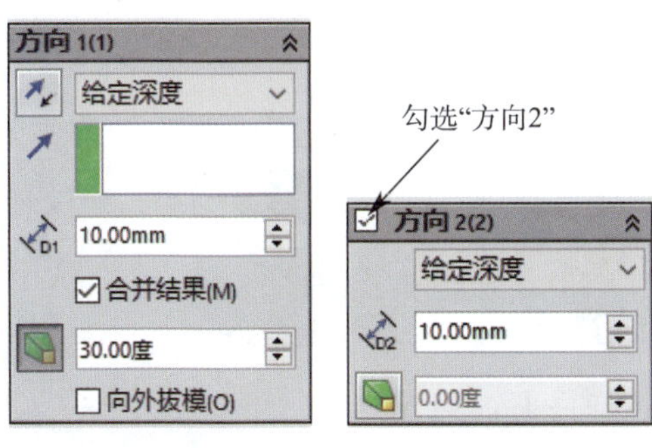

图 3-1-8　勾选“方向 2”

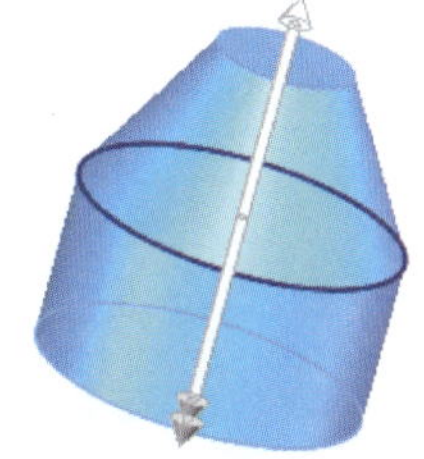

图 3-1-9　两个方向拉伸效果

（4）薄壁特征：薄壁特征是指具有一定厚度的实体特征，可以对闭环和开环草图进行薄壁拉伸，如图 3-1-10 所示勾选“薄壁特征”后，其效果如图 3-1-11 所示。薄壁有“单向”“两侧对称”和“双向”三种类型。

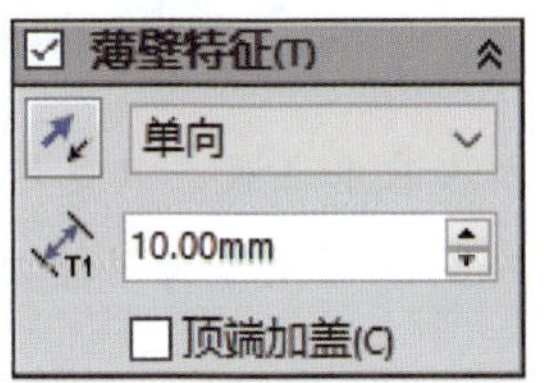

图 3-1-10　勾选“薄壁特征”

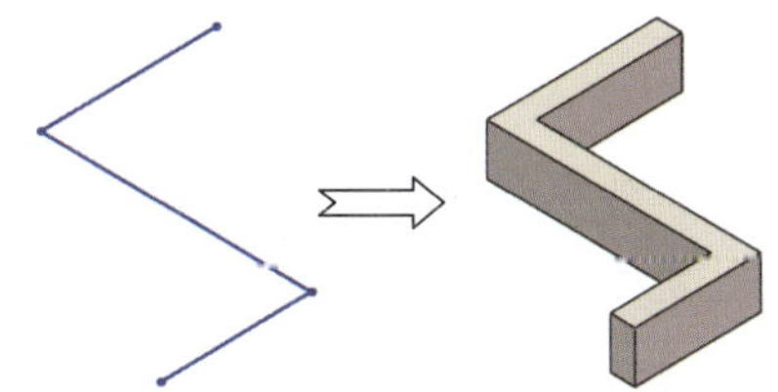

图 3-1-11　薄壁特征

（5）所选轮廓：允许用户选择当前草图中的部分草图生成拉伸特征，如图 3-1-12 所示选择一个封闭草图时，其拉伸效果如图 3-1-13 所示。

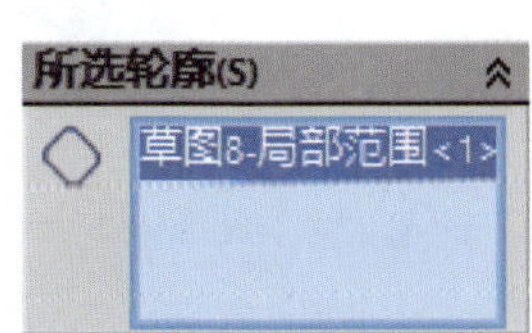

图 3-1-12　“所选轮廓”选框

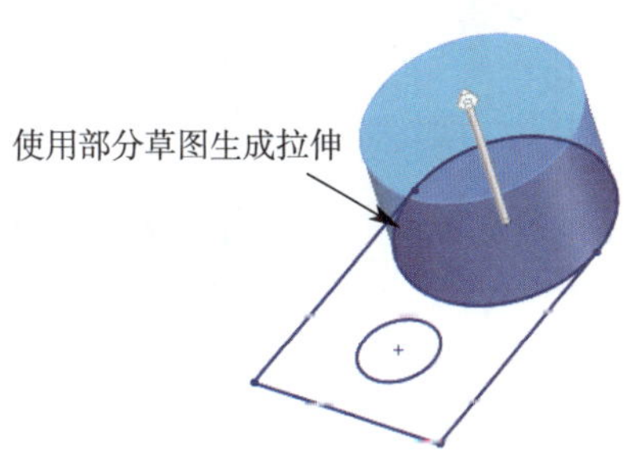

图 3-1-13　部分轮廓拉伸效果

小贴士

截面的形状如果是内外封闭环嵌套，在生成增加材料的拉伸特征时，系统默认里面的封闭环是切除实体截面轮廓，如图 3-1-14 所示。

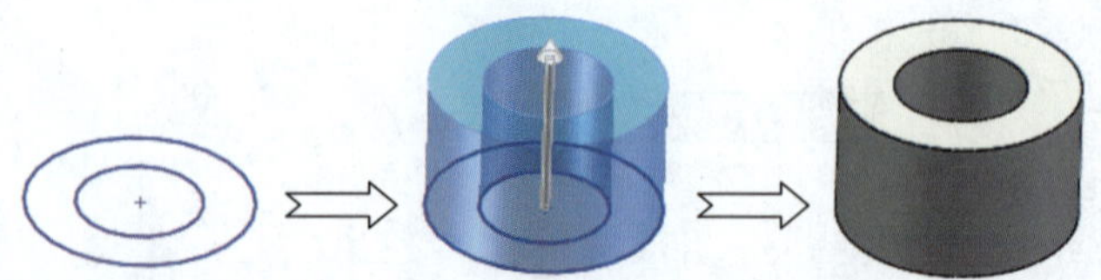

图 3-1-14　拉伸嵌套的封闭环

三、拉伸切除

拉伸切除是指由草图截面经过拉伸来切除实体特征。

“拉伸切除”的操作步骤与“拉伸凸台 / 基体”相同，拉伸切除效果如图 3-1-15 所示。

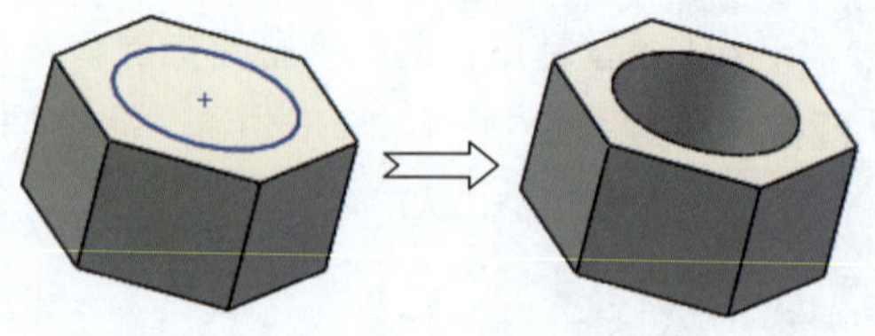

图 3-1-15　拉伸切除效果

小贴士

“切除 - 拉伸”和“凸台 - 拉伸”属性管理器的设置方法基本一致，只是增加了一个“反侧切除”复选框，如图 3-1-16 所示，选择该复选框可以切除封闭草图以外的部分，如图 3-1-17 所示。

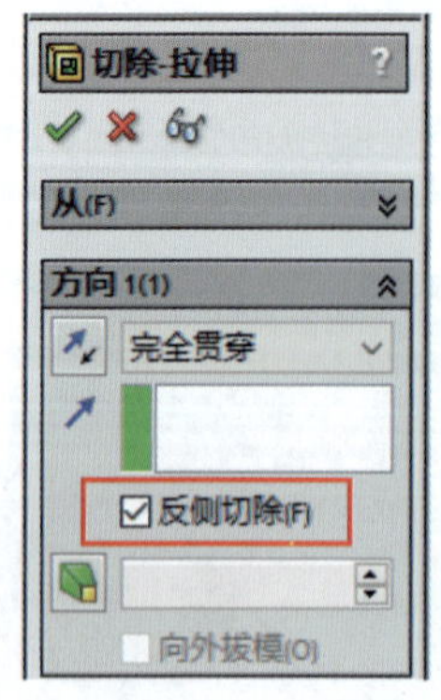

图 3-1-16　“反侧切除”复选框

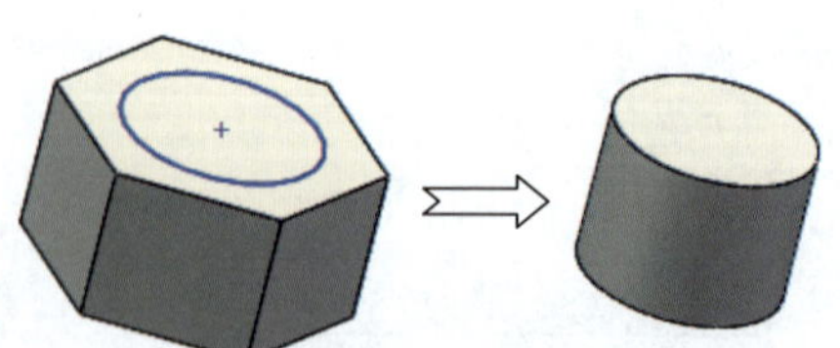

图 3-1-17　勾选“反侧切除”后的拉伸切除效果

四、旋转凸台 / 基体和旋转切除

“旋转凸台 / 基体”和“旋转切除”命令用来创建常见的轴类、盘类和球类等回转体类零件。旋转凸台 / 基体和拉伸凸台 / 基体两个特征非常相似。区别是一个是以轴进行旋转拉伸实体，一个是沿着草图截面垂直拉伸实体。

旋转凸台 / 基体是将草图截面绕旋转中心线旋转一定角度而生成的凸台、基体特征。

旋转切除是将草图截面绕旋转中心线旋转一定角度来切除实体特征。两个特征作用不同，但操作步骤一样，现以旋转凸台 / 基体的操作为例来介绍。

以旋转一个圆环为例，其操作步骤如下：

1. 在草绘环境下，绘制一个草图，如图 3-1-18a 所示。

2. 在“特征”选项卡中单击“旋转凸台 / 基体”按钮，弹出“旋转”属性管理器，所有选项保持默认，如图 3-1-18b 所示。

3. 单击“确定”按钮，生成旋转实体，如图 3-1-18c 所示。

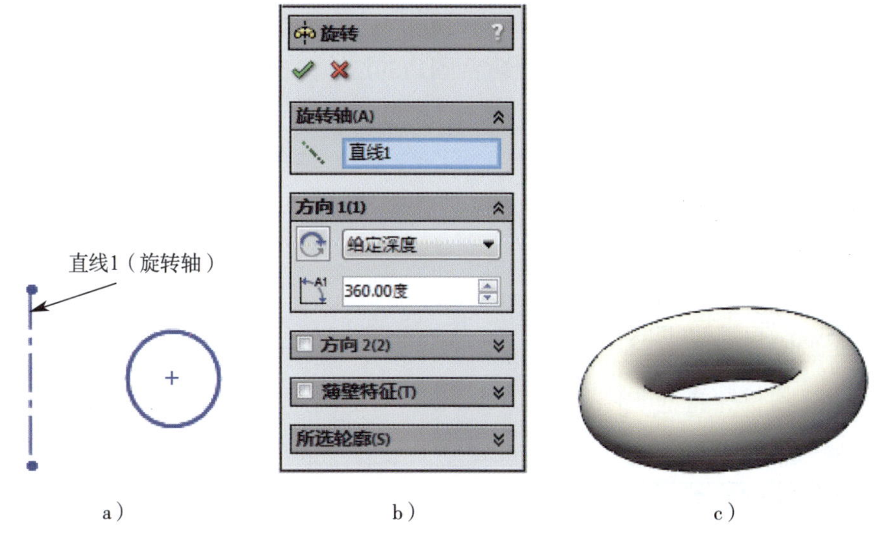

图 3-1-18　旋转凸台 / 基体

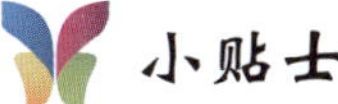

小贴士

1. 旋转轴可以是构造线，也可以是实线。绘图区中只有一条中心构造线时，系统会默认该线为旋转轴。

2. 旋转凸台 / 基体特征和旋转切除特征中草图截面必须全部位于旋转中心线的一侧，并且轮廓线不能和中心线交叉。

3. 封闭环的轮廓用于创建实体旋转特征，非封闭环的轮廓用于创建薄壁旋转特征，如图 3-1-19 所示。

4. 当草图不封闭时，在退出草图时会弹出如图3-1-20所示的对话框，如选择“是”，草图会自动封闭来完成实体的旋转建模；如选择“否”，会创建薄壁旋转特征。

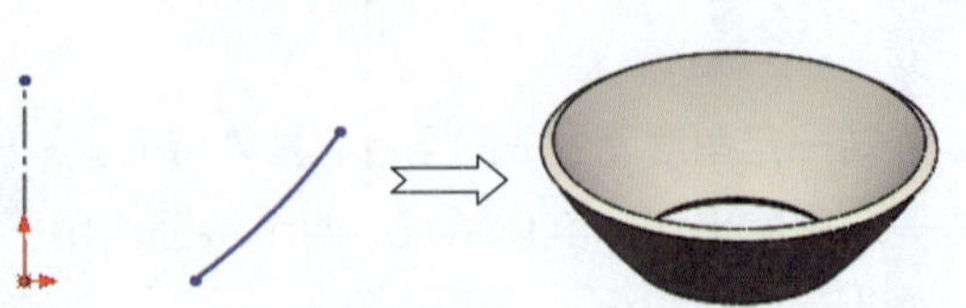
图 3-1-19　创建薄壁旋转特征

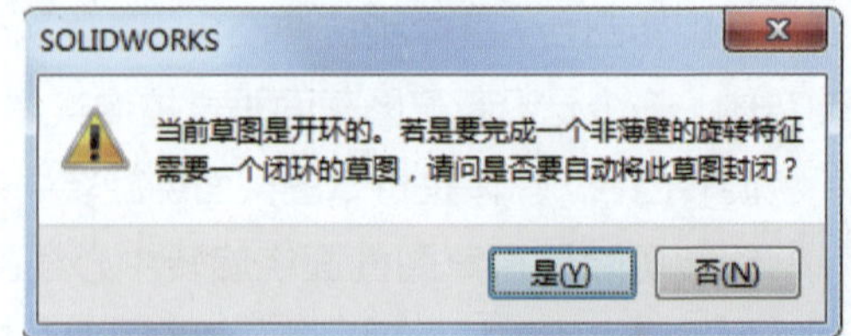

图 3-1-20　草图开环时的对话框

五、倒圆角和倒角

倒圆角和倒角能使现有产品特征的棱边生成平滑的效果。

1. 倒圆角和倒角的方法

以在正方体上创建一个 *R*5 圆角为例，其操作步骤如下：

在“特征”选项卡中单击“圆角”按钮，在“圆角”属性管理器中设置半径值为“5 mm”，如图3-1-21所示；选择所需倒圆角的边，单击“确定”按钮完成倒圆角，如图3-1-22所示。

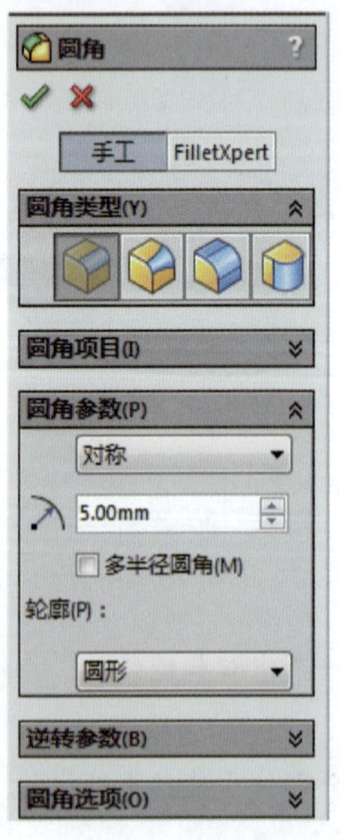

图 3-1-21　倒圆角参数设置

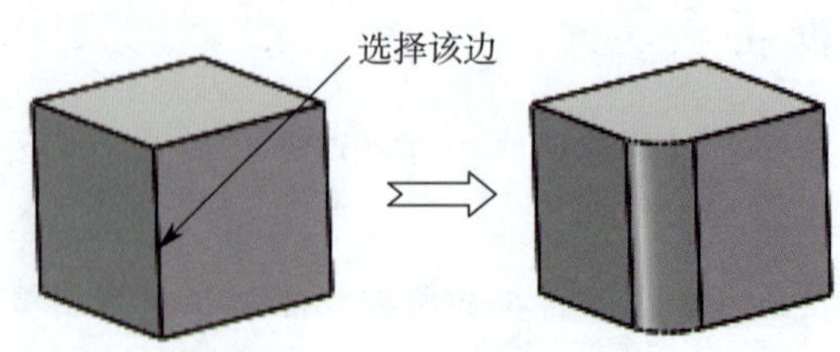

图 3-1-22　倒圆角效果

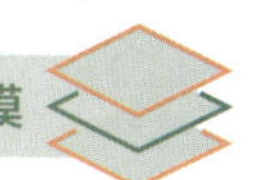

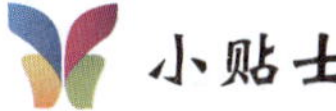

小贴士

1. 倒圆角常常在完成模型的基本形状后进行。
2. 一般情况下首先倒半径较大的圆角，然后倒半径较小的圆角。

2. 倒圆角的类型

SolidWorks2015 软件中倒圆角有等半径（恒定大小圆角）、变半径（变量大小圆角）、面圆角、完整圆角等多种类型，其功能说明和示例见表 3-1-3。

▼ 表 3-1-3　倒圆角的类型、功能说明和示例

倒圆角类型	功能说明	示例
等半径	生成的圆角半径是常数，这是最常用的圆角生成方法	半径：10mm
变半径	生成可变半径的圆角，可以在圆角边线上指定变半径的点	变半径：5mm R：10mm P：50.00% 变半径：5mm
面圆角	选取零件相邻的表面所生成的圆角特征	面组1 半径：10mm 面组2
完整圆角	生成相切于三个相邻面组的圆角	中央面组 边侧面组1 边侧面组2

3. 倒角的类型

SolidWorks2015 软件中倒角有角度距离、距离 - 距离、顶点等多种类型，其功能说明和示例见表 3-1-4。

▼ 表 3-1-4　倒角的类型、功能说明和示例

倒角类型	功能说明	示例
角度距离	生成一个角度和距离尺寸标注的倒角	距离：20mm 角度：45度
距离 - 距离	生成一个两个距离尺寸标注的倒角	距离1：20mm 距离2：10mm
顶点	生成一个三个距离尺寸标注的倒角	距离1：10mm 距离2：30mm 距离3：30mm

任务实施

操作演示

一、创建手柄的主体

1. 新建文件

启动 SolidWorks 软件后，单击“新建”按钮，在弹出的“新建 SolidWorks 文件”对话框中选择“零件”图标，单击“确定”按钮，进入零件设计工作环境。

2. 绘制手柄轮廓线草图

在设计树中选择“前视基准面”，单击快捷工具栏中的“草图绘制”按钮，绘制手柄轮廓线草图并标注尺寸，如图 3-1-23 所示。

小贴士

注意：在标注手柄轮廓线草图中尺寸 12 时，需要按住“Shift”键。

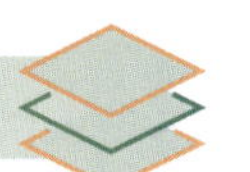

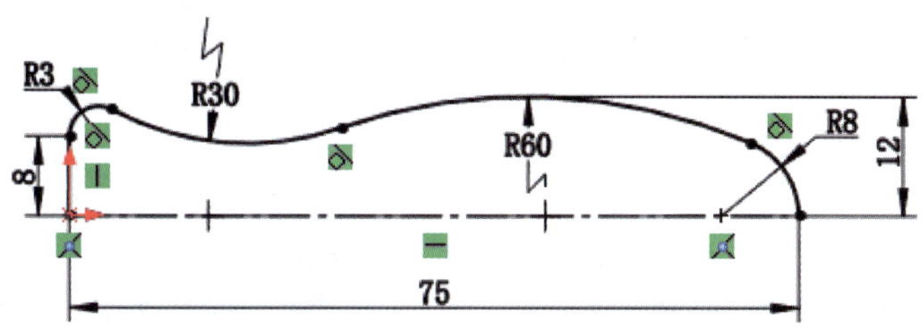

图 3-1-23　绘制手柄轮廓线草图

3. 旋转实体

保持草图的激活状态，在“特征”选项卡中单击“旋转凸台 / 基体”按钮，弹出如图 3-1-24 所示的对话框，单击“是”按钮，弹出“旋转”属性管理器，保持默认设置（即手柄中心线为旋转轴参考线，旋转角度为“360 度”），如图 3-1-25 所示，单击“确定”按钮完成手柄的主体建模，如图 3-1-26 所示。

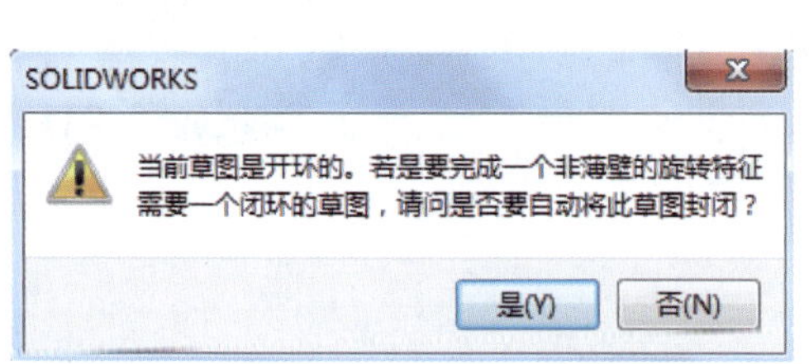

图 3-1-24　草图开环时的对话框

图 3-1-25　设置旋转参数

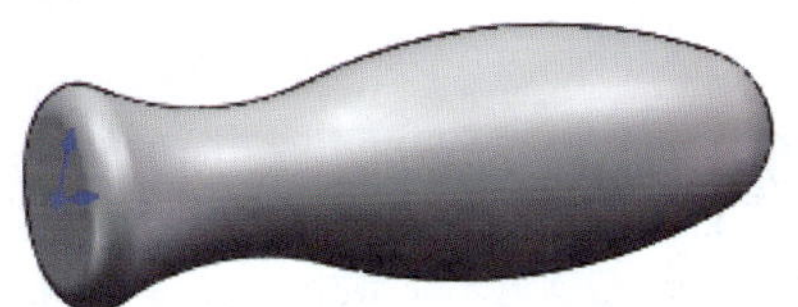

图 3-1-26　手柄的主体

二、旋转切除纹理

1. 在设计树中选择“前视基准面”，单击“草图绘制”按钮，按“Space”键，单击“正视于”按钮，将视图正对用户，绘制两个 ϕ 1 的小圆和中心线并标注尺寸，小圆的圆心确定相交约束到手柄外轮廓线上，如图 3-1-27 所示。

2. 保持草图的激活状态，在“特征”选项卡中单击“旋转切除”按钮，保持“切除 - 旋转”属性管理器的默认设置，单击“确定”按钮完成手柄主体上的纹理绘制，如图 3-1-28 所示。

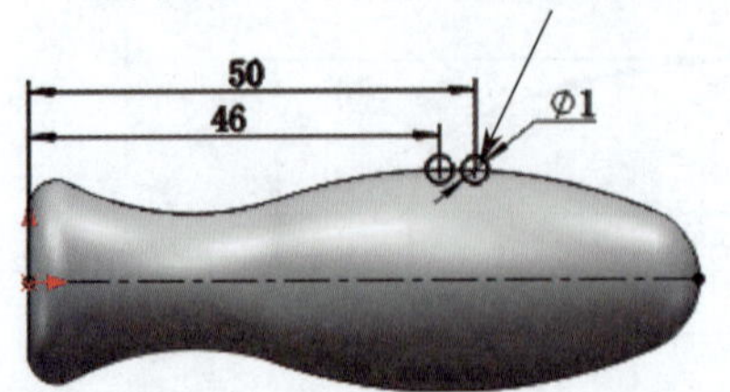

图 3-1-27　绘制切除纹理的基圆

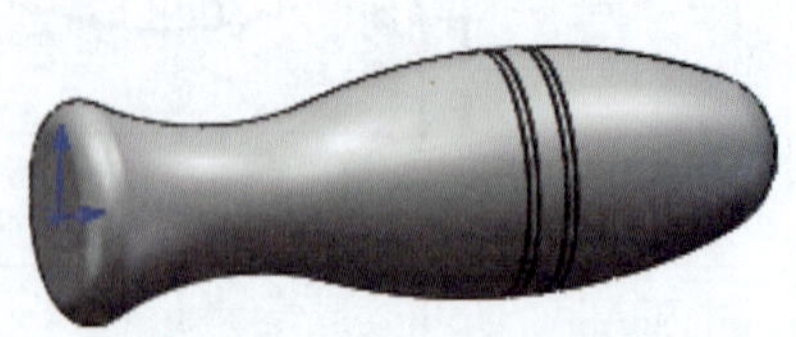

图 3-1-28　手柄主体上的纹理

三、创建手柄的连接头

1. 选中如图 3-1-29 所示的草绘面，在快捷工具栏中单击“草图绘制”按钮，按“Space”键，单击“正视于”按钮，绘制 ϕ14 的圆，如图 3-1-30 所示。

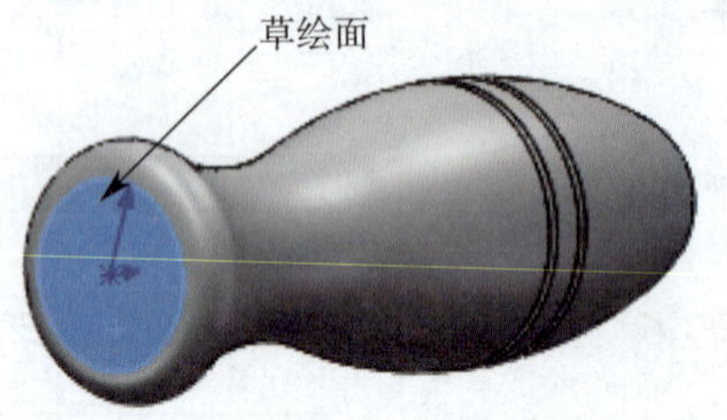

图 3-1-29　选择草绘面

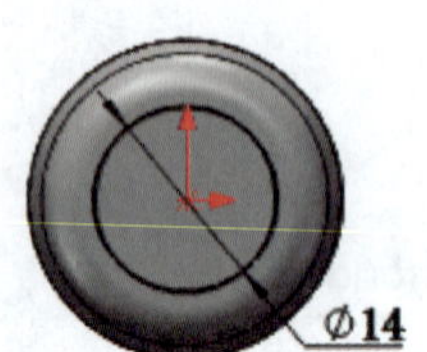

图 3-1-30　绘制 ϕ14 的圆

2. 保持草图激活状态，在“特征”选项卡中单击“拉伸凸台 / 基体”按钮，设置拉伸深度为“16 mm”，单击“拔模开 / 关”按钮，设置拔模角度为“3 度”，其他选项保持默认，如图 3-1-31 所示，单击“确定”按钮，拉伸效果如图 3-1-32 所示。

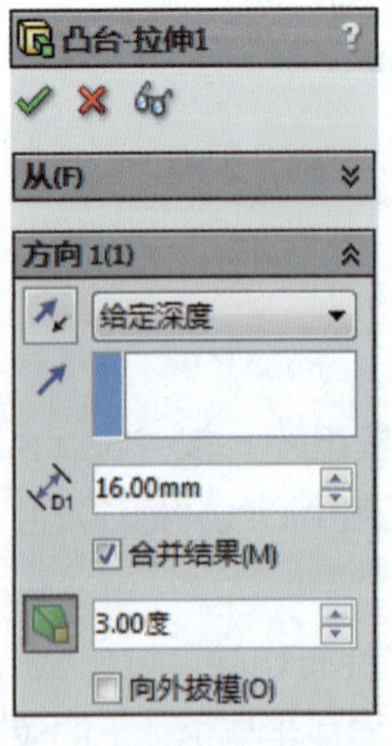

图 3-1-31　拉伸参数设置

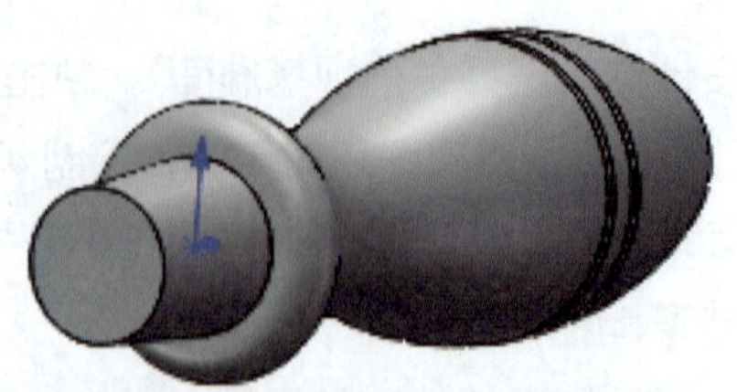

图 3-1-32　拉伸手柄连接头

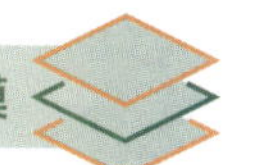

四、切除手柄连接孔

1. 选中手柄的端面，如图 3-1-33 所示，单击“草图绘制”按钮，按“Space”键，单击“正视于”按钮，将视图正对用户，然后单击“草图”选项卡中的“多边形”按钮，绘制一个多边形并标注尺寸，如图 3-1-34 所示。

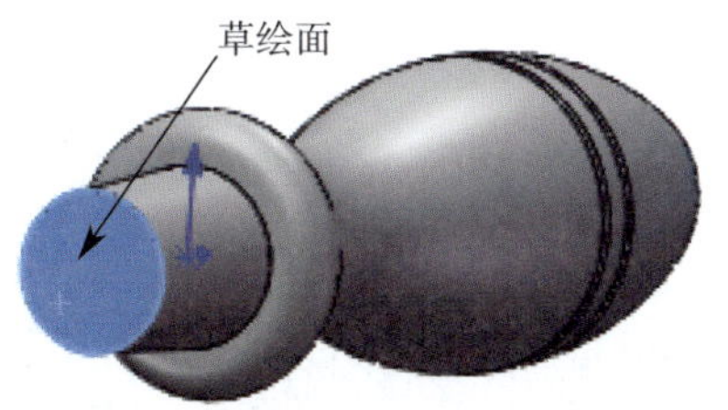

图 3-1-33　选中手柄的端面

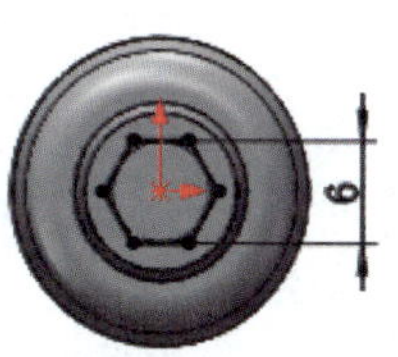

图 3-1-34　绘制多边形并标注尺寸

2. 保持草图激活状态，在“特征”选项卡中单击“拉伸切除”按钮，设置拉伸深度为“15 mm”，其他选项保持默认，如图 3-1-35 所示，单击“确定”按钮，拉伸切除效果如图 3-1-36 所示。

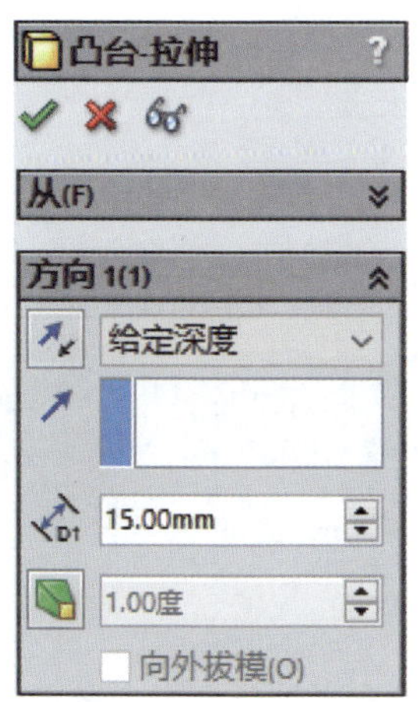

图 3-1-35　拉伸切除参数设置

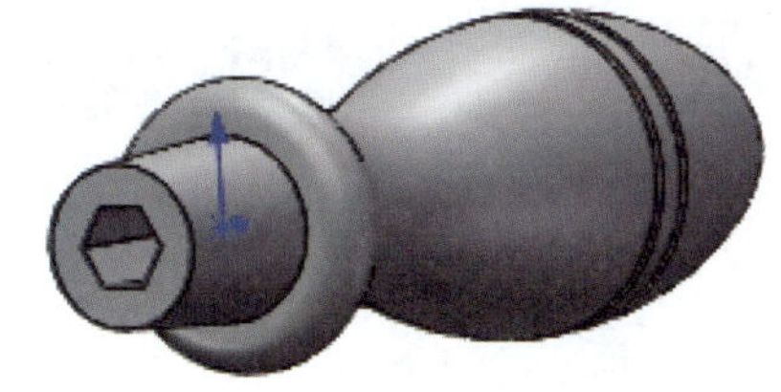
图 3-1-36　拉伸切除手柄连接孔

五、倒角和倒圆角

1. 倒角

在“特征”选项卡中单击“圆角”按钮下方的小三角，从下拉选项中选择“倒角”按钮，在“倒角”属性管理器中设置倒角距离为“1 mm”，其他选项保持默认，如图 3-1-37 所示，选择手柄端的圆柱边线，单击“确定”按钮 完成倒角，效果如图 3-1-38

所示。

2. 倒圆角

在“特征”选项卡中单击“圆角”按钮，打开“圆角”属性管理器，设置圆角半径值为“0.3 mm”，选择手柄主体上纹理处的两个面，如图 3-1-39 所示，单击“确定”按钮完成倒圆角，效果如图 3-1-40 所示。

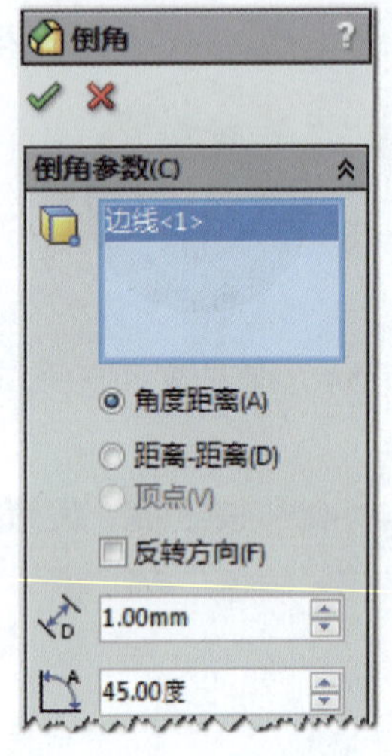

图 3-1-37 倒角参数设置

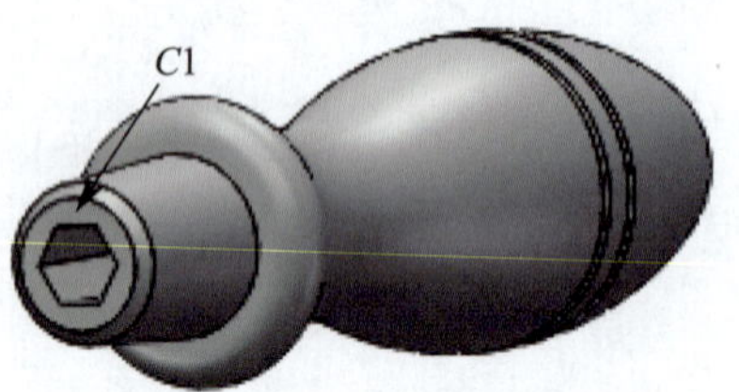

图 3-1-38 创建倒角 C1

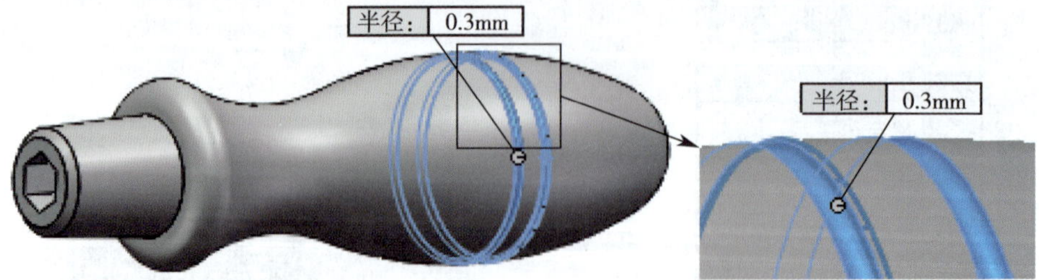

图 3-1-39 选择纹理处的两个面

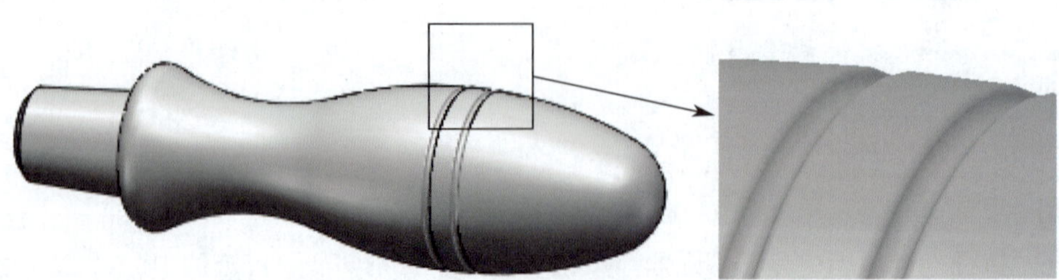

图 3-1-40 纹理处的倒圆角

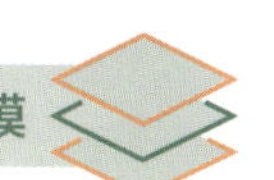

六、选择材质

在设计树中右键单击“材质<未指定>”，在弹出的菜单中选择“编辑材料”，弹出“材料”对话框，选择“SolidWorks materials”→“木材”→“橡木”，如图 3-1-41 所示，单击对话框的“应用”按钮完成材质添加，效果如图 3-1-42 所示，单击“关闭”按钮退出“材料”对话框。

将零件存盘，模型命名为“手柄”。

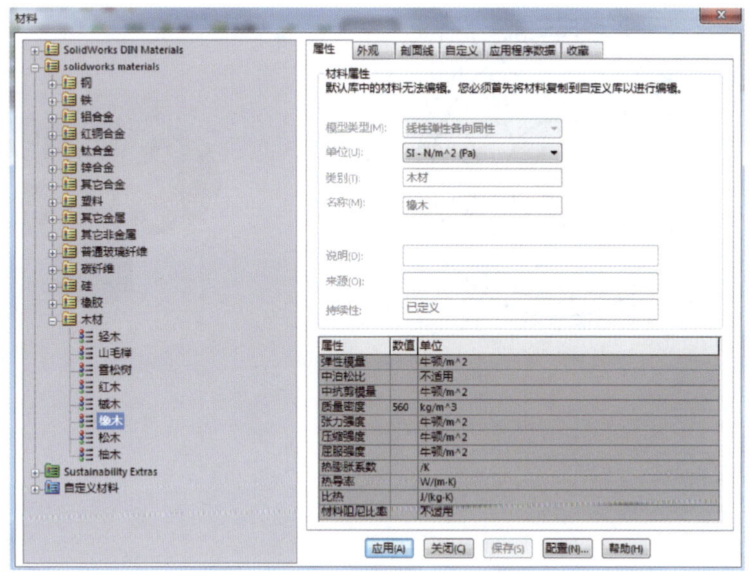

图 3-1-41　选择“橡木”材质

图 3-1-42　添加材质后的手柄效果

任务巩固

根据如图 3-1-43 所示工程图，完成塑料扣的设计，自定义材料和外观。

操作演示

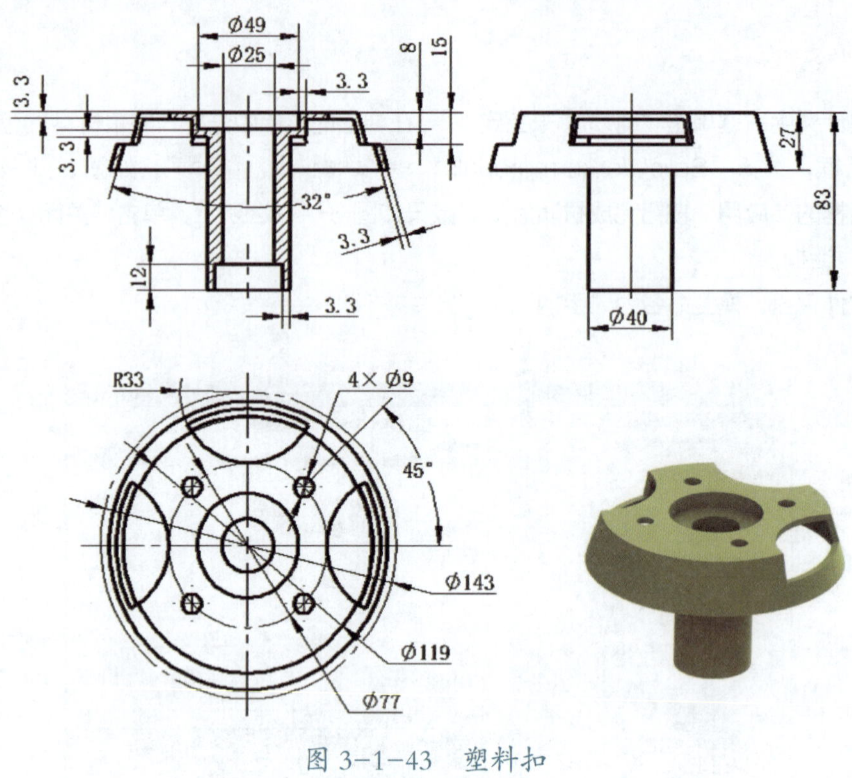

图 3-1-43 塑料扣

任务 2 节能灯的外形设计

任务目标

1. 掌握“扫描”“扫描切除”命令的运用。
2. 掌握新基准面和螺旋线的创建方法。
3. 掌握螺纹的创建方法。
4. 能够绘制具备扫描特征的产品。

任务描述

设计完成如图 3-2-1 所示的节能灯。该灯由灯体、灯座螺口和灯管组成。灯座螺口上

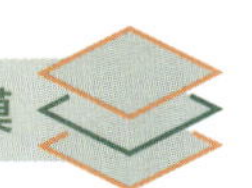

有圆形螺纹，灯管的厚度为 1 mm。在造型设计时通过旋转实体完成灯体建模，接着使用“扫描”命令完成灯管造型，使用“扫描切除”命令完成螺口造型，最后通过添加外观完成节能灯的设计。

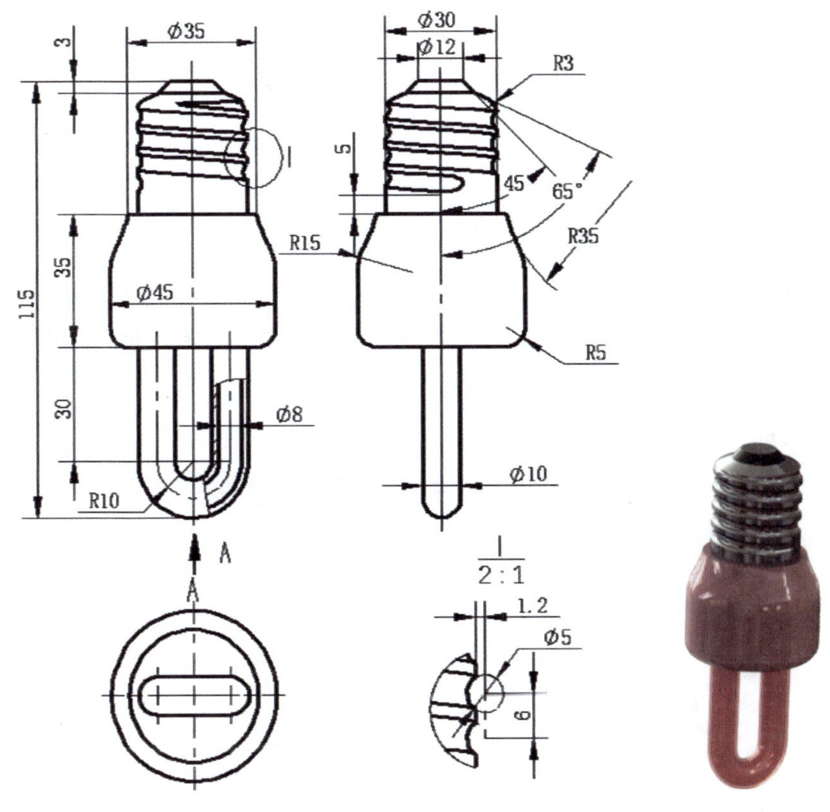

图 3-2-1 节能灯

知识准备

一、扫描特征

扫描特征是将一个截面沿着指定的扫描轨迹曲线“扫”过而形成的特征。

创建扫描特征必须具备扫描轨迹线（路径）和扫描截面。其中扫描轨迹线的起点必须在草图截面的基准面上，扫描截面必须是闭环的。扫描特征生成过程如图 3-2-2 所示。

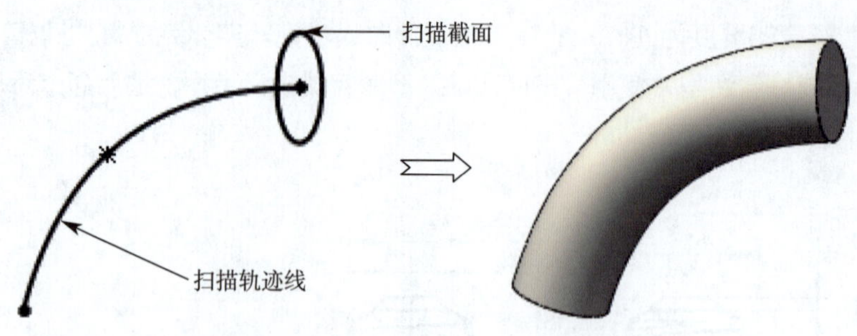

图 3-2-2　扫描特征生成过程

创建扫描特征的操作步骤如下：

1. 建立扫描轨迹线

在前视基准面创建“草图 1”，如图 3-2-3 所示，单击绘图区右上角的按钮退出草绘环境。

2. 建立扫描截面

在上视基准面创建“草图 2”，如图 3-2-4 所示，单击绘图区右上角的按钮退出草绘环境。

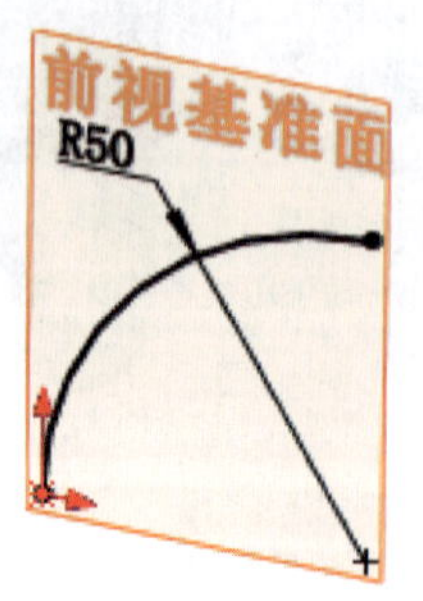

图 3-2-3　草图 1
（扫描轨迹线）

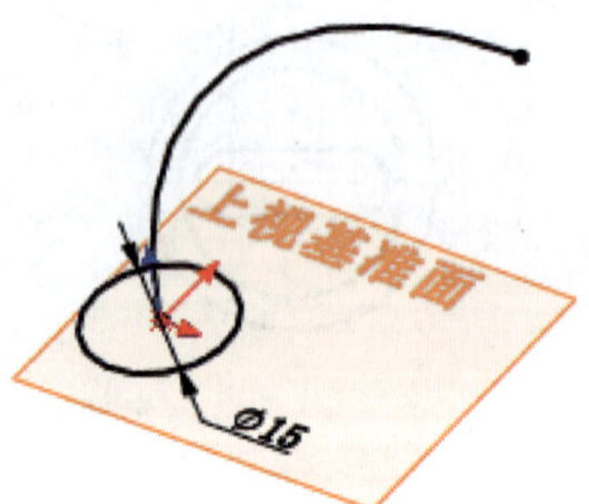

图 3-2-4　草图 2
（扫描截面）

3. 扫描特征

在“特征”选项卡中单击“扫描”按钮，系统弹出“扫描”属性管理器，选择“草图 2”和“草图 1”，如图 3-2-5 所示，其他选项保持默认，然后单击“确定”按钮生成扫描特征，如图 3-2-6 所示。

图 3-2-5　扫描参数设置

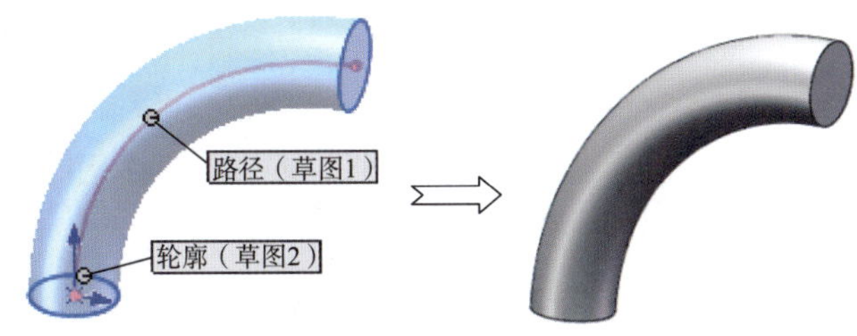

图 3-2-6　生成扫描特征

小贴士

1. 路径可以是绘制的草图，也可以是模型上的直线或者曲线。不论是截面、路径还是形成的实体，都不能出现自相交叉的情况，否则会建模失败。

2. 还有一种扫描方式是使用引导线扫描特征。带引导线的扫描特征由一个扫描轨迹线、一个扫描截面和一个引导线组成，如图 3-2-7 所示。

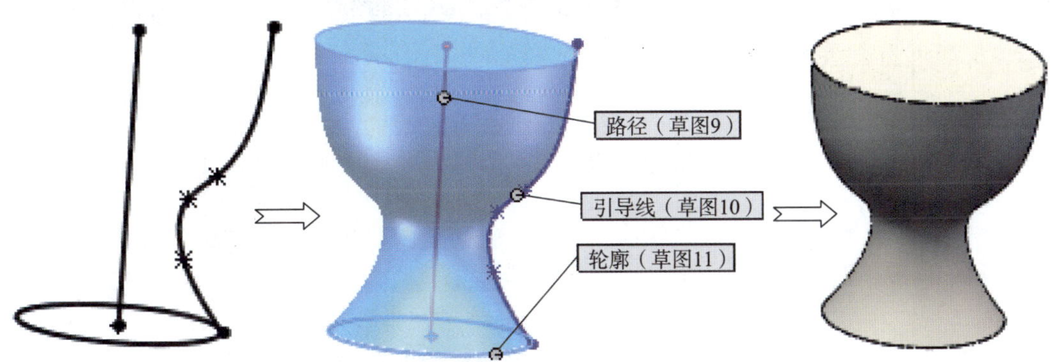

图 3-2-7　使用引导线扫描特征效果

使用引导线生成扫描特征时应注意以下两点：

（1）首先绘制扫描轨迹线和引导线，然后再绘制扫描截面。

（2）引导线必须和扫描截面相交于一点，作为截面的顶点。

二、扫描切除特征

扫描切除特征是将一个草绘截面沿着指定的扫描轨迹曲线“扫”过并切除形成的特征。扫描切除的操作步骤与扫描基本相同，扫描切除效果如图 3-2-8 所示。

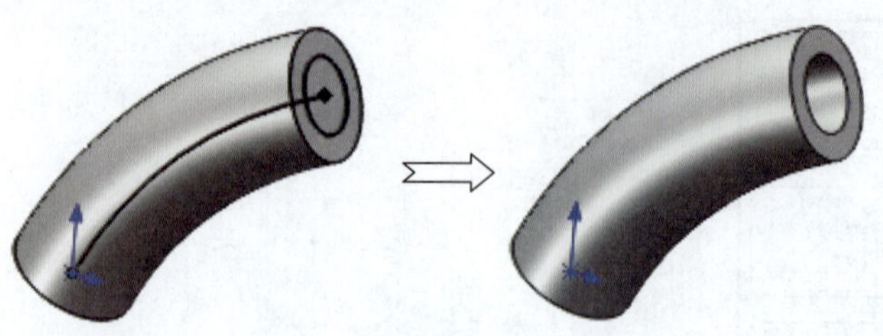

图 3-2-8 扫描切除效果

三、基准面

基准面主要用于绘制草图，生成模型的剖面视图，作为镜像特征的镜像面、拔模特征的中性面以及尺寸标注的参考等，利用 SolidWorks 设计零件时，系统默认提供了前视、上视和右视三个相互垂直的基准面作为零件设计参照，但仅靠这三个基准面很多情况下并不够用，如扫描和放样特征需要在多个基准面上建立草图才能完成建模。

基准面有三点、直线和点、角度面、两个面、等距离、垂直于直线和曲面切平面等多种创建方法，基准面的创建方法、功能说明和示例见表 3-2-1。

▼ 表 3-2-1 基准面的创建方法、功能说明和示例

创建方法	功能说明	示例
三点	通过三个不共线的点创建基准面	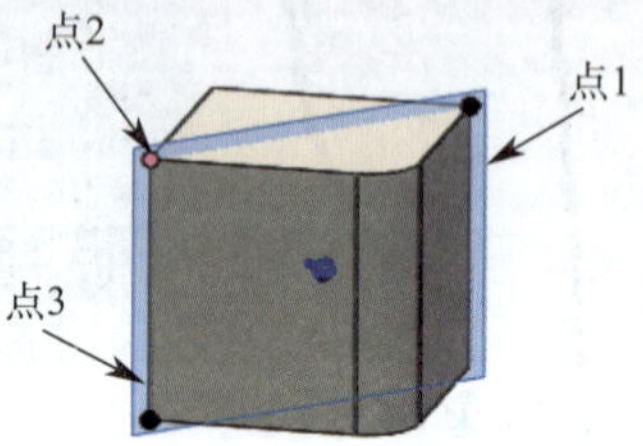 点2 点1 点3
直线和点	通过直线和直线外一点创建基准面	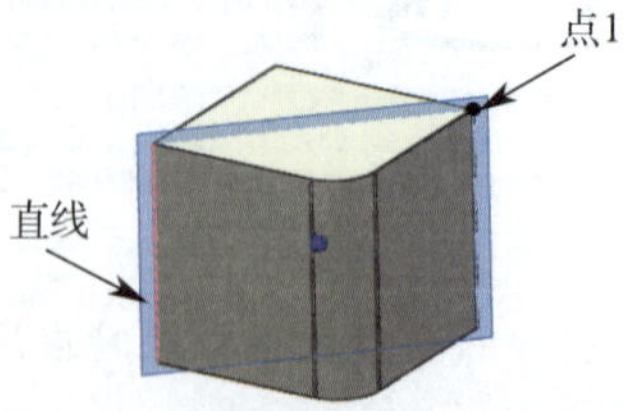 点1 直线
角度面	通过直线创建一个有角度的基准面	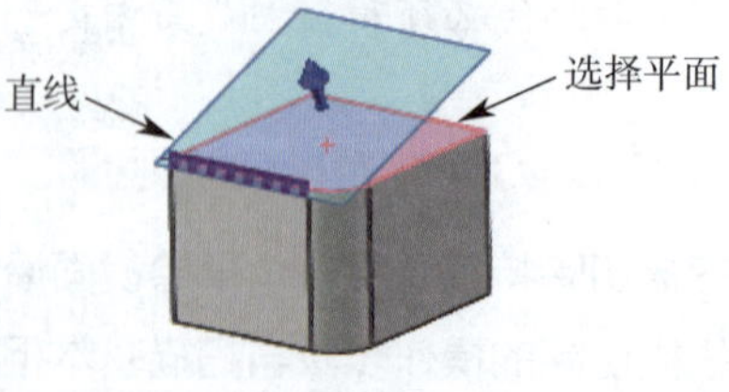 直线 选择平面

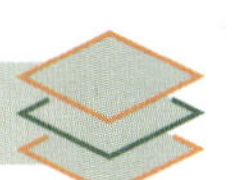

续表

创建方法	功能说明	示例
两个面	通过两个面创建相对两个面之间的中分面	
等距离	创建一个或者多个与指定面距离恒定的基准面	
垂直于直线	通过曲线一点创建一个垂直于该曲线的基准面	
曲面切平面	通过曲面上指定的点创建与曲面相切的基准面	

以在一个长方体上创建一个与顶面成 30° 的基准面为例，其操作步骤如下：

在“特征”选项卡中单击“参考几何体”按钮，在下拉选项中单击“基准面”按钮，在绘图区选择长方体的顶面和一条边线，单击激活“单面夹角”按钮，修改角度为“30 度”，如图 3-2-9 所示，单击“确定”按钮，创建出“基准面 1”，如图 3-2-10 所示。

四、螺旋线

螺旋线是通过一个圆创建出的一条具有恒定螺距或可变螺距的曲线，如图 3-2-11 所示。在 SolidWorks 中要产生螺旋线，必须先绘制一个基础圆。

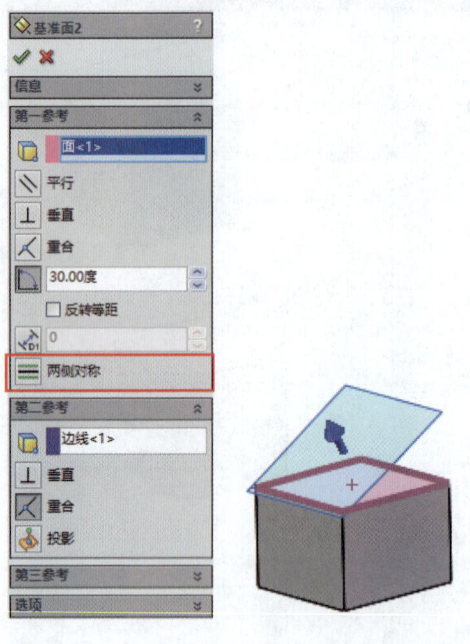

图 3-2-9　属性管理器和基准面预览

图 3-2-10　创建基准面 1

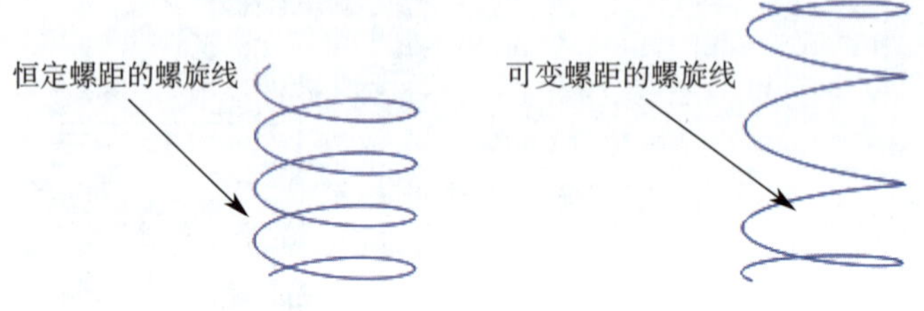

图 3-2-11　螺旋线

以绘制一条恒定螺距的螺旋线为例，其操作步骤如下：

1. 在“特征”选项卡中单击“曲线”按钮，从下拉选项中选择“螺旋线 / 涡状线”按钮，选择“上视基准面”，进入草绘环境，绘制 ϕ35 的圆，如图 3-2-12 所示。

2. 退出草绘环境并进入“螺旋线 / 涡状线”绘制环境，弹出“螺旋线 / 涡状线”属性管理器，设置螺距为“10 mm”，圈数为“4”，起始角度为“0 度”，其他选项保持默认，如图 3-2-13 所示。

3. 单击“确定”按钮，完成直径为 35、螺距为 10 mm 的螺旋线的绘制，如图 3-2-14 所示。

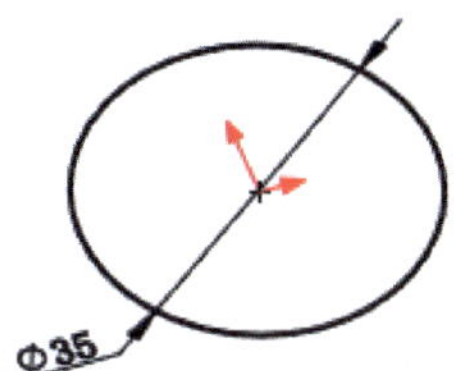

图 3-2-12　绘制圆

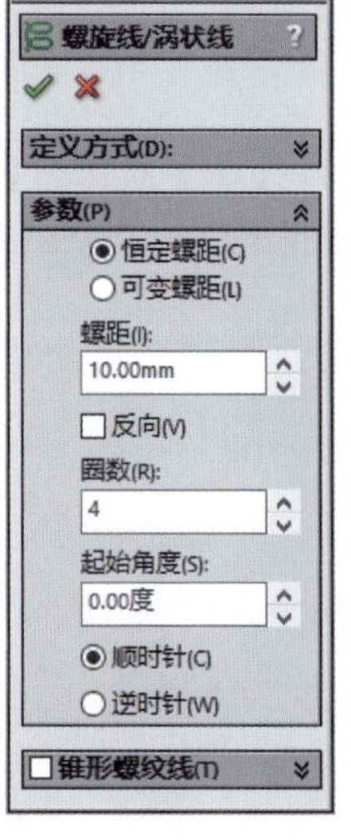

图 3-2-13　螺旋线参数设置

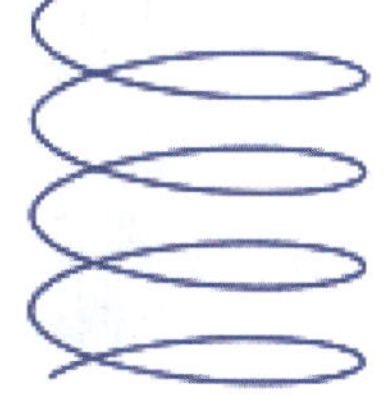
图 3-2-14　螺旋线

任务实施

操作演示

一、创建节能灯的灯体

1. 新建文件

启动 SolidWorks 软件，单击“新建”按钮，选择“零件”图标，再单击“确定”按钮，进入零件设计工作环境。

2. 绘制“草图 1”

在设计树中选择“前视基准面”，单击快捷工具栏中的“草图绘制”按钮，绘制“草图 1”，如图 3-2-15 所示。

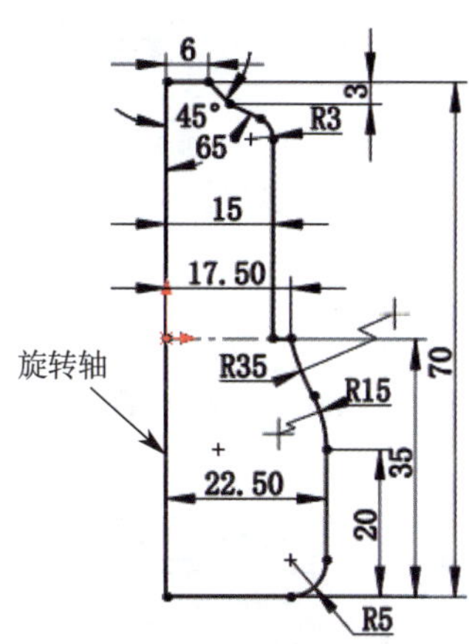

图 3-2-15　草图 1

3. 旋转生成灯体

保持草图激活状态，在“特征”选项卡中单击“旋转凸台 / 基体”按钮，选择中间竖直线为旋转轴，其他选项保持默认，单击“确定”按钮完成灯体模型的制作，如图 3-2-16 所示。

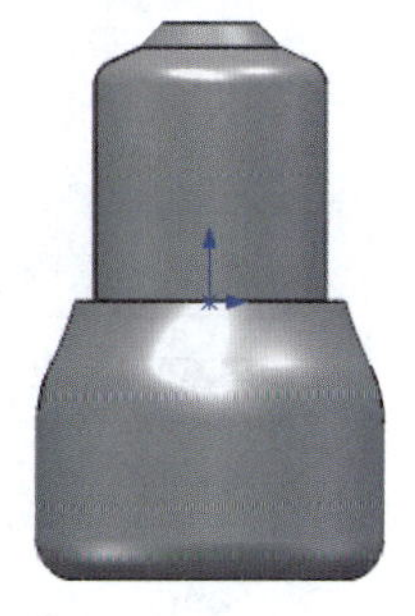
图 3-2-16　旋转生成灯体

二、创建灯管

1. 绘制“草图 2”（扫描轨迹线）

在设计树中选择“前视基准面”，在快捷工具栏中单击“草图绘制”按钮，按“Space”键，单击“正视于”按钮，绘制“草图2”，如图3-2-17所示，单击绘图区右上角的按钮退出草绘环境。

2. 绘制“草图3”（扫描截面）

在设计树中选择灯座的下端面，在快捷工具栏中单击“草图绘制”按钮，绘制“草图3”（ϕ10和ϕ8的圆），如图3-2-18所示，单击按钮退出草绘环境。

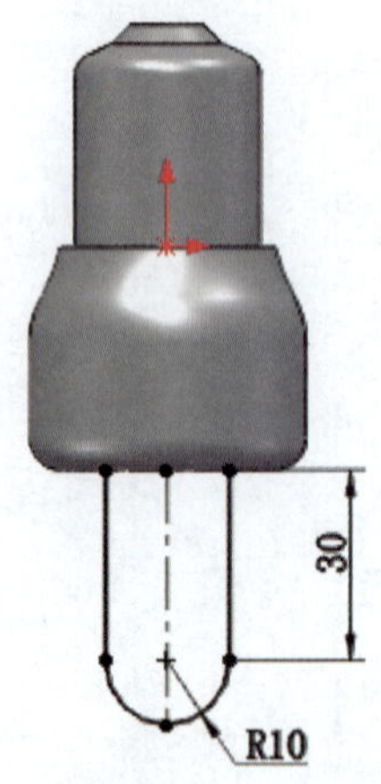

图3-2-17　草图2（扫描轨迹线）

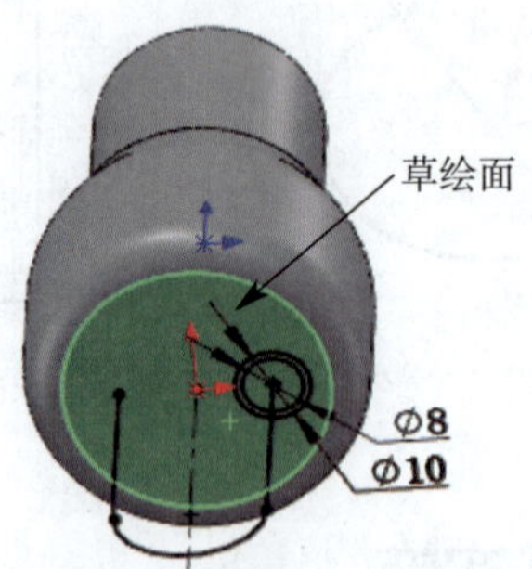

图3-2-18　草图3（扫描截面）

3. 扫描生成灯管

在“特征”选项卡中单击“扫描”按钮，在弹出的“扫描1”属性管理器的“轮廓和路径”选框中分别选中“草图3”和“草图2”，其他选项保持默认，如图3-2-19所示，单击“确定”按钮完成灯管的建模，如图3-2-20所示。

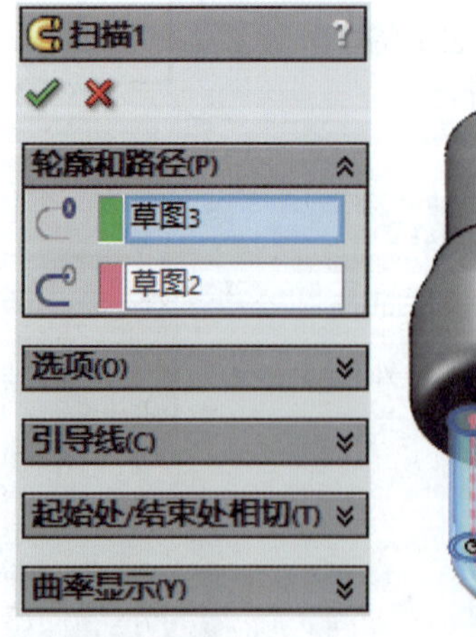

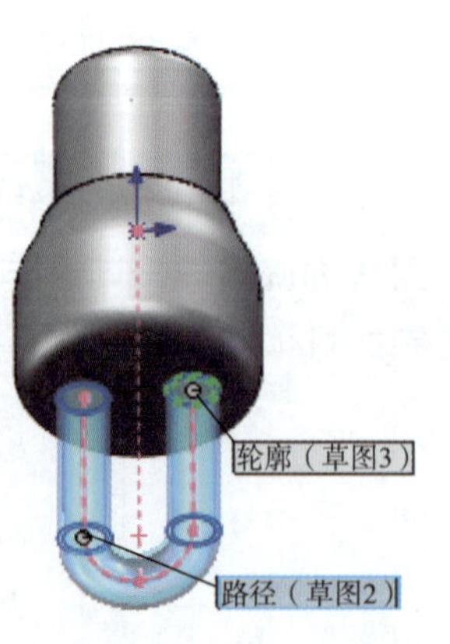

图3-2-19　扫描参数设置和图形预览

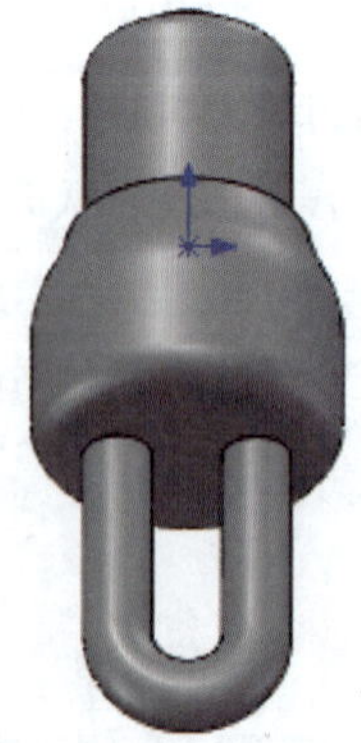

图3-2-20　扫描生成灯管

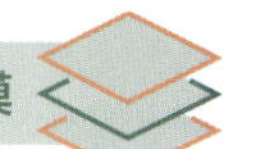

三、创建螺口

1. 创建“基准面 1”

在“特征”选项卡中单击“参考几何体”按钮，在下拉选项中单击“基准面”按钮，选择灯体的中部端面，设置平移方向向上并设置平移间距为“5 mm”，如图 3-2-21 所示，单击“确定”按钮创建“基准面 1”，如图 3-2-22 所示。

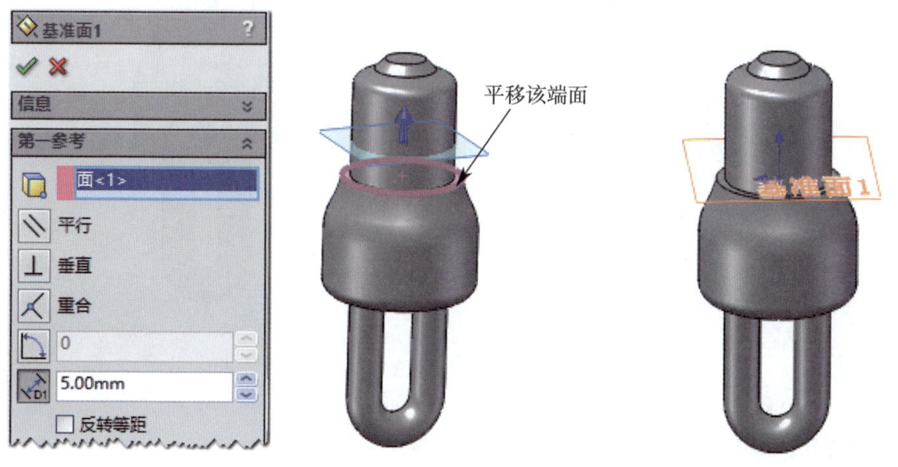

图 3-2-21 基准面参数设置　　图 3-2-22 创建“基准面 1”

2. 创建螺旋线

（1）在“特征”选项卡中单击“曲线”按钮，在下拉选项中单击“螺旋线 / 涡状线”按钮，选择“基准面 1”进入草绘环境，绘制“草图 4”（ϕ30 的圆），如图 3-2-23 所示，单击按钮退出草绘环境。

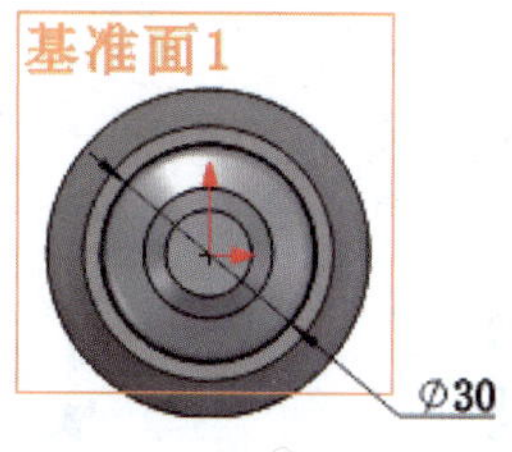

图 3-2-23 草图 4

（2）在“螺旋线 / 涡状线 1”属性管理器中设置螺距为“6 mm”，圈数为“5”，起始角度为“0 度”，其他选项保持默认，如图 3-2-24 所示。

（3）单击“确定”按钮，选中“基准面 1”，在光标右上方快捷工具栏中单击“显

示 / 隐藏”按钮，完成螺旋线的绘制，如图 3-2-25 所示。

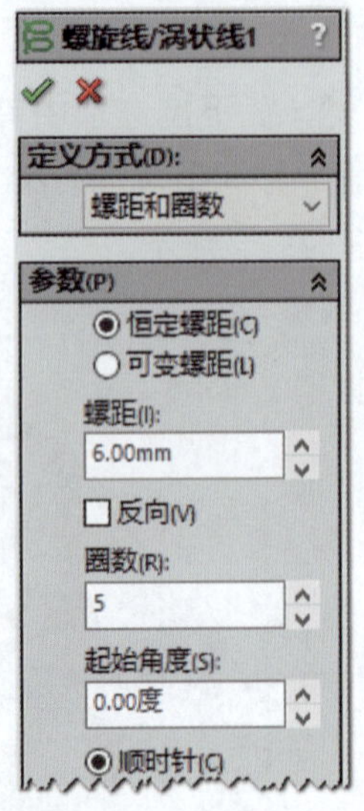

图 3-2-24　螺旋线参数设置

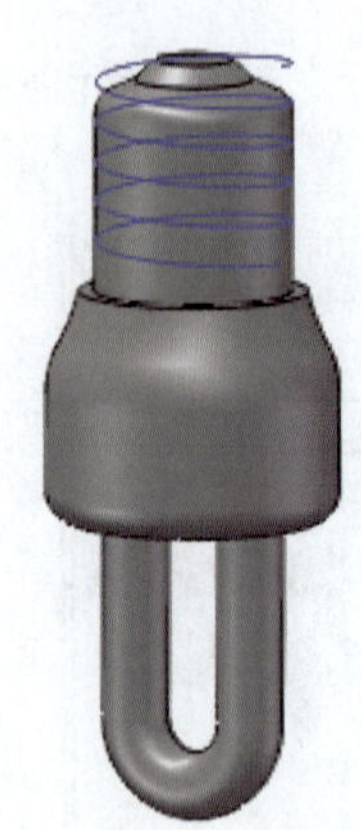

图 3-2-25　绘制螺旋线

3. 扫描切除生成螺口

（1）绘制“草图 5”。在设计树中选择“右视基准面”，单击“草图绘制”按钮，按“Space”空格键，单击“正视于”按钮，绘制“草图 5”，如图 3-2-26 所示，单击按钮退出草绘环境。

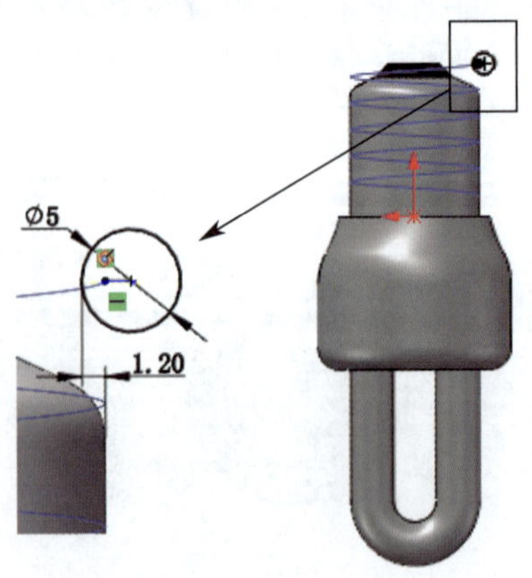

图 3-2-26　草图 5

小贴士

绘制“草图 5”时，必须将 $\phi 5$ 的圆心和螺旋线约束关系设为“穿透”。

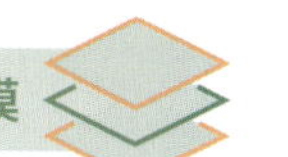

（2）扫描切除。在“特征”选项卡中单击“扫描切除”按钮，弹出“切除 - 扫描”属性管理器，在“轮廓和路径”选框中分别选择“草图 5”和螺旋线，其他选项保持默认，如图 3-2-27 所示，单击“确定”按钮生成螺口，如图 3-2-28 所示。

图 3-2-27　扫描切除参数设置和图形预览

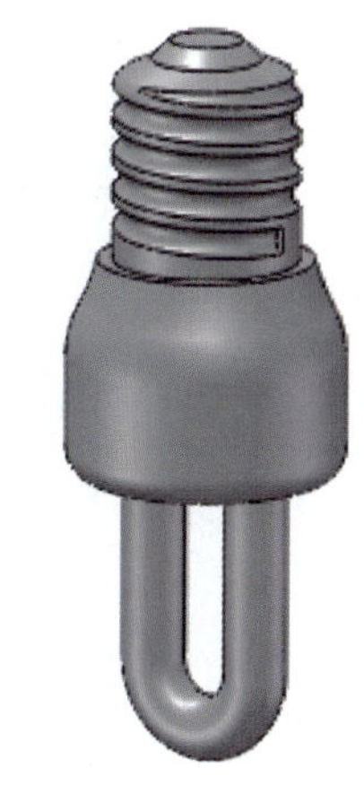

图 3-2-28　创建螺口

4. 螺纹收尾处理

（1）绘制“草图 6”。选中如图 3-2-29 所示的草绘面，在快捷工具栏中单击“草图绘制”按钮，进入草绘环境，按“Space”键，单击“正视于”按钮，再单击“草图”选项卡中的“转换实体引用”按钮，选择草绘面后完成“草图 6”的绘制，如图 3-2-30 所示。

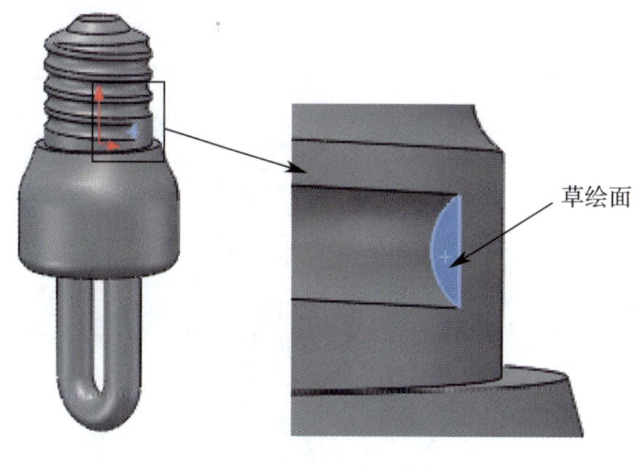

图 3-2-29　选择草绘面

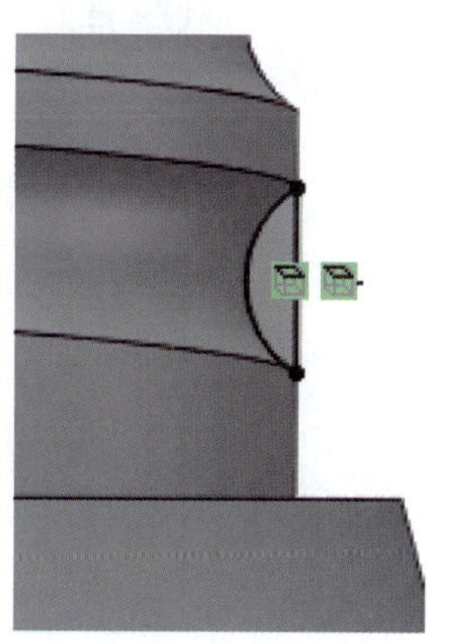

图 3-2-30　草图 6

（2）拉伸切除。保持草图激活状态，选择“特征”选项卡中的“拉伸切除”按钮，设置终止条件为“完全贯穿”，其他选项保持默认，单击“确定”按钮✔，效果如图 3-2-31 所示。

（3）倒圆角。在“特征”选项卡中单击“圆角”按钮，设置半径值为“1 mm”。选择螺口的收尾位置，单击“确定”按钮✔完成倒圆角，如图 3-2-32 所示。

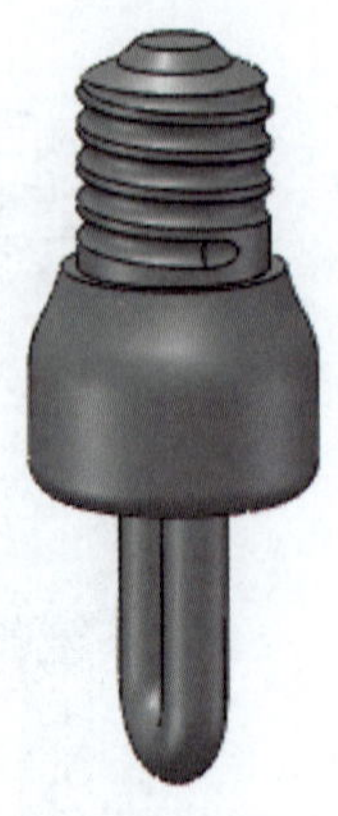

图 3-2-31　拉伸切除螺口的收尾效果

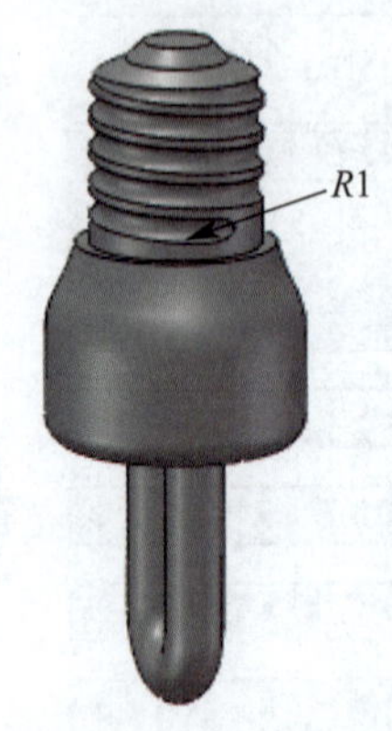

图 3-2-32　倒圆角

四、添加外观

1. 添加灯体外观

单击悬浮工具栏中的“编辑外观”按钮，在弹出的“颜色”属性管理器的“所选几何体”选框内单击“选取面”按钮，选框内选入灯体外部的曲面（清除其他选项），如图 3-2-33 所示，然后在“颜色”栏中选择“浅红色”，单击“确定”按钮✔，效果如图 3-2-34 所示。

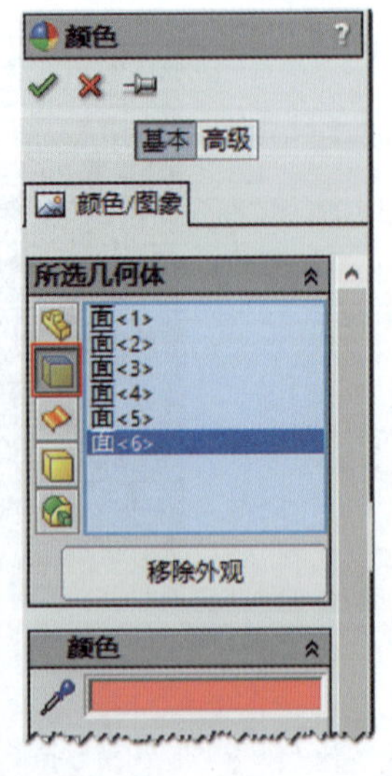

图 3-2-33　选入多个面

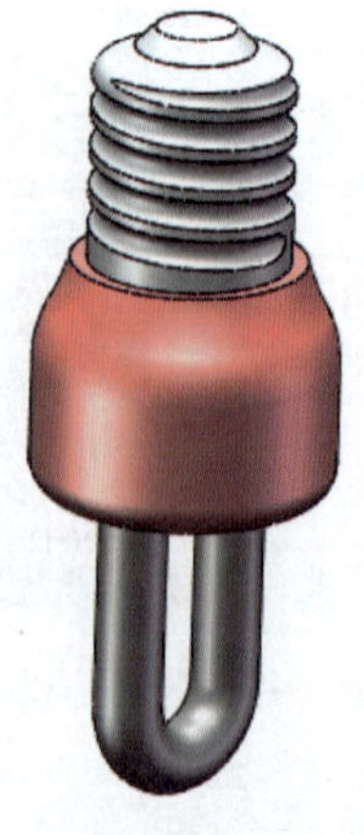

图 3-2-34　灯体添加浅红色

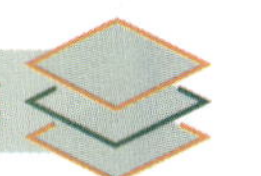

2. 添加灯管外观并设置透明度

（1）添加灯管外观。单击“编辑外观”按钮，在弹出的“颜色”属性管理器的“所选几何体”栏内单击“选取特征”按钮，选框内选入灯管特征（清除其他选项），然后在“颜色”栏中选择“浅红色”，如图 3-2-35 所示。

（2）设置灯管透明度。在“颜色”属性管理器内选择“高级”→“照明度”选项，设置透明量为“0.7”，如图 3-2-36 所示，单击“确定”按钮，灯管效果如图 3-2-37 所示。

图 3-2-35 设置外观

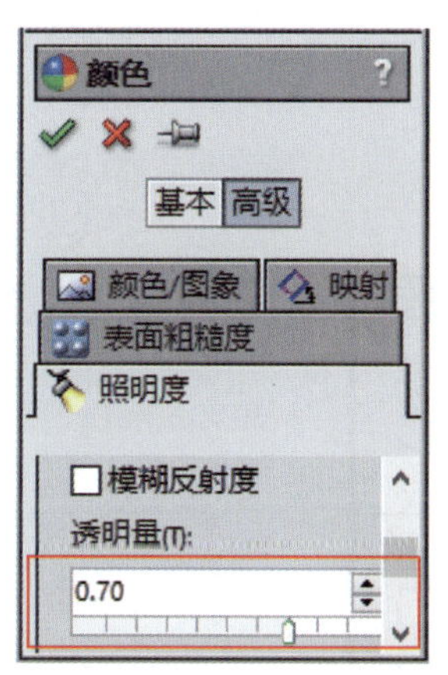

图 3-2-36 设置透明量

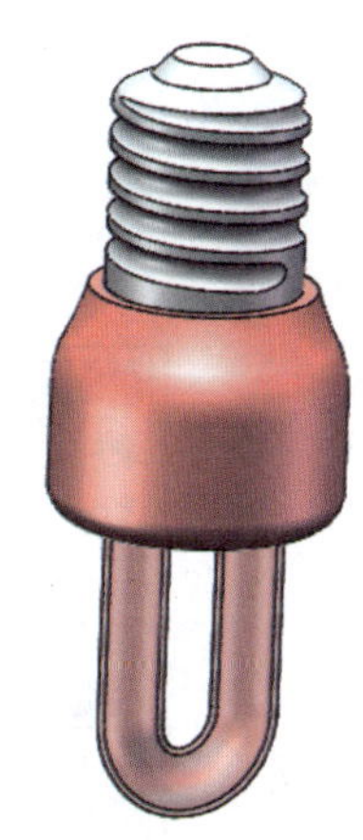
图 3-2-37 灯管效果

3. 添加灯体螺口外观并保存

（1）灯体螺口镀铬。单击“编辑外观”按钮，在弹出的“颜色”属性管理器的“所选几何体”栏内单击“选取特征”按钮，选框内选入灯口端部的所有特征（清除其他选项），如图 3-2-38 所示，在右边弹出的“外观、布景和贴图”窗格中选择“外观”→“金属”→“铬”→“镀铬”，如图 3-2-39 所示，双击“镀铬”图标即可修改外观，单击“确定”按钮，渲染效果如图 3-2-40 所示。

（2）灯休尾部圆锥表面添加黑色外观。单击“编辑外观”按钮，在弹出的“颜色”属性管理器的“所选几何体”栏内单击“选取面”按钮，选框内选入灯体尾部圆锥表面（清除其他选项），然后在“颜色”栏中选择“黑色”，如图 3-2-41 所示，单击“确定”按钮，渲染效果如图 3-2-42 所示。

图 3-2-38　选入灯口端部特征

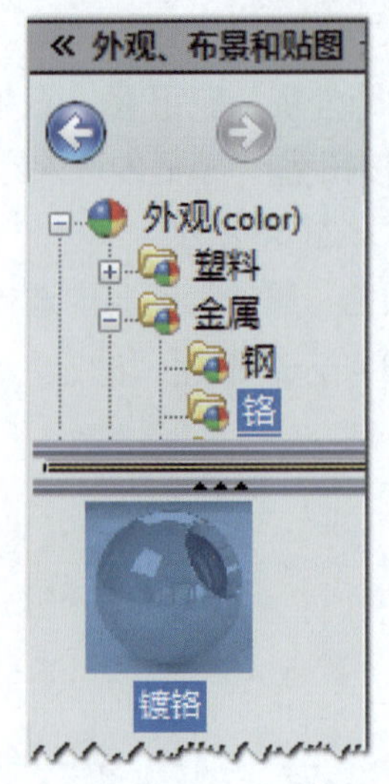

图 3-2-39　选择外观

图 3-2-40　灯体螺口镀铬效果

图 3-2-41　设置锥面外观

图 3-2-42　节能灯最终设计效果

（3）将零件存盘，模型命名为“节能灯”。

任务巩固

根据如图 3-2-43 所示工程图，完成元宝的设计，自定义材料和外观。

操作演示

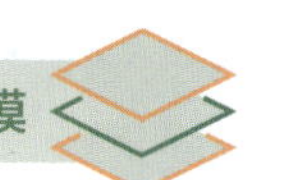

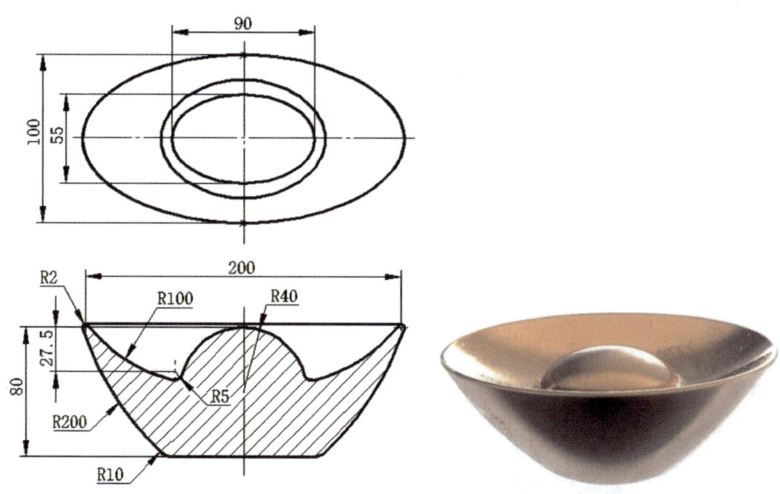

图 3-2-43　元宝

提示：元宝设计的参考步骤如图 3-2-44 所示。

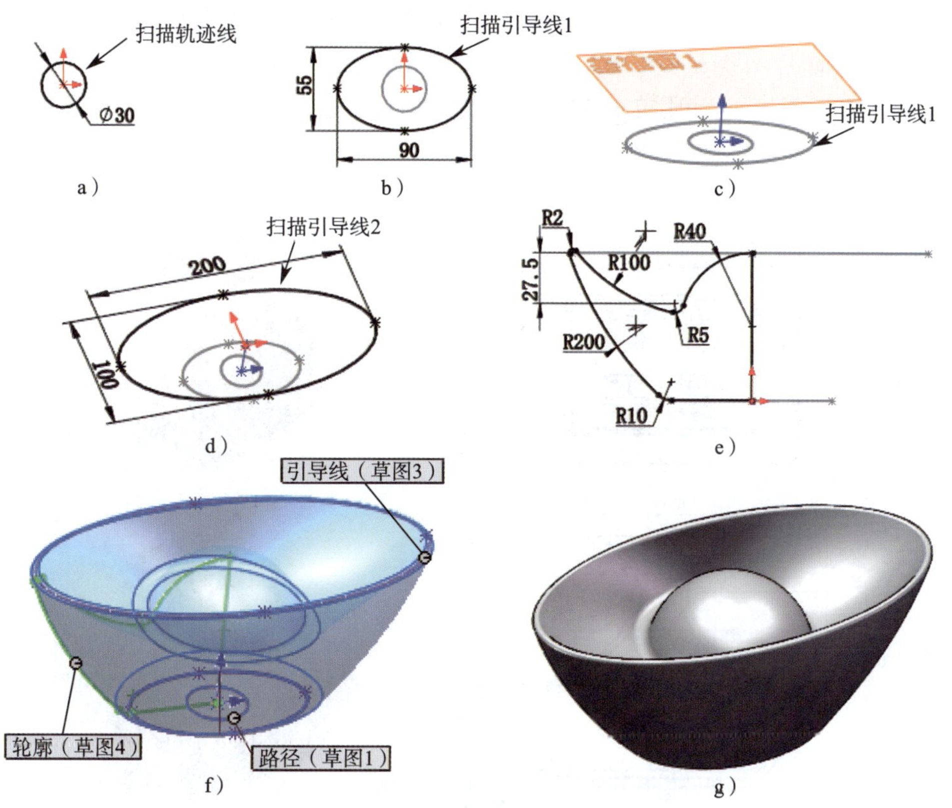

图 3-2-44　元宝设计的参考步骤

a）绘制草图 1（扫描轨迹线）　b）绘制草图 2（扫描引导线 1）　c）创建基准面 1（偏移 80）
d）绘制草图 3（扫描引导线 2）　e）绘制草图 4（扫描截面）　f）扫描实体　g）完成元宝设计

任务3　印章的设计

任务目标

1. 掌握“放样凸台 / 基体”命令的运用。
2. 掌握“抽壳”命令的运用。
3. 能够设计通过多个截面混合而成的壳类产品。

任务描述

设计完成如图 3-3-1 所示的印章。该印章为 ABS 材质，上面刻有“名士印章”四个字。在造型设计时，印章基体可由五个基准面上的草图截面放样而成，然后使用“抽壳”命令将印章主体内部抽空，使用拉伸命令创建字体，最后添加材质和外观完成印章设计。

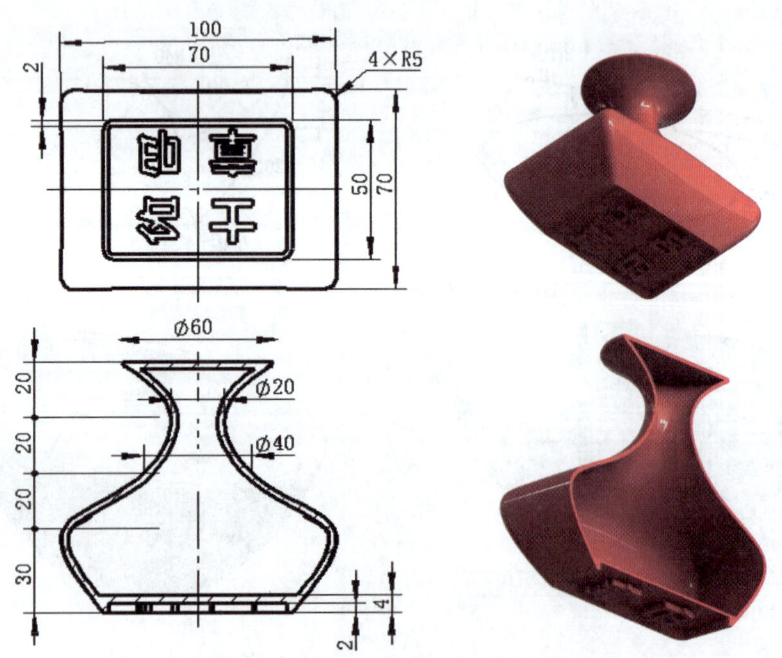

技术要求：壳的厚度为1.5。

图 3-3-1　印章

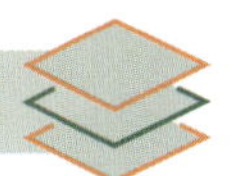

知识准备

一、放样凸台 / 基体

放样凸台 / 基体是通过两个或者多个封闭轮廓按照一定顺序过渡生成的实体特征。

放样的基本要素是放样轮廓和引导线，其中放样轮廓即草图截面，草图截面必须有两个或两个以上才能放样成功。

1. 放样凸台 / 基体的方法

以创建一个四棱锥为例，其操作步骤如下：

（1）在上视基准面上绘制一个正方形，单击按钮退出草绘环境。

（2）使用上视基准面偏移创建出“基准面 1”，在“基准面 1”上草绘一个点，单击按钮退出草绘环境，如图 3-3-2 所示。

（3）在“特征”选项卡中单击“放样凸台 / 基体”按钮，弹出“放样”属性管理器，在“轮廓”选框中选择顶点和正方形两个草图轮廓，其他选项保持默认，如图 3-3-3 所示。

（4）单击“确定”按钮，完成四棱锥的创建，如图 3-3-4 所示。

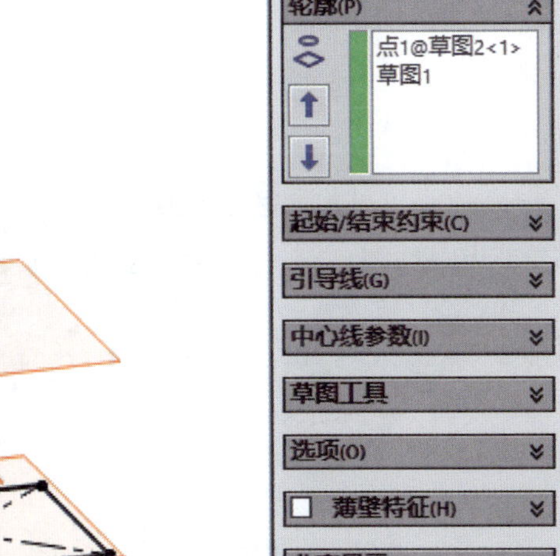

图 3-3-2　绘制两个草图轮廓　　图 3-3-3　放样轮廓选择

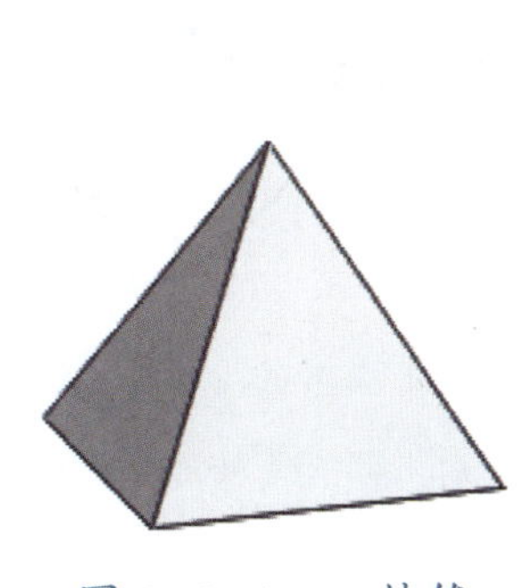

图 3-3-4　四棱锥

2. 放样凸台 / 基体的建模类型

放样凸台 / 基体的建模类型包括简单放样特征、带引导线放样特征和带中心线放样特征。

（1）简单放样特征。简单放样特征是由两个或多个截面轮廓直接过渡形成的特征，无引导线、中心线等参数，系统自动生成中间的截面，如四棱锥的建模即为简单放样特征。

（2）带引导线放样特征。带引导线放样特征可通过一条或多条引导线来控制中间截面生成放样实体特征，如图 3-3-5 所示。

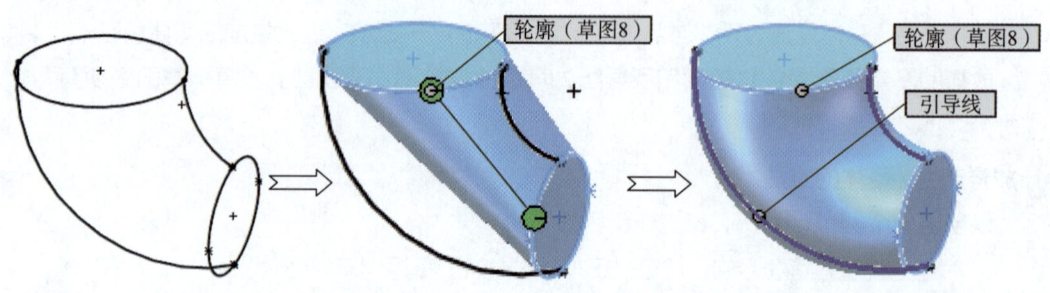

图 3-3-5　带引导线放样特征

小贴士

采用引导线放样时，引导线草图节点和轮廓节点之间必须添加重合几何关系或穿透几何关系，如图 3-3-6 所示，否则无法进行引导放样。

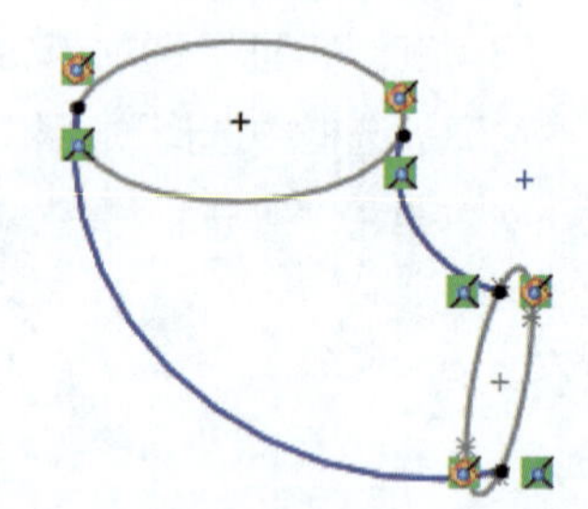

图 3-3-6　节点间添加重合或穿透几何关系

（3）带中心线放样特征。带中心线放样特征是指使用一条引导线作为中心线进行放样，其中所有中间截面的草图基准面都与此中心线垂直，如图 3-3-7 所示。

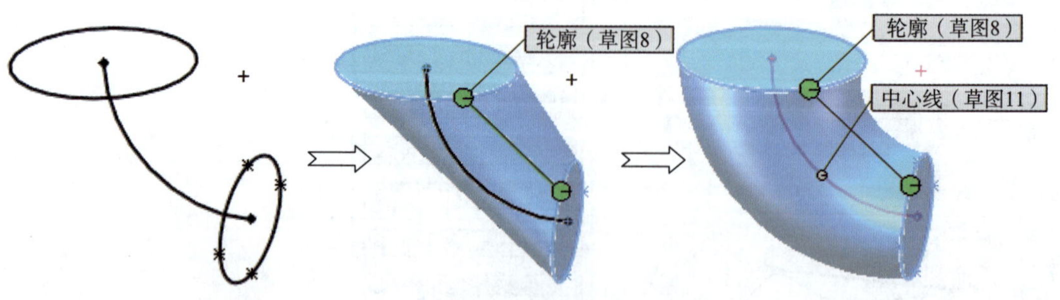

图 3-3-7　带中心线放样特征

小贴士

带中心线放样特征与扫描不同，放样没有路径的概念，在创建放样特征时，只要有轮廓线即可，而引导线可有可无；另外在放样时，必须有两个以上的放样轮廓，如要创建放样实体特征，则放样轮廓必须是封闭的。

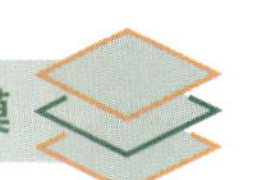

二、抽壳

抽壳用于挖空实体内部，留下有指定壁厚的壳，同时可将指定的曲面移除，常用于塑料或铸造产品。

以抽壳一个杯子为例，其主要操作步骤如下：

通过旋转实体创建一个杯子后，在“特征”选项卡中单击“抽壳”按钮，在“抽壳 1”属性管理器中设置壳厚度为“2 mm”，在“移除的面”选栏中选择杯子的上表面，如图 3-3-8 所示，单击“确定”按钮，完成对杯子的抽壳，如图 3-3-9 所示。

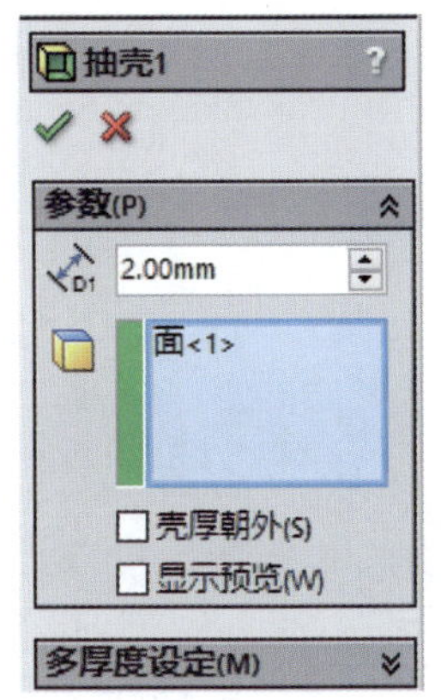

图 3-3-8　抽壳参数设置

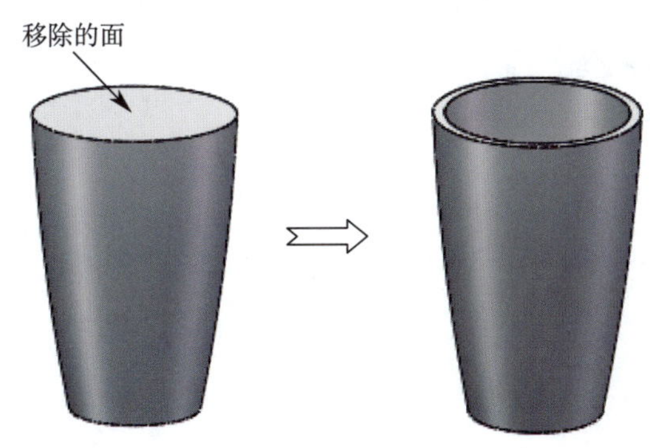

图 3-3-9　抽壳杯体效果

小贴士

通过“抽壳 1”属性管理器中的“多厚度设定”选项，可以对指定的面设定不同的厚度，如图 3-3-10 所示。

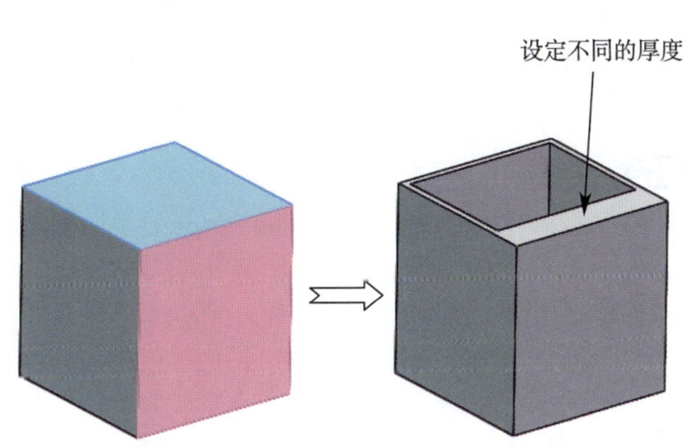

图 3-3-10　多厚度设定的抽壳

三、草图文字

草图文字可以添加在三维零件特征面上，然后通过拉伸和切除文字，形成立体的效果。

以拉伸文字“SolidWorks 2015”为例，其主要操作步骤如下：

在草绘环境下，单击“草图”选项卡中的“文字”按钮，弹出“草图文字”属性管理器，在“文字”栏中输入文字“SolidWorks 2015”，然后单击“确定”按钮完成草图文字的绘制，如图 3-3-11 所示；在“特征”选项卡中，选择“拉伸凸台/基体”命令，进行文字拉伸，效果如图 3-3-12 所示。

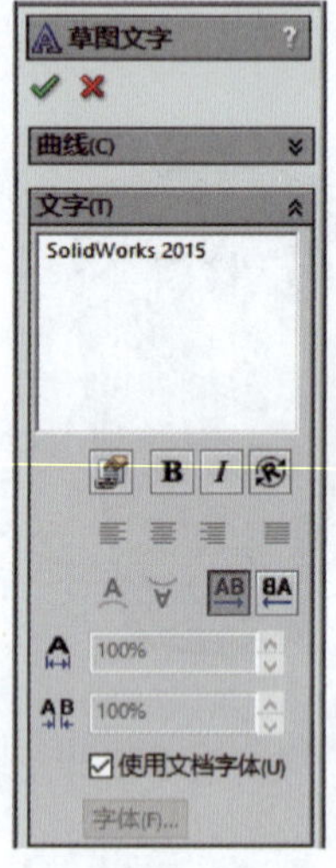

Solidworks 2015

图 3-3-11　绘制草图文字

Solidworks 2015

图 3-3-12　拉伸文字效果

小贴士

1. 草图文字左下角有一个点，该点可以作为标注参考，以确定文字的具体位置。

2. 在“草图文字”属性管理器中，如取消勾选“使用文档字体”复选框，再单击“字体”按钮即可打开“选择字体”对话框，从中可以修改字体类型、字体高度等。

任务实施

操作演示

一、创建基准面

1. 建立新文件

启动 SolidWorks 软件，单击“新建”按钮，选择“零件”图标，再单击“确定”按钮，进入零件设计工作环境。

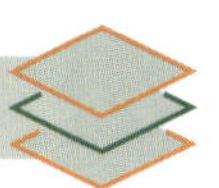

2. 创建“基准面 1”

单击“特征”选项卡中的“参考几何体”按钮，在下拉选项中单击“基准面”按钮，选择上视基准面，在弹出的属性管理器中设置平移间距为“30 mm”，如图 3-3-13 所示，单击“确定”按钮后创建出“基准面 1”，如图 3-3-14 所示。

图 3-3-13　基准面参数设置

图 3-3-14　创建“基准面 1”

3. 创建多个等距基准面

在“特征”选项卡中单击“基准面”按钮，选择“基准面 1”，在“基准面”属性管理器中设置平移间距为“20 mm”，要生成的基准面数量设置为“3”，如图 3-3-15 所示，单击“确定”按钮创建出“基准面 2”“基准面 3”和“基准面 4”，如图 3-3-16 所示。

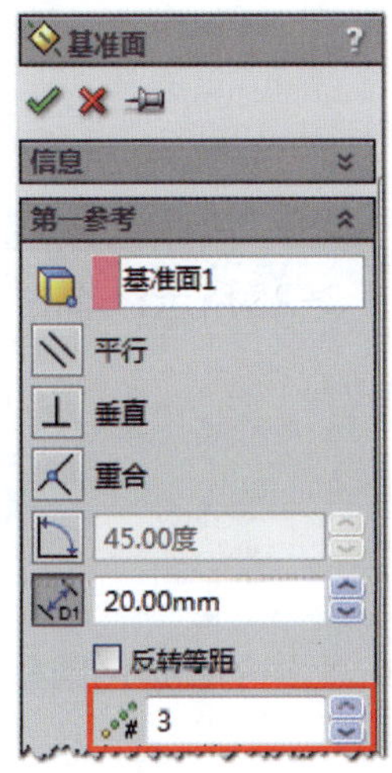

图 3-3-15　新基准面参数设置

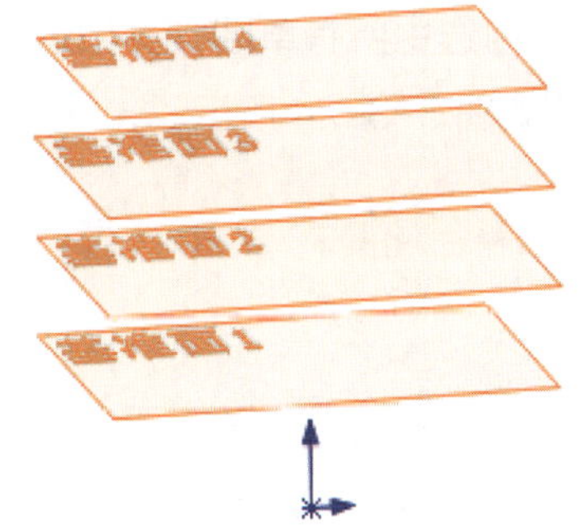

图 3-3-16　创建多个等距基准面

二、在各基准面上创建截面草图

1. 选择“基准面 1”，在快捷工具栏中单击“草图绘制”按钮，按“Space”空格键，单击“正视于”按钮，绘制“草图 1”，如图 3-3-17 所示，单击按钮完成草图并退出草绘环境。

2. 按照相同的操作步骤，在基准面 2 上建立“草图 2”，如图 3-3-18 所示；在基准面 3 上建立“草图 3”，如图 3-3-19 所示；在基准面 4 上建立“草图 4”，如图 3-3-20 所示；在上视基准面上建立“草图 5”，如图 3-3-21 所示。绘制完成的五个草图如图 3-3-22 所示。

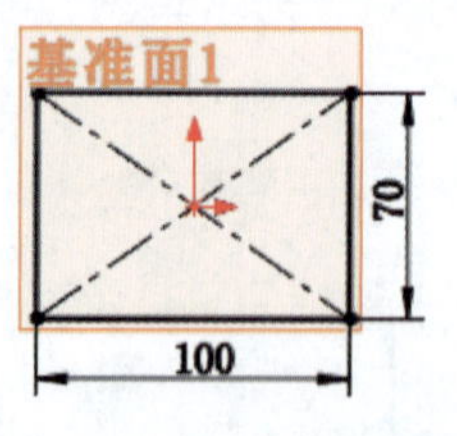

图 3-3-17　草图 1

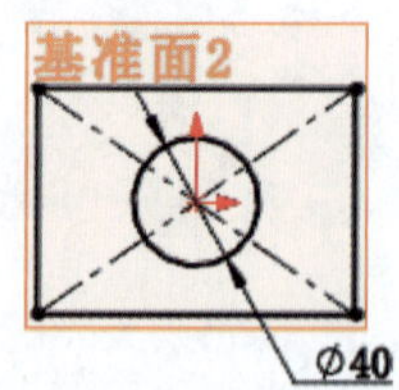

图 3-3-18　草图 2

图 3-3-19　草图 3

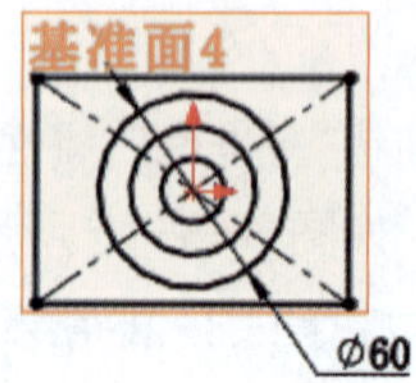

图 3-3-20　草图 4

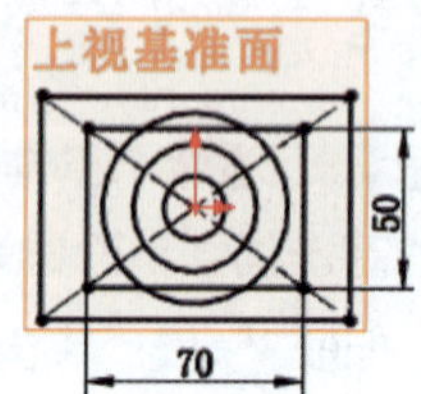

图 3-3-21　草图 5

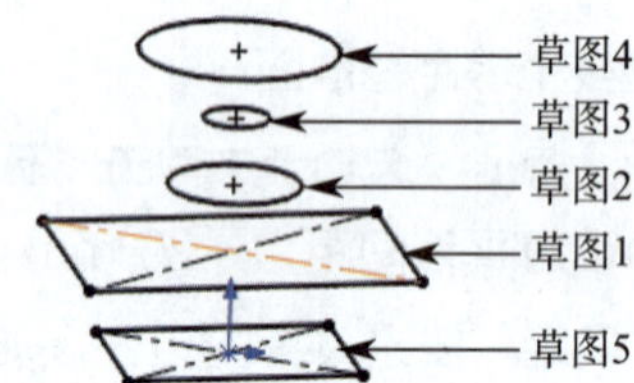

图 3-3-22　绘制完成的五个草图

三、创建印章基体

在“特征”选项卡中单击“放样凸台 / 基体”按钮，弹出“放样”属性管理器，在“轮廓”选框内选中所有草图，其他选项保持默认，如图 3-3-23 所示，单击“确定”按钮，效果如图 3-3-24 所示。

四、印章内部抽空

1. 倒圆角

单击“圆角”按钮，在印章周围四个棱边倒圆角 $R5$，上端的锐边倒圆角 $R1$，单击“确定”按钮，效果如图 3-3-25 所示。

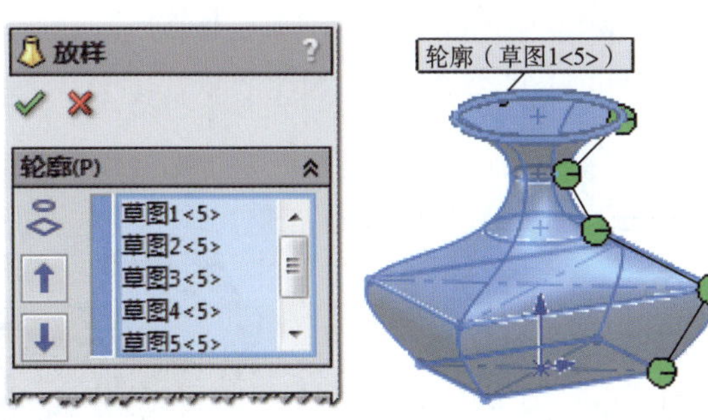

图 3-3-23　选择草图和图形预览

图 3-3-24　放样实体

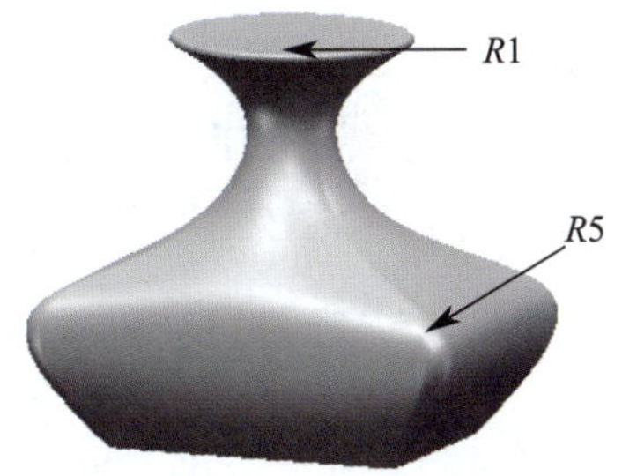

图 3-3-25　倒圆角

2. 抽壳

在“特征”选项卡中单击“抽壳”按钮，在属性管理器中设置壳厚度为“1.5 mm”，在“多厚度设定”框中设置厚度为“4 mm”，多厚度面选择印章底面，如图 3-3-26 所示，单击“确定”按钮，完成抽壳。

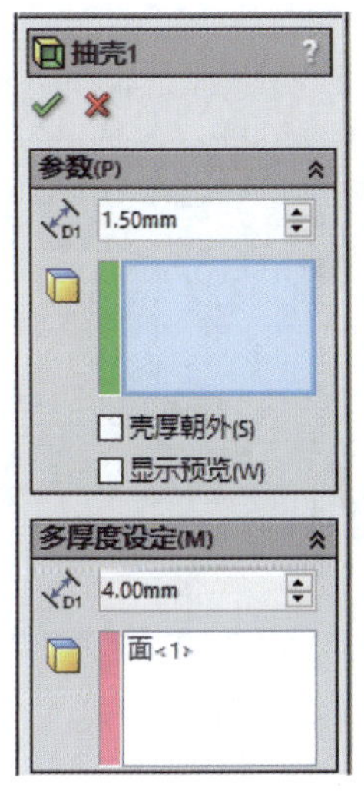

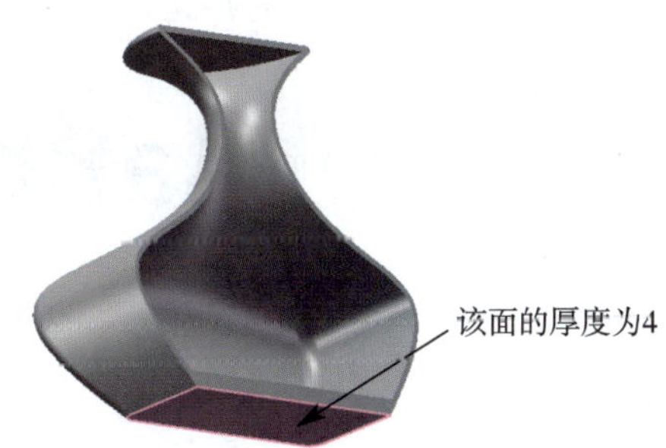

图 3-3-26　印章内部抽壳

五、创建印章文字

1. 拉伸切除印章底面

选中印章的底面，单击“草图绘制”按钮，再单击“等距实体”按钮，将等距距离设置为“2 mm”，完成“草图6”的绘制，如图 3-3-27 所示。保持草图激活状态，在“特征”选项卡中单击“拉伸切除”按钮，将拉伸深度设为“2 mm”，单击“确定”按钮，效果如图 3-3-28 所示。

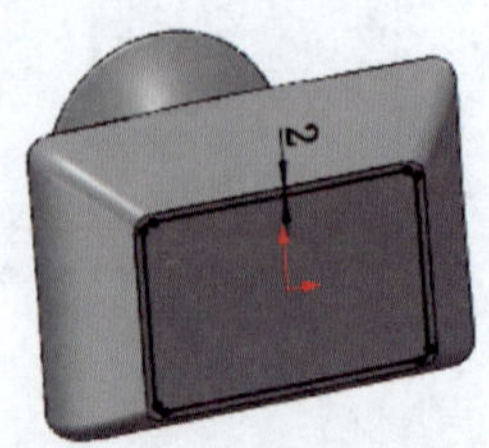

图 3-3-27　草图 6

图 3-3-28　拉伸切除

2. 拉伸文字

（1）选中印章底面为草绘面，按“Space”键，两次单击“正视于”按钮（翻转绘图平面），更换绘图方向，单击“草图”选项卡上的“文字”按钮，弹出“草图文字”属性管理器，输入文字“名士印章”。

（2）在“草图文字”属性管理器中单击“水平反转”按钮，取消勾选“使用文档字体”复选框，如图 3-3-29 所示。单击“字体”按钮，弹出“选择字体”对话框，将字体设为“微软雅黑”，字体样式设为“粗体”，高度单位设为“12 mm”，如图 3-3-30 所示。

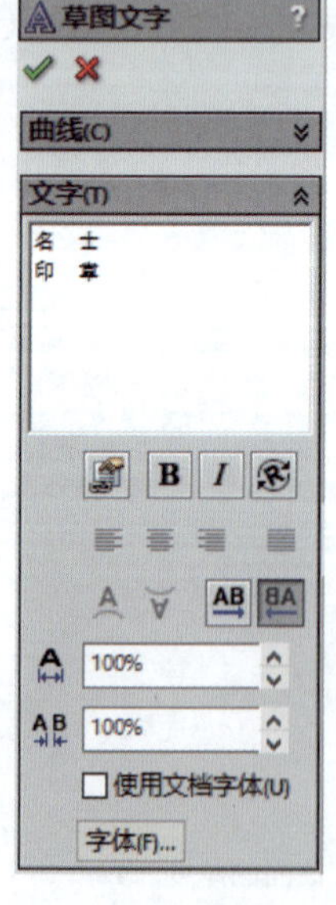

图 3-3-29　输入文字

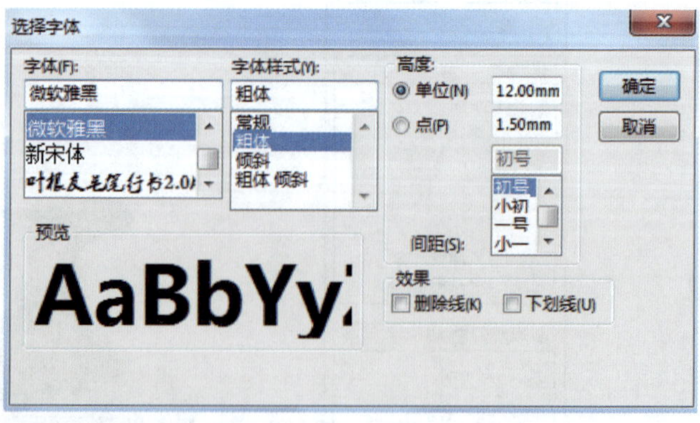

图 3-3-30　设置字体格式

（3）单击“确定”按钮关闭对话框，调整文字位置，如图 3-3-31 所示。

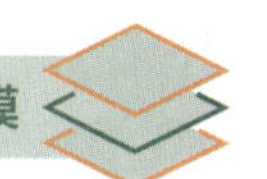

（4）保持草图激活状态，在“特征”选项卡中单击“拉伸凸台 / 基体”按钮，设置拉伸深度为“2 mm”，单击“确定”按钮完成印章的建模，效果如图 3-3-32 所示。

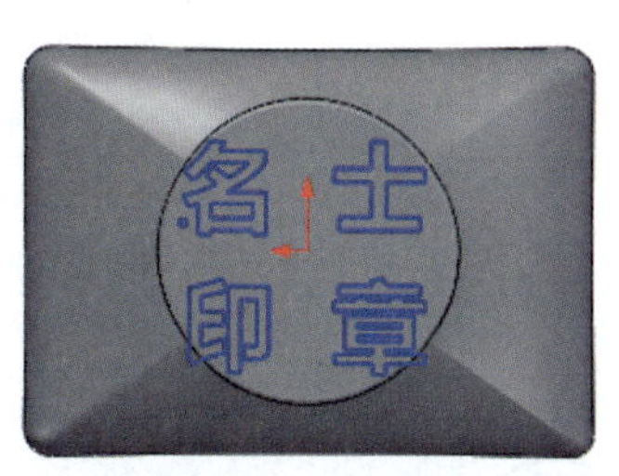

图 3-3-31　调整文字位置

图 3-3-32　印章模型

六、选择材质和外观

1. 选择材质

在设计树中右键单击“材质 < 未指定 >”，在弹出的菜单中选择“编辑材料”，在“材料”对话框中选择“SolidWorks materials”→“塑料”→“ABS”，单击对话框的“应用”按钮完成材质添加。

2. 选择外观

单击悬浮工具栏中的“编辑外观”按钮，在右边弹出的窗格中选择“外观”→“塑料”→“中等光泽”→“红色中等光泽塑料”，如图 3-3-33 所示，双击“红色中等光泽塑料”图标即可完成外观添加，单击“确定”按钮，印章设计完成，效果如图 3-3-34 所示。

将零件存盘，模型命名为“印章”。

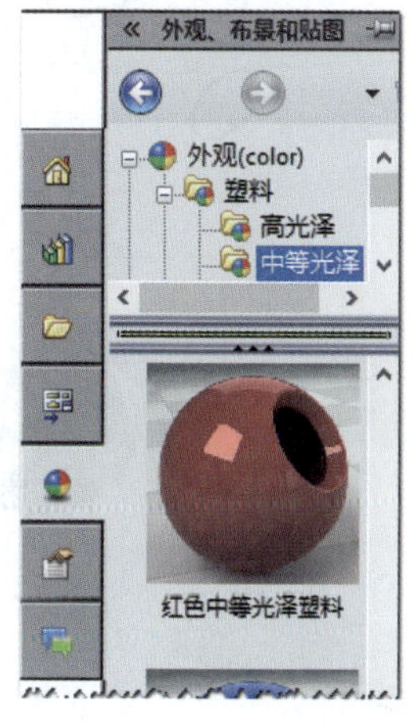

图 3-3-33　选择外观

图 3-3-34　印章最终设计效果

任务巩固

根据如图 3-3-35 所示工程图，完成烟斗的设计，自定义材料和外观。

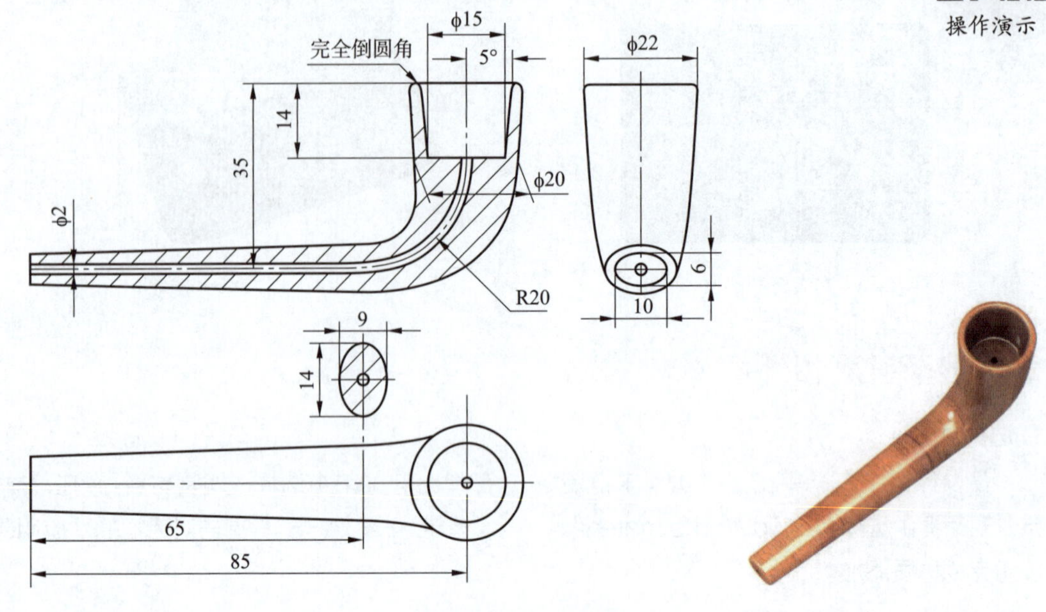

图 3-3-35 烟斗

提示：烟斗设计的参考步骤如图 3-3-36 所示。

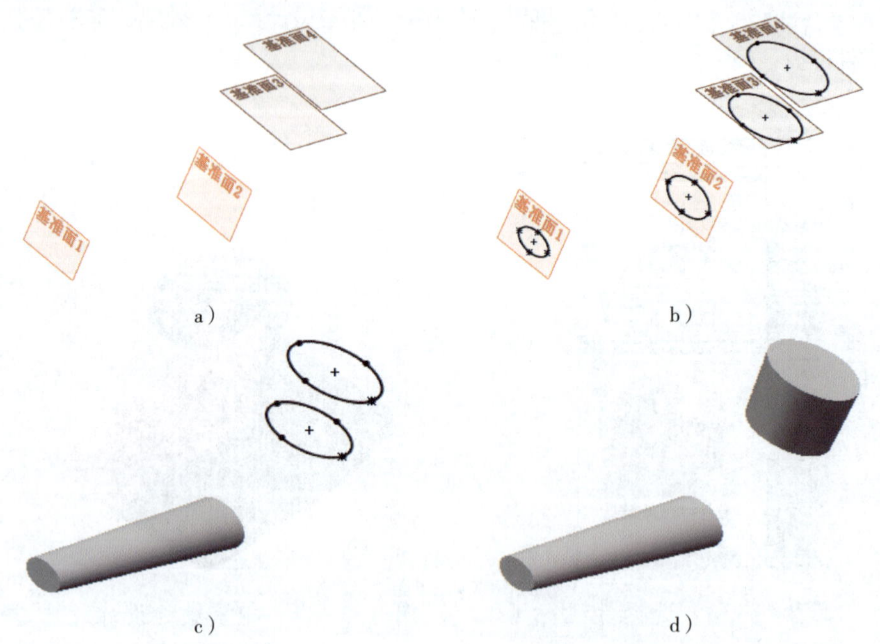

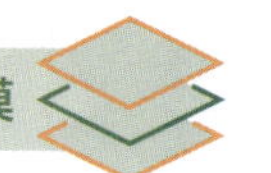

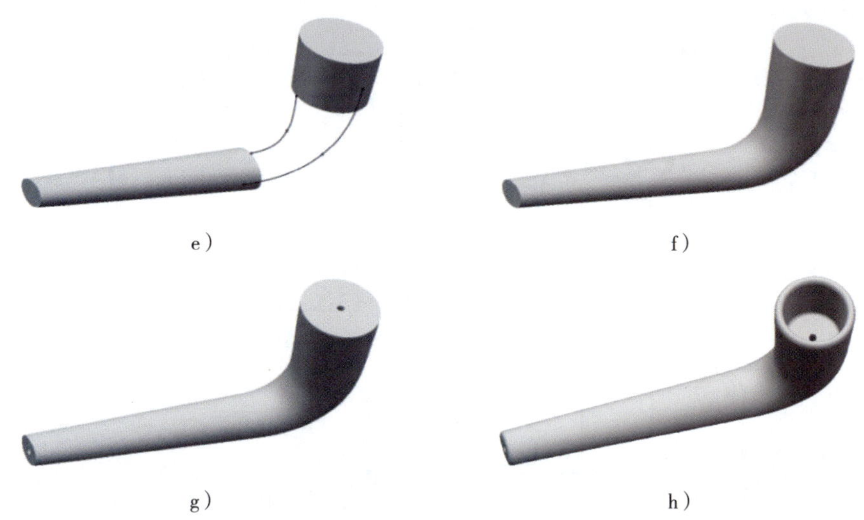

e） f）

g） h）

图 3-3-36 烟斗设计的参考步骤

a）创建基准面 b）绘制草图 c）放样实体 1 d）放样实体 2 e）绘制草图 f）放样实体 3 g）扫描切除 h）旋转切除和倒圆角

任务 4 轴承座的设计

任务目标

1. 掌握“异形孔向导”命令的运用。
2. 掌握“圆周阵列”“线性阵列”和“镜像”命令的运用。
3. 能够设计一些形状规则、结构复杂的产品。

任务描述

设计完成如图 3-4-1 所示的轴承座。轴承座的材质是灰铸铁，该轴承座底板上有四个安装沉头孔，轴承套前后端面分别有四个螺纹孔，为了加强轴承座的强度，两边各有一个筋板。建模过程是首先通过实体拉伸完成底座主体，再利用阵列和镜像完成筋和异形孔的创建，最后添加材质完成轴承座的设计。

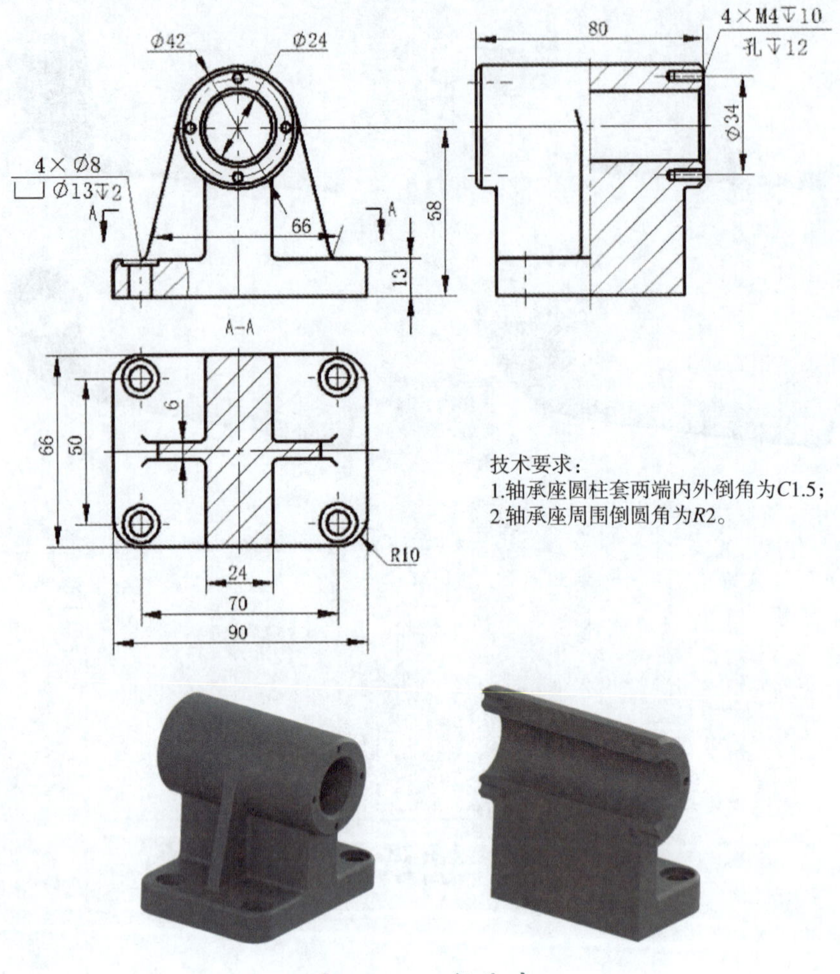

图 3-4-1　轴承座

知识准备

一、异形孔特征

异形孔特征是比较常用的一种特征，它通过在基础特征上去除材料而生成孔。可以生成的孔包括螺纹孔、锥形孔、沉头孔等。

以在长方体上创建一个 M24 直螺纹孔为例，其操作步骤如下：

1. 单击“特征”选项卡中的“异形孔向导”按钮，在弹出的“孔规格”属性管理器中设置孔类型为“直螺纹孔”，标准为“GB”，孔大小为“M24”，螺纹孔钻孔和螺纹线高度等参数按照图 3-4-2 进行设置。

2. 设置完毕切换到“位置”选项卡，如图 3-4-3 所示。

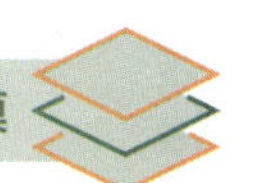

3. 移动光标到长方体上表面中间位置并双击，确定孔的位置点，如图 3-4-4 所示，单击“智能尺寸”按钮，标注孔位置尺寸，如图 3-4-5 所示，单击“确定”按钮，完成螺纹孔特征创建，如图 3-4-6 所示。

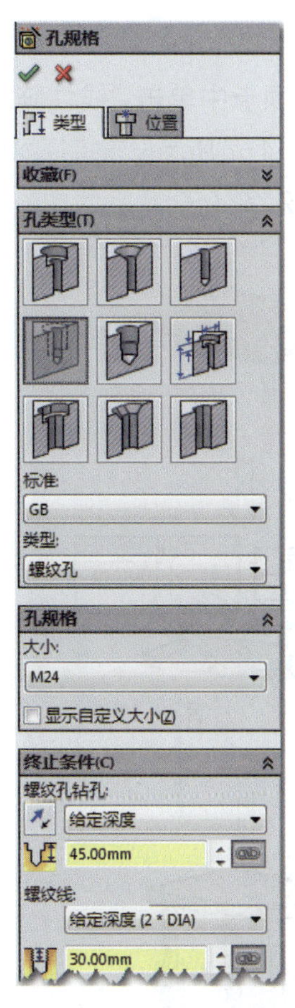

图 3-4-2　异形孔参数设置

图 3-4-3　切换到“位置”选项卡

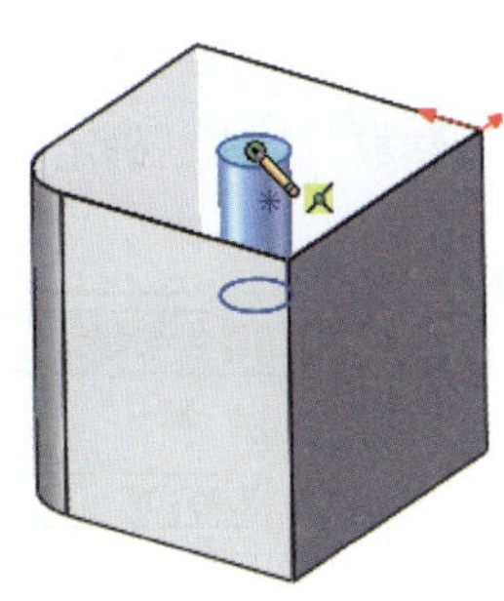

图 3-4-4　定位孔位置

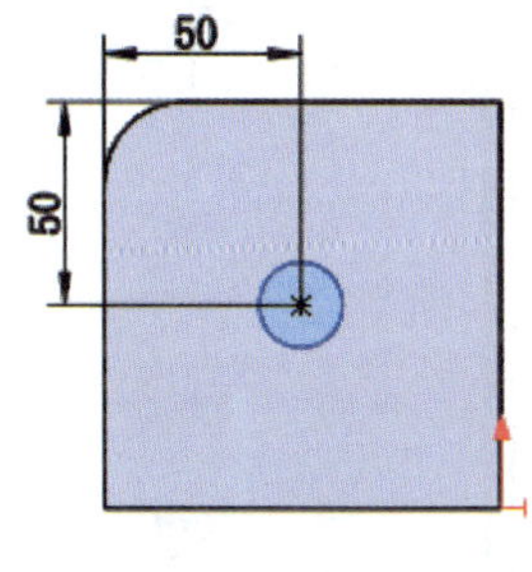

图 3-4-5　标注孔的位置尺寸

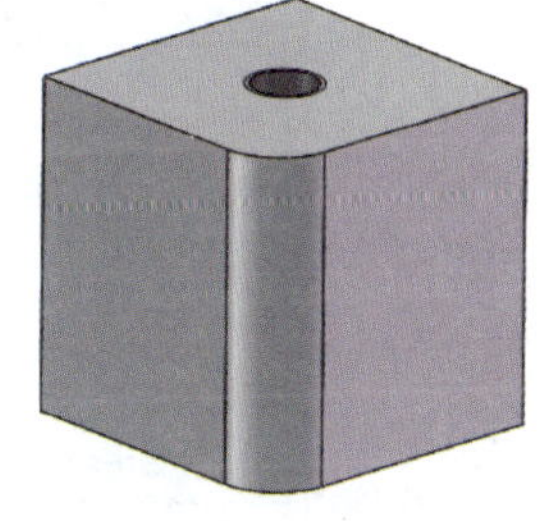

图 3-4-6　螺纹孔

小贴士

“孔规格”属性管理器中不仅提供了柱形沉头孔、锥形沉头孔、孔、直螺纹孔、锥形螺纹孔、旧制孔、柱形槽口、锥形槽口和槽口九个大类的孔类型，而且提供了 ISO（国际标准）、ANSI（美国标准）和 GB（国标）等多个孔标准，在创建孔时，可根据需要进行选择。

二、特征阵列

特征阵列是指将选择的特征作为原始特征进行成组的复制，从而创建与原始特征相同或相关联的子特征。SolidWorks 软件提供了七种阵列：线性阵列、圆周阵列、曲线驱动的阵列、草图驱动的阵列、表格驱动的阵列、填充阵列和变量阵列。其中最常用的是线性阵列和圆周阵列。

1. 线性阵列

线性阵列是将选择的对象按照指定的方向、特征之间的距离和实例数进行排列。指定的方向可以选择实体边、实体平面、基准轴等。

以线性阵列方凳的四个脚为例，其操作步骤如下：

在绘图区（或设计树中）选择凳脚特征，在“特征”选项卡中单击“线性阵列”按钮，分别选择凳子的长、宽边线为阵列方向，并按照如图 3-4-7 所示设置特征间距和数量等参数，单击“确定”按钮，完成线性阵列的创建，效果如图 3-4-8 所示。

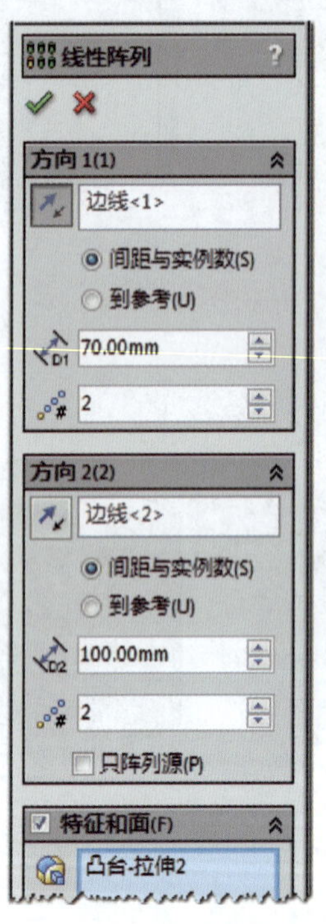

图 3-4-7　线性阵列参数设置

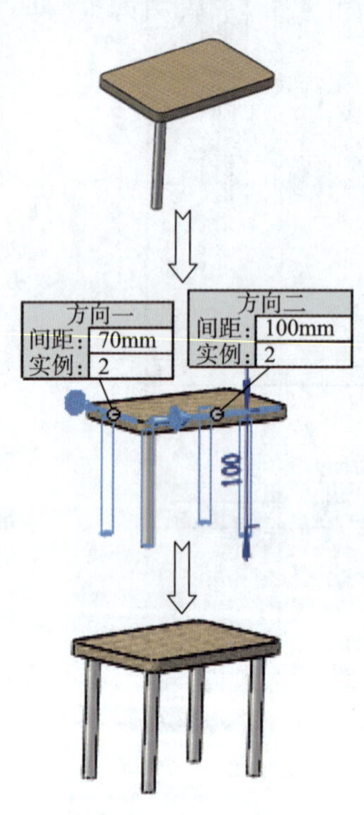

图 3-4-8　阵列凳脚

2. 圆周阵列

圆周阵列是将选择的对象绕一条旋转中心按照指定的实例数和实例角度间距进行排列。该旋转中心可以是实体边、圆柱面、基准轴或临时轴等。

以圆周阵列钟表的刻度为例，其操作步骤如下：

在设计树中选中需要阵列的刻度特征，在“特征”选项卡中单击“圆周阵列”按钮，选择钟表外圆柱面为阵列轴，设置阵列数量为“12”，如图 3-4-9 所示，单击“确定”按钮，完成圆周阵列的创建，效果如图 3-4-10 所示。

图 3-4-9 圆周阵列参数设置

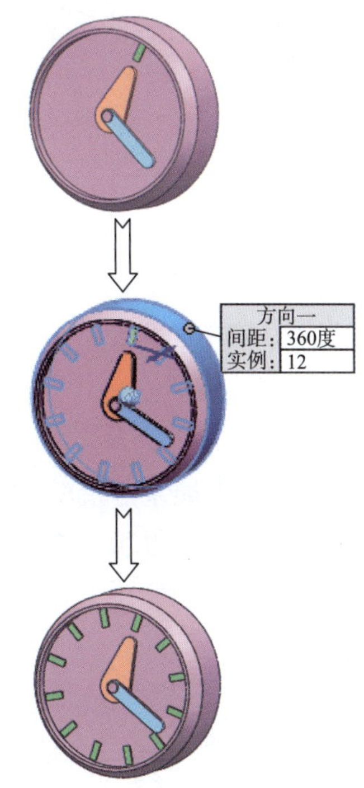

图 3-4-10 阵列钟表刻度

三、镜像

镜像是指沿着某个平面对称复制产生原始特征的副本。如果修改原始特征，则镜像的副本也将更新。镜像特征操作比较简单，直接指定一个原始特征和一个镜像面即可完成。

以镜像钟表的铃铛为例，其操作步骤如下：

在“特征”选项卡中单击“镜像”按钮，在弹出的“镜像”属性管理器中将镜像面设置为“右视基准面”，要镜像的特征选择铃铛特征，如图 3-4-11 所示，单击“确定”按钮，完成铃铛的镜像，如图 3-4-12 所示。

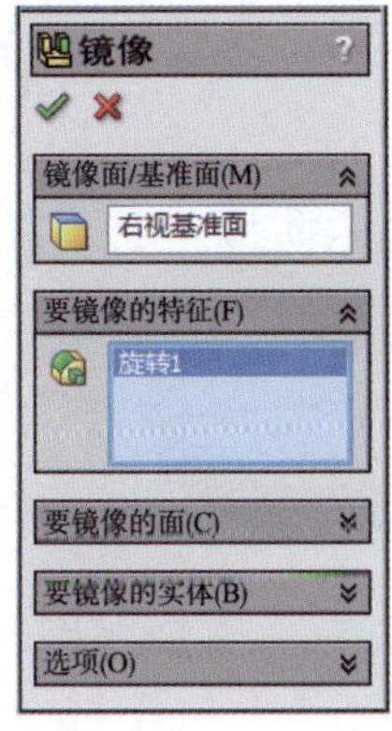

图 3-4-11 镜像参数设置

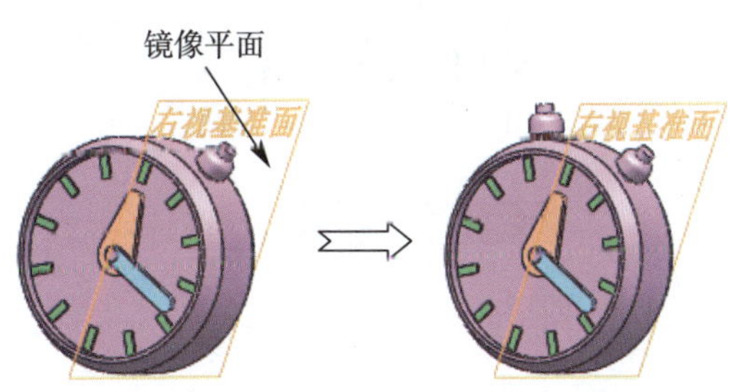

图 3-4-12 镜像钟表铃铛

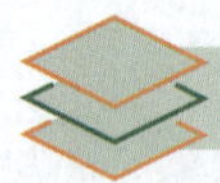

任务实施

操作演示

一、创建轴承座基体

1. 建立新文件

启动 SolidWorks 软件，单击“新建”按钮，选择“零件”图标，再单击“确定”按钮，进入零件设计工作环境。

2. 拉伸底板

在设计树中选择“上视基准面”，单击“草图绘制”按钮，绘制“草图 1”，如图 3-4-13 所示；保持草图激活状态，在“特征”选项卡中单击“拉伸凸台 / 基体”按钮，设置拉伸深度为“13 mm”，单击“确定”按钮，完成底板的建模，如图 3-4-14 所示。

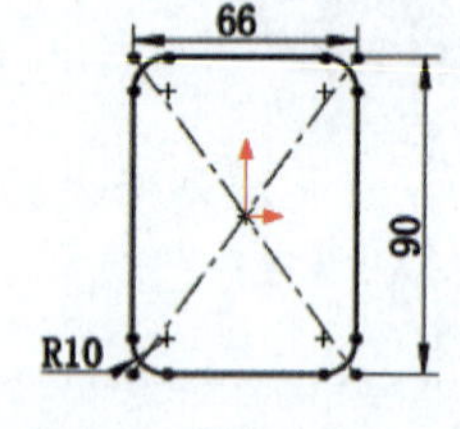

图 3-4-13　草图 1

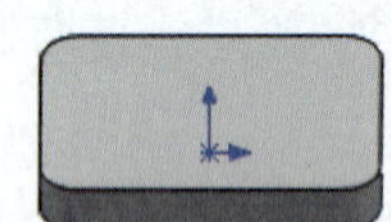

图 3-4-14　创建底板

3. 拉伸圆柱套筒

在设计树中选择“右视基准面”，单击“草图绘制”按钮，按“Space”空格键，单击“正视于”按钮，绘制“草图 2”，如图 3-4-15 所示；保持草图激活状态，在“特征”选项卡中单击“拉伸凸台 / 基体”按钮，选择拉伸终止条件为“两侧对称”，设置拉伸深度为“80 mm”，单击“确定”按钮，完成圆柱套筒的建模，如图 3-4-16 所示。

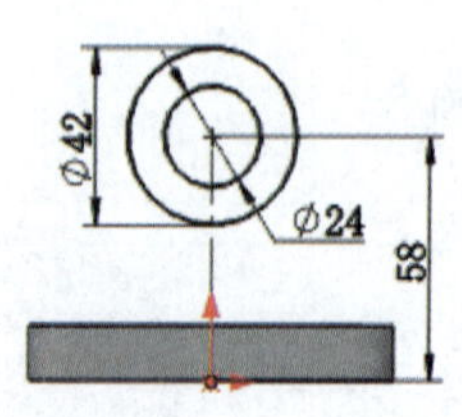

图 3-4-15　草图 2

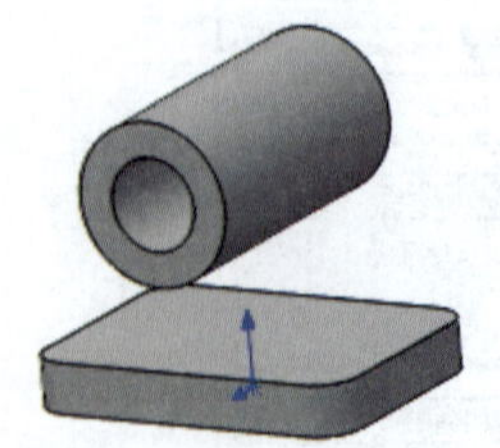

图 3-4-16　创建圆柱套筒

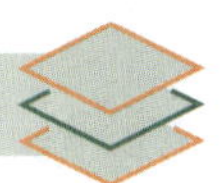

4. 拉伸连接特征

选择底板上表面，单击“草图绘制”按钮，绘制“草图 3”，如图 3-4-17 所示；保持草图激活状态，在“特征”选项卡中单击“拉伸凸台 / 基体”按钮，选择拉伸终止条件为“成形到下一面”，其他选项保持默认，单击“确定”按钮，完成轴承座基体的建模，如图 3-4-18 所示。

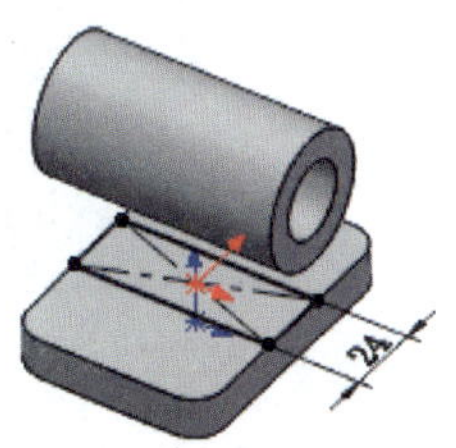

图 3-4-17　草图 3

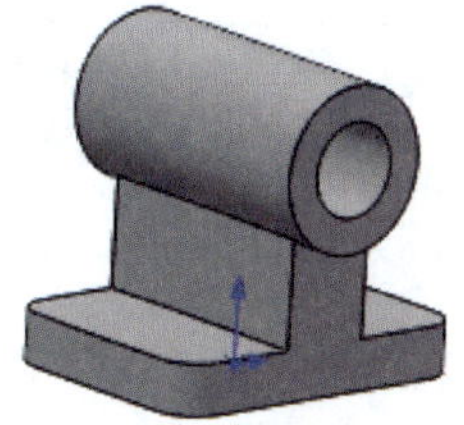

图 3-4-18　创建轴承座基体

二、创建轴承座两边的筋

1. 创建筋

在设计树中选择“右视基准面”，单击“草图绘制”按钮，绘制“草图 4”（即一条直线），如图 3-4-19 所示；保持草图激活状态，在“特征”选项卡中单击“筋”按钮，设置厚度类型为“两侧”，厚度为“6 mm”，如图 3-4-20 所示，单击“确定”按钮，完成筋的创建，如图 3-4-21 所示。

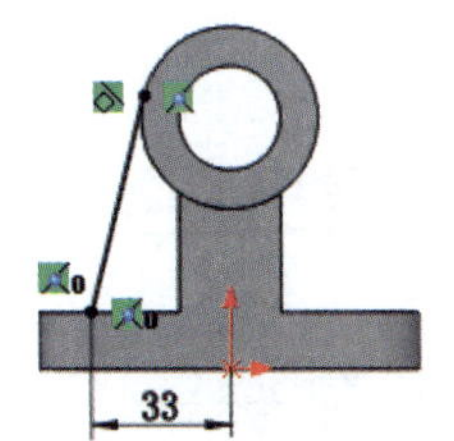

图 3-4-19　草图 4

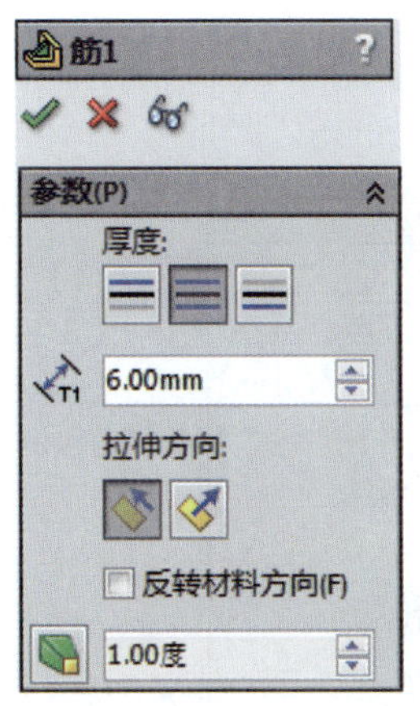

图 3-4-20　筋参数设置

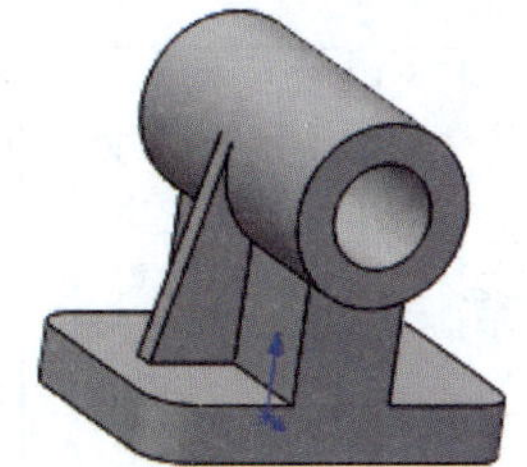

图 3-4-21　创建筋

2. 镜像筋

在“特征”选项卡中单击“镜像”按钮，镜像面选择右视基准面，要镜像的特征选择前面创建的筋，如图 3-4-22 所示，单击“确定”按钮，完成筋的镜像，如图 3-4-23

所示。

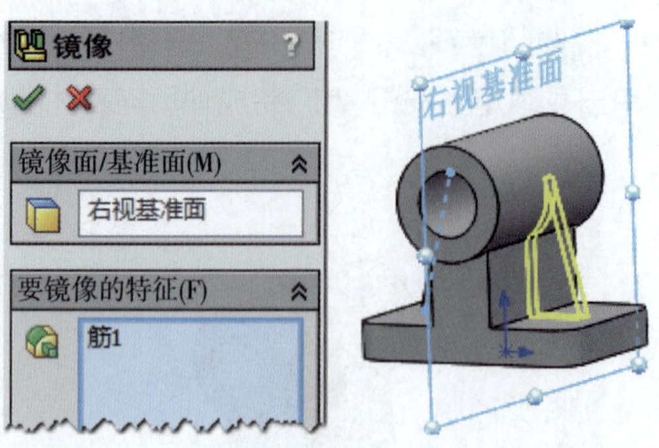

图 3-4-22　镜像参数设置和图形预览

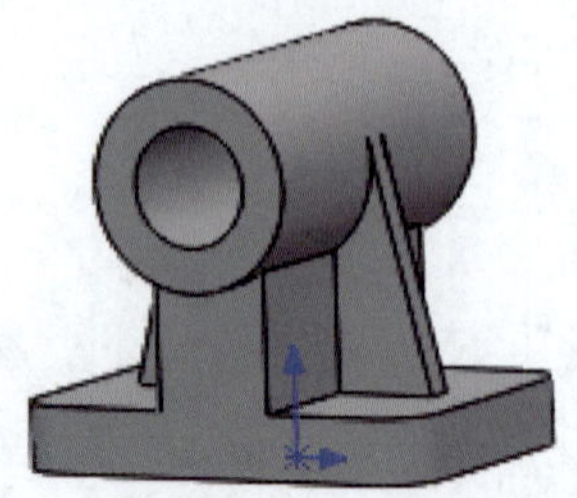

图 3-4-23　镜像筋

三、创建轴承座底板上的孔

1. 创建沉头孔

（1）在“特征”选项卡中单击“异形孔向导”按钮，在弹出的“孔规格”属性管理器中设置孔的类型和规格等参数，如图 3-4-24 所示。

（2）切换到“位置”选项卡，如图 3-4-25 所示。

（3）移动光标到绘图区中，在底板上单击确定孔的位置，单击“草图”选项卡中的“智能尺寸”按钮，标注孔的位置尺寸，如图 3-4-26 所示，单击“确定”按钮，完成沉头孔的创建，如图 3-4-27 所示。

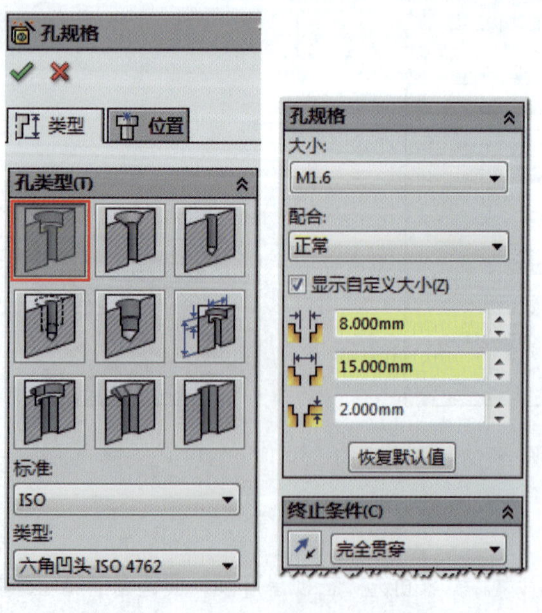

图 3-4-24　孔规格参数设置

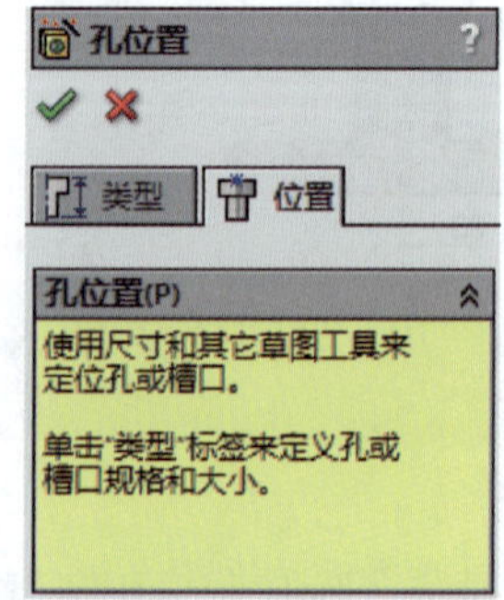

图 3-4-25　切换到“位置”选项卡

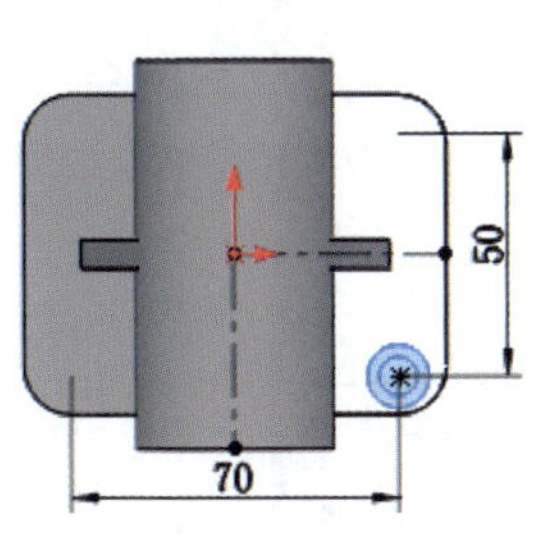

图 3-4-26　标注孔的位置尺寸

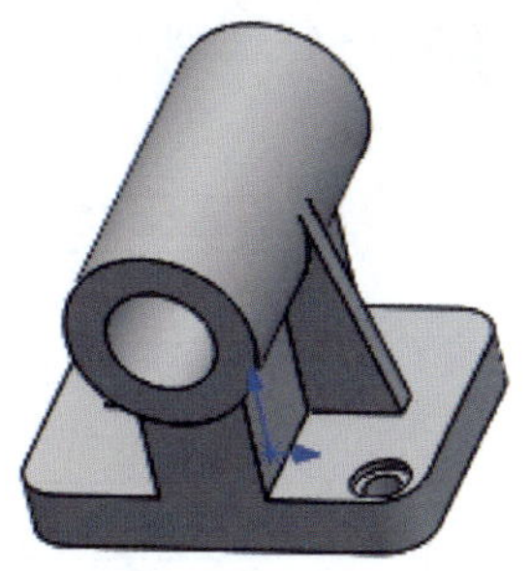

图 3-4-27　创建沉头孔

2. 阵列沉头孔

在设计树中选择创建的沉头孔，在“特征”选项卡中单击“线性阵列”按钮，在弹出的属性管理器中分别选择底板长、宽的边线为阵列方向，其他阵列参数设置如图 3-4-28 所示，单击“确定”按钮，完成沉头孔的阵列，如图 3-4-29 所示。

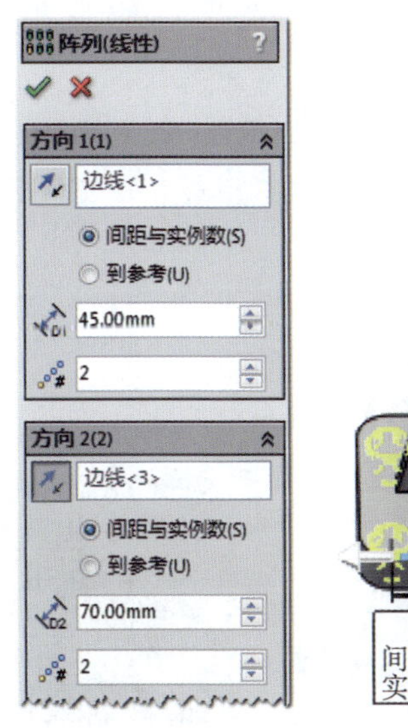

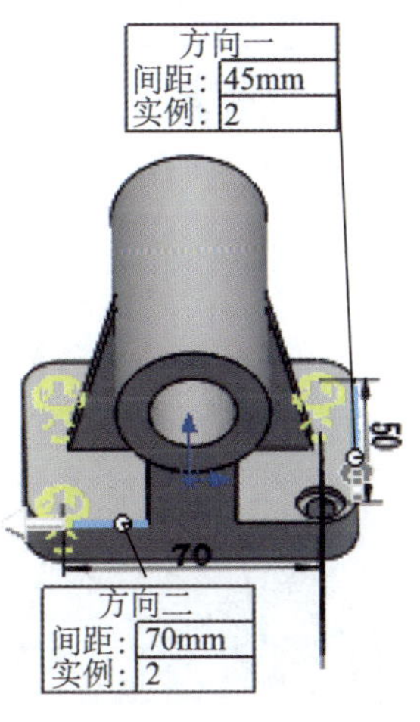

图 3-4-28　阵列参数设置和图形预览

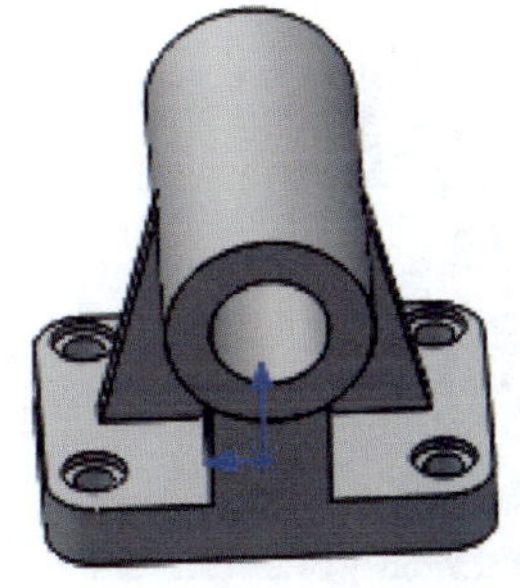

图 3-4-29　阵列沉头孔

小贴士

单击“反向”按钮可以改变阵列的方向。

四、创建螺纹孔

1. 创建标准螺纹孔

（1）在“特征”选项卡中单击“异形孔向导”按钮，在“孔规格”属性管理器中设置相关参数，如图 3-4-30 所示。

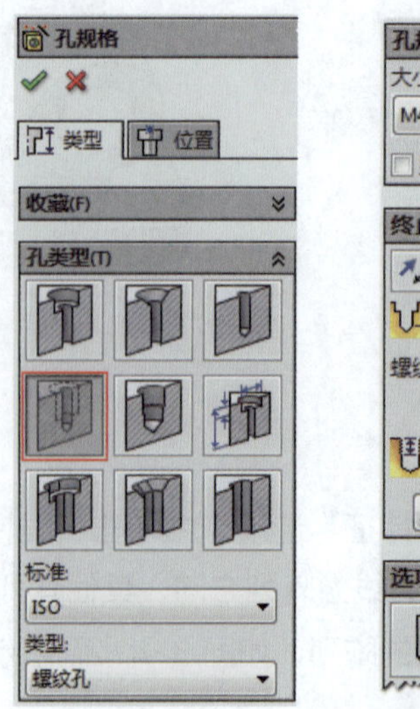

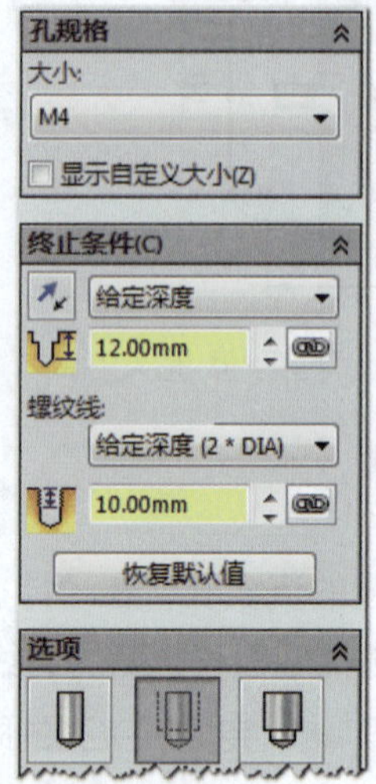

图 3-4-30　孔规格参数设置

（2）切换到“位置”选项卡，在圆柱套端面上单击确定孔的大概位置，绘制构造圆并进行几何约束和尺寸标注，确定孔的准确位置（将孔位置点手动约束到构造圆上），如图 3-4-31 所示，单击“确定”按钮 ，生成螺纹孔，如图 3-4-32 所示。

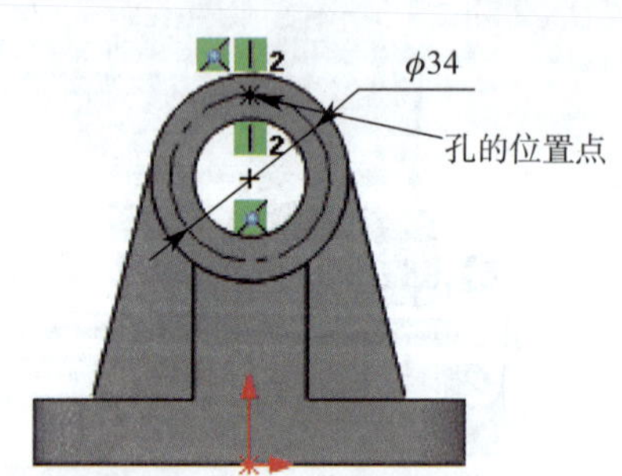

图 3-4-31　异形孔的位置标注

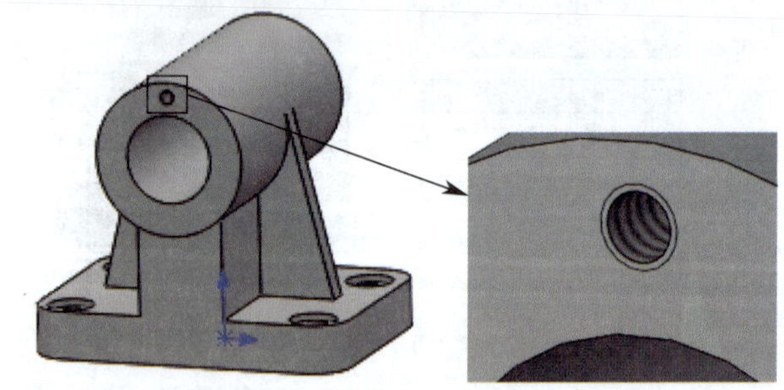

图 3-4-32　创建标准螺纹孔

2. 阵列螺纹孔

在设计树中选择创建的标准螺纹孔，在“特征”选项卡中单击“线性阵列”按钮下方的小三角，在下拉选项中单击“圆周阵列”按钮 ，选择轴承套内圆柱面为阵列轴，实例数为“4”，其他参数设置如图 3-4-33 所示，单击“确定”按钮 ，完成螺纹孔阵列，如图 3-4-34 所示。

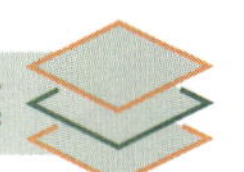

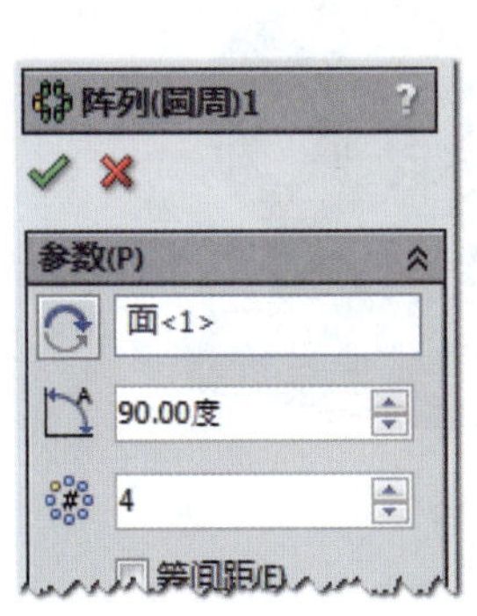

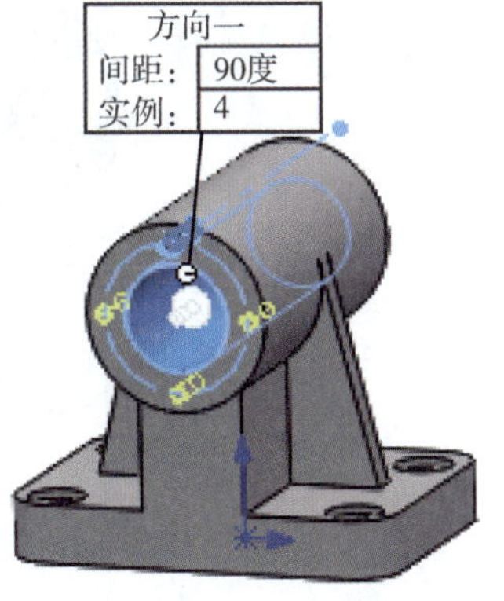

图 3-4-33　圆周阵列参数设置和图形预览

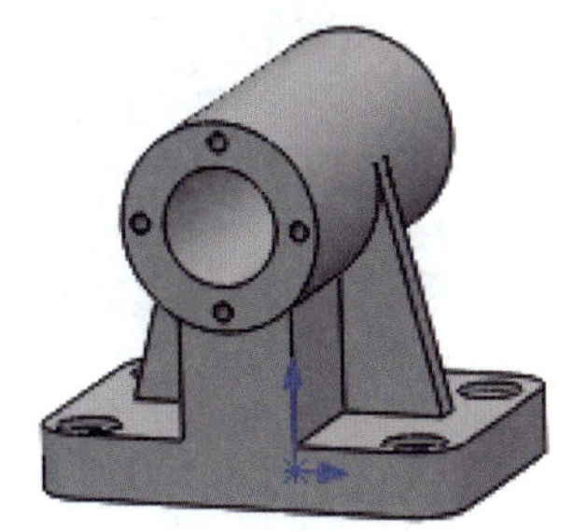

图 3-4-34　圆周阵列螺纹孔

3. 镜像螺纹孔

在“特征”选项卡中单击“镜像”按钮，选择前面创建的阵列螺纹孔为要镜像的特征，镜像面选择右视基准面，如图 3-4-35 所示，单击“确定”按钮，完成螺纹孔的镜像，如图 3-4-36 所示。

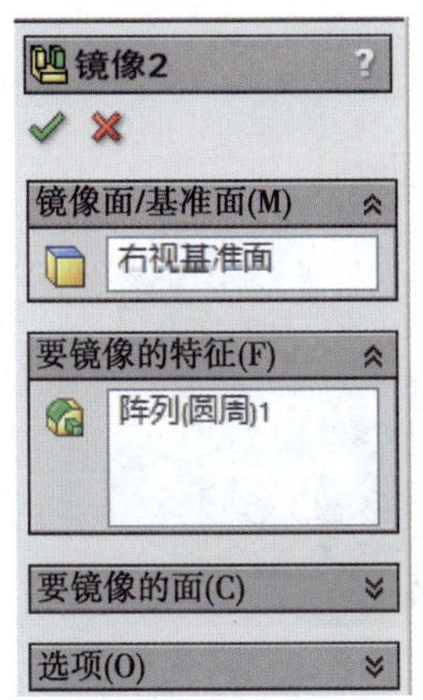

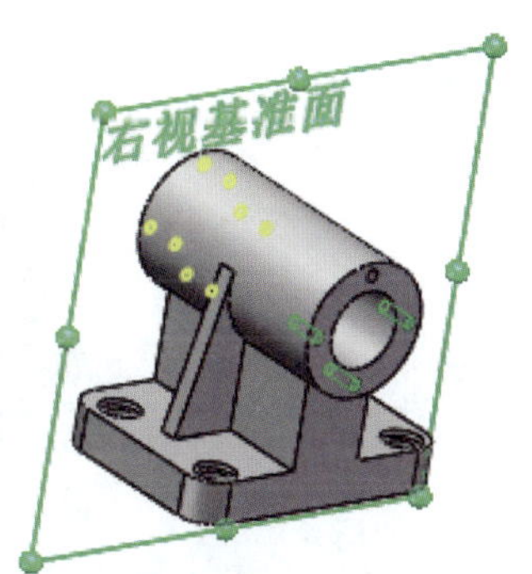

图 3-4-35　镜像参数设置和图形预览

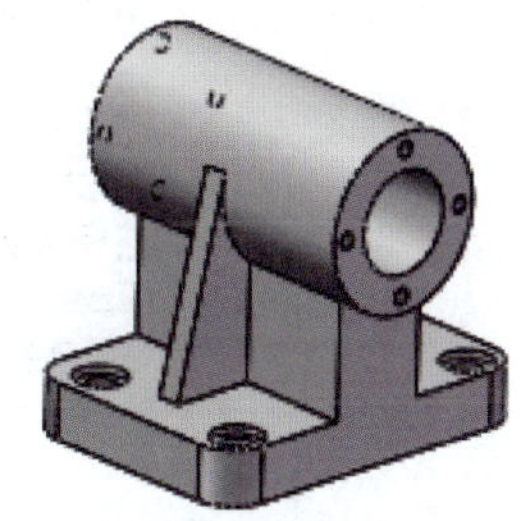

图 3-4-36　镜像螺纹孔

4. 锐角处理

将轴承座圆柱套的两端内外锐边倒角，倒角大小为“1.5 mm”，如图 3-4-37 所示；将轴承座周围的锐边倒钝，圆角半径为“2 mm”，如图 3-4-38 所示。

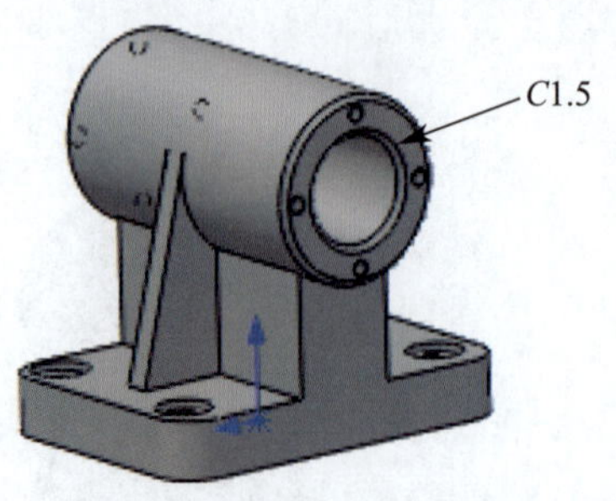

图 3-4-37 锐边倒角

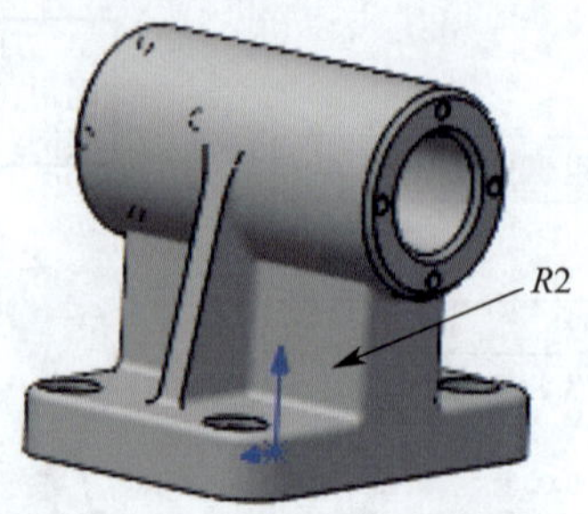

图 3-4-38 锐边倒钝

五、选择材质

1. 在设计树中右键单击“材质 < 未指定 >”，在弹出的菜单中选择“编辑材料”，在“材料”对话框中选择“SolidWorks materials”→“铁”→“灰铸铁”，如图 3-4-39 所示，单击对话框中的“应用”按钮完成材质添加，效果如图 3-4-40 所示，单击“关闭”按钮退出“材料”对话框。

2. 将零件存盘，模型命名为“轴承座”。

图 3-4-39 选择材质

图 3-4-40 轴承座最终设计效果

任务巩固

根据如图 3-4-41 所示工程图，完成储物架的设计，自定义材料和外观。

操作演示

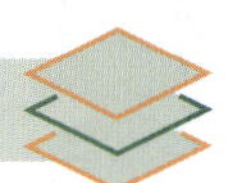

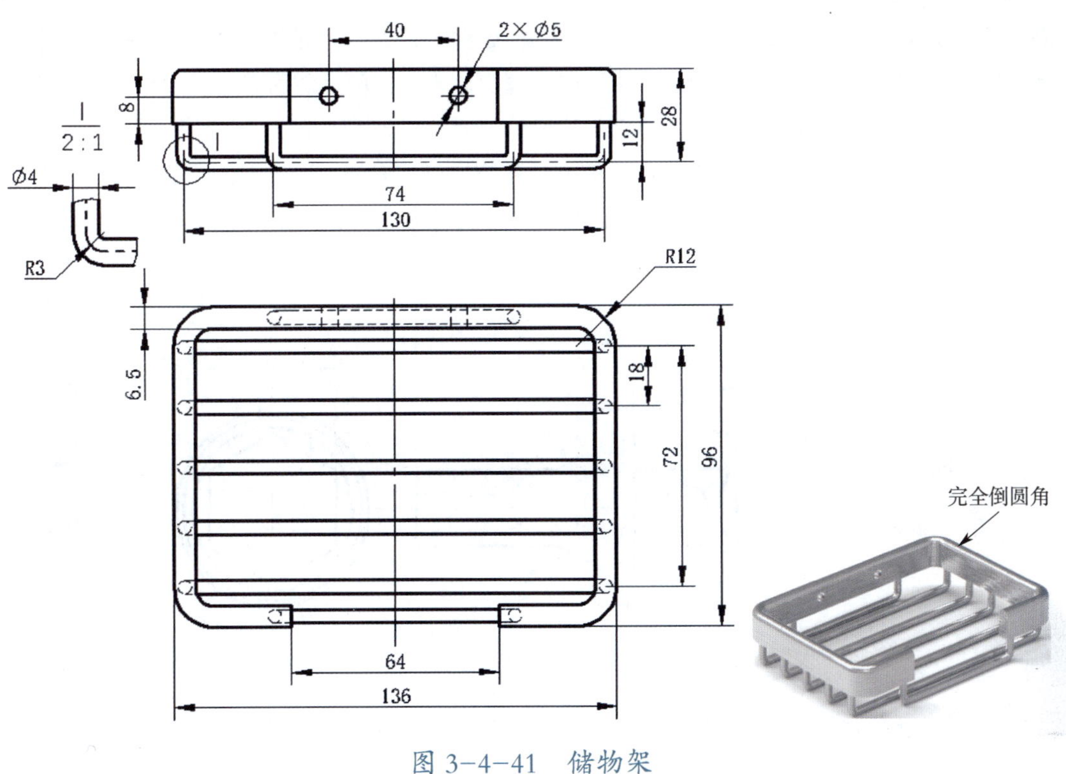

图 3-4-41　储物架

任务 5　一套内六角套筒的设计

任务目标

1. 掌握方程式的添加和运用方法。
2. 掌握配置的添加和运用方法。
3. 能够设计一套形状类似的产品。

任务描述

设计完成如图 3-5-1 所示的同一类型四种规格的一组套筒。该组套筒的内部内六角尺寸和外圆柱尺寸大小不同，每个套筒的内六角尺寸和外圆柱尺寸相差 1.5 倍，头部倒角圆的尺寸与内六角尺寸相差 1.25 倍。另外，内六角尺寸为 10 和 12 的两个套筒还分别在套筒侧壁加工有一个 ϕ3.5 的孔。设计过程中可先创建其中一个套筒，然后通过系列零件设计表来完成其他配置，最终完成一套内六角套筒的设计。

实际工作中会经常遇到一些形状类似的成系列的产品设计，通过 SolidWorks 软件中添加方程式和添加配置的方法设计成套系零件，能极大地减小设计工作量，提高设计效率。

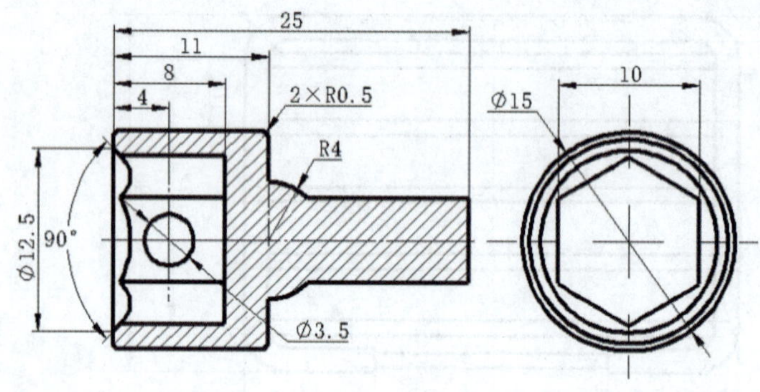

设计参考工程图

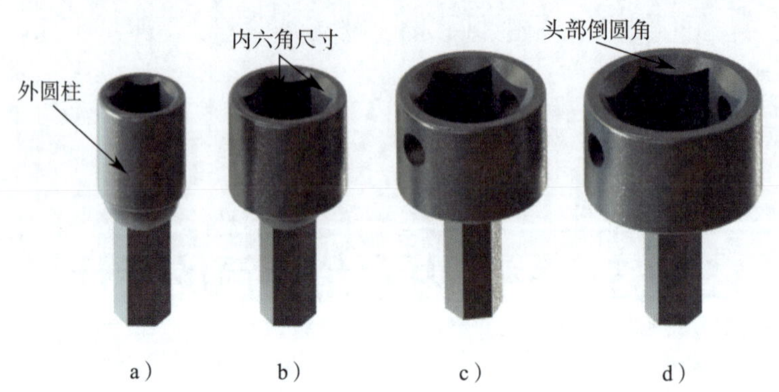

图 3-5-1　内六角套筒

a）内六角尺寸为 6　b）内六角尺寸为 8

c）内六角尺寸为 10，带 ϕ3.5 孔　d）内六角尺寸为 12，带 ϕ3.5 孔

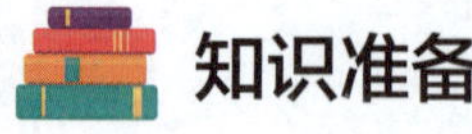

知识准备

一、方程式

方程式可将尺寸或属性名称用作变量，创建模型尺寸或其他模型属性之间的数学关系。以设置一个长度和直径尺寸一样的拉伸圆柱体为例，其操作步骤如下：

1. 显示特征尺寸

拉伸一个 ϕ10 的圆柱体，在设计树中右键单击“注解”，在弹出的菜单中选择“显示特征尺寸”，如图 3-5-2 所示。

2. 显示尺寸名称

单击悬浮工具栏中的“隐藏 / 显示项目”按钮“👓”，在下拉选项中单击“查看尺寸名称”按钮 **(D1)**，显示尺寸名称，如图 3-5-3 所示。

3. 插入方程式

单击菜单栏“工具”→“方程式”按钮 Σ，弹出方程式对话框。单击对话框中“方程式”下面的空格，在绘图区选中尺寸“10‘D1’”，光标自动跳转到“数值 / 方程式”列对应空格，选中尺寸“ϕ10‘D1’”，如图 3-5-4 所示，单击“确定”按钮即可完成直径和长度一样的关系添加。

4. 重建模型

在绘图区双击尺寸“ϕ10‘D1’”，修改为“20”，然后单击标准工具栏中的“重建模型”按钮🚦，即将该圆柱体长度重建为 20 mm（和直径尺寸一样），如图 3-5-5 所示。

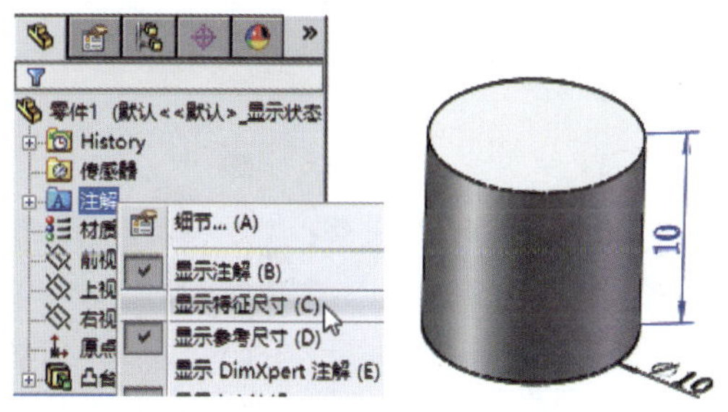

图 3-5-2　显示特征尺寸

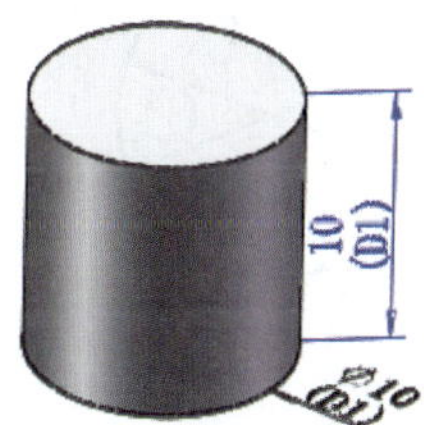

图 3-5-3　显示尺寸名称

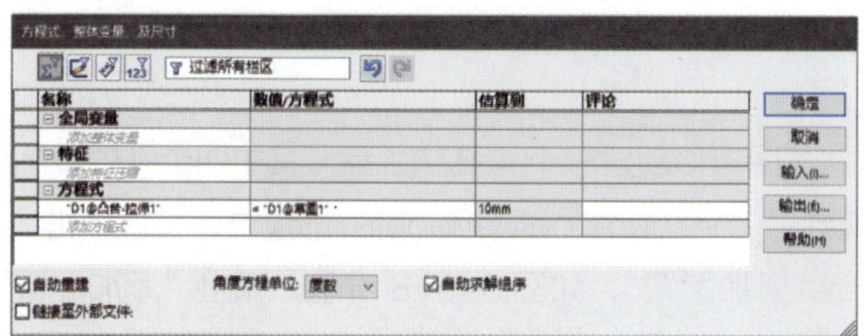

图 3-5-4　方程式设置

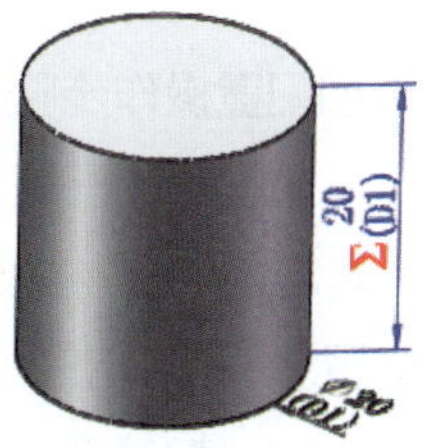

图 3-5-5　生成新模型

小贴士

在“方程式”下面表格处单击右键选择“删除方程式”，即可删除方程式，如图 3-5-6 所示。

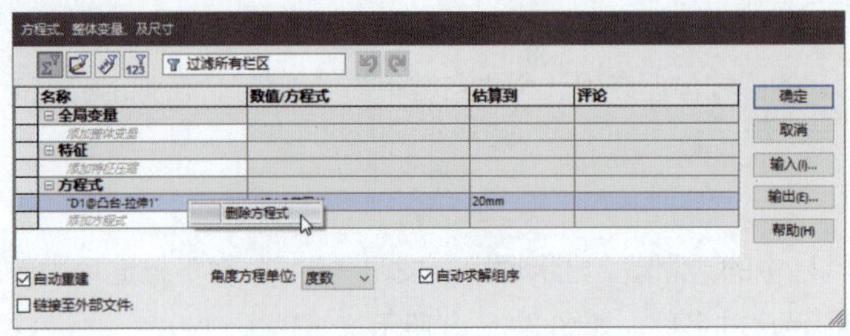

图 3-5-6　删除方程式

二、添加配置

配置可以在单一的文件中对零件或装配体生成多个设计变化。配置提供了简便的方法来开发与管理一组有着不同尺寸、特征或属性的模型。

配置有手动添加配置和系列零件设计表配置两种类型。

下面以将如图 3-5-7a 所示的 4 孔法兰盘变为 6 孔法兰盘为例，分别介绍手动添加配置和系列零件设计表配置的操作方法。

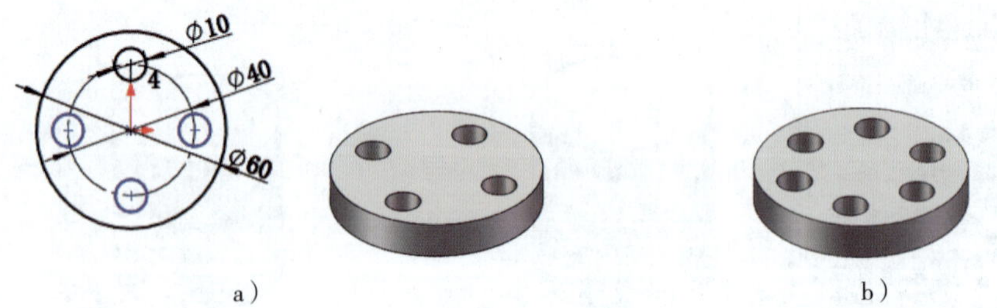

图 3-5-7　法兰盘

a）4 孔法兰盘　b）6 孔法兰盘

1. 手动添加配置操作步骤

（1）添加配置和配置命名。根据草图拉伸创建一个 4 孔法兰盘（其中四个孔的草图通过草绘阵列复制创建），将设计树切换到“ConfigurationManager”选项卡，右键单击“4 孔法兰盘配置”，在弹出的菜单中选择“添加配置”，如图 3-5-8 所示，弹出“添加配置”属性管理器，在“配置名称”栏中输入新配置的名称“6 孔法兰盘”，单击“确定”按钮 ✔，如图 3-5-9 所示。

（2）修改配置文件。单击绘图区内的 4 孔法兰盘特征，在显示的尺寸内，双击尺寸“4”（4 为草图中的阵列数目），修改为“6”，并将配置类型选择为“此配置”，如图 3-5-10 所示。单击“确定”按钮 ✔ 后进行模型重建，6 孔法兰盘即制作完成，如图 3-5-11 所示。

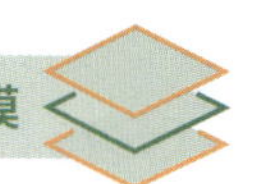

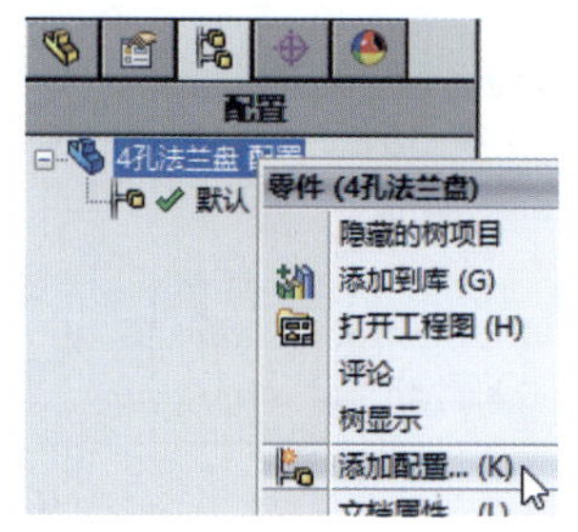

图 3-5-8　4 孔法兰盘选择“添加配置”

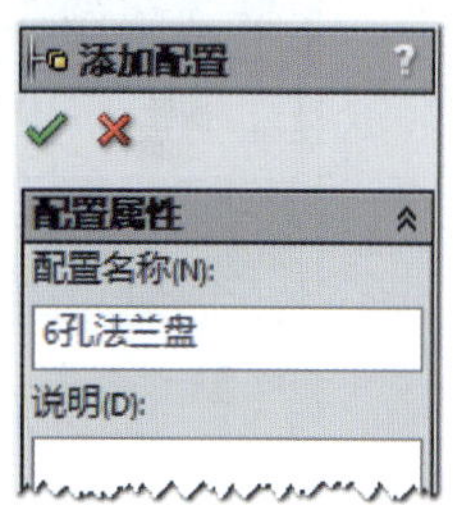

图 3-5-9　新配置名称“6 孔法兰盘”

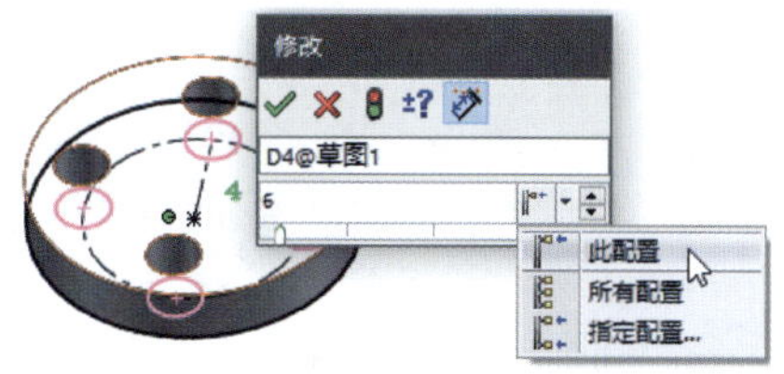

图 3-5-10　修改配置文件

图 3-5-11　6 孔法兰盘

2. 系列零件设计表配置操作步骤

（1）打开“修改配置”对话框。4 孔法兰盘创建之后，单击绘图区内的法兰盘特征，在显示的尺寸内，右键单击尺寸“4”，在弹出的菜单中选择“配置尺寸”，如图 3-5-12 所示，弹出“修改配置”对话框，如图 3-5-13 所示。

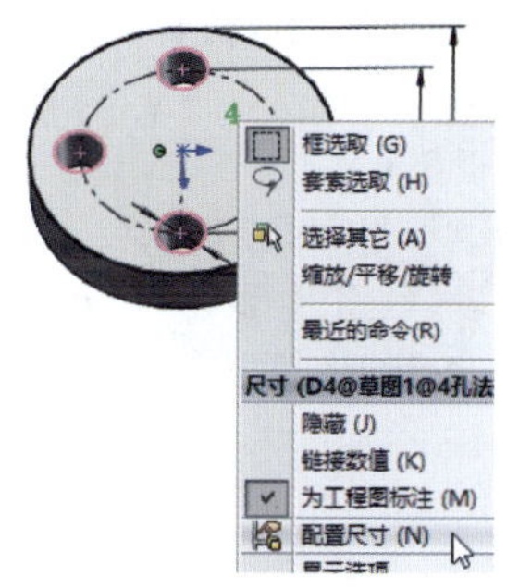

图 3-5-12　选择“配置尺寸”

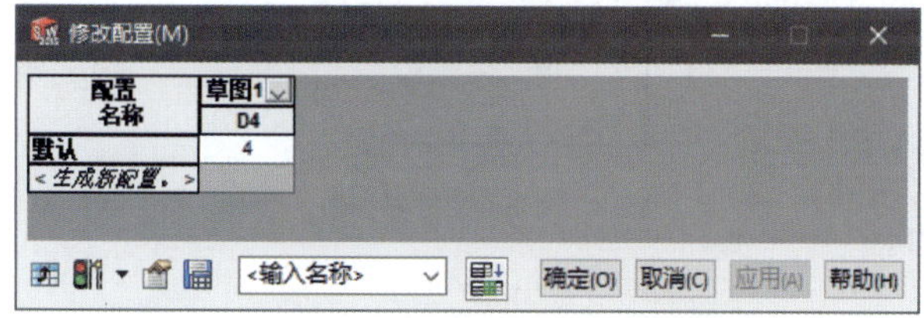

图 3-5-13　“修改配置”对话框

（2）生成新配置。在“修改配置”对话框中右键单击“默认”，选择“重新命名配置”，修改为“4 孔法兰盘”，单击“生成新配置”，修改“配置名称”为“6 孔法兰盘”，同时修改“草图 1”的“D4”尺寸为“6”，如图 3-5-14 所示。单击“确定”按钮 ✔ 后生成法兰盘的新配置。

图 3-5-14　法兰盘的新配置

任务实施

操作演示

一、创建一个内六角套筒

1. 建立新文件

启动 SolidWorks 软件，单击“新建”按钮，选择“零件”图标，再单击“确定”按钮，进入零件设计工作环境。

2. 旋转实体

在设计树中选择“前视基准面”，单击“草图绘制”按钮，绘制“草图 1”，如图 3-5-15 所示；保持草图激活状态，在“特征”选项卡中单击“旋转凸台 / 基体”按钮，单击“确定”按钮生成旋转实体，如图 3-5-16 所示。

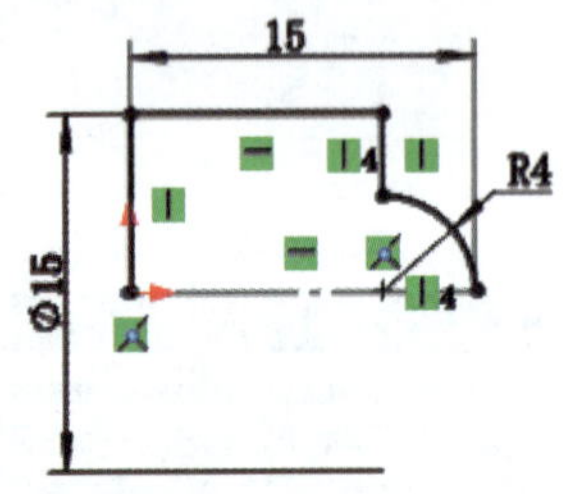

图 3-5-15　草图 1

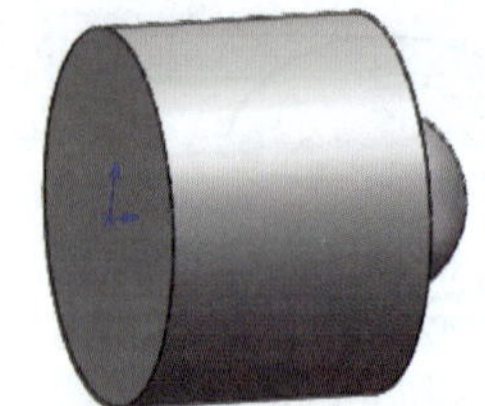

图 3-5-16　旋转实体

3. 拉伸六棱柱

在绘图区选择实体大端的端面，单击“草图绘制”按钮，绘制“草图 2”，如图 3-5-17 所示；保持草图激活状态，在“特征”选项卡中单击“拉伸凸台 / 基体”按钮，单击“反向”按钮，设置拉伸深度为“25 mm”，单击“确定”按钮完成六棱柱的建模，如图 3-5-18 所示。

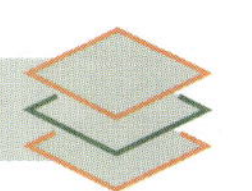

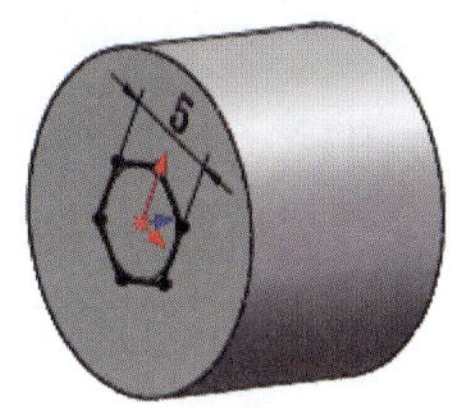

图 3-5-17　草图 2

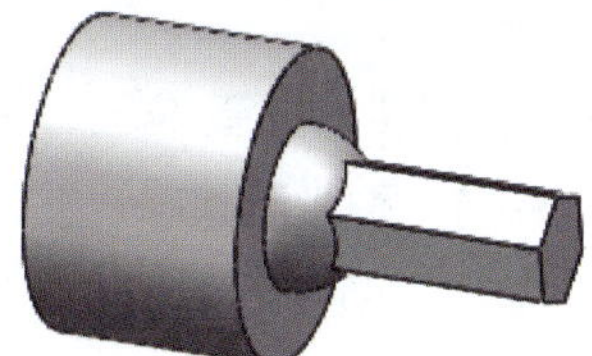

图 3-5-18　拉伸实体

4. 拉伸切除内六角凹槽

在绘图区选择实体大端的端面，单击“草图绘制”按钮，绘制“草图 3”，如图 3-5-19 所示；保持草图激活状态，在“特征”选项卡中单击“拉伸切除”按钮，设置拉伸深度为“8 mm”；单击“确定”按钮完成内六角凹槽的建模，如图 3-5-20 所示。

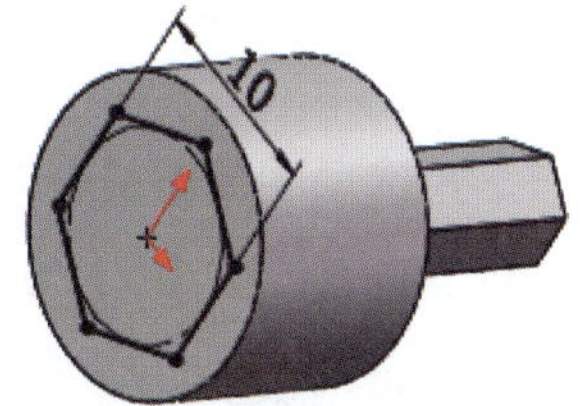

图 3-5-19　草图 3

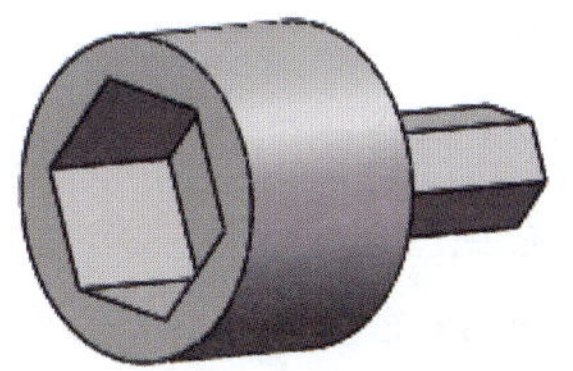

图 3-5-20　拉伸切除实体

5. 圆角处理

（1）拉伸切除锐边。在绘图区选择实体大端的端面，单击“草图绘制”按钮，绘制“草图 4”，如图 3-5-21 所示；保持草图激活状态，在“特征”选项卡中单击“拉伸切除”按钮，开启“拔模开关”按钮，设置拔模角度为“45 度”；单击“确定”按钮完成锐边拉伸切除，如图 3-5-22 所示。

（2）倒圆角 $R0.5$。单击“倒圆角”按钮，设置半径值为“0.5 mm”，选择外圆柱的两个边线，单击“确定”按钮完成倒圆角，效果如图 3-5-23 所示。

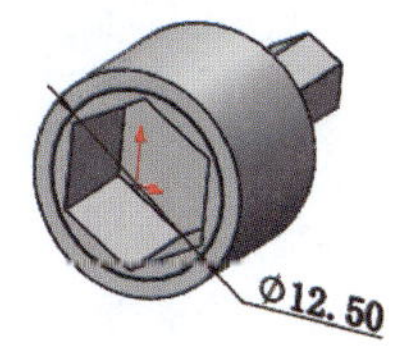

图 3-5-21　草图 4

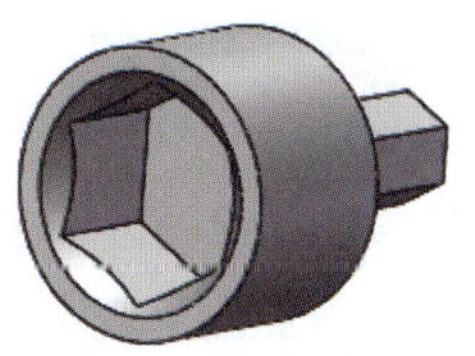

图 3-5-22　拉伸切除锐边

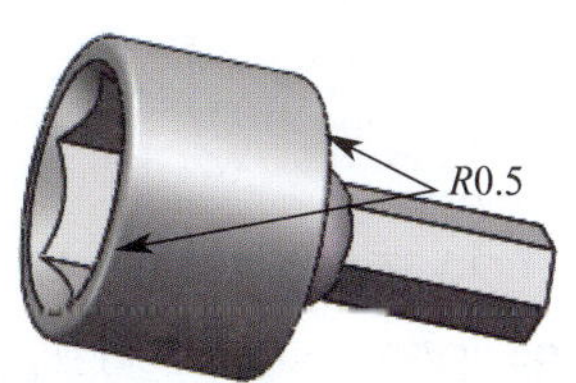

图 3-5-23　倒圆角

6. 拉伸圆柱孔

在设计树中选择“前视基准面”，单击“草图绘制”按钮，绘制“草图 5”，如图 3-5-24 所示；保持草图激活状态，在“特征”选项卡中单击“拉伸切除”按钮，选择终止条件为“完全贯穿 - 两者”，单击“确定”按钮，效果如图 3-5-25 所示。

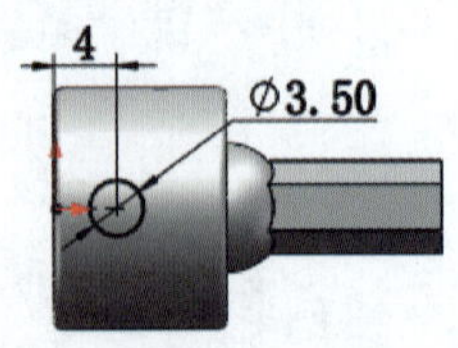

图 3-5-24　草图 5

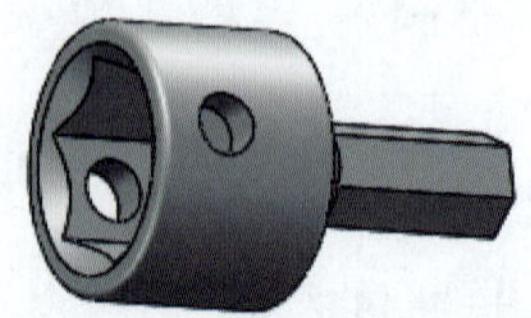
图 3-5-25　拉伸切除孔

二、插入方程式

1. 显示尺寸名称

单击悬浮工具栏中的“隐藏 / 显示项目”按钮，在下拉选项中单击“查看尺寸名称”按钮 **(D1)**，在绘图区单击内六角特征的一面，显示尺寸名称，如图 3-5-26 所示。

2. 插入方程式

（1）设置内六角尺寸为全局变量 A。单击菜单栏“工具”→“方程式”按钮，弹出方程式对话框，在对话框中“全局变量”下面的空格内输入“A”，然后在绘图区选择尺寸“10（D1）”，如图 3-5-27 所示。

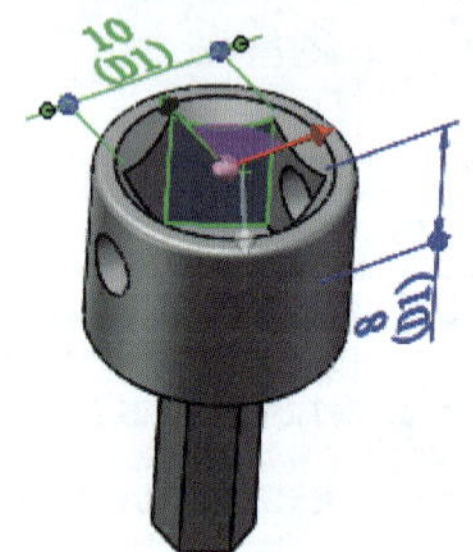

图 3-5-26　显示尺寸名称 1

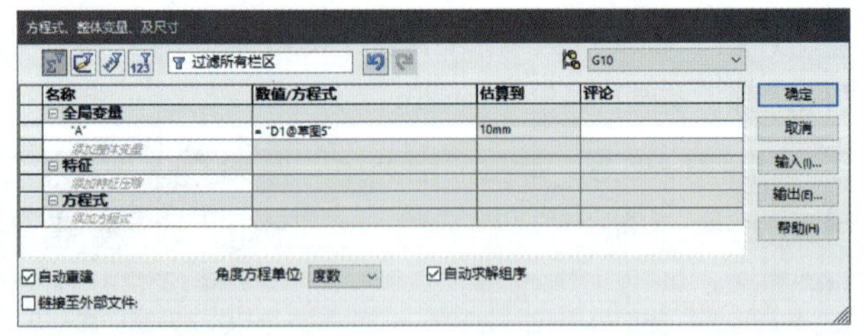

图 3-5-27　方程式设置 1

（2）添加外圆柱尺寸和内六角尺寸关系。在绘图区单击外圆柱面，显示尺寸名称如图 3-5-28 所示。单击“方程式”下面的空格，在绘图区选中尺寸“ϕ 15（D3）”，在对应“数值 / 方程式”框内输入““A’ *1.5”，如图 3-5-29 所示。

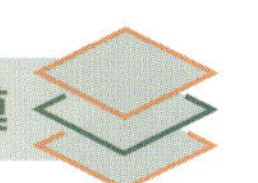

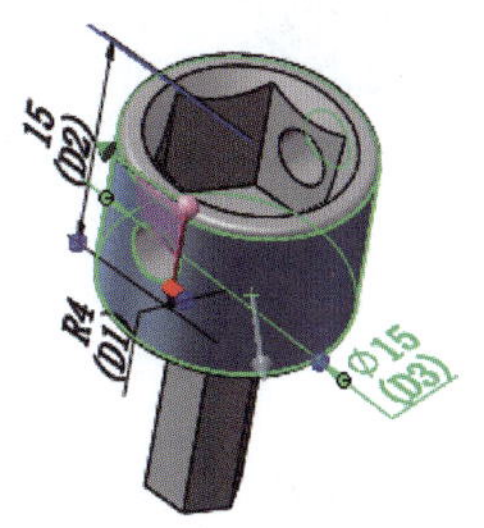

图 3-5-28　显示尺寸名称 2

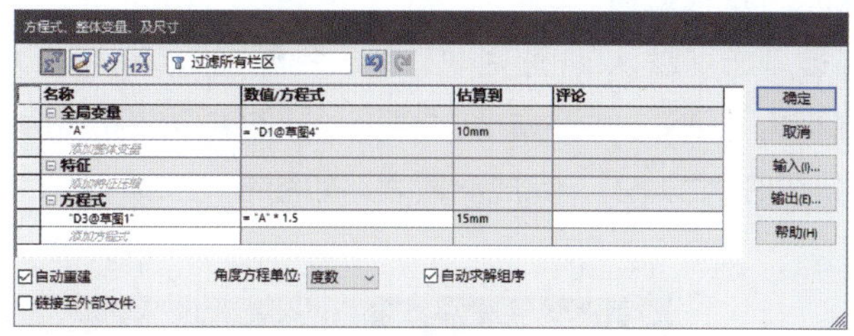

图 3-5-29　方程式设置 2

（3）添加切除锐角尺寸和内六角尺寸关系。在绘图区单击内六角的拉伸切除锐角特征，显示尺寸名称如图 3-5-30 所示。单击“方程式”下面第二个空格，在绘图区选中尺寸“ϕ12.5（D1)”，在对应“数值 / 方程式”框内输入“‘A’ *1.25”，如图 3-5-31 所示，单击“确定”按钮完成方程式关系添加。

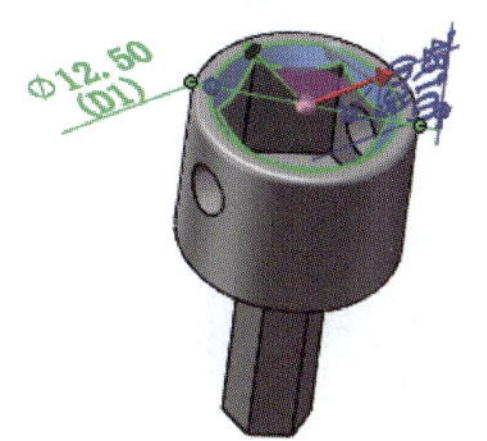

图 3-5-30　显示尺寸名称 3

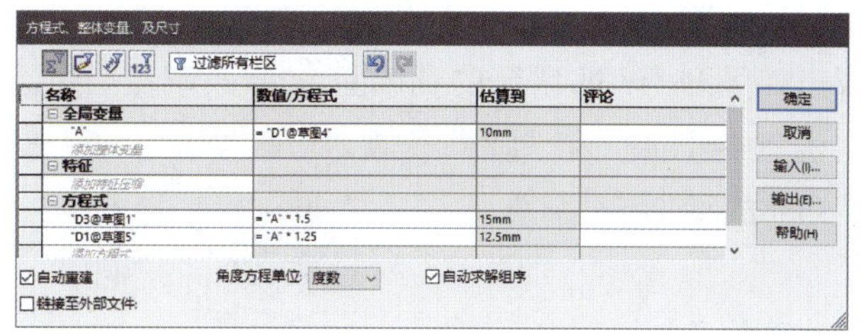

图 3-5-31　方程式设置 3

三、添加配置

1. 打开“修改配置”对话框

在绘图区单击内六角特征的一面，显示尺寸名称，右键单击尺寸“10（D1)”，在弹出的菜单中选择“配置尺寸”命令，如图 3-5-32 所示，弹出“修改配置”对话框，如图 3-5-33 所示。

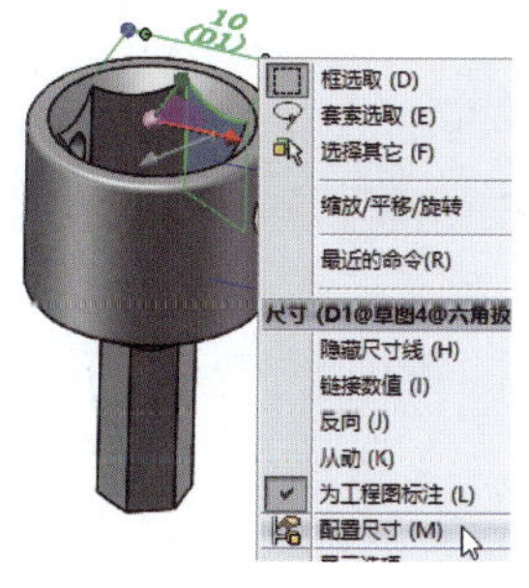

图 3-5-32　选择配置尺寸

图 3-5-33　“修改配置”对话框

2. 添加尺寸规格配置

右键单击“默认”，选择“重新命名配置”，输入“D10”，单击“生成新配置”并修改配置名称为“D6”，同时修改“草图 4”的“D1”尺寸为“6 mm”。同样的操作方式生成新配置“D8”“D12”，完成配置表，如图 3-5-34 所示。

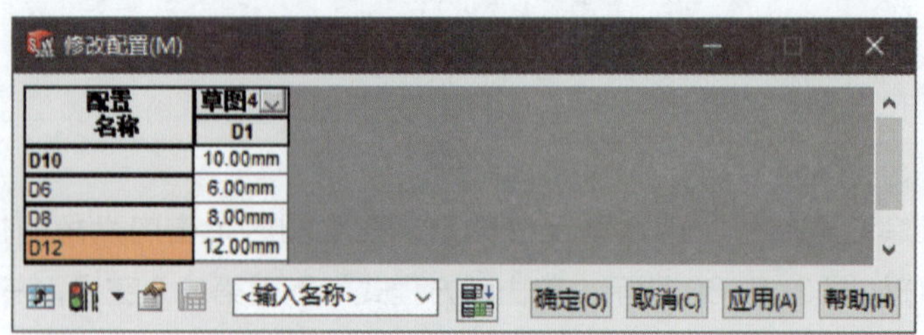

图 3-5-34　生成新配置

3. 添加特征配置

双击如图 3-5-35 所示的孔表面，“修改配置”对话框中显示多了一列“切除 - 拉伸 3”，勾选其中“D6”和“D8”配置对应的“压缩”复选框，如图 3-5-36 所示，单击“确定”按钮完成添加特征配置。

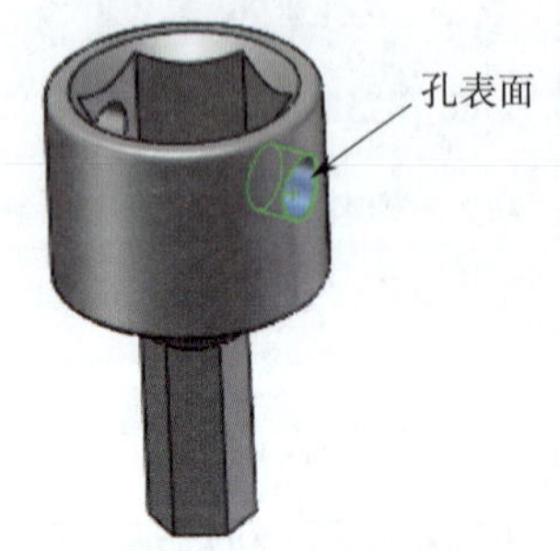

图 3-5-35　双击孔表面

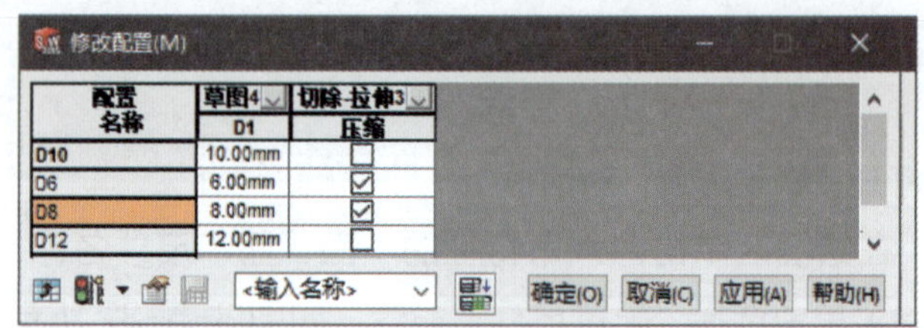

图 3-5-36　选中“压缩”复选框

4. 管理配置

将各个内六角套筒配置文件添加合金钢材质，将设计树切换到“ConfigurationManager”选项卡，此处显示所有添加的配置，如图 3-5-37 所示，分别双击所需配置，即可查看到一套内六角套筒，效果如图 3-5-38 所示。

将零件存盘，模型命名为“内六角套筒”。

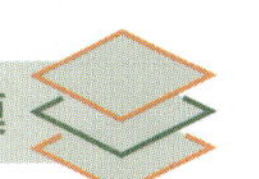

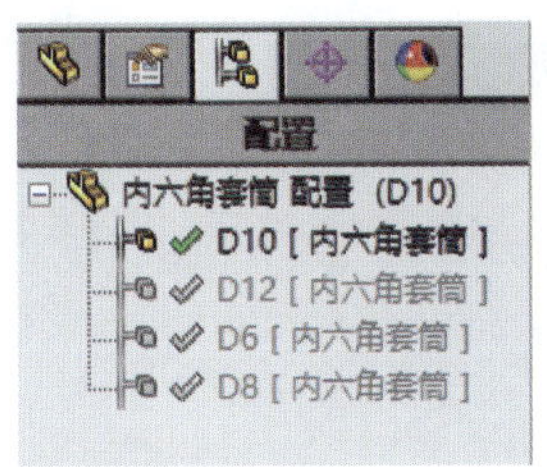

图 3-5-37 显示配置文件

图 3-5-38 一套内六角套筒

任务巩固

操作演示

设计一套六角扳手，其外形如图 3-5-39 所示，自定义材料和外观。

图 3-5-39 一套六角扳手

提示：一套六角扳手的设计参考步骤如图 3-5-40 所示。

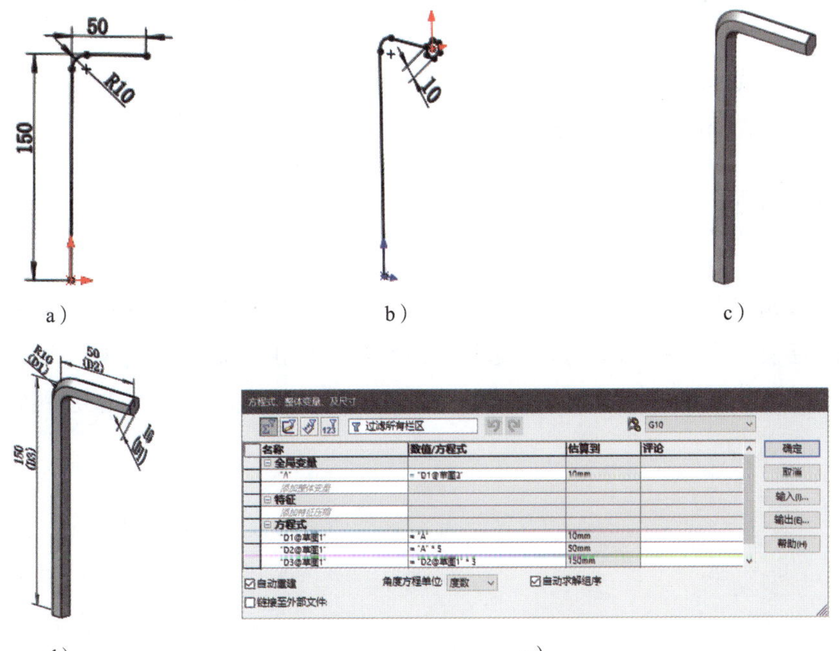

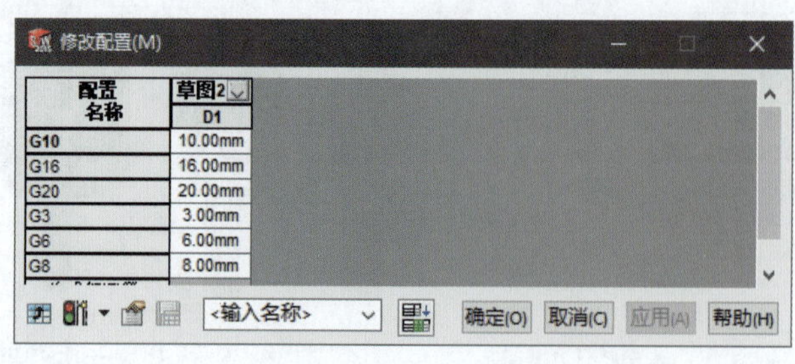

f）

图 3-5-40　一套六角扳手的设计参考步骤
a）绘制草图 1　b）绘制草图 2　c）创建一个六角扳手
d）显示尺寸名称　e）添加方程式　f）添加配置

任务 6　复杂水瓶的设计

任务目标

1. 掌握“圆顶”“包覆”和“压凹”等高级特征命令的运用。
2. 掌握方程式驱动的曲线命令的运用。
3. 能够设计外部具有复杂纹理的产品。

任务描述

设计完成如图 3-6-1 所示的复杂水瓶。该水瓶的材质是棕色 PP 材料，瓶身和底部都具有纹理。建模过程是首先通过拉伸实体形成瓶身，再利用“圆顶”“压凹”等命令绘制瓶底纹理，然后通过包覆和镜像操作绘制瓶身纹理，再添加螺纹，最后添加材质和外观完成水瓶的设计。

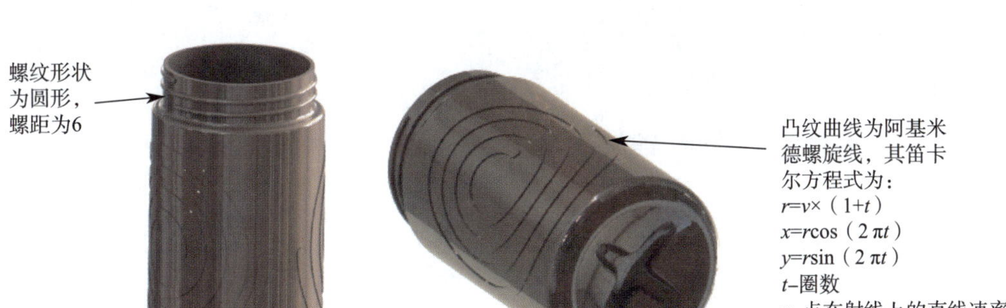

图 3–6–1 复杂水瓶

知识准备

一、圆顶

圆顶是在已有实体的指定面上形成圆形的面。

以在圆柱体上创建一个圆顶为例，其操作步骤如下：

单击菜单“插入”→“特征”→“圆顶”按钮，弹出“圆顶”属性管理器，选中圆柱体上表面，并指定圆顶的高度为“10 mm”，如图 3–6–2 所示，单击“确定”按钮完成圆顶的创建，如图 3–6–3 所示。

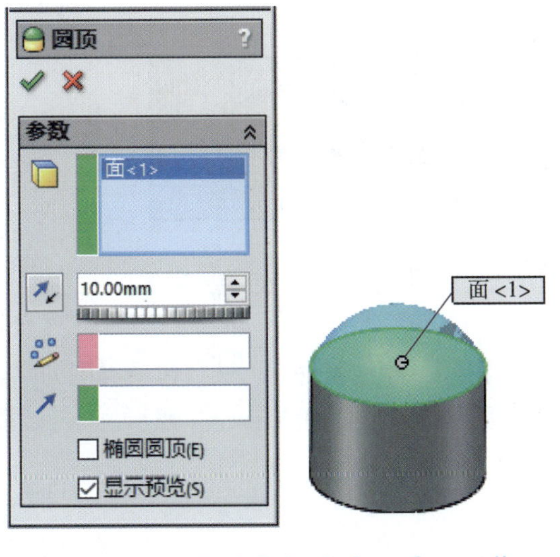

图 3–6–2 圆顶参数设置及图形预览

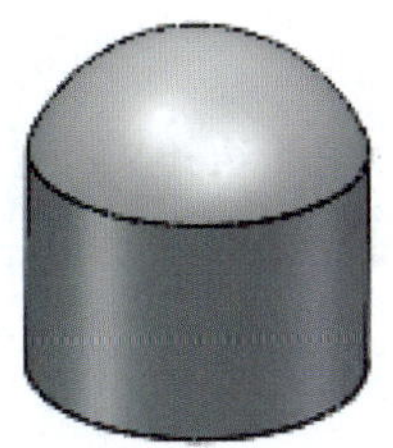

图 3–6–3 圆顶

二、包覆

包覆特征是将闭合的草图沿其基准面的法线方向投影到模型的表面，然后根据投影后曲线在模型的表面生成凹陷或凸起的形状。包覆特征包括浮雕、蚀雕和刻划三种类型。

浮雕：在面上生成一个凸起特征，如图 3-6-4a 所示。

蚀雕：在面上生成一个缩进特征，如图 3-6-4b 所示。

刻划：在面上生成一个草图轮廓的压印，如图 3-6-4c 所示。

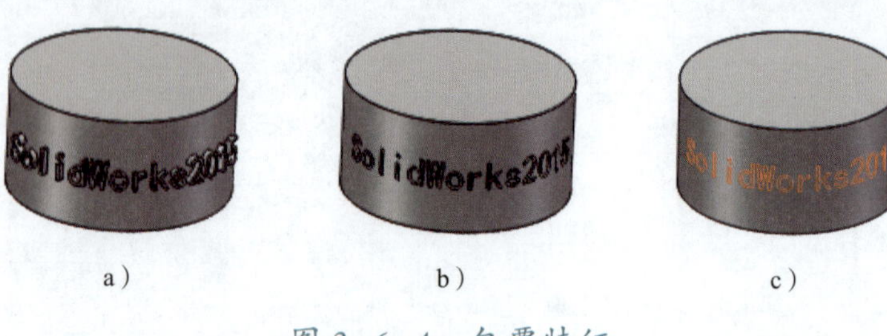

图 3-6-4　包覆特征

a）浮雕　b）蚀雕　c）刻划

以在圆柱体上浮雕文字为例，其操作步骤如下：

1. 创建如图 3-6-5 所示的圆柱体后，在“特征”选项卡中单击“包覆”按钮，选择前视基准面后进入草绘环境，输入草绘文字，如图 3-6-6 所示。

图 3-6-5　圆柱体

图 3-6-6　输入草绘文字

2. 单击按钮退出草绘环境并弹出“包覆 1”属性管理器，选择包覆类型为“浮雕”，“包覆草图的面”选框中选圆柱面，深度设为“0.5 mm”，如图 3-6-7 所示。

3. 单击“确定”按钮，生成浮雕文字，如图 3-6-8 所示。

三、压凹

压凹特征是在目标实体上生成与所选工具实体的轮廓非常接近的内凹或凸起特征。

以制作一个吹风机机壳的凹形为例，其操作步骤如下：

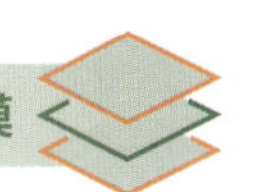

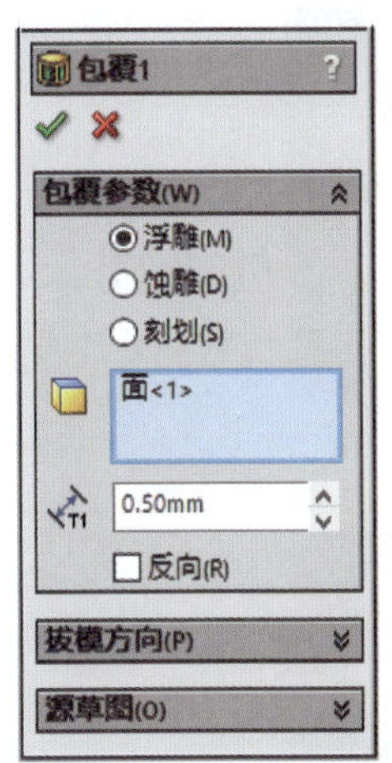

图 3-6-7　包覆参数设置

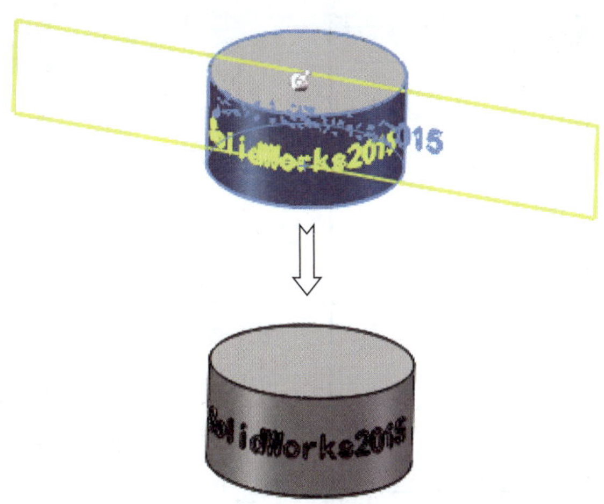

图 3-6-8　创建浮雕文字

创建如图 3-6-9 所示的两个实体后，单击菜单“插入”→“特征”→“压凹”按钮，弹出“压凹”属性管理器，选择机壳为目标实体，吹风机为工具实体区域，方向向外，其他参数设置如图 3-6-10 所示，单击“确定”按钮，完成压凹的机壳，如图 3-6-11 所示。

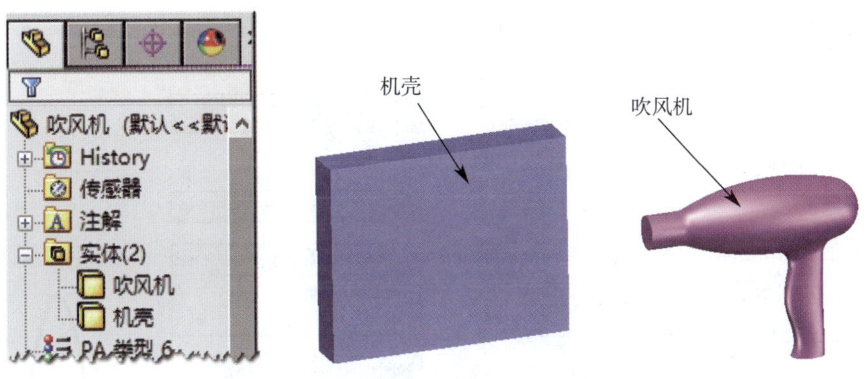

图 3-6-9　创建两个实体

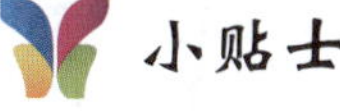

小贴士

吹风机和机壳零件建模时是通过取消“合并结果”方式将其分为两个实体，然后从实体的相交位置进行之后的压凹操作。

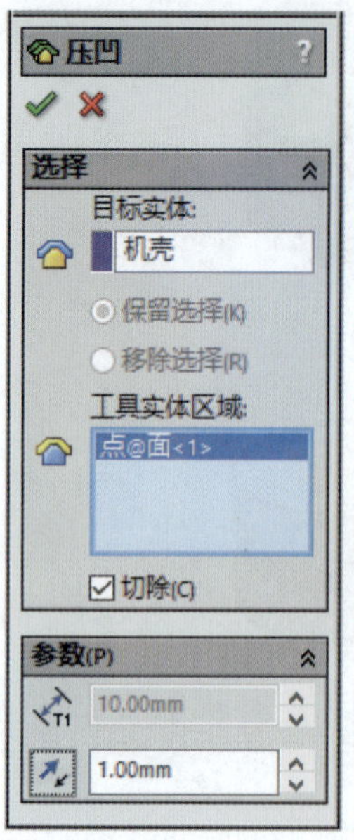

图 3-6-10　压凹参数设置

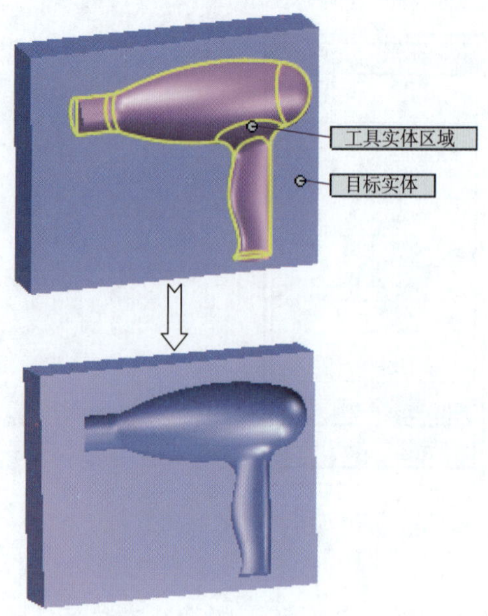

图 3-6-11　创建压凹的机壳

四、方程式驱动的曲线

方程式驱动的曲线是指通过定义曲线的方程式来生成的曲线。

方程式驱动的曲线分为两种定义方式："显性"和"参数性"。显性方程在定义了起点和终点处的 X 值以后，Y 值会随着 X 值的范围自动得出；而参数性方程则需要定义曲线起点和终点对应的参数 T 值范围，X 值表达式中含有变量 T，同时 Y 值定义另一个含有 T 值的表达式，这两个方程式会在 T 的定义域内求解，从而生成目标曲线。

以绘制一条正弦曲线为例，其操作步骤如下：

在"草图"选项卡中单击"样条曲线"按钮右侧的小三角，从下拉选项中单击"方程式驱动的曲线"按钮，左侧弹出属性管理器，在"方程式类型"栏中选择"显性"，在"参数"栏中输入如图 3-6-12 所示方程式，单击"确定"按钮生成正弦曲线，如图 3-6-13 所示。

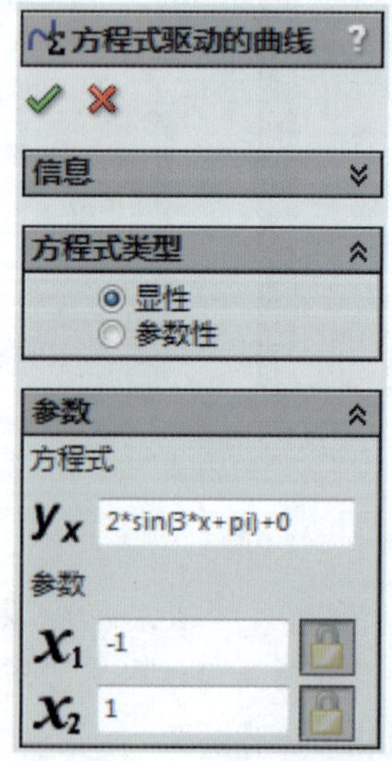

图 3-6-12　方程式驱动的曲线参数设置

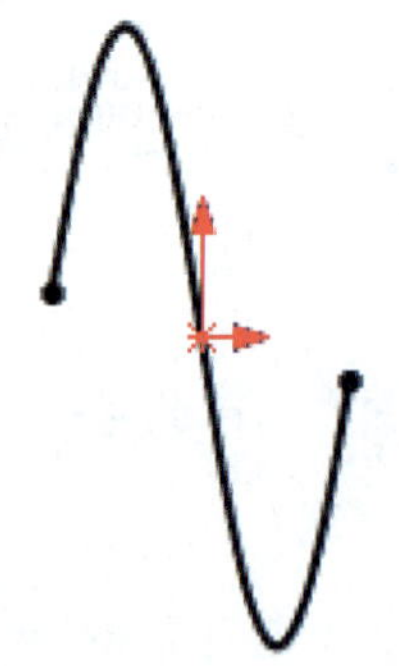

图 3-6-13　正弦曲线

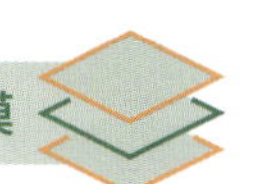

任务实施

操作演示

一、创建瓶子基体

1. 建立新文件

启动 SolidWorks 软件，单击“新建”按钮，选择“零件”图标，再单击“确定”按钮，进入零件设计工作环境。

2. 拉伸瓶体

在设计树中选择“上视基准面”，单击“草图绘制”按钮，绘制“草图 1”，如图 3-6-14 所示；单击“拉伸凸台 / 基体”按钮，设置深度为“150 mm”，单击“确定”按钮完成瓶体的创建，如图 3-6-15 所示。

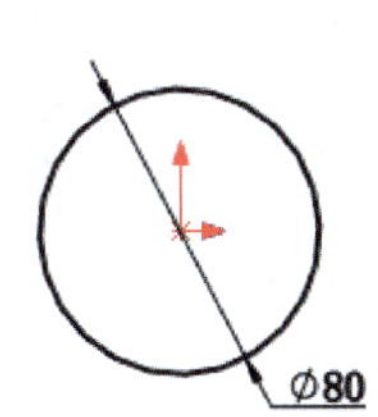

图 3-6-14　草图 1

图 3-6-15　拉伸瓶体

3. 拉伸瓶口

选择瓶体上端面，单击“草图绘制”按钮，按“Space”键，单击“正视于”按钮，绘制“草图 2”，如图 3-6-16 所示；单击“拉伸凸台 / 基体”按钮，设置深度为“20 mm”，单击“确定”按钮完成瓶口的创建，如图 3-6-17 所示。

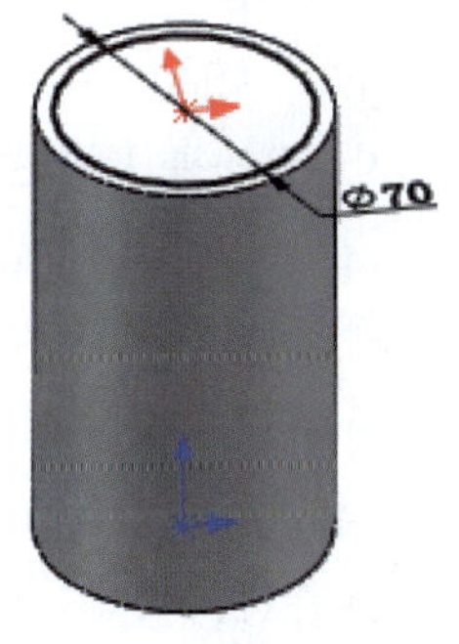

图 3-6-16　草图 2

图 3-6-17　拉伸瓶口

二、创建瓶底纹理

1. 创建瓶底圆顶

单击菜单栏“插入”→“特征”→“圆顶”按钮，弹出“圆顶 1”属性管理器，选中瓶底平面，其他参数设置如图 3-6-18 所示，单击“确定”按钮；然后对瓶底锐边倒 R8 的圆角，结果如图 3-6-19 所示。

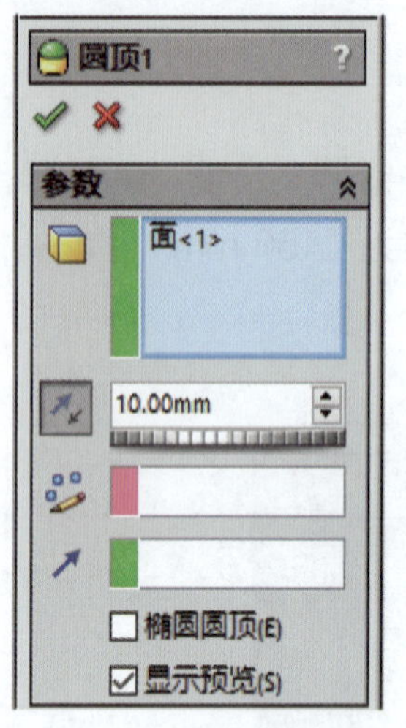

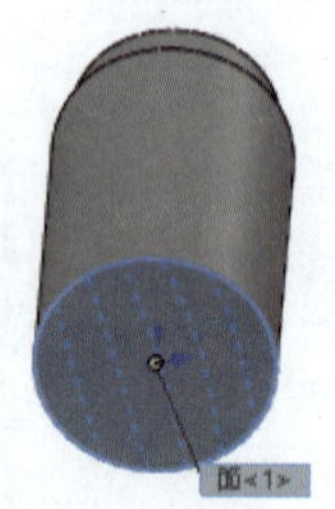

图 3-6-18　圆顶参数设置和图形预览

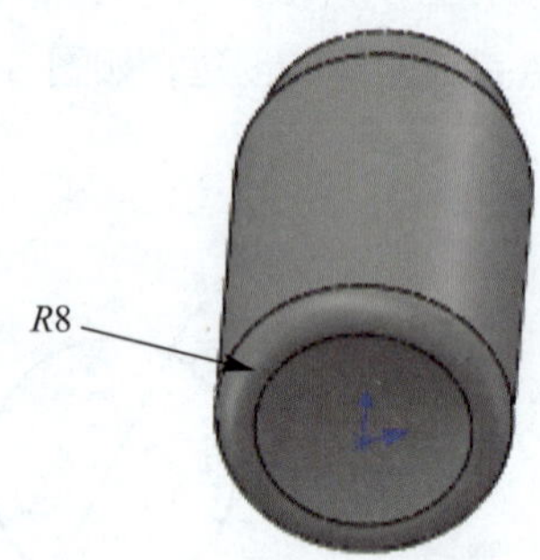

图 3-6-19　倒圆角

小贴士

通过单击“反向”按钮可以改变圆顶的方向。

2. 制作压块

（1）旋转生成压块实体。在设计树中选择“右视基准面”，单击“草图绘制”按钮，按“Space”键，单击“正视于”按钮，绘制“草图 3”，如图 3-6-20 所示。在“特征”选项卡中单击“旋转凸台 / 基体”按钮，将草图中间的竖直线设为旋转轴，取消勾选复选框“合并实体”，单击“确定”按钮生成压块实体，如图 3-6-21 所示。

（2）隐藏瓶体。在绘图区单击选择水瓶主体，在弹出的快捷工具栏中单击“隐藏”按钮，结果显示如图 3-6-22 所示。

（3）拉伸切除。选择压块的底平面，单击“草图绘制”按钮，按“Space”空格键，单击“正视于”按钮，绘制“草图 4”，如图 3-6-23 所示；保持草图激活状态，单击“拉伸切除”按钮，将终止条件设为“完全贯穿”，单击“确定”按钮完成拉伸切除，效果如图 3-6-24 所示；然后分别对其倒 $R3$ 和 $R5$ 的圆角，效果如图 3-6-25 所示。

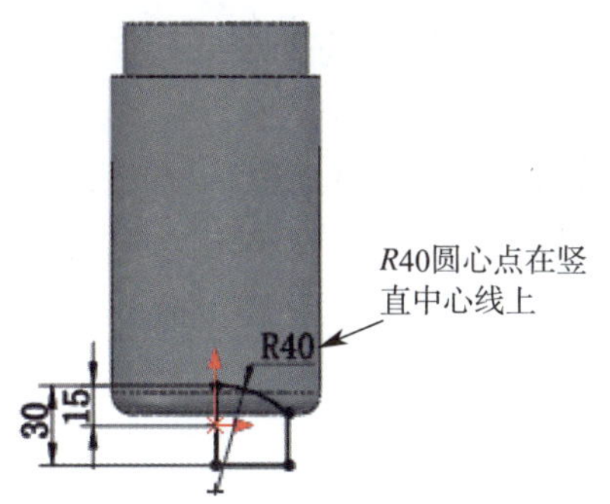

图 3-6-20　草图 3

图 3-6-21　压块实体

图 3-6-22　隐藏瓶体

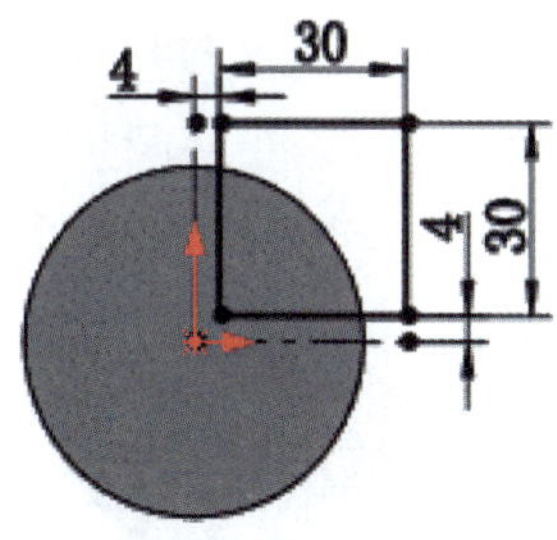

图 3-6-23　草图 4

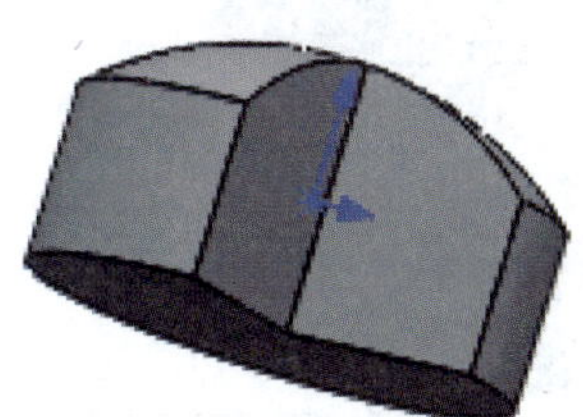

图 3-6-24　拉伸切除

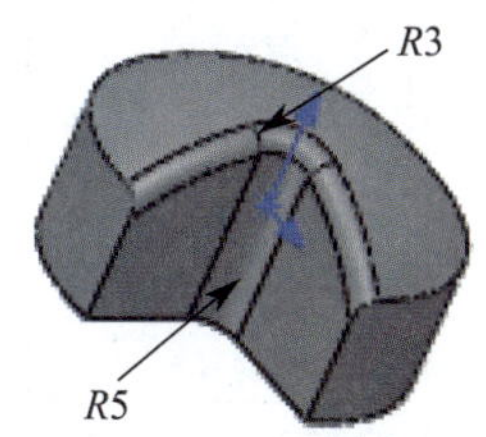

图 3-6-25　倒圆角

（4）阵列特征。在“特征”选项卡中单击“圆周阵列”按钮 ，在圆周阵列属性管理器中设置压块的圆柱面为旋转轴，其他参数设置如图 3-6-26 所示，单击“确定”按钮 完成圆周阵列，效果如图 3-6-27 所示。

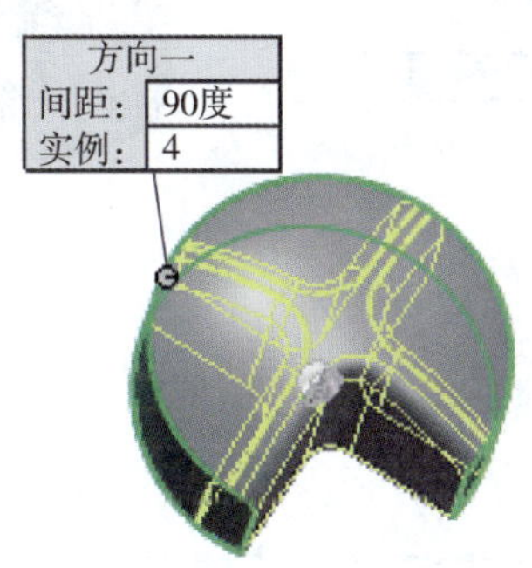

图 3-6-26　圆周阵列参数设置和图形预览

图 3-6-27　圆周阵列

（5）显示瓶体。在设计树中单击“实体”→“圆角”（水杯杯体），在快捷工具栏中单击“显示”按钮。

（6）压凹瓶底。单击菜单“插入”→“特征”→“压凹”按钮，弹出“压凹1”属性管理器，如图3-6-28所示，选择“目标实体”和“工具实体区域”，单击“确定”按钮，单击选择压块，在快捷工具栏中单击“隐藏”按钮隐藏压块，效果如图3-6-29所示；对瓶体锐边倒R2的圆角，效果如图3-6-30所示。

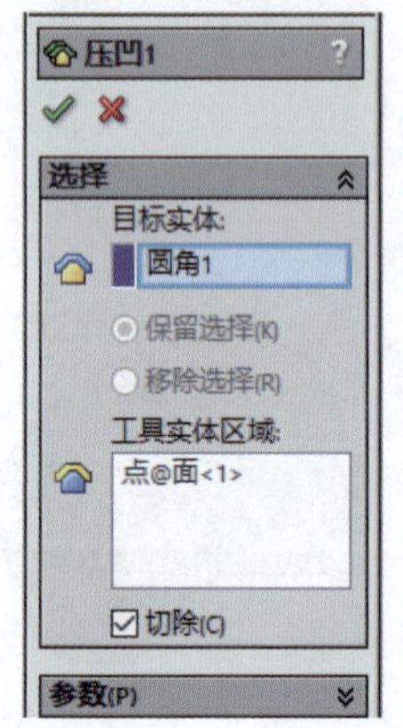

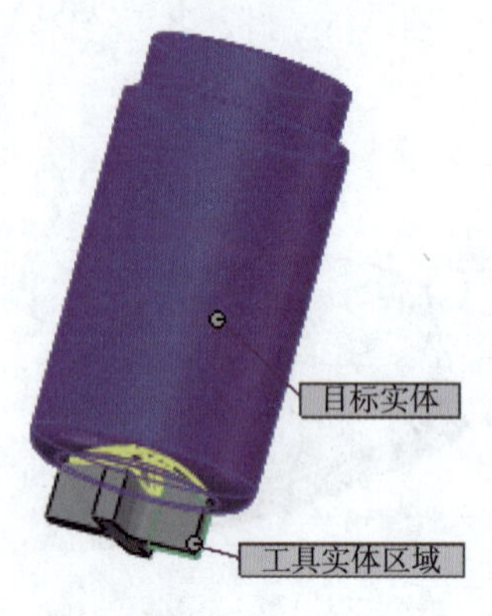

图3-6-28　压凹参数设置和图形预览

图3-6-29　压凹特征

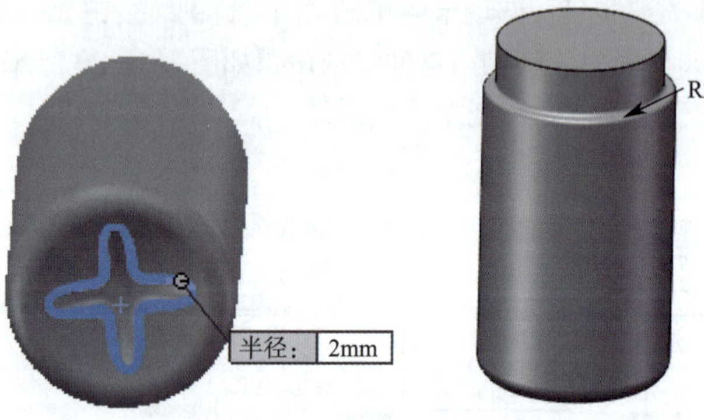

图3-6-30　倒圆角

三、创建瓶身纹理

1. 抽壳

在“特征”选项卡中单击“抽壳”按钮，设置壳厚度为“2 mm”，如图3-6-31所示，选择水瓶上表面为去除的面，单击“确定”按钮，效果如图3-6-32所示。

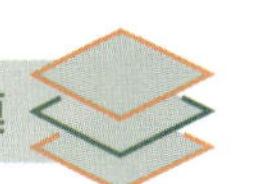

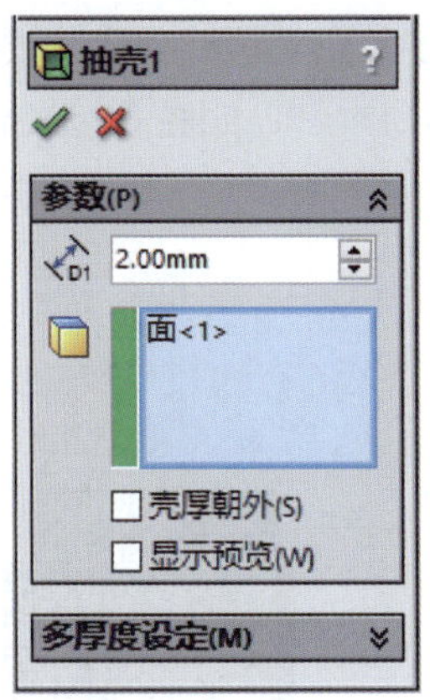

图 3-6-31　抽壳参数设置

图 3-6-32　抽壳的水瓶

2. 浮雕纹理

（1）在“特征”选项卡中单击“包覆”按钮，选择“前视基准面”为草绘平面，按“Space”空格键，单击“正视于”按钮，将视图正对用户。

（2）在“草图”选项卡中单击“样条曲线”按钮右侧的小三角，从下拉选项中单击“方程式驱动的曲线”按钮，左侧弹出属性管理器，在“方程式类型”栏中选择“参数性”，在“参数”栏中输入如图 3-6-33 所示方程式，单击“确定”按钮生成阿基米德螺旋线，如图 3-6-34 所示。

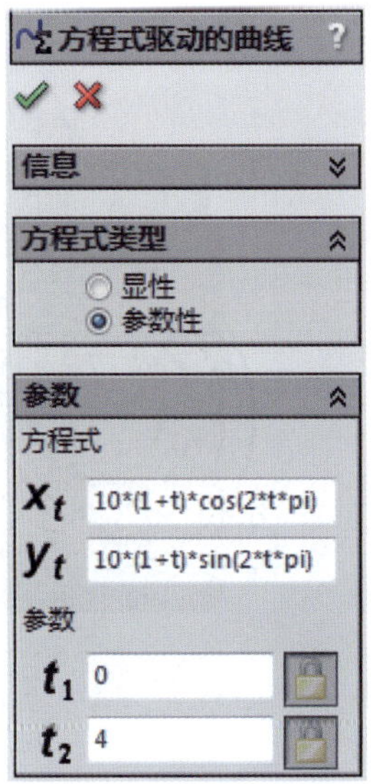

图 3-6-33　方程式驱动的曲线参数设置

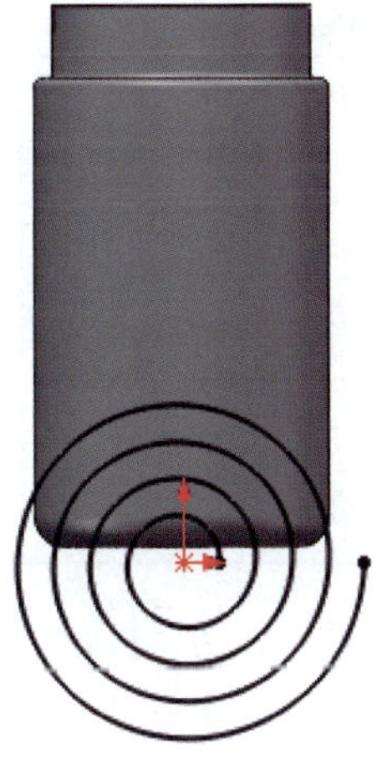
图 3-6-34　生成阿基米德螺旋线

（3）选中阿基米德螺旋线，在“草图”选项卡中单击“移动实体”按钮，在“参数”栏中设置 Y 轴为“70 mm”（所选草图向上移动 70 mm），如图 3-6-35 所示，单击“确定”按钮，效果如图 3-6-36 所示。

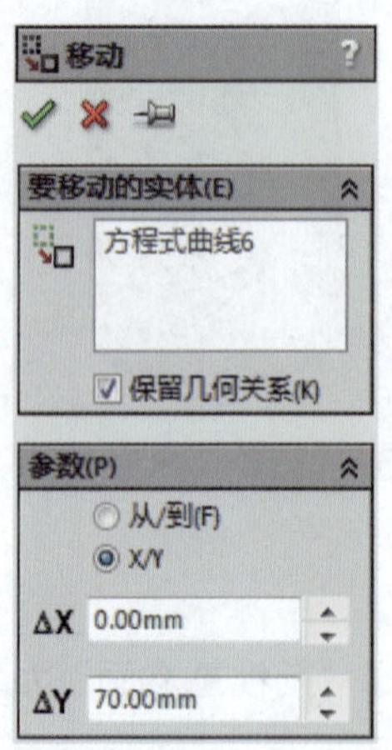

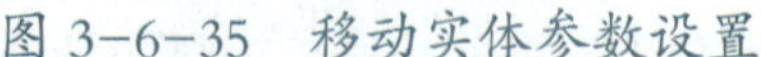
图 3-6-35　移动实体参数设置

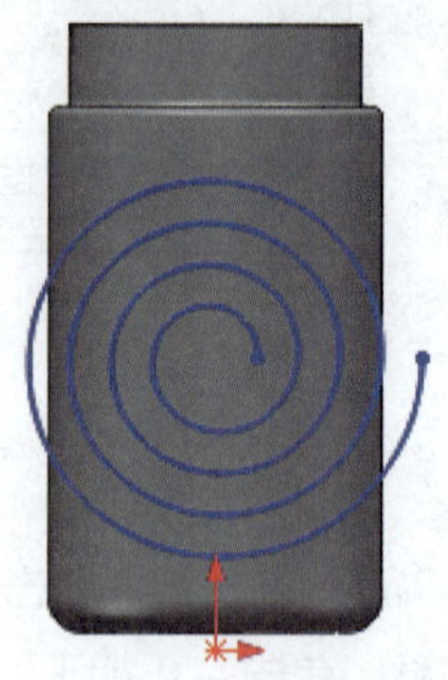

图 3-6-36　移动阿基米德螺旋线

（4）选中阿基米德螺旋线，单击“等距实体”按钮，设置等距距离为“5 mm”，其他选项设置如图 3-6-37 所示，单击“确定”按钮，效果如图 3-6-38 所示。

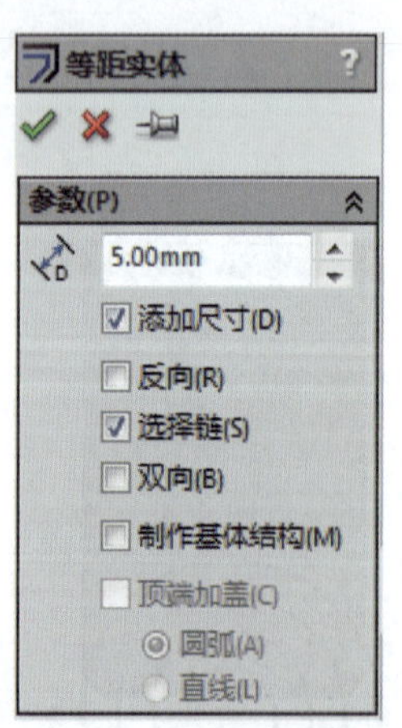

图 3-6-37　等距实体参数设置

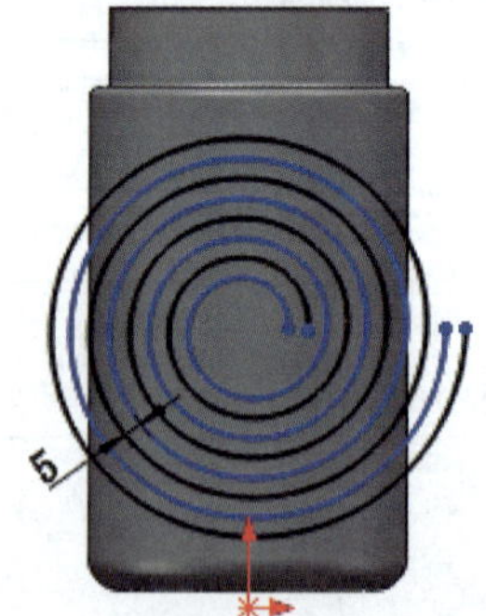

图 3-6-38　等距阿基米德螺旋线

（5）使用“圆弧”和“直线”命令将两条阿基米德螺旋线开口处密封，创建“草图 5”，如图 3-6-39 所示。

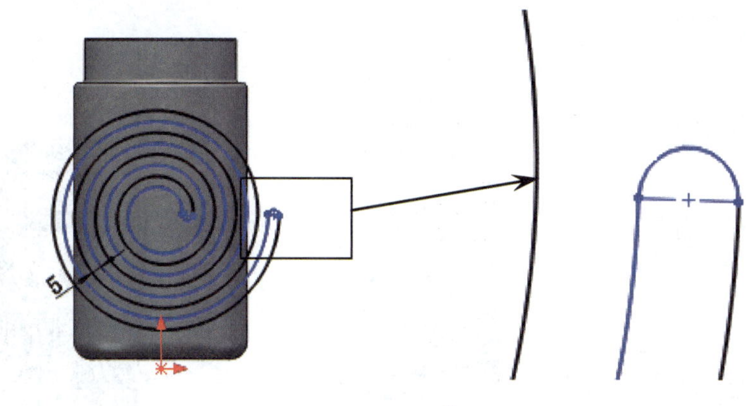

图 3-6-39　草图 5

（6）单击按钮退出草绘环境，单击“包覆”按钮，弹出“包覆 1”属性管理器，选择包覆类型为“浮雕”，“包覆草图的面”选框中选择瓶身外圆柱面，厚度为“0.5 mm”，参数设置如图 3-6-40 所示；单击“确定”按钮，生成浮雕特征，如图 3-6-41 所示。

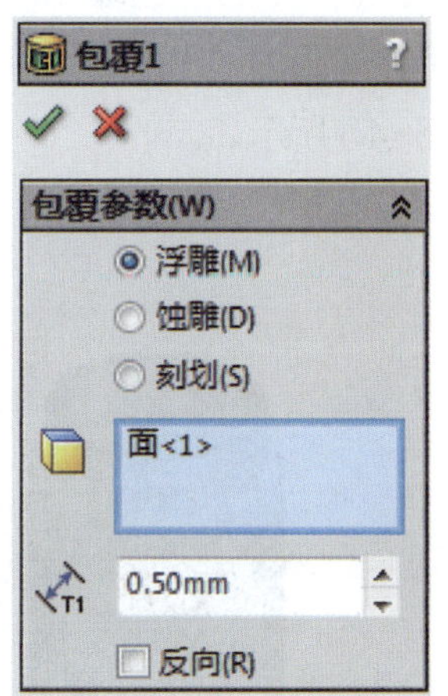

图 3-6-40　包覆参数设置

图 3-6-41　浮雕特征

3. 镜像纹理特征

在“特征”选项卡中单击“镜像”按钮，选择镜像面为“前视基准面”，要镜像的特征选择包覆特征，如图 3-6-42 所示，单击“确定”按钮完成包覆的镜像，效果如图 3-6-43 所示。

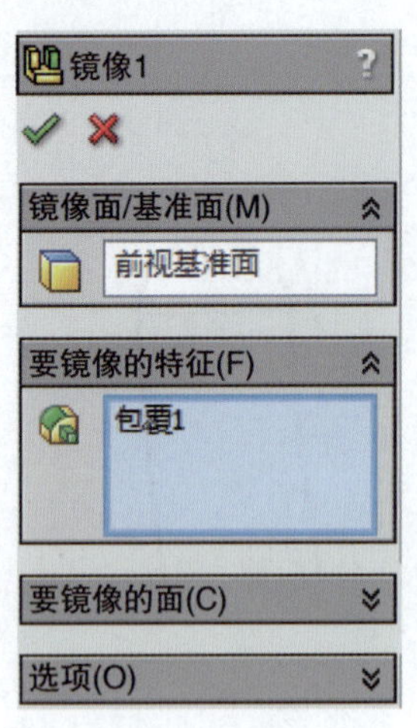

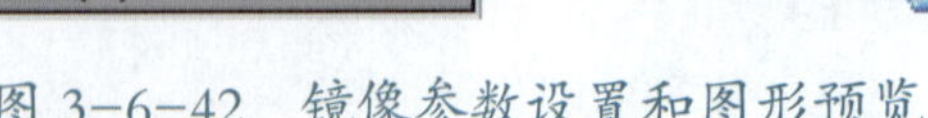
图 3-6-42　镜像参数设置和图形预览

图 3-6-43　镜像包覆特征

四、创建瓶口螺纹

1. 创建“基准面 1”

在“特征”选项卡中单击“参考几何体”按钮，在下拉选项中单击“基准面”按钮，选择如图 3-6-44 所示的瓶口平面，设置平移间距为“3 mm”，平移方向向下，单击“确定”按钮，创建出“基准面 1”，如图 3-6-45 所示。

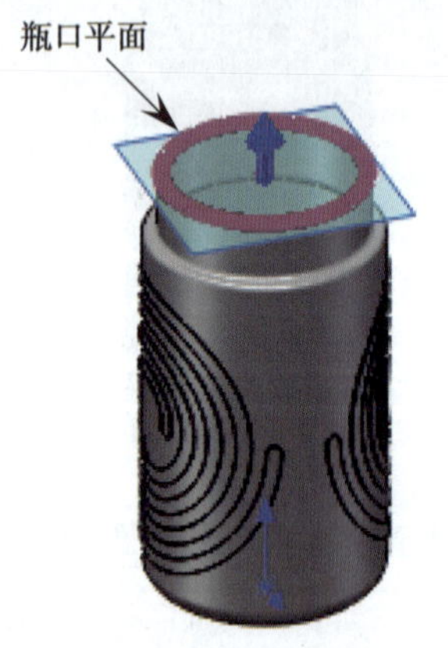

图 3-6-44　选择瓶口平面

图 3-6-45　基准面 1

2. 创建螺旋线

（1）单击“特征”选项卡中的“曲线”按钮，在下拉选项中单击“螺旋线 / 涡状线”按钮，选择基准面 1，进入草绘环境，绘制“草图 6”（ϕ70 的圆），如图 3-6-46 所示。

（2）单击按钮退出草绘环境并弹出“螺旋线 / 涡状线 1”属性管理器，设置螺距为“6 mm”，圈数为“2”，起始角度为“0 度”，其他选项保持默认，如图 3-6-47 所示，单击“确定”按钮 ✔，隐藏基准面 1 后的螺旋线如图 3-6-48 所示。

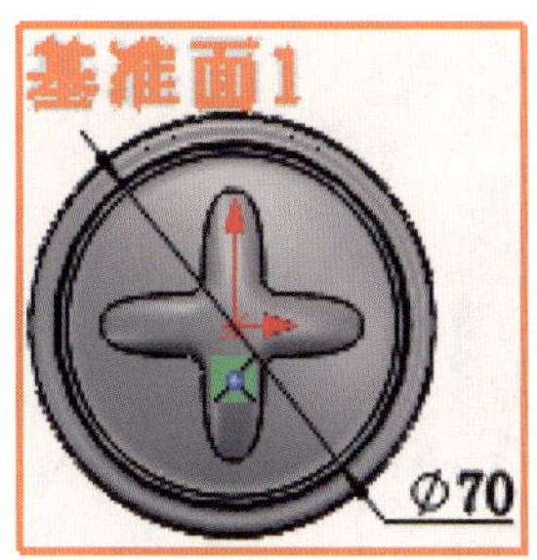

图 3-6-46　草图 6

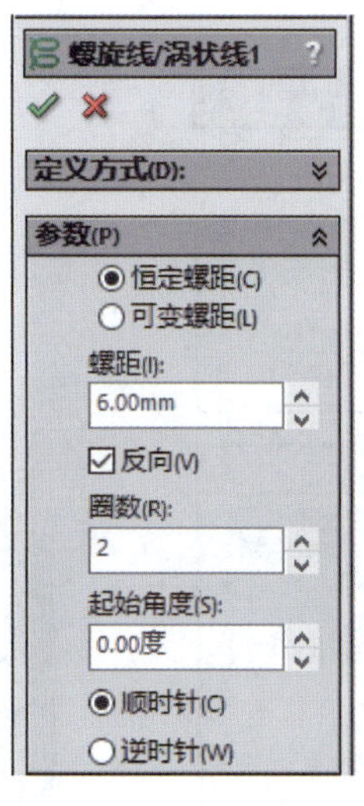

图 3-6-47　螺旋线参数设置

图 3-6-48　创建瓶口螺旋线

3. 绘制“草图 7”

在设计树中选择“右视基准面”，单击“草图绘制”按钮，按“Space”空格键，单击“正视于”按钮，绘制“草图 7”，如图 3-6-49 所示，单击按钮退出草绘环境。

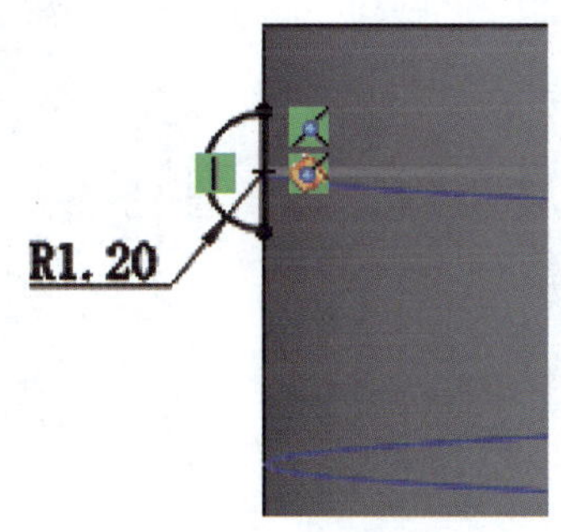

图 3-6-49　草图 7

 小贴士

绘制“草图 7”时，圆心点和螺旋线需手动添加几何约束为“穿透”。

4. 扫描特征

在“特征”选项卡中单击“扫描”按钮，在弹出的“扫描 1”属性管理器中设置轮廓和路径分别为“草图 7”和“螺旋线 / 涡状线 1”，其他参数设置如图 3-6-50 所示，单击

“确定”按钮✔，效果如图 3-6-51 所示；将螺纹的两头端面倒 *R*0.5 的圆角，如图 3-6-52 所示。

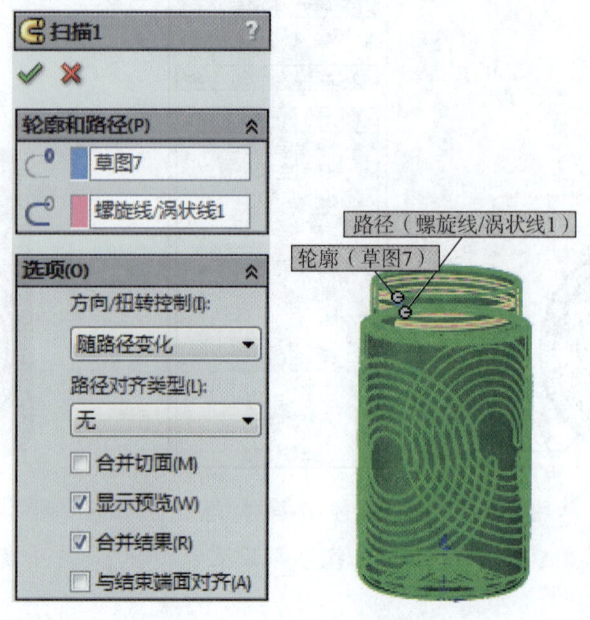

图 3-6-50　扫描参数设置和图形预览

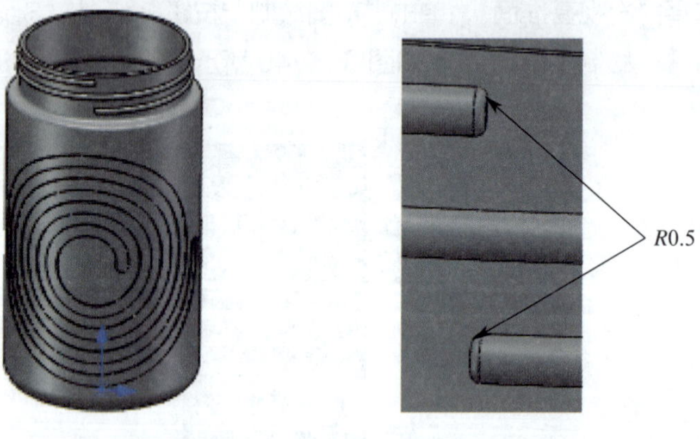

图 3-6-51　扫描实体　　图 3-6-52　倒圆角

五、选择材质和外观

1. 选择材质

单击悬浮工具栏中的“显示样式”按钮，在下拉选项中单击“上色”按钮。在设计树中右键单击“材质 <未指定>”，在弹出的菜单中选择“编辑材料”，在“材料”对话框中选择“SolidWorks materials”→“塑料”→“PP 共聚物”，单击“应用”按钮完成材质添加。

2. 选择外观

单击悬浮工具栏中的“编辑外观”按钮，在左侧显示的属性管理器中分别输入如图 3-6-53 所示的 RGB 值，单击“确定”按钮，水瓶的设计完成，效果如图 3-6-54 所示。

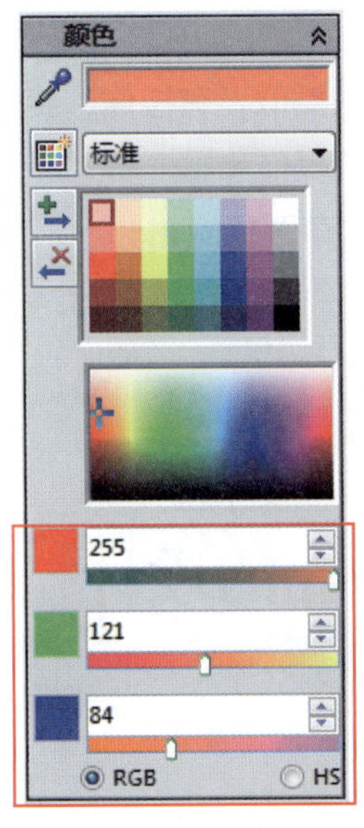

图 3-6-53　外观颜色参数设置

图 3-6-54　水瓶

将零件存盘，模型命名为“复杂水瓶”。

任务巩固

根据如图 3-6-55 所示的效果，完成绿色水瓶的设计，自定义尺寸、材料和外观。

操作演示

图 3-6-55　绿色水瓶

项目四

曲面建模

创建一般曲面的方法和创建实体特征的方法类似，有拉伸、旋转、扫描、混合等，曲面和实体特征的这些命令的属性管理器和操作步骤一样，不同的是创建实体特征需要封闭的草图轮廓，而曲面可以是开环的草图轮廓。

任务1　鼠标外壳的设计

任务目标

1. 掌握“拉伸曲面”“扫描曲面”等曲面绘制命令的运用。
2. 掌握“缝合曲面”“剪裁曲面”“延伸曲面”“加厚”等曲面编辑命令的运用。
3. 掌握倒圆角的方法。
4. 能够绘制形状规则的曲面外形。

任务描述

设计完成如图4-1-1所示鼠标外壳的三维造型。创建该外壳时，应先采用“扫描曲面”命令绘制鼠标外壳的上表面，再使用“拉伸曲面”命令绘制鼠标外壳的周围曲面，然后通过“剪裁曲面”“缝合曲面”“圆角”等曲面编辑命令来完成外壳的曲面，最后进行实体化处理

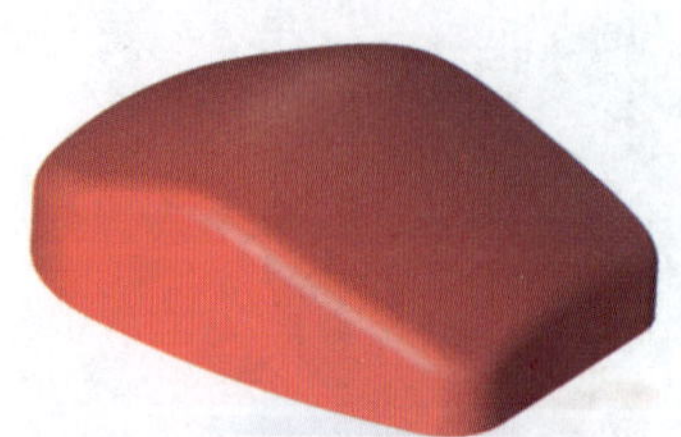

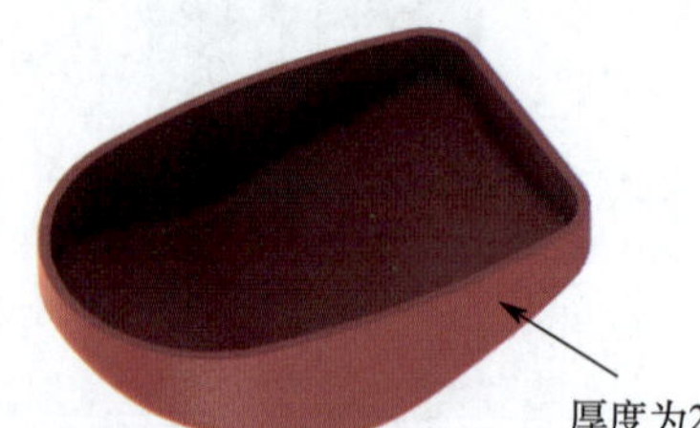

图4-1-1　鼠标外壳

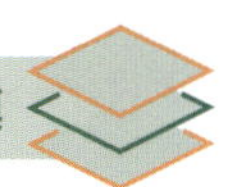

和渲染完成整个外壳的造型。

知识准备

一、“曲面”选项卡

如图 4-1-2 所示，“曲面”选项卡提供了“拉伸曲面”“旋转曲面”和“扫描曲面”等多种曲面绘制常用命令，以及“延伸曲面”“剪裁曲面”等曲面编辑命令。

图 4-1-2 “曲面”选项卡

小贴士

如果 SolidWorks 软件中没有显示“曲面”选项卡，可以通过以下方法调出：右键单击选项卡一栏后，在如图 4-1-3 所示的菜单中选择“曲面”即可调出“曲面”选项卡。

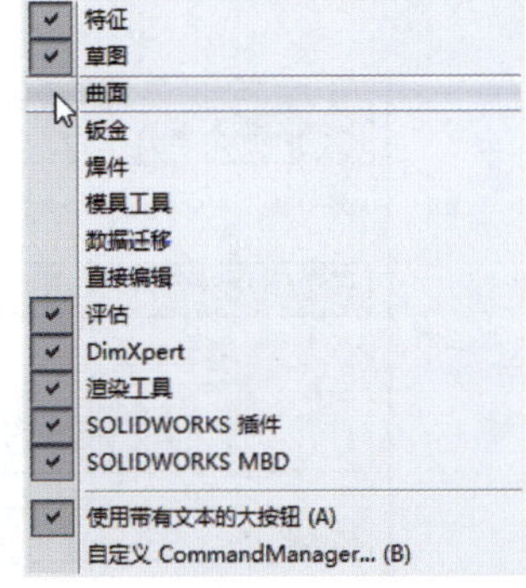

图 4-1-3 选项卡右键菜单

二、拉伸曲面

拉伸曲面是将已有的一个或者多个二维草图的截面轮廓沿着指定方向进行拉伸而形成的曲面。拉伸曲面与拉伸实体的操作步骤一样，区别是拉伸曲面可以是不封闭的草图。

拉伸曲面的操作步骤如下：

选择需要绘制拉伸曲面的草图，在“曲面”选项卡中单击“拉伸曲面”按钮，在“曲面 - 拉伸”属性管理器中设置深度值为“100 mm”，如图 4-1-4 所示，单击“确定”按钮，完成拉伸曲面操作。

三、扫描曲面

扫描曲面是沿着一条路径移动截面轮廓来生成曲面。扫描曲面与扫描实体的操作步骤一样，区别是扫描曲面可以是不封闭的草图。

扫描曲面的操作步骤如下：

首先建立两个草图（扫描轨迹线“草图 1”和扫描截面“草图 2”），然后在“曲面”选项卡中单击“扫描曲面”按钮，在弹出的属性管理器中设置“草图 2”为扫描截面，“草

图 1”为扫描轨迹线，如图 4-1-5 所示，单击“确定”按钮✓，完成扫描曲面操作，如图 4-1-6 所示。

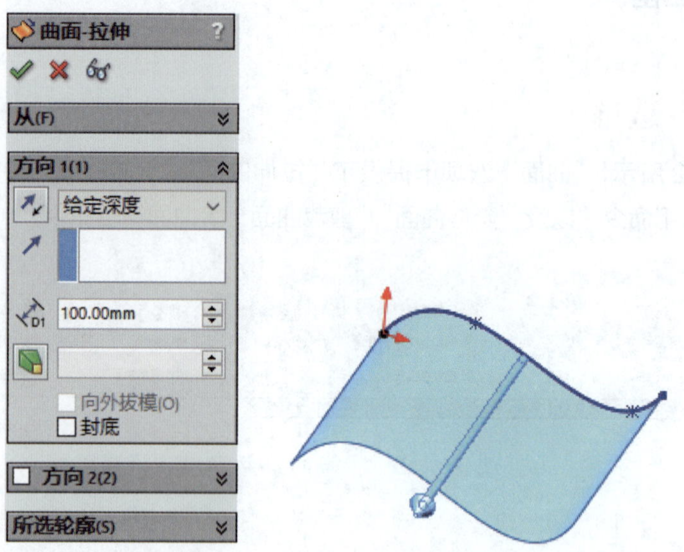

图 4-1-4　拉伸曲面

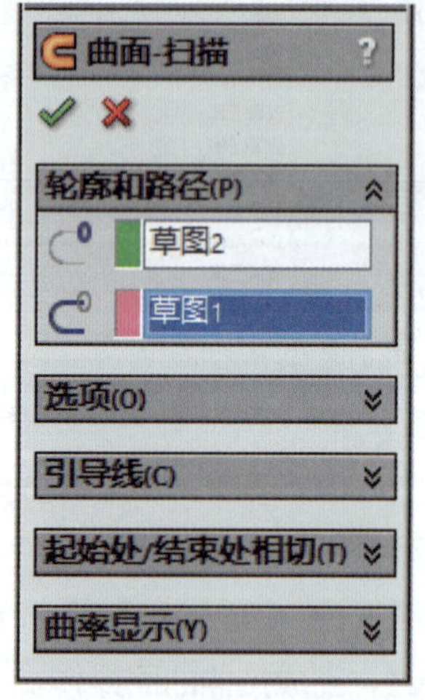

图 4-1-5　扫描曲面参数设置

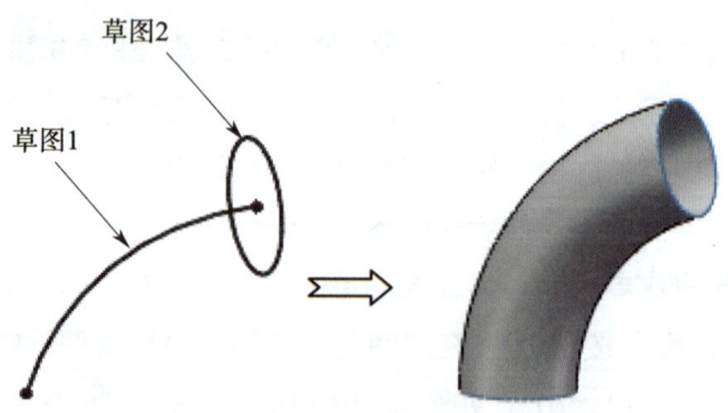

图 4-1-6　扫描曲面

四、缝合曲面

缝合曲面是将两个或多个曲面组合成一个曲面。

缝合曲面的操作步骤如下：

在“曲面”选项卡中单击“缝合曲面”按钮，在弹出的属性管理器中“要缝合的曲面”选框里选择要进行缝合的曲面，单击“确定”按钮✓，完成曲面缝合，如图 4-1-7 所示。

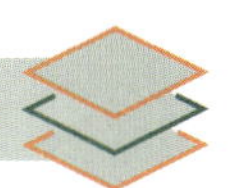

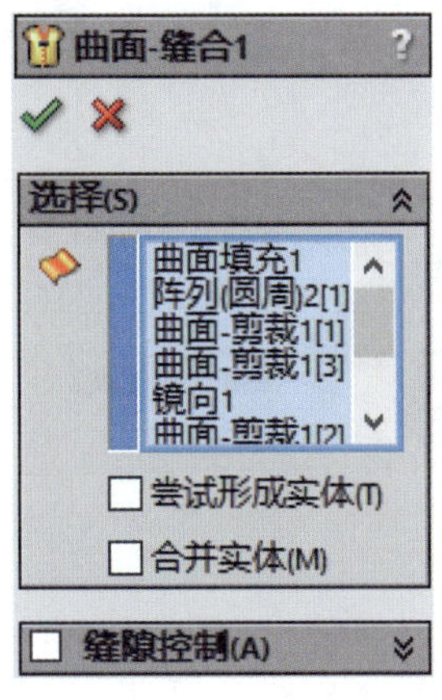

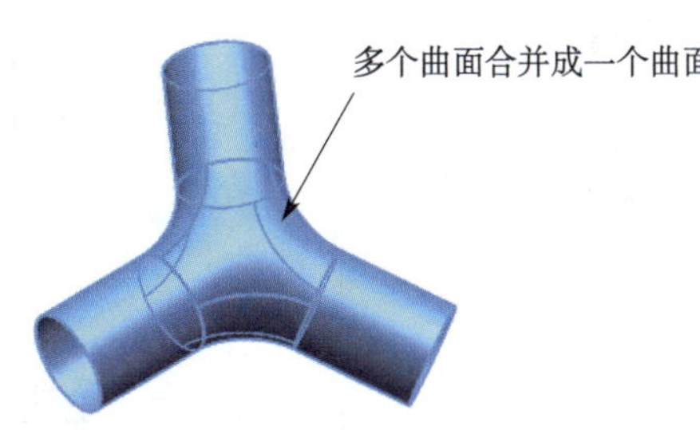

图 4-1-7　缝合曲面

小贴士

在进行缝合曲面操作时，所选曲面的边线必须相邻并且不能重叠，曲面可处于不同的基准面上。

五、剪裁曲面

剪裁曲面是使用曲面或者草图作为剪裁工具剪裁相交曲面。剪裁曲面有标准和相互两种剪裁方式。

以标准剪裁方式为例，其操作步骤如下：

在“曲面”选项卡中单击“剪裁曲面”按钮，弹出“剪裁曲面”属性管理器，在“剪裁工具”选框中选择用来剪裁其他曲面的面，选中“保留选择”单选按钮，在其下方的选框中选择剪裁后保留的部分曲面，单击“确定”按钮，完成曲面剪裁，如图 4-1-8 所示。

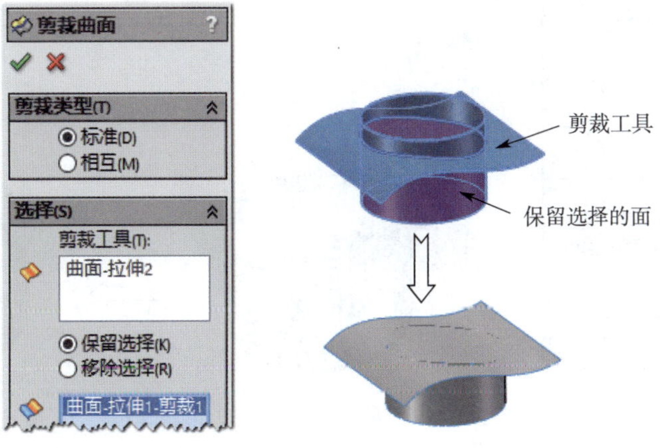

图 4-1-8　标准类型的剪裁曲面

相互类型的剪裁曲面方式如图 4-1-9 所示。

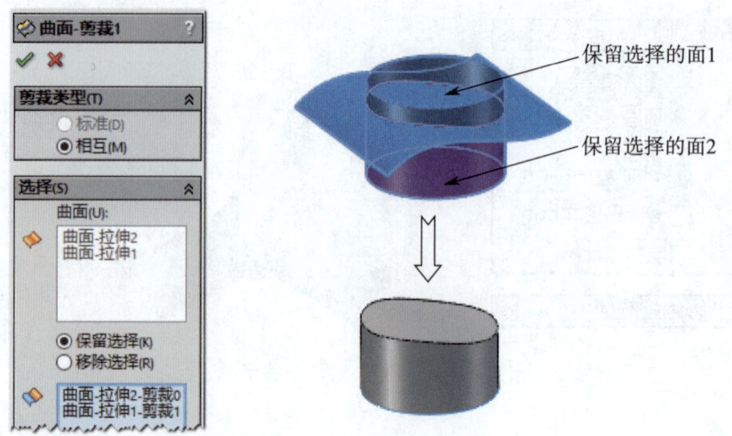

图 4-1-9　相互类型的剪裁曲面

六、延伸曲面

当曲面覆盖面积不合适时，可通过延伸曲面将曲面边缘向外延伸或者向内收缩。

延伸曲面的操作步骤如下：

在“曲面”选项卡中单击“延伸曲面”按钮，在弹出的“延伸曲面”管理器中选择所需延伸的边线，输入延伸的长度，如图 4-1-10 所示，单击“确定”按钮，完成曲面延伸，如图 4-1-11 所示。

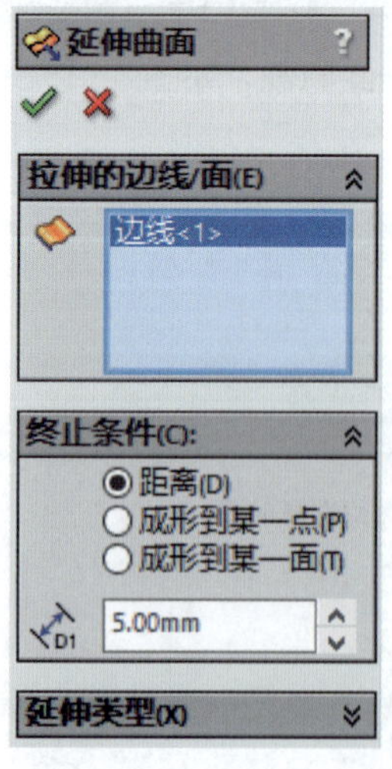

图 4-1-10　延伸曲面参数设置

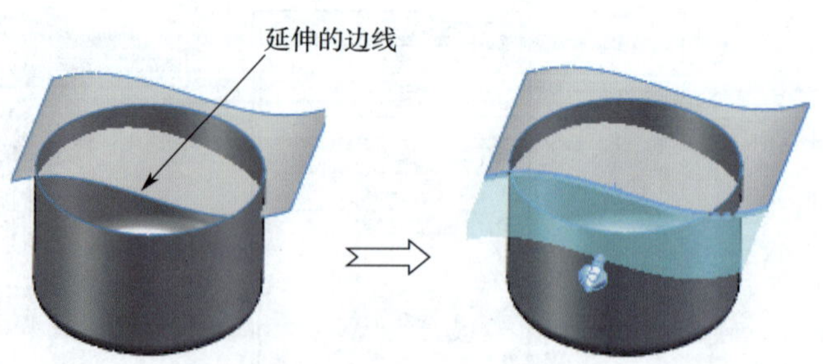

图 4-1-11　延伸曲面

小贴士

延伸曲面是按照被延伸曲面的曲率变化趋势来改变现有曲面的边界，而不是生成新的曲面，也就是说曲面延伸后还是一个曲面而不是形成两个曲面。

七、加厚

加厚是为曲面添加材料，使其生成具有一定厚度的薄壁特征。

加厚的操作步骤如下：

在“曲面”选项卡中单击“加厚”按钮，选择需加厚的曲面，在“加厚”属性管理器中选择厚度方式、设置厚度值，如图4-1-12所示，单击“确定”按钮，完成加厚，如图4-1-13所示。

图4-1-12　加厚参数设置

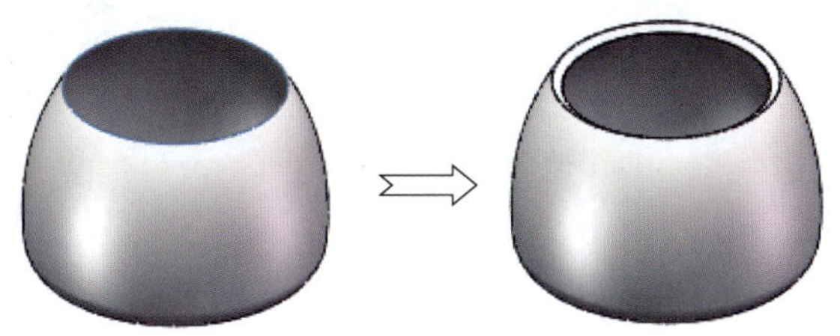

图4-1-13　加厚

小贴士

加厚的方式有三种，分别为“加厚侧边1”“加厚两侧”“加厚侧边2”。

八、倒圆角

倒圆角有四种方式，分别是恒定大小圆角、变量大小圆角、面圆角和完整圆角，其中变量大小圆角是生成多个可变半径的圆角。

以在按钮上添加一个变量大小圆角为例，其操作步骤如下：

1. 在“曲面”选项卡中单击“圆角”按钮，在弹出的属性管理器中单击选择“变量大小圆角”圆角类型。

2. 设置轮廓实例数为“3”；选择所需要倒圆角的边，在绘图区单击倒角边线上的“R:”后的空格，并分别输入4个半径值3 mm、3 mm、10 mm、10 mm，单击“确定”按钮，完成变化倒圆角，如图4-1-14所示。

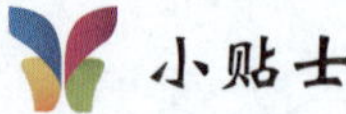

小贴士

变化倒圆角时，选择所需要倒圆角的边后，“R:”值不会立即显示，需要单击所需输入的点后才显示，之后可输入半径值。

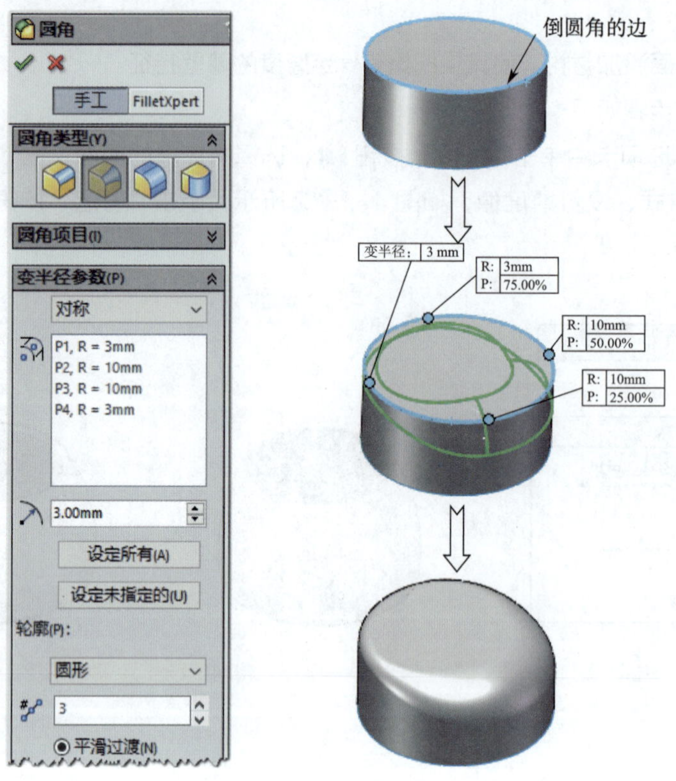

图 4-1-14　变化倒圆角

任务实施

操作演示

一、创建鼠标上表面

1. 建立新文件

启动 SolidWorks 软件，单击“新建”按钮，选择“零件”图标，再单击“确定”按钮，进入零件设计工作环境。

2. 创建“草图 1”

在设计树中选择“前视基准面”，单击“草图绘制”按钮进入草绘环境，单击“样条曲线”按钮，绘制“草图 1”并标注尺寸，如图 4-1-15 所示，单击按钮退出草

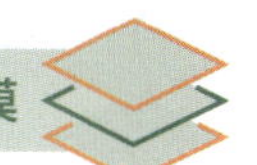

绘环境。

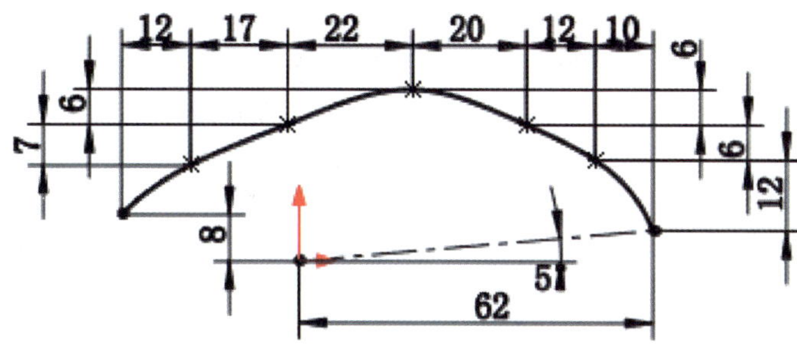

图 4-1-15　草图 1

3. 创建“基准面 1”

在“曲面”选项卡中单击“参考几何体”按钮，在下拉选项中单击“基准面”按钮，选择“草图 1”和草图线的右端点，单击“确定”按钮后创建出“基准面 1”，如图 4-1-16 所示。

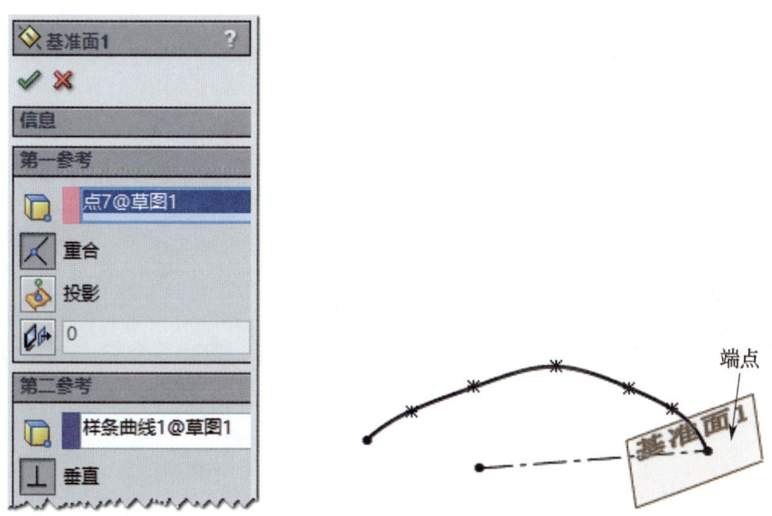

图 4-1-16　创建基准面 1

4. 创建“草图 2”

在设计树中选择“基准面 1”，单击“草图绘制”按钮进入草绘环境，按“Space”键，单击“正视于”按钮，将视图正对用户，绘制“草图 2”并标注尺寸，如图 4-1-17 所示，单击按钮退出草绘环境。

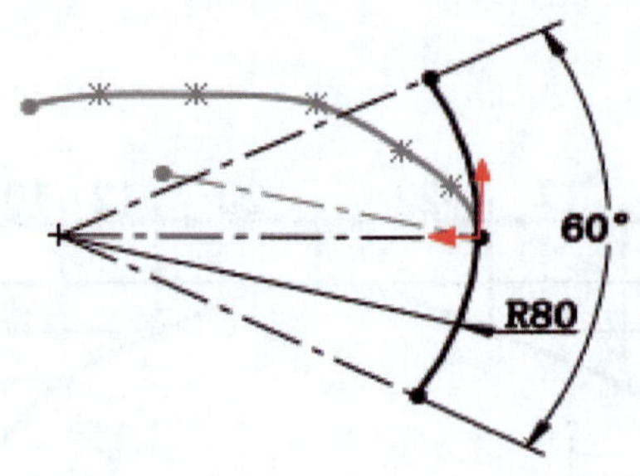

图 4-1-17　草图 2

5. 创建扫描曲面

在“曲面”选项卡中单击“扫描曲面”按钮，在弹出的属性管理器中选择“草图 2”为扫描截面，“草图 1”为扫描轨迹线，如图 4-1-18 所示，单击“确定”按钮后效果如图 4-1-19 所示。

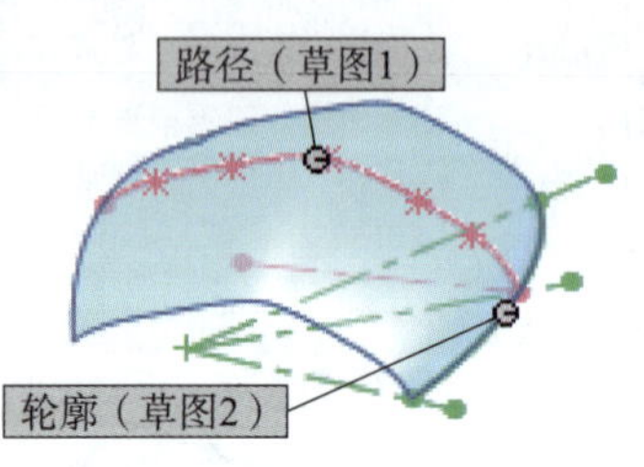

图 4-1-18　扫描曲面参数设置和图形预览

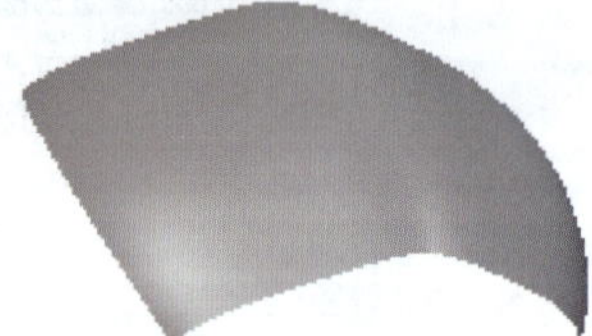

图 4-1-19　扫描曲面

二、创建鼠标侧面

1. 创建“草图 3”

在设计树中选择“上视基准面”，单击“草图绘制”按钮进入草绘环境，按“Space”键，单击“正视于”按钮，绘制“草图 3”并标注尺寸，如图 4-1-20 所示。

2. 拉伸曲面

保持草图激活状态，在“曲面”选项卡中单击“拉伸曲面”按钮，设置拉伸深度为“30 mm”，单击“确定”按钮完成曲面拉伸，如图 4-1-21 所示。

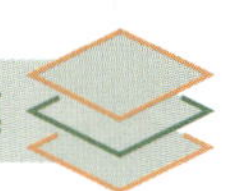

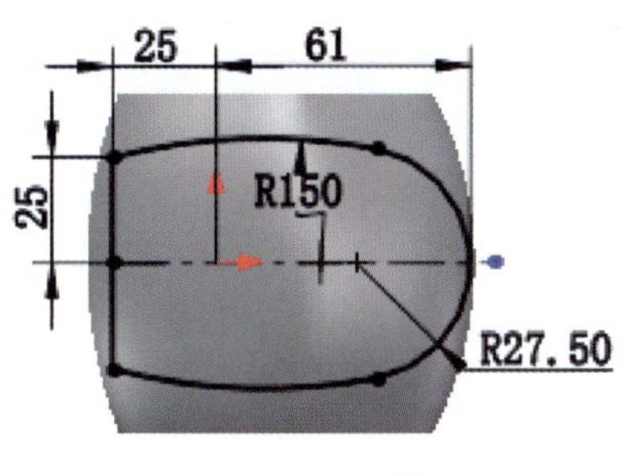

图 4-1-20 草图 3

图 4-1-21 拉伸曲面

三、剪裁曲面

1. 剪裁扫描曲面

在“曲面”选项卡中单击“剪裁曲面”按钮，在弹出的“剪裁曲面”属性管理器的“剪裁工具”选框中选择拉伸曲面，选中“移除选择”单选按钮，在其下方的选框中选择扫描曲面的周围面，如图 4-1-22 所示，单击“确定”按钮，曲面剪裁效果如图 4-1-23 所示。

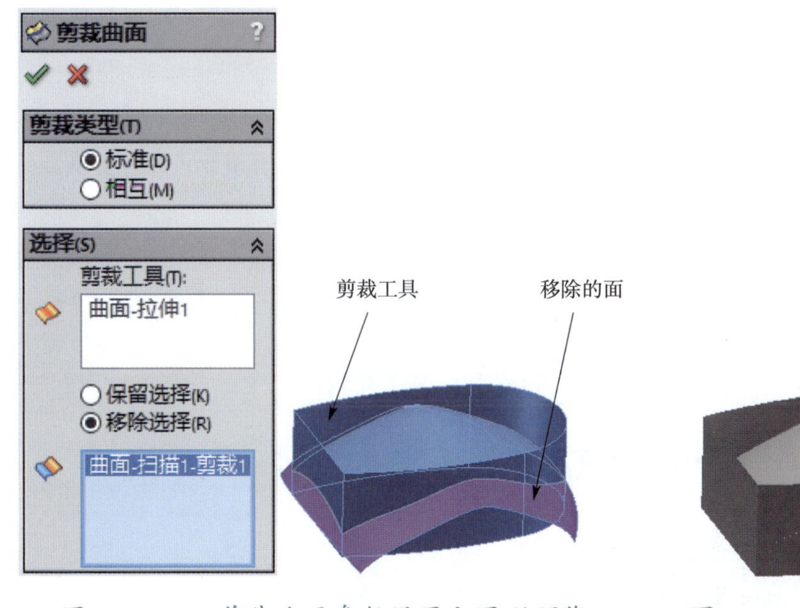

图 4-1-22 剪裁曲面参数设置和图形预览

图 4-1-23 剪裁扫描曲面

2. 剪裁拉伸曲面

在“曲面”选项卡中单击“剪裁曲面”按钮，在弹出的“剪裁曲面”属性管理器的“剪裁工具”选框中选择扫描曲面，单击“移除选择”单选按钮，在其下方的选框中选择拉伸曲面的上端部分，如图 4-1-24 所示，单击“确定”按钮，曲面剪裁效果如

图 4-1-25 所示。

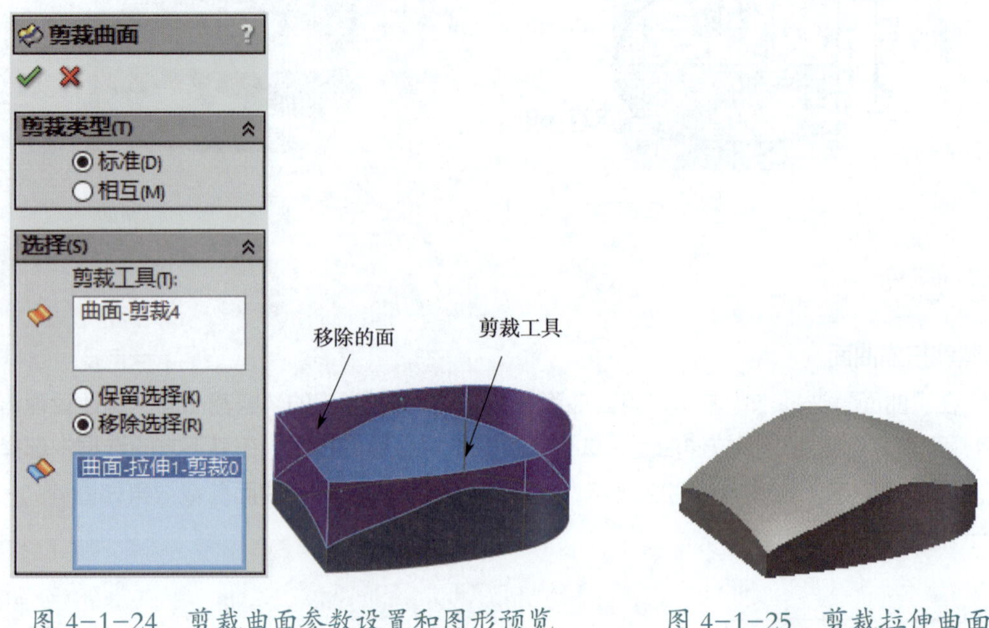

图 4-1-24　剪裁曲面参数设置和图形预览　　图 4-1-25　剪裁拉伸曲面

小贴士

以上曲面的剪裁也可以使用“相互”剪裁方式，使用“相互”剪裁方式会将剪裁后的多个曲面自动缝合成为一个曲面。

3. 缝合曲面

单击“缝合曲面”按钮，在绘图区选择所有的曲面，单击“确定”按钮，效果如图 4-1-26 所示。

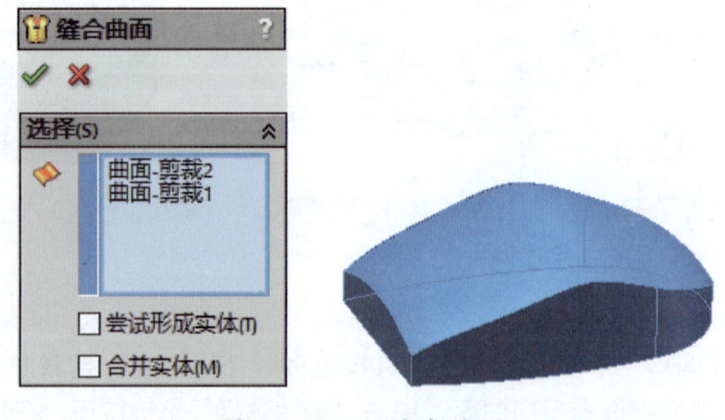

图 4-1-26　缝合曲面

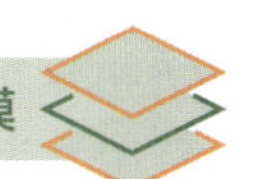

四、圆角处理

1. 倒圆角

在“曲面”选项卡中单击“圆角”按钮，设置半径值为“8 mm”，如图 4-1-27 所示，选择鼠标前端两个棱边，单击“确定”按钮，效果如图 4-1-28 所示。

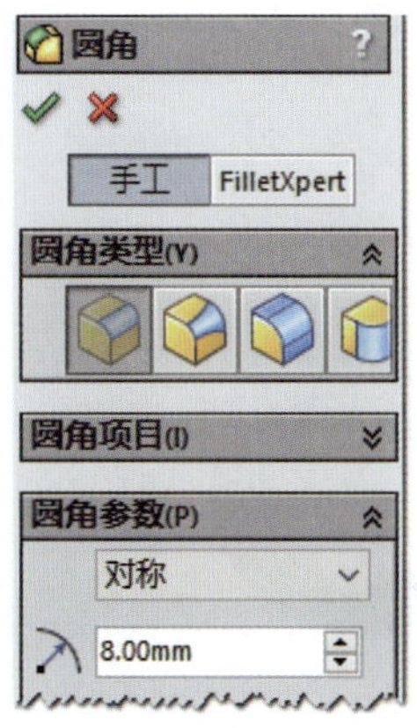

图 4-1-27　倒圆角参数设置

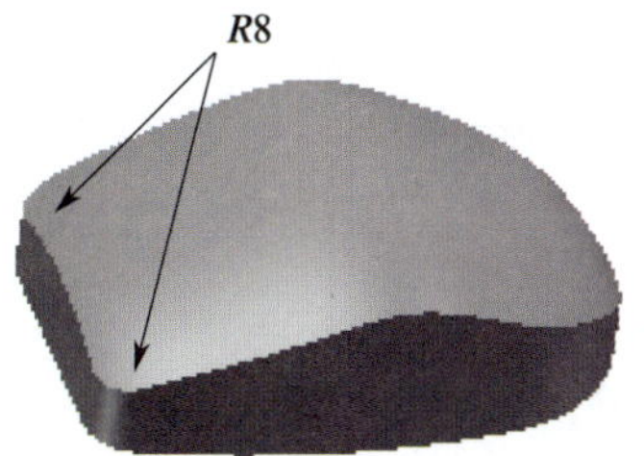

图 4-1-28　倒圆角

2. 变化倒圆角

单击“圆角”按钮，在“圆角类型”栏中单击“变量大小圆角”按钮，设置实例数为“3”，选择倒圆角的棱边（鼠标后端的圆形棱边），在绘图区单击倒角边线上的“R:”后的空格（中间三个点需要光标单击才显示“R:”值），分别输入五个半径值 3 mm、5 mm、8 mm、5 mm、3 mm，参数设置如图 4-1-29 所示，单击“确定”按钮，变化倒圆角效果如图 4-1-30 所示。

五、转为实体处理

在“曲面”选项卡中单击“加厚”按钮，选择鼠标的曲面，在“加厚 1”属性管理器中设置厚度方式为向内，厚度值为“2 mm”，如图 4-1-31 所示，单击“确定”按钮，鼠标外壳的建模完成，如图 4-1-32 所示。

六、选材和外观

1. 选择材质

在设计树中右键单击“材质 < 未指定 >”，在弹出的菜单中选择“编辑材料”，在“材料”对话框中选择“SolidWorks materials”→“塑料”→“ABS”，如图 4-1-33 所示，单击“应用”按钮完成材质添加，效果如图 4-1-34 所示。

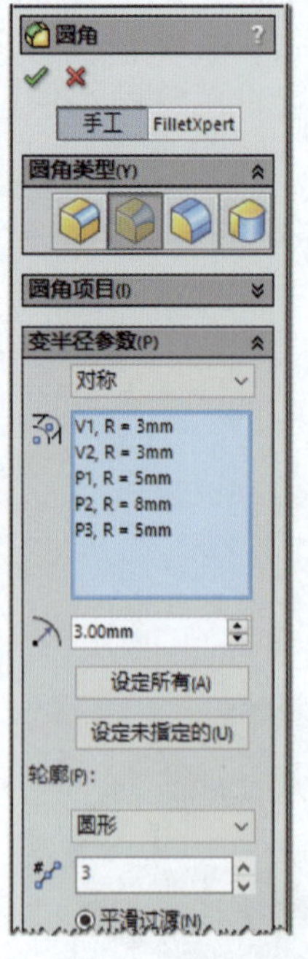

图 4-1-29　变化倒圆角参数设置

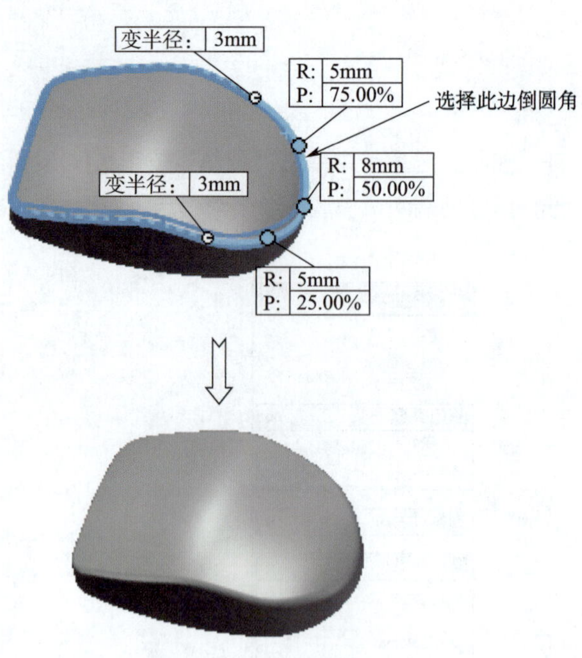

图 4-1-30　变化倒圆角

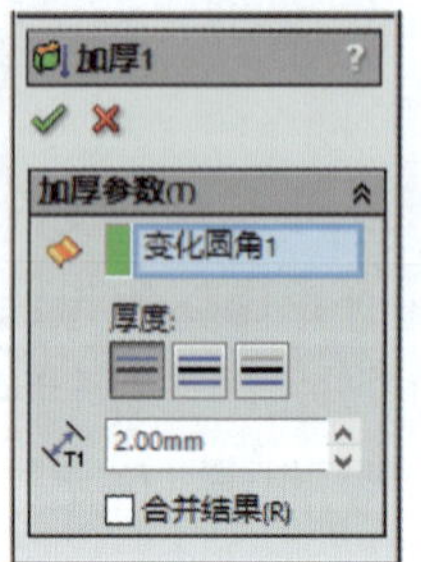

图 4-1-31　加厚参数设置

图 4-1-32　鼠标外壳

图 4-1-33　选择材质

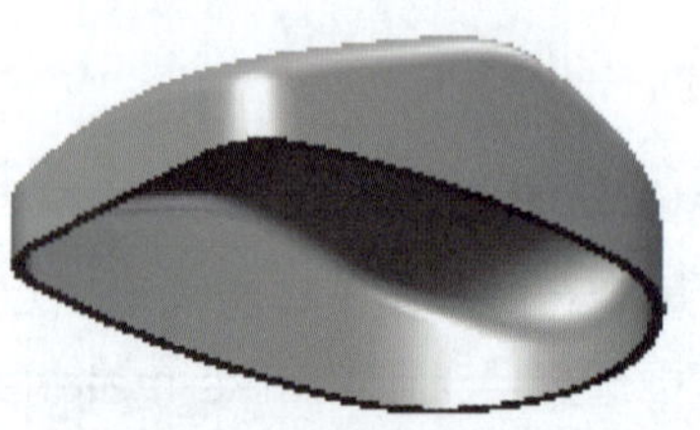

图 4-1-34　添加材质效果

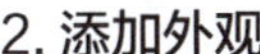

2. 添加外观

单击悬浮工具栏中的“编辑外观”按钮，在右侧弹出的窗格中选择“外观”→“塑料”→“低光泽”→“红色低光泽塑料”，如图 4-1-35 所示，双击“红色低光泽塑料”图标即可完成外观添加，效果如图 4-1-36 所示。

将零件存盘，模型命名为“鼠标外壳”。

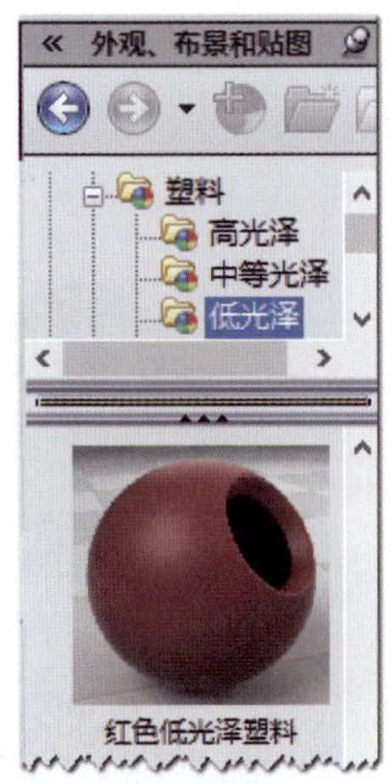

图 4-1-35　外观的选择

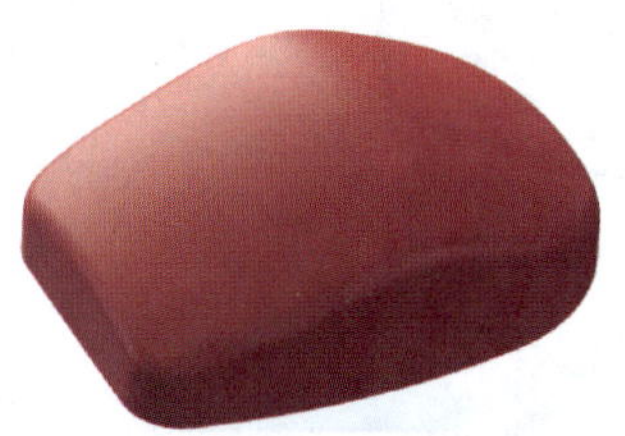

图 4-1-36　鼠标外壳最终设计效果

任务巩固

绘制笔筒的三维实体造型，其尺寸及外形如图 4-1-37 所示，自定义材料和外观。

操作演示

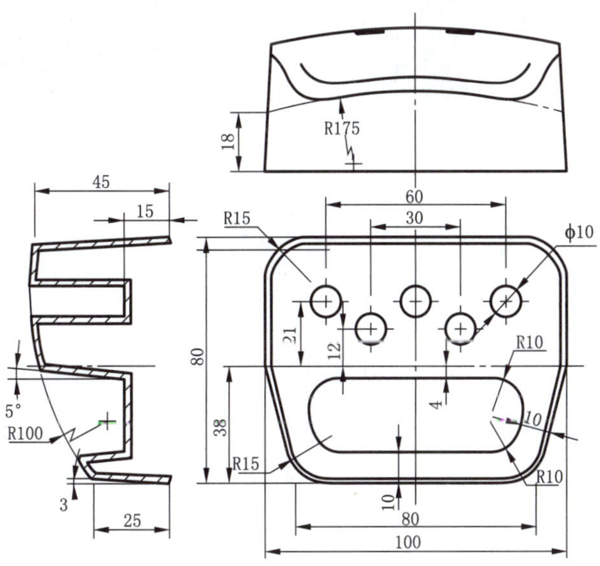

图 4-1-37　笔筒

提示：笔筒的设计参考步骤如图 4-1-38 所示。

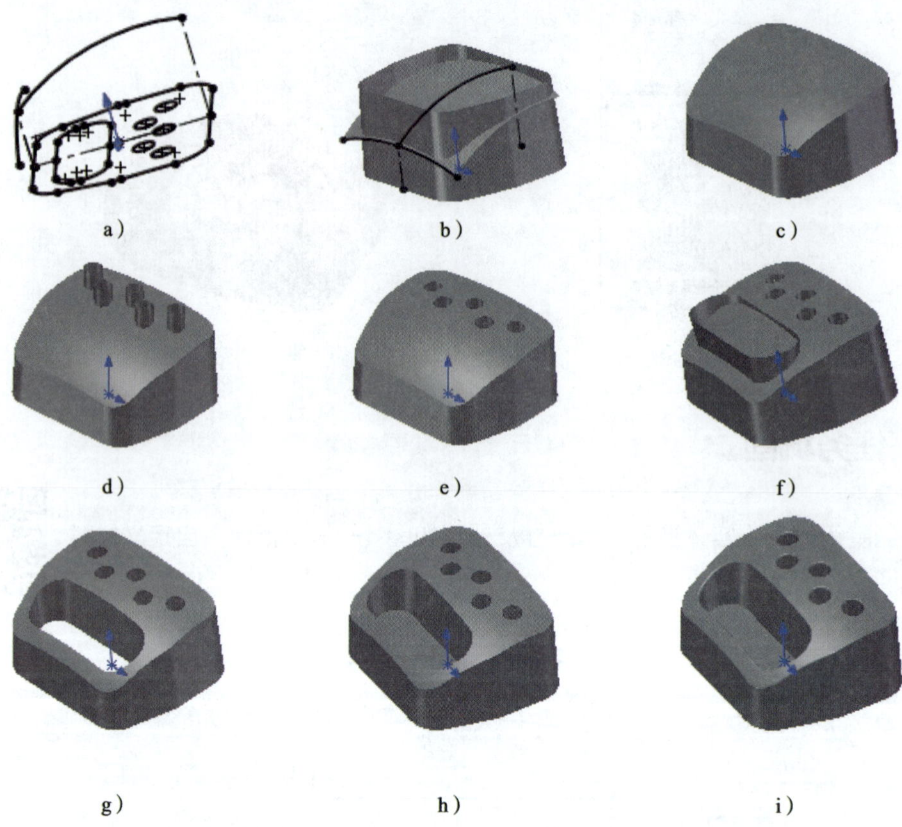

图 4-1-38　笔筒的设计参考步骤

a）绘制线框草图　b）拉伸和扫描曲面　c）剪裁扫描曲面　d）拉伸曲面

e）剪裁拉伸曲面　f）拉伸曲面　g）剪裁拉伸曲面

h）填充底面并缝合面　i）倒圆角并加厚

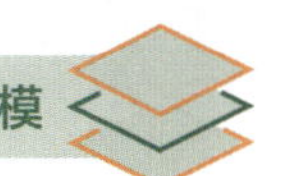

任务 2　吹风机外壳的设计

任务目标

1. 掌握“旋转曲面”“放样曲面”“边界曲面”“平面区域”等曲面创建命令的运用。
2. 学会“分割线”“等距曲面”“删除面”等曲面编辑命令的运用。
3. 能够设计形状复杂的产品外壳。

任务描述

设计完成如图 4-2-1 所示的吹风机外壳。该吹风机外壳主要由风筒筒体、手柄组成，风筒筒体上有通风口凹槽，凹槽内有六个通气孔。建模过程中首先使用“旋转曲面”命令创建风筒筒体，再使用“边界曲面”命令创建手柄，然后使用“等距曲面”“删除面”和“放样曲面”等命令创建通风口的凹槽，加厚实体处理后通过拉伸和阵列创建出多个通气孔，最后添加材质和外观完成外壳的设计。

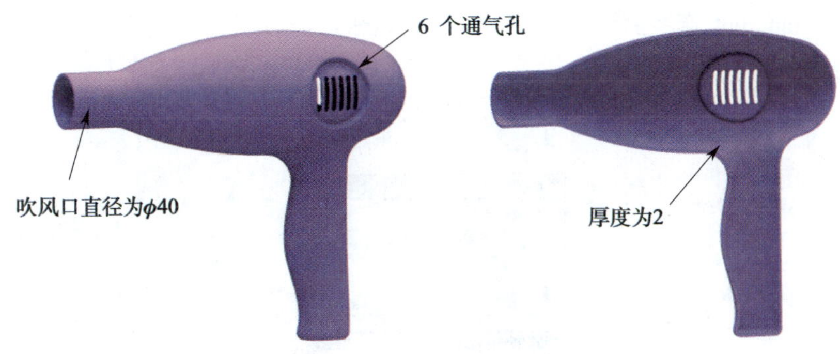

图 4-2-1　吹风机外壳

知识准备

一、旋转曲面

旋转曲面是将某一轮廓沿旋转轴进行旋转而生成的曲面。

创建旋转曲面的操作步骤如下：

绘制如图 4-2-2a 所示草图，单击“曲面”选项卡中的“旋转曲面”按钮，设置旋转曲面参数，如图 4-2-2b 所示，单击“确定”按钮，完成旋转曲面，如图 4-2-2c 所示。

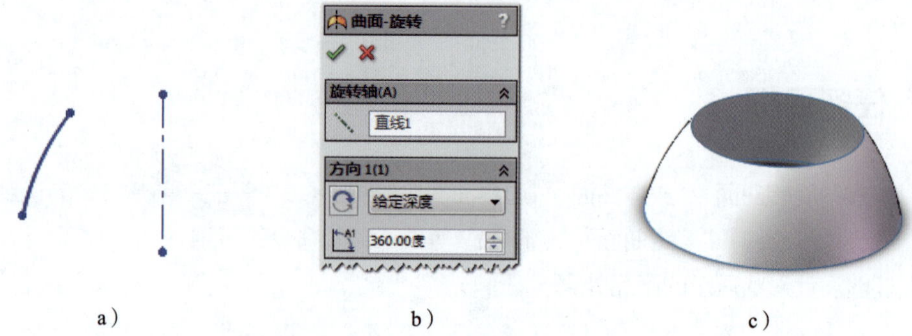

a）　　b）　　c）

图 4-2-2　旋转曲面的创建

a）绘制草图　b）旋转曲面属性管理器设置　c）创建的旋转曲面

 **小贴士**

创建旋转曲面和旋转实体的操作步骤一样，区别是旋转曲面的草图可以不封闭。

二、放样曲面

放样曲面是通过轮廓之间进行过渡从而生成曲面。

创建放样曲面的操作步骤与实体放样类似，如图 4-2-3 所示。

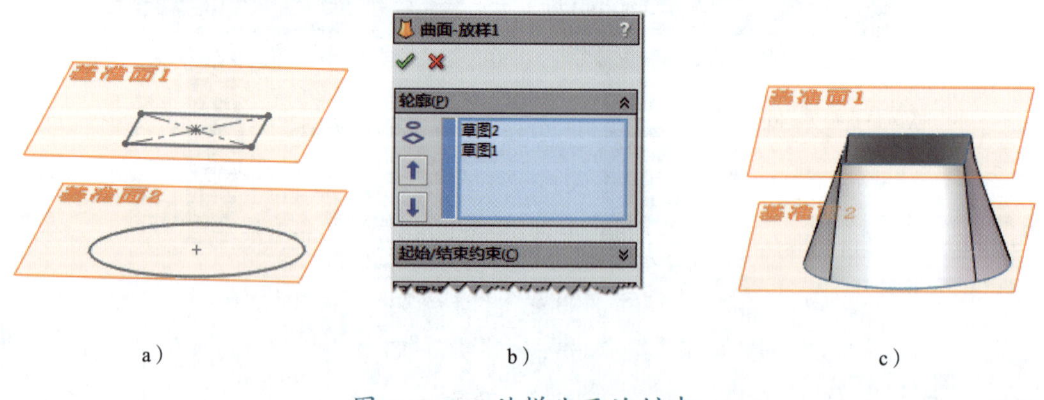

a）　　b）　　c）

图 4-2-3　放样曲面的创建

a）绘制草图　b）放样曲面属性管理器设置　c）创建的放样曲面

三、边界曲面

边界曲面是指在各方向上与相邻边相切或曲率连续的曲面。

创建边界曲面的操作步骤如下：

单击“边界曲面”按钮，在弹出的属性管理器（见图 4-2-4）中设置“方向 1”的轮廓为曲线 3、曲线 4（见图 4-2-5），并设置两条曲面边的相切类型为“与面相切”；设置“方向 2”的轮廓为草图 1、草图 2（见图 4-2-5），并设置两条面边的相切类型为“与面相切”，如图 4-2-4 所示。单击“确定”按钮，完成边界曲面的创建，效果如图 4-2-5 所示。

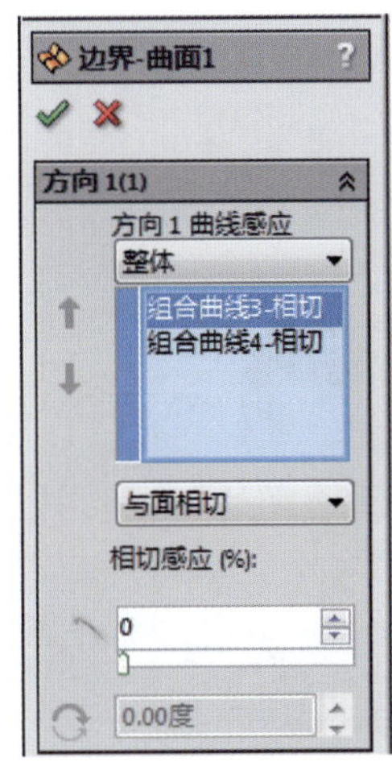

图 4-2-4　边界曲面参数设置

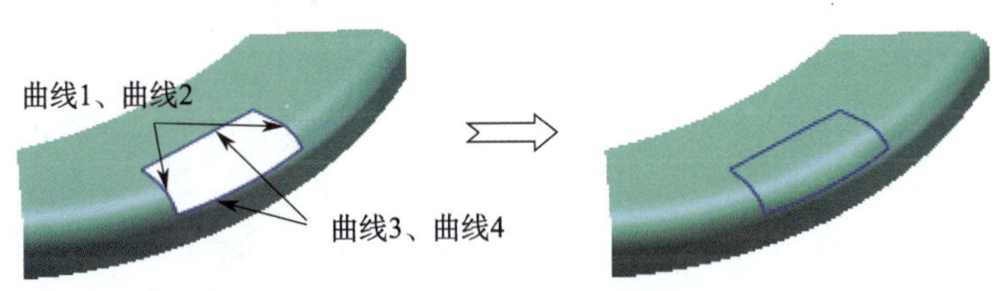

图 4-2-5　边界曲面

小贴士

曲面的相切类型有无、垂直于轮廓、方向向量、与面相切和与面的曲率五种方式，其具体含义如下。

无：没有约束。

垂直于轮廓：垂直于开始或结束的轮廓。

方向向量：延伸方向与所选的参考向量一致。

与面相切：与相邻曲面相切。

与面的曲率：与相邻曲面具有光滑的曲率连续曲面。

四、平面区域

平面区域是指通过草图或者零件上的一组闭合边线（必须在同一个平面上）来生成的平面。

创建平面区域的操作步骤如下：

在“曲面”选项卡中单击“平面区域”按钮，在弹出的“平面”属性管理器中的“边界实体”选框里选入一组边界线，如图 4-2-6 所示，单击“确定”按钮，完成平面区域的创建，效果如图 4-2-7 所示。

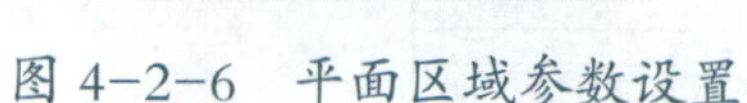
图 4-2-6　平面区域参数设置

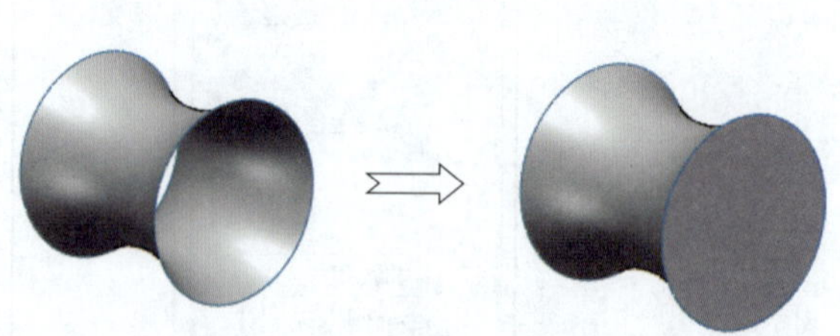

图 4-2-7　平面区域

五、分割线

分割线是将草图投影到曲面或平面上，将所选的面分割为多个分离的面，从而可以选择操作其中一个分离面。分割线的分割类型有投影、轮廓和交叉点三种。

投影：将草图投影到曲面上，并将所选的面分割，如图 4-2-8a 所示。

轮廓：在一个圆柱形零件上生成一个分割线（即生成分模方向上最大轮廓曲线），并将所选的面分割，如图 4-2-8b 所示。

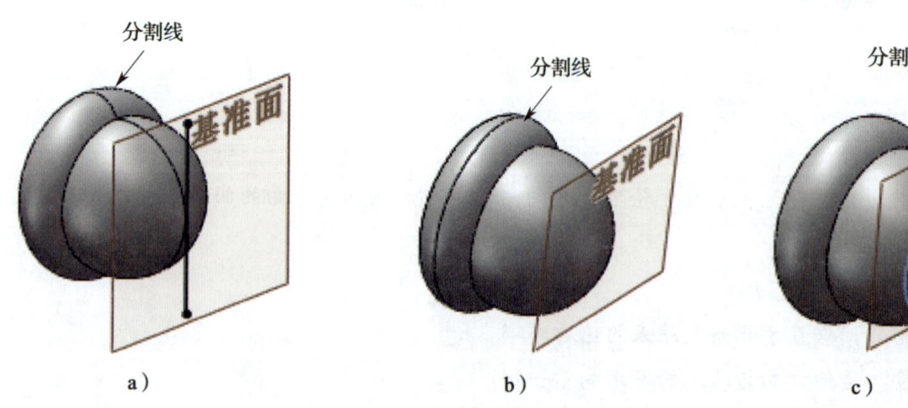

图 4-2-8　分割线
a）投影分割　b）轮廓分割　c）交叉点分割

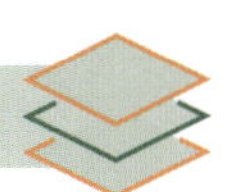

交叉点：生成两个面的交叉线，并以此交叉线来分割曲面，如图 4-2-8c 所示。

以在平面上分割心形曲面为例，其操作步骤如下：

在“曲面”选项卡中单击“曲线”按钮，从下拉选项中选择“分割线”，弹出“分割线”属性管理器，将分割类型设置为“投影”，在“要投影的草图”选框中选择心形草图，在“要分割的面”选框中选择曲面，如图 4-2-9 所示，单击“确定”按钮，曲面分割完成，如图 4-2-10 所示。

图 4-2-9　分割线参数设置

图 4-2-10　分割曲面

六、等距曲面

等距曲面是指将选定曲面延其法向方向偏移一定距离后生成的曲面。

创建等距曲面的操作步骤如下：

在“曲面”选项卡中单击“等距曲面”按钮，在弹出的属性管理器中“要等距的曲面或面”选框内选择要等距的面，设置等距距离和方向，如图 4-2-11 所示，单击“确定”按钮，完成等距曲面的创建，如图 4-2-12 所示。

七、删除面

删除面是指删除曲面中无用的面，或对删除面后的曲面进行自动填充，还可以从实体上删除面使实体转为曲面。删除面的方式有删除、删除并修补和删除并填补三种。

以基本的删除面为例，其操作步骤如下：

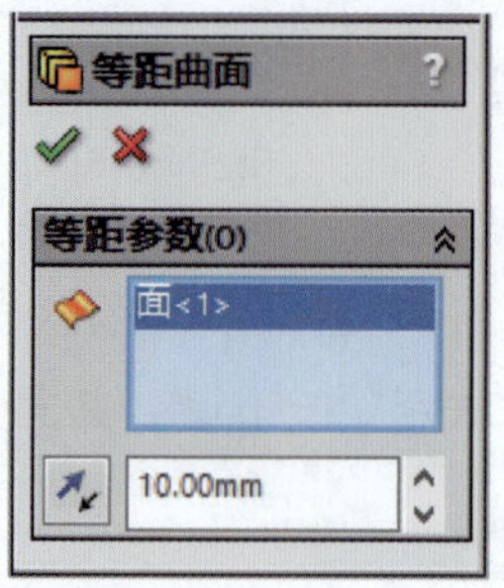

图 4-2-11　等距曲面参数设置

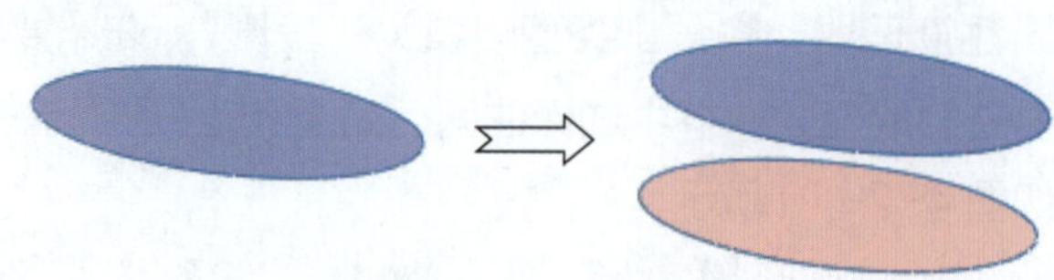

图 4-2-12　等距曲面

在“曲面”选项卡中单击“删除面”按钮，在“删除面”属性管理器中选择需删除的曲面，选择“删除”选项，如图 4-2-13 所示，单击“确定”按钮，效果如图 4-2-14 所示。

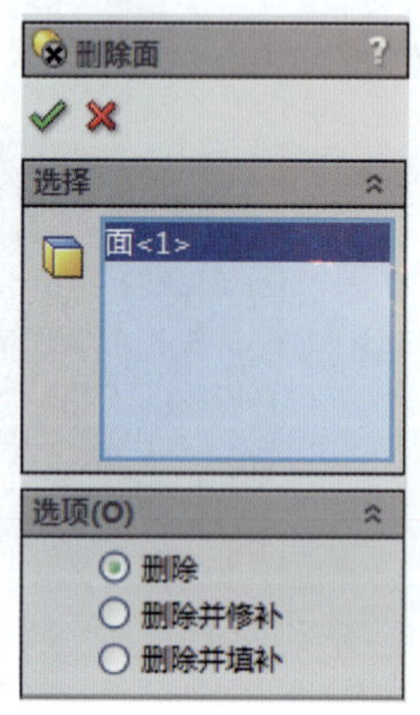

图 4-2-13　删除面参数设置

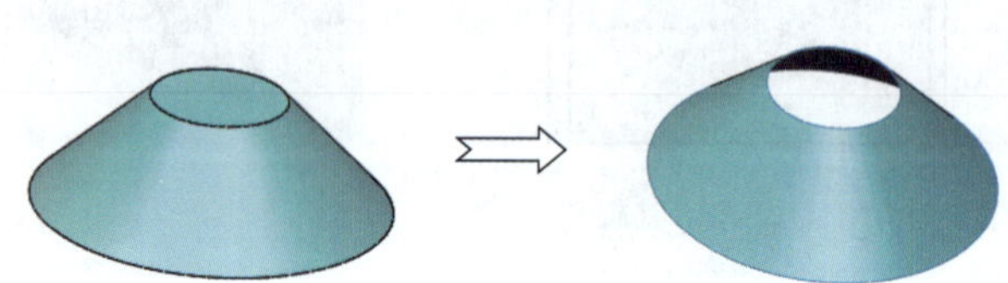

图 4-2-14　删除面

小贴士

在删除面操作中，进行“删除并修补”删除时，效果如图 4-2-15 所示；进行“删除并填充”删除时，效果如图 4-2-16 所示。

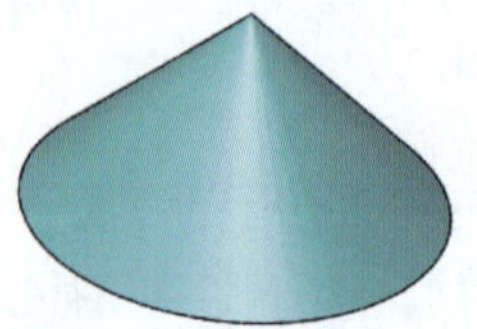

图 4-2-15　删除并修补

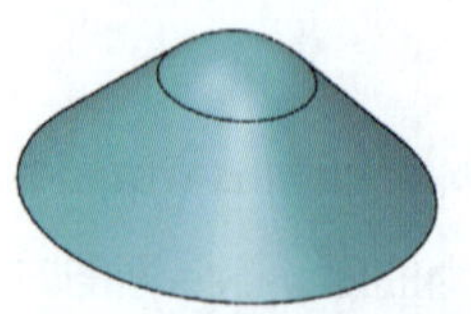

图 4-2-16　删除并填充

任务实施

操作演示

一、创建吹风机筒体曲面

1. 建立新文件

启动 SolidWorks 软件，单击“新建”按钮，选择“零件”图标，再单击“确定”按钮，进入零件设计工作环境。

2. 绘制“草图 1”

在设计树中选择“前视基准面”，单击“草图绘制”按钮进入草绘环境，绘制“草图1”，如图 4-2-17 所示。

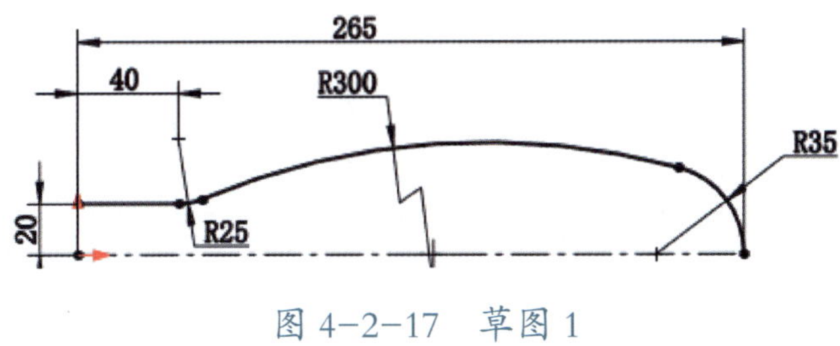

图 4-2-17　草图 1

3. 旋转曲面

保持草图激活状态，在“曲面”选项卡中单击“旋转曲面”按钮，在弹出的属性管理器中选择“草图 1”中的水平中心线为旋转参考线，旋转角度设置为“180 度”如图 4-2-18 所示，单击“确定”按钮，完成旋转曲面的创建，如图 4-2-19 所示。

图 4-2-18　旋转曲面参数设置

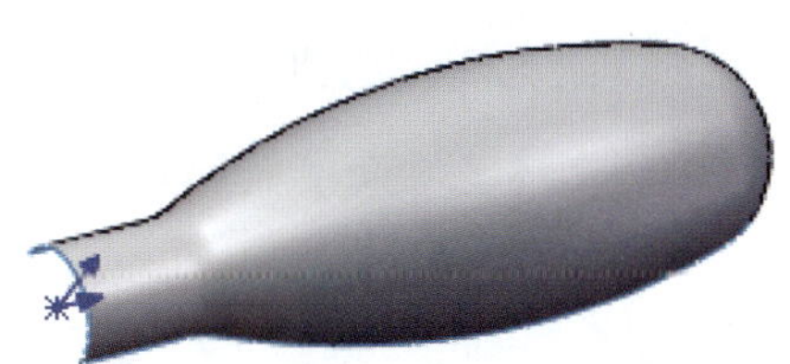

图 4-2-19　旋转曲面

二、创建吹风机手柄曲面

1. 创建“草图 2”

在设计树中选择“前视基准面”，单击“草图绘制”按钮进入草绘环境，按“Space”空格键，单击“正视于”按钮，绘制“草图 2”，如图 4-2-20 所示，单击按钮退出草绘环境。

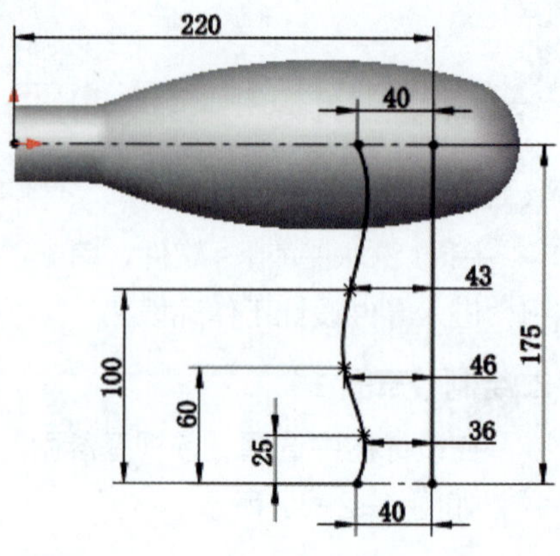

图 4-2-20　草图 2

小贴士

绘制“草图 2”时，样条曲线上的点是曲线绘制点，不要在样条曲线绘完之后加入草绘点来进行尺寸标注。

2. 创建“基准面 1”

在“曲面”选项卡中单击“参考几何体”按钮，在下拉选项中单击“基准面”按钮，在弹出的属性管理器中选择“草图 2”下端点和上视基准面，如图 4-2-21 所示，单击“确定”按钮，创建出“基准面 1”，如图 4-2-22 所示。

图 4-2-21　创建基准面参数设置

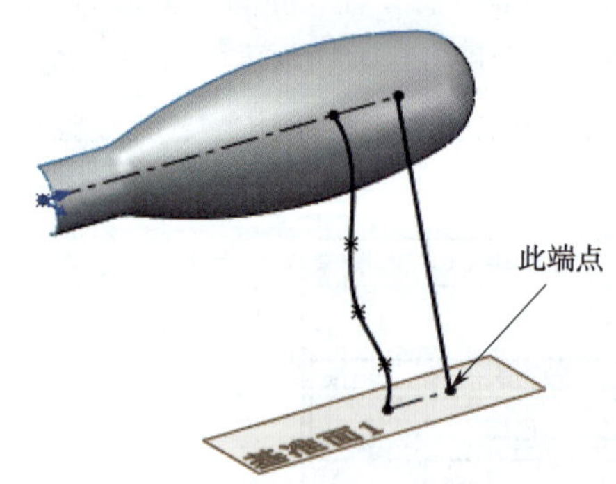

图 4-2-22　基准面 1

3. 创建“草图 3”

在设计树中选择“基准面 1”，单击“草图绘制”按钮进入草绘环境，按“Space”空格键，单击“正视于”按钮，绘制“草图 3”（一条样条曲线），如图 4-2-23 所示，单击按钮退出草绘环境。

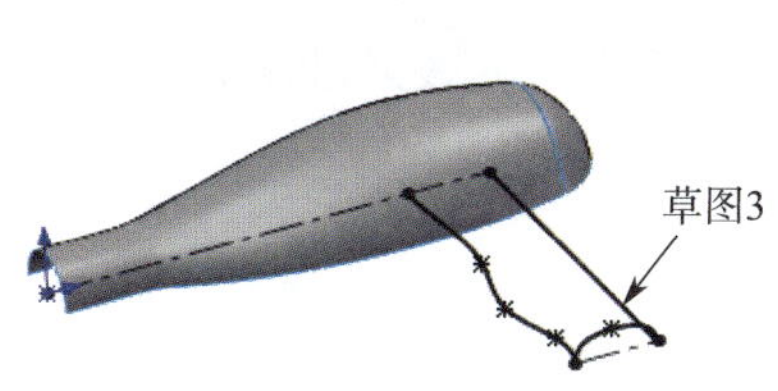

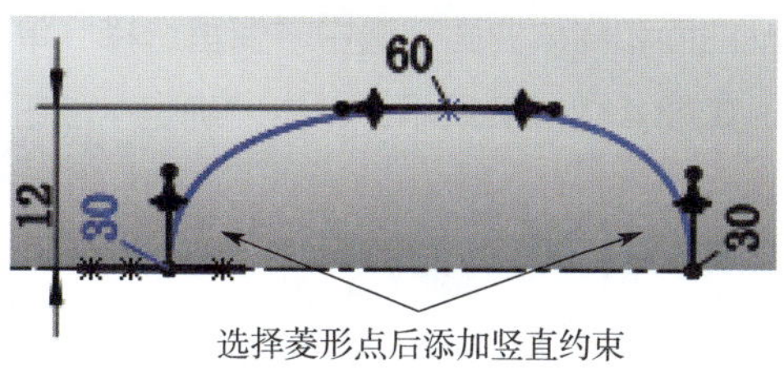

图 4-2-23　草图 3

小贴士

绘制“草图 3”时，单击控制线上的菱形点即可对控制线进行竖直约束；选择标注命令，单击控制线上的菱形点即可对控制线进行尺寸标注。

4. 创建“草图 4”

在设计树中选择“上视基准面”，单击“草图绘制”按钮进入草绘环境，按“Space”空格键，单击“正视于”按钮，绘制“草图 4”，如图 4-2-24 所示，单击按钮退出草绘环境。

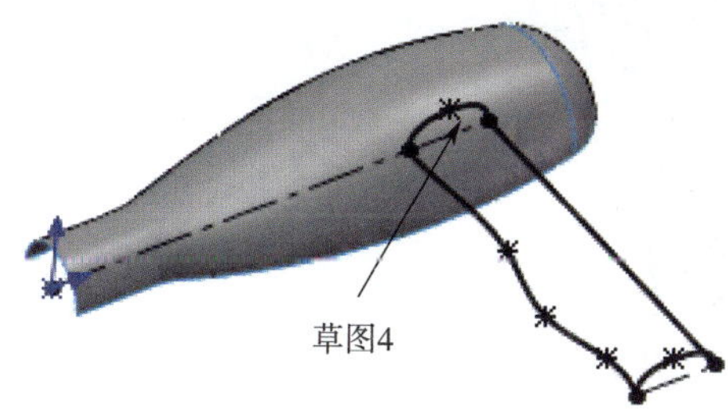

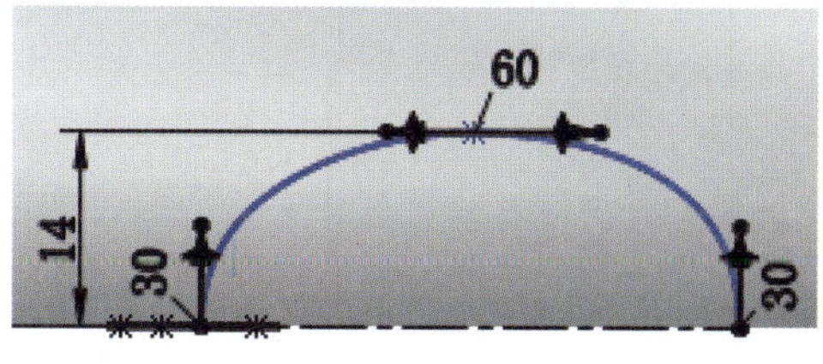

图 4-2-24　草图 4

5. 创建边界曲面

在“曲面”选项卡中单击“边界曲面”按钮，在弹出的属性管理器中设置“方向 1”的轮廓为草图 3、草图 4，“方向 2”的轮廓为草图 1、草图 2，分别设置两条曲面边的相切类型为“方向向量”，方向参考都为“前视基准面”，如图 4-2-25 所示，单击“确定”按钮，完成边界曲面的创建，效果如图 4-2-26 所示。

小贴士

手柄两侧的曲面边要和前视基准面进行方向向量的约束，否则该曲面镜像后会有明显的接痕。

6. 剪裁筒体和手柄的曲面

单击“剪裁曲面”按钮，在“剪裁类型”栏中选择“相互”，在“曲面”选框中选择手柄曲面和筒体曲面，选中“保留选择”单选按钮，在“保留的部分”选框中选择需保留的面，如图 4-2-27 所示，单击“确定”按钮✓，完成曲面剪裁，效果如图 4-2-28 所示。

图 4-2-25　边界曲面参数设置

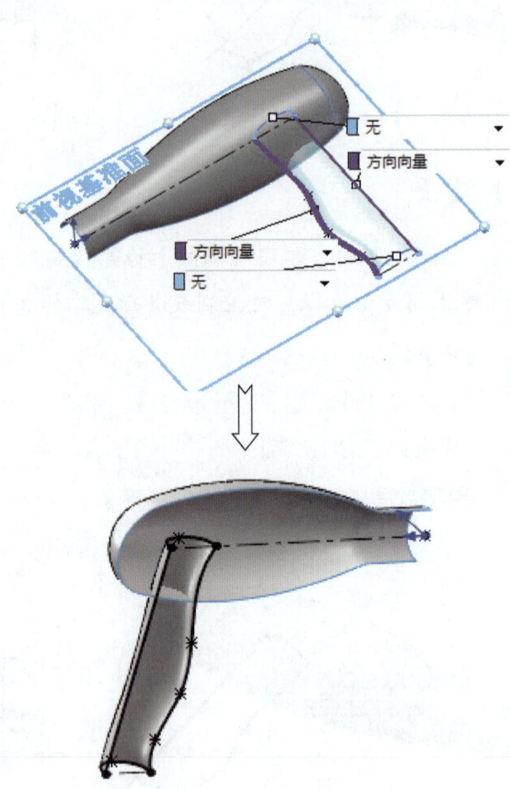

图 4-2-26　创建手柄曲面

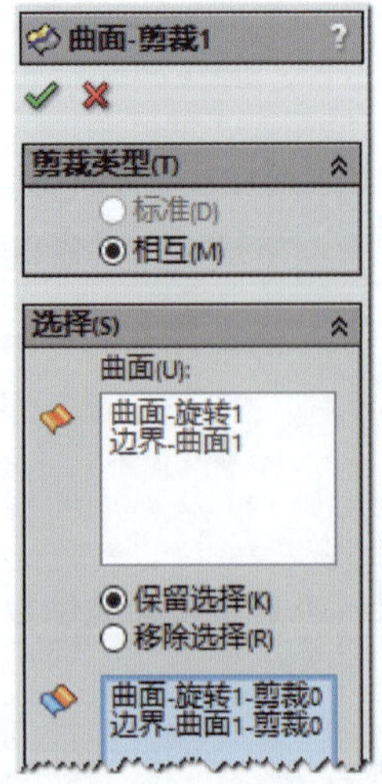

图 4-2-27　剪裁曲面参数设置

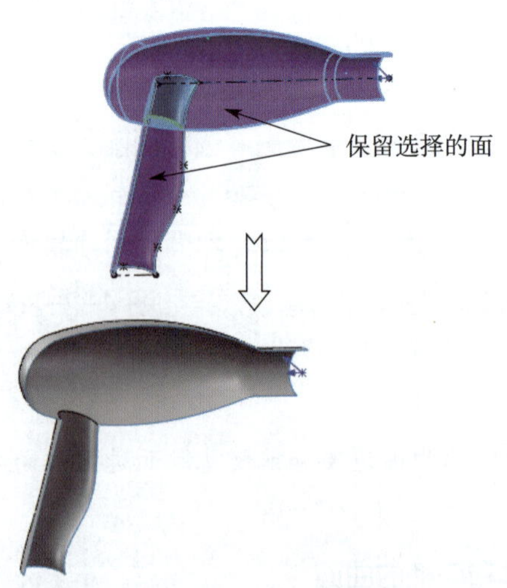

图 4-2-28　剪裁曲面

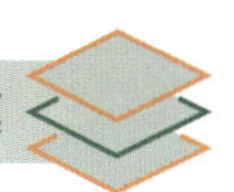

7. 倒圆角

单击“圆角”按钮，设置半径为“20 mm”，选择风筒筒体和手柄的交界边，单击“确定”按钮，效果如图 4-2-29 所示。

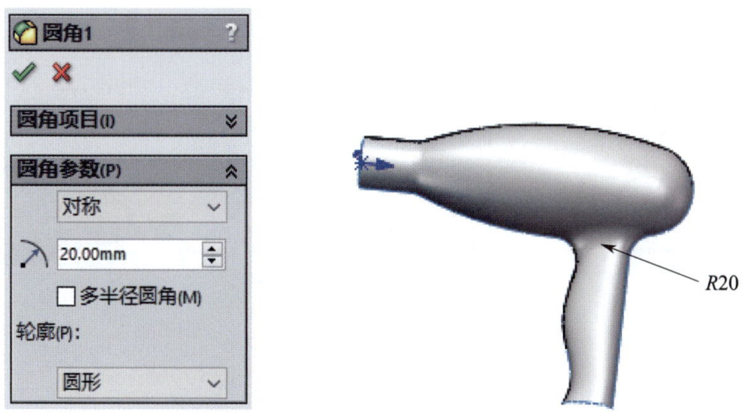

图 4-2-29　曲面倒圆角

三、创建通风口凹槽曲面

1. 创建“草图 5”

在设计树中选择“前视基准面”，单击“草图绘制”按钮进入草绘环境，按“Space”空格键，单击“正视于”按钮，绘制“草图 5”，如图 4-2-30 所示。

2. 分割曲面

在“特征”选项卡中单击“曲线”按钮，从下拉选项中选择“分割线”命令，将分割类型设置为“投影”，在“要投影的曲线”选框中选择“草图 5”，在“要分割的面”选框中选择吹风机筒体曲面，如图 4-2-31 所示，单击“确定”按钮，曲面分割完成，效果如图 4-2-32 所示。

3. 等距曲面

在“曲面”选项卡中单击“等距曲面”按钮，在弹出的属性管理器的“要等距的曲面或面”选框中选择上一步分割的圆形面，设置等距的距离为“3 mm”，方向朝筒体曲面内部，如图 4-2-33 所示，单击“确定”按钮，完成等距曲面的创建，效果如图 4-2-34 所示。

4. 删除面

在“曲面”选项卡中单击“删除面”按钮，在弹出的属性管理器中选择“删除”选项，在“要删除的面”选框中选择圆形面（图 4-2-32 所示分割后的面），如图 4-2-35 所示，单击“确定”按钮，效果如图 4-2-36 所示。

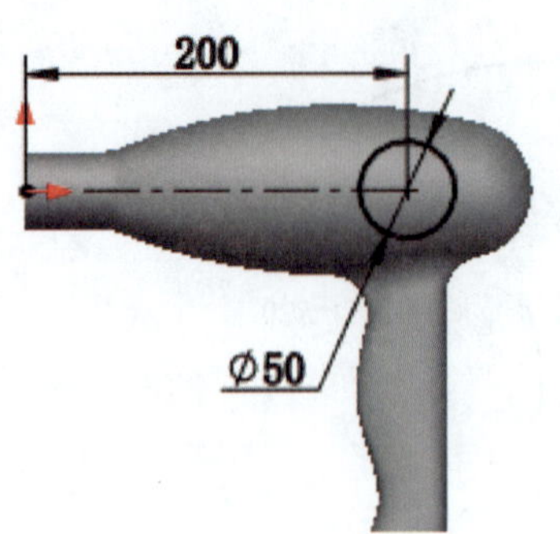

图 4-2-30　草图 5

图 4-2-31　分割线参数设置

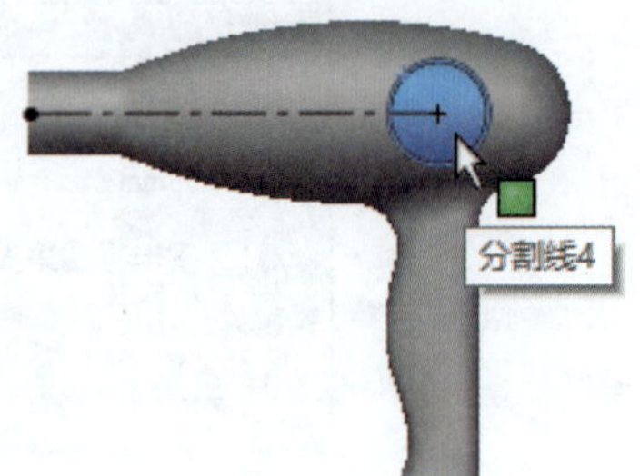

图 4-2-32　分割曲面

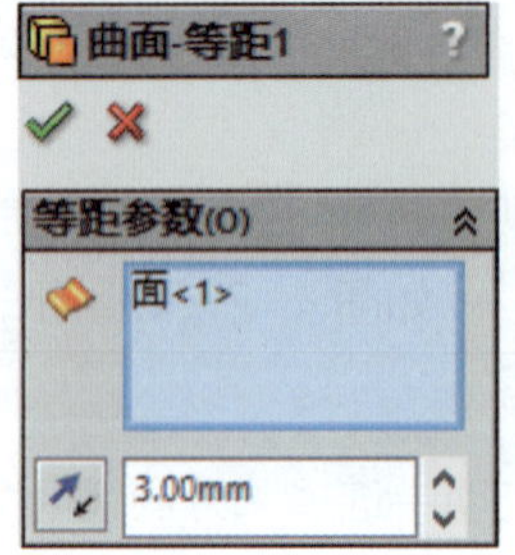

图 4-2-33　等距曲面参数设置

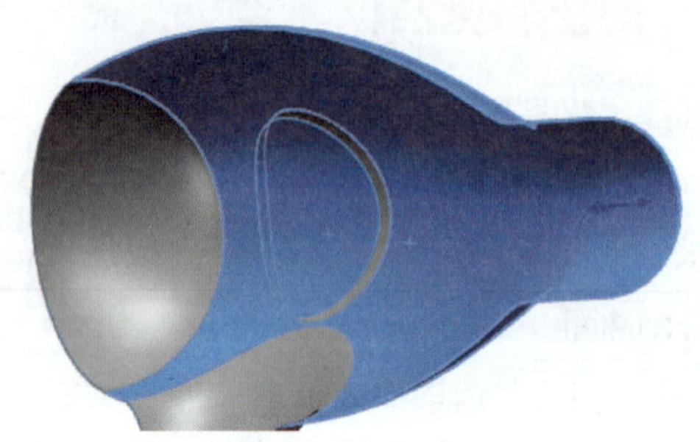

图 4-2-34　等距曲面

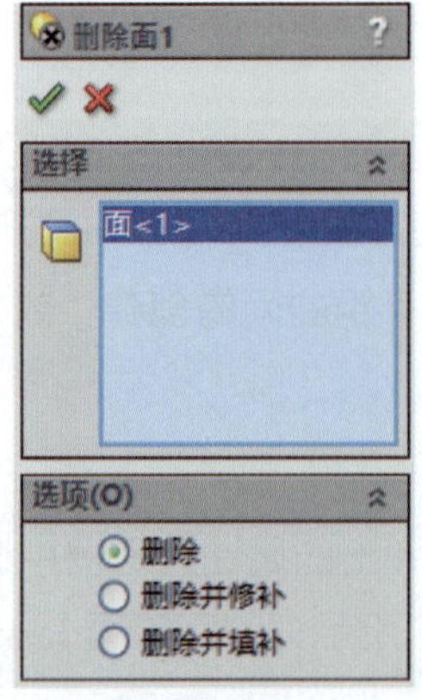

图 4-2-35　删除面参数设置

图 4-2-36　删除面

5. 创建放样曲面

在“曲面”选项卡中单击“放样曲面”按钮，在弹出的属性管理器的“轮廓”选框中选择通风口处圆形面的边和圆形孔的边，如图 4-2-37 所示，单击“确定”按钮，效果如图 4-2-38 所示。

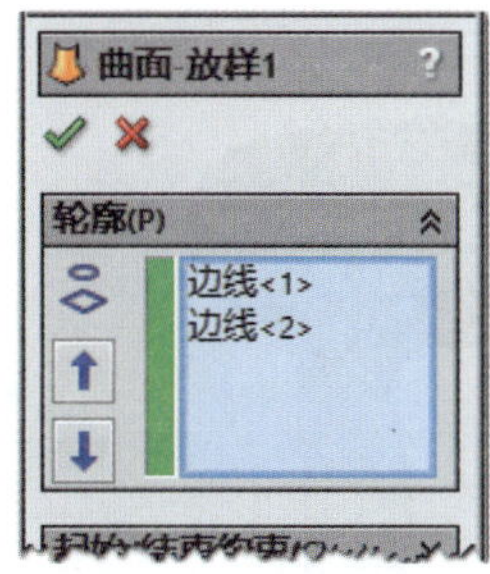

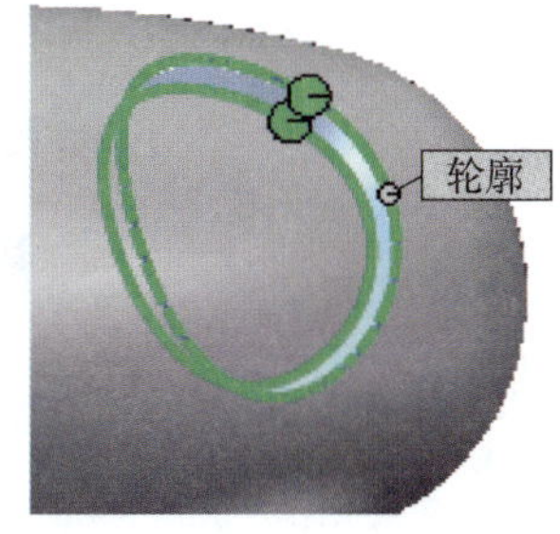

图 4-2-37　放样曲面参数设置与图形预览

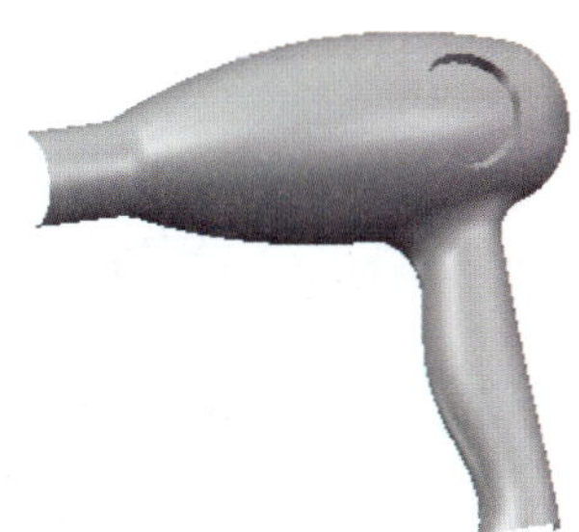

图 4-2-38　放样曲面

四、曲面编辑

1. 缝合曲面

单击“曲面”选项卡中的“缝合曲面”按钮，在绘图区选择所有曲面，单击“确定”按钮，如图 4-2-39 所示。

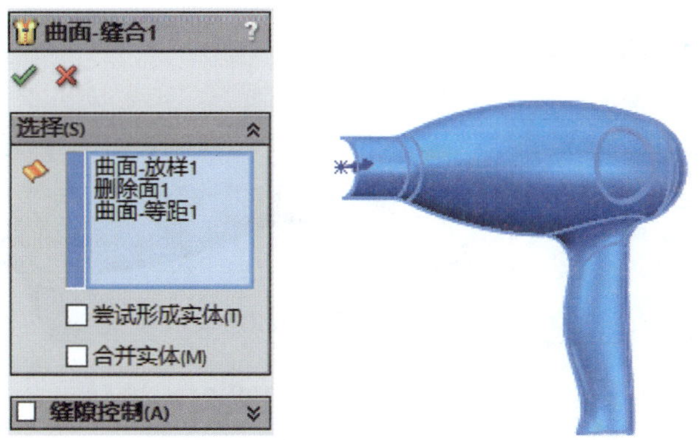

图 4-2-39　缝合曲面

2. 镜像曲面

单击“特征”选项卡中的“镜像”按钮，在弹出的属性管理器的“要镜像的实体”选框里选入全部曲面，在“镜像面 / 基准面”栏中选择“前视基准面”，在“选项”栏内勾选“缝合曲面”复选框，如图 4-2-40 所示，单击“确定”按钮，效果如图 4-2-41 所示。

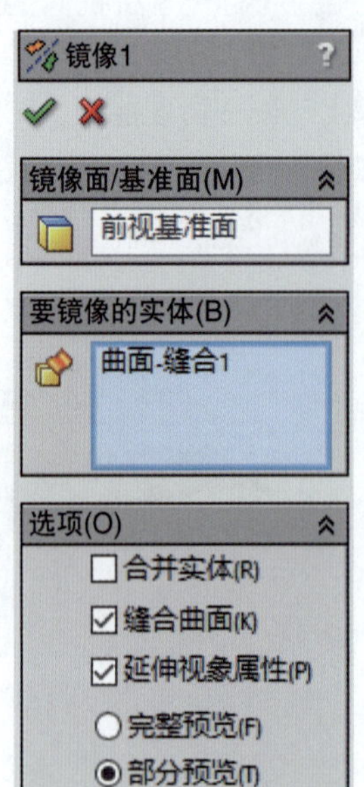

图 4-2-40　镜像参数设置

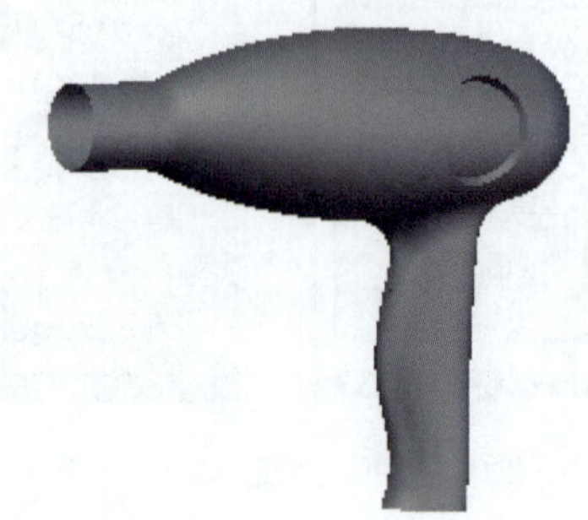
图 4-2-41　镜像曲面

3. 平面曲面

在“曲面”选项卡中单击“平面区域”按钮，在弹出的属性管理器的“边界实体”选框里选入如图 4-2-42 所示的两条曲面边界线，单击“确定”按钮，完成平面曲面。

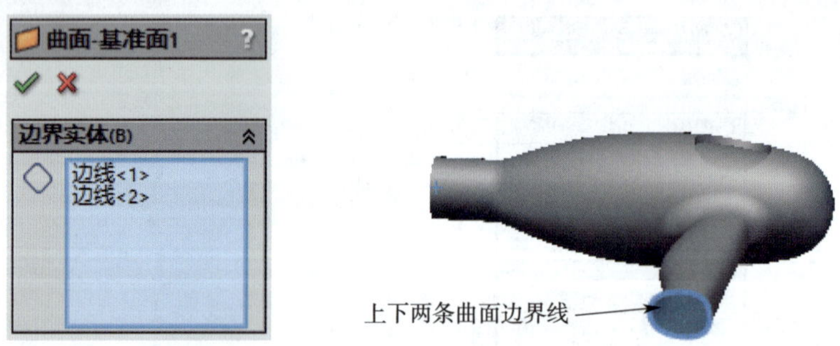

图 4-2-42　平面曲面

4. 缝合曲面

单击“曲面”选项卡中的“缝合曲面”按钮，在绘图区选择所有曲面，单击“确定”按钮，如图 4-2-43 所示；然后进行倒圆角处理，如图 4-2-44 所示。

五、创建多个通气孔

1. 加厚

在“曲面”选项卡中单击“加厚”按钮，选择吹风机的曲面，厚度方式设为“向

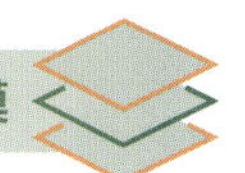

内”，厚度值设为“2 mm”，如图 4-2-45 所示，单击“确定”按钮✔，效果如图 4-2-46 所示。

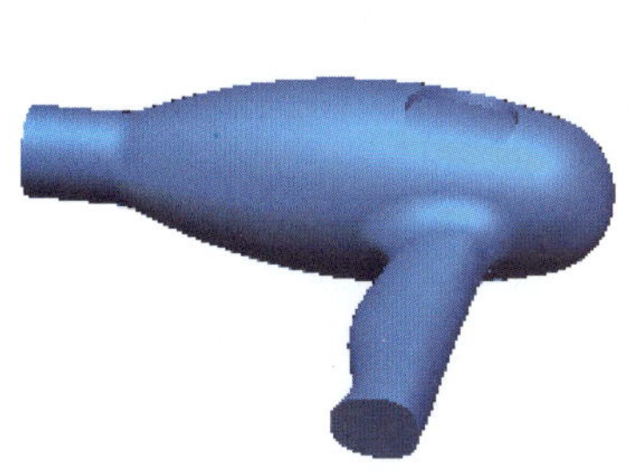
图 4-2-43　缝合曲面

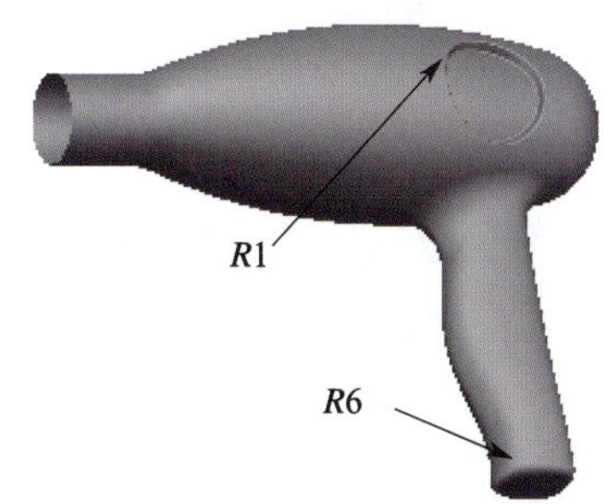

图 4-2-44　倒圆角

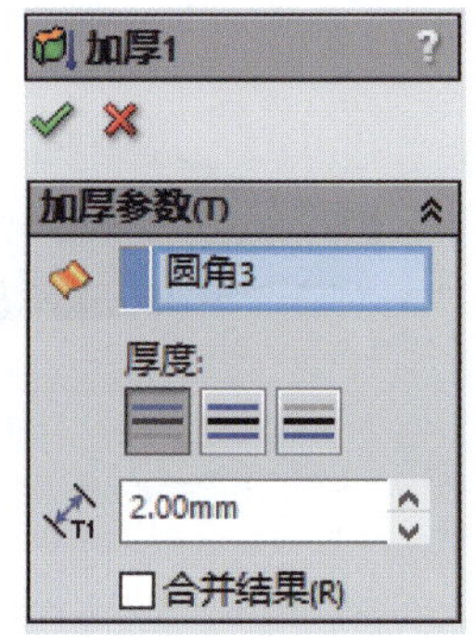

图 4-2-45　加厚参数设置

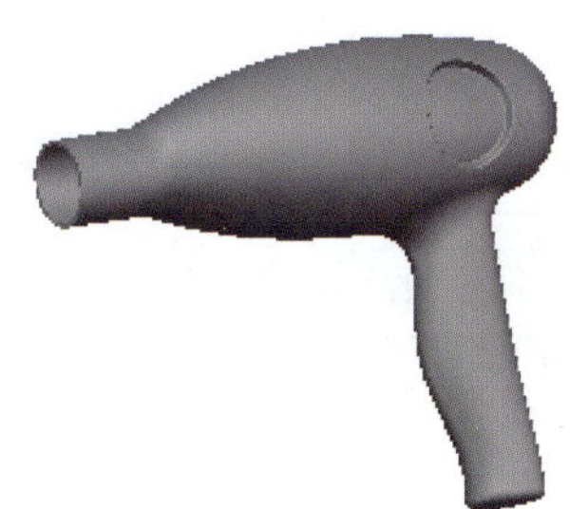
图 4-2-46　加厚成实体

2. 拉伸切除

在设计树中选择“前视基准面”，单击“草图绘制”按钮进入草绘环境，按“Space”空格键，单击“正视于”按钮，绘制“草图 6”，如图 4-2-47 所示；在“特征”选项卡内单击“拉伸切除”按钮，将拉伸终止条件设为“完全贯穿 - 两者”，单击“确定”按钮✔，拉伸切除完成，效果如图 4-2-48 所示。

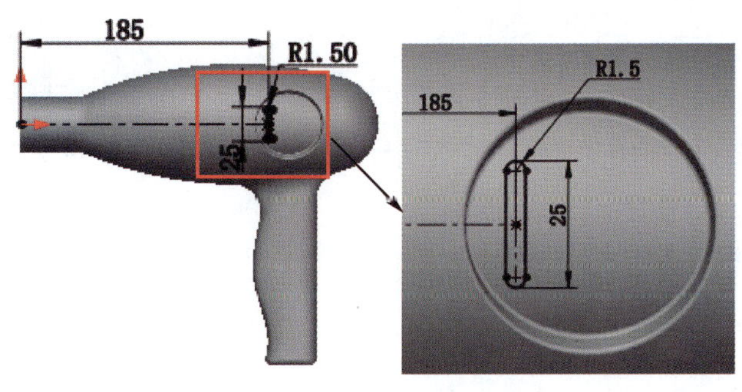

图 4-2-47　草图 6

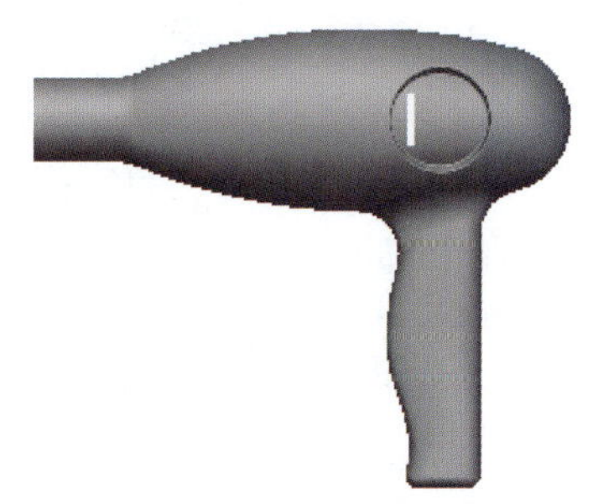
图 4-2-48　拉伸切除

3. 阵列特征

（1）显示临时轴。单击悬浮工具栏中的“显示 / 隐藏”按钮，在下拉选项中单击“观阅临时轴”按钮。

（2）线性阵列。在设计树中选择上一步建立的通气孔特征，在“特征”选项卡中单击“线性阵列”按钮，在弹出的属性管理器中设置阵列方向为筒体中心临时轴，阵列距离为“6 mm”，阵列数目为“6”，如图 4-2-49 所示，单击“确定”按钮，隐藏临时轴，效果如图 4-2-50 所示。

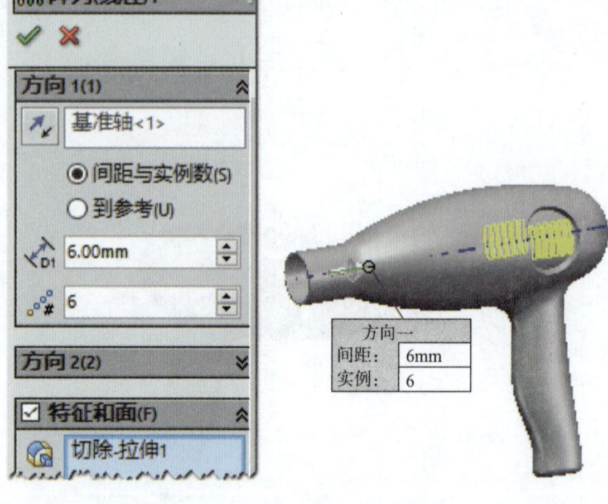

图 4-2-49　线性阵列参数设置和图形预览

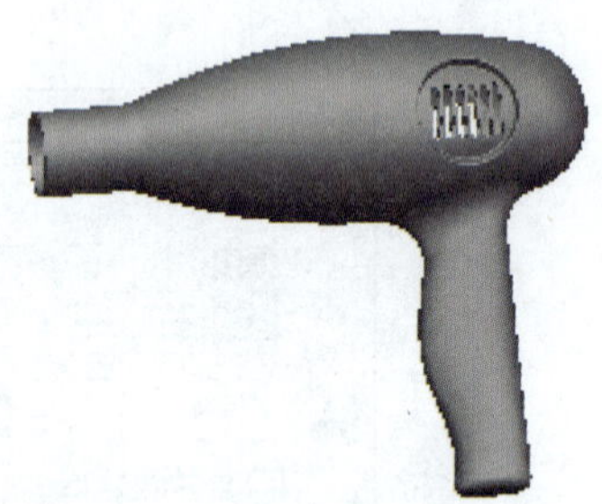

图 4-2-50　阵列通气孔

六、选择材质和外观

1. 选择材质

在设计树中右键单击“材质 <未指定>”，在弹出的菜单中选择“编辑材料”，在“材料”对话框中选择“SolidWorks materials”→“塑料”→“PA 类型 6”，单击“应用”按钮完成材质添加。

2. 选择外观

单击悬浮工具栏中的“编辑外观”按钮，在右侧弹出的窗格中选择“外观”→“塑料”→“低光泽”→“白色低光泽塑料”，如图 4-2-51 所示，双击“白色低光泽塑料”图标，在左侧的属性管理器中修改 RGB 值，如图 4-2-52 所示，单击“确定”按钮，完成吹风机外壳的设计，效果如图 4-2-53 所示。

将零件存盘，模型命名为“吹风机外壳”。

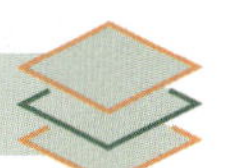

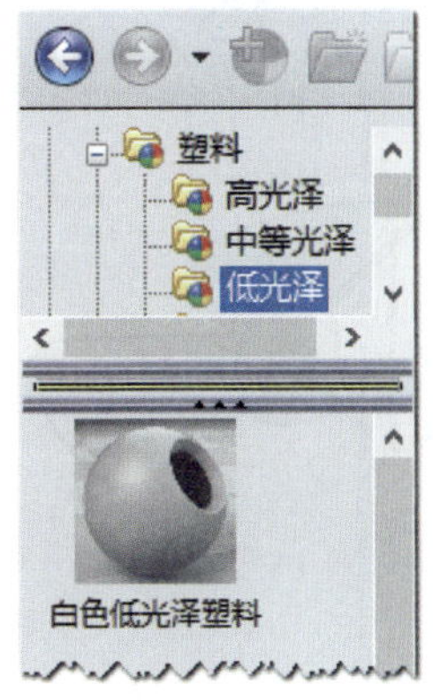

图 4-2-51　外观选择

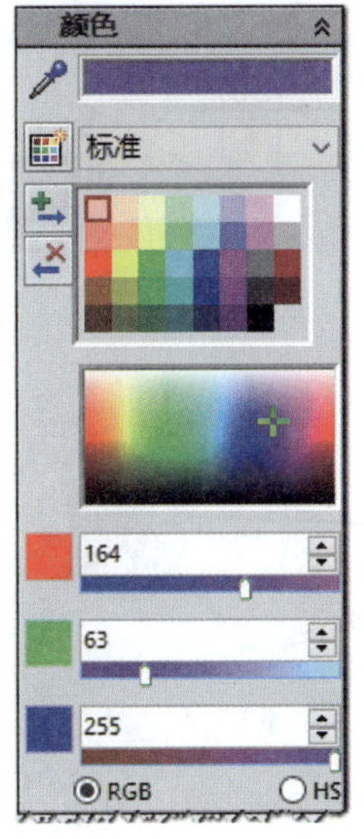

图 4-2-52　颜色设置

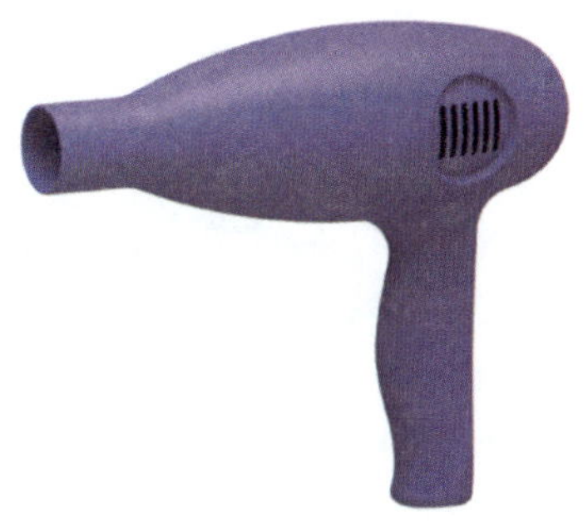

图 4-2-53　吹风机外壳最终设计效果

任务巩固

使用曲面建模方法，绘制扇叶的三维实体造型，其外形如图 4-2-54 所示，自定义材料和外观。

操作演示

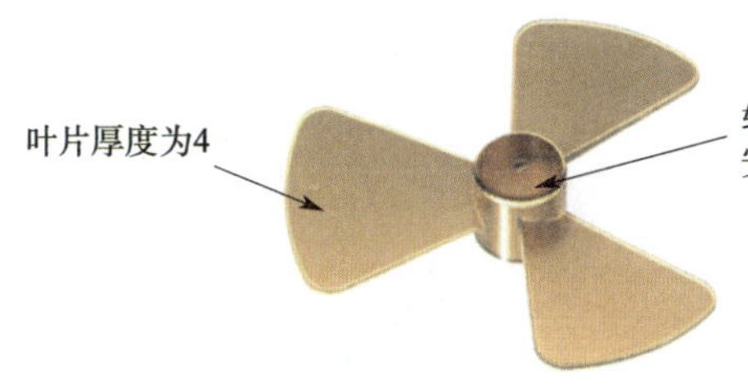

图 4-2-54　扇叶

提示：扇叶的设计参考步骤如图 4-2-55 所示。

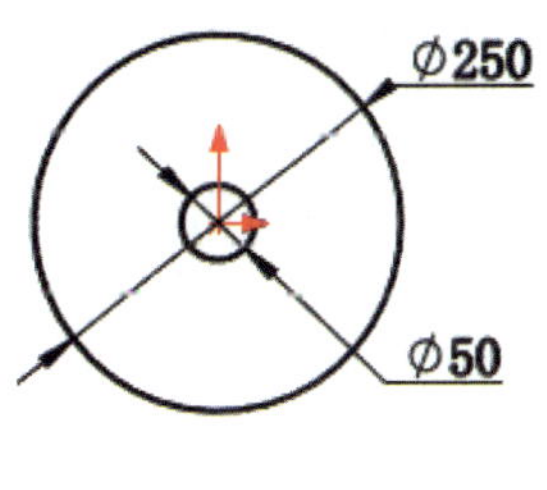

a）

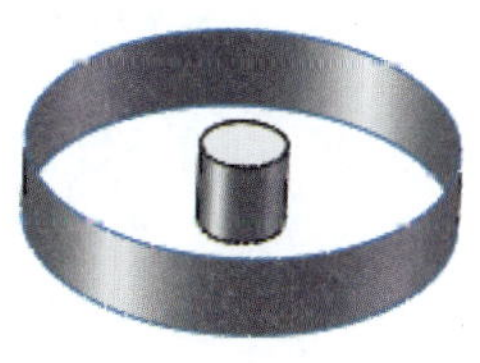

b）

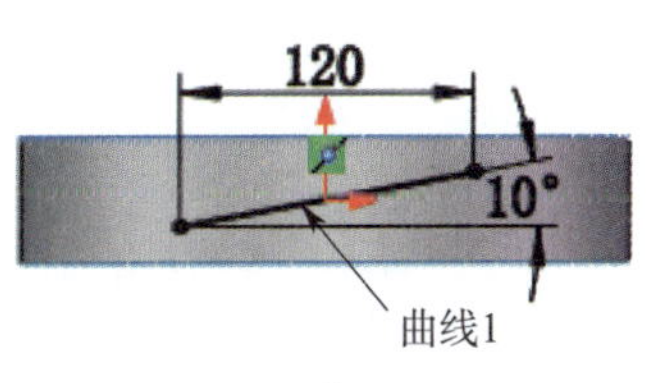

c）

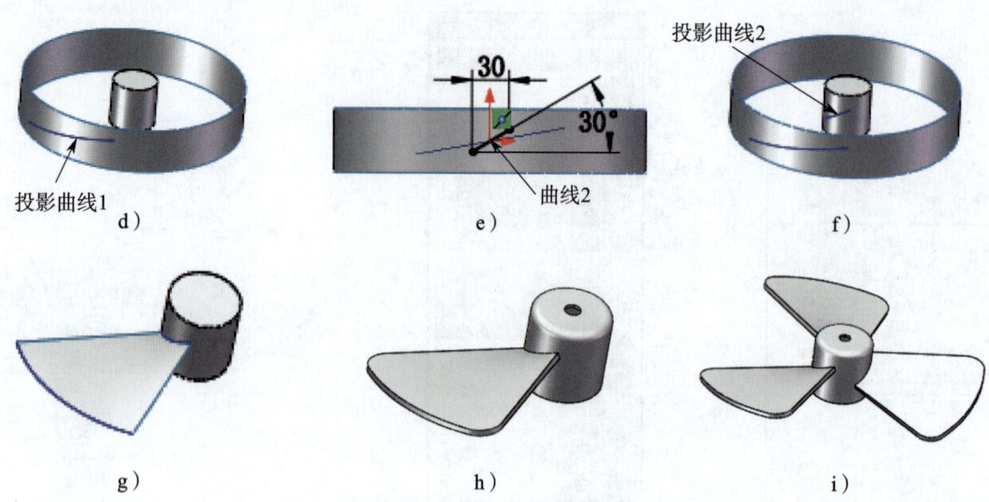

图 4-2-55　扇叶的设计参考步骤

a）绘制草图 1　b）拉伸实体和曲面　c）绘制草图 2　d）投影曲线 1　e）绘制草图 3　f）投影曲线 2　g）创建边界曲面　h）曲面加厚并倒圆角　i）阵列扇叶

项目五

组件装配

所谓“装配”就是将各个零件按规定的技术要求组装起来，并通过调试、检验使之成为合格产品的过程。SolidWorks 装配是模拟实际装配过程，将创建的各个零件按照技术要求进行模拟现实环境的真实装配，通过装配可以查看零件设计是否合理、各个零件之间的位置关系是否得当。如果一旦在装配过程中发现问题，技术人员可以立即对零件进行修改，从而避免因设计错误造成生产损失。

任务 1　手压泵的装配

任务目标

1. 掌握新建装配体文件和导入零部件的操作方法。
2. 掌握重合、同轴心、平行等标准配合的使用方法。
3. 掌握镜像和移动零部件命令的运用。
4. 能够独立完成简易机构的装配设计。

任务描述

在装配模式下，利用“素材 \ 项目五 \ 任务 1\ 手压泵”文件夹中所提供的零件素材，装配如图 5-1-1 所示的手压泵机构。该手压泵由泵体、泵芯、把手、连杆以及螺栓五部分组成，各零件间的相对位置比较简单，轴和孔的装配可以采用同轴心的方式，面与面之间可以采用重合的方式进行约束装配，连杆可以通过镜像零部件完成。

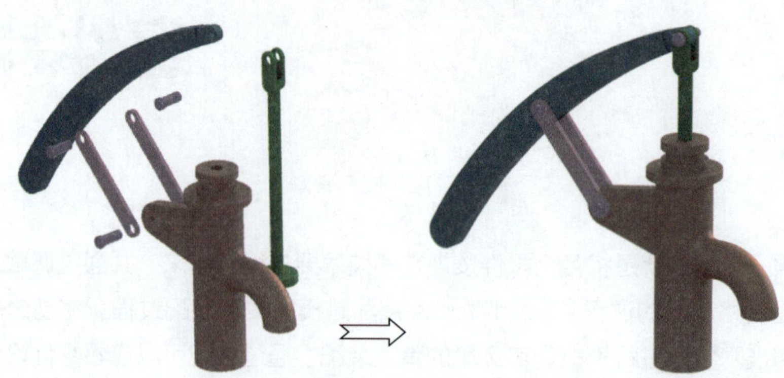

图 5-1-1　手压泵

知识准备

一、导入零部件

1. 新建装配体文件

在 SolidWorks 中创建装配体文件与创建零件的方法类似，通常使用装配体模板来创建新装配体文件，在 SolidWorks 里装配体文档的扩展名为“.sldasm”。

新建装配体文件的操作步骤如下：

单击标准工具栏里的“新建”按钮（或者单击菜单栏里“文件”→“新建”按钮），弹出“新建 SolidWorks 文件”对话框，选择“装配体”图标，如图 5-1-2 所示，单击“确定”按钮，进入装配体环境，如图 5-1-3 所示。

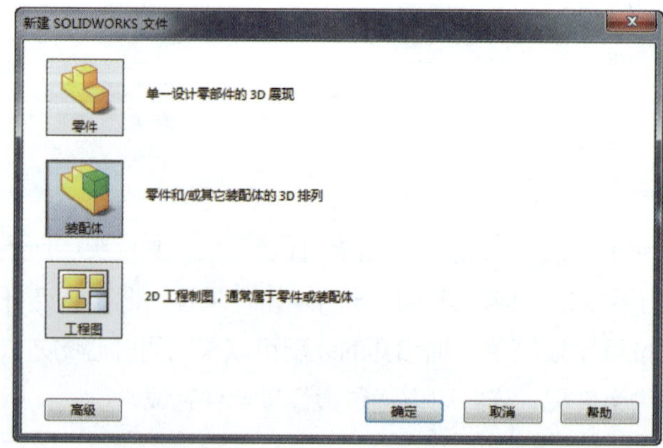

图 5-1-2　选择“装配体”图标

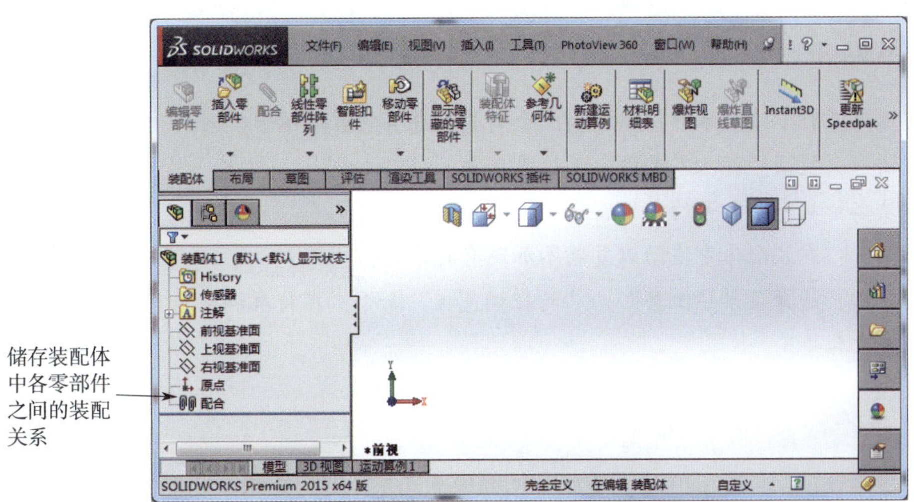

图 5-1-3　装配体环境

2. 导入零部件

导入零部件是指将设计好的零部件模型导入到装配体环境中。零部件文件会与装配体文件链接，对零部件文件所进行的任何改变都会自动更新装配体。

导入零部件的操作步骤如下：

（1）单击“装配体”选项卡上的“插入零部件”按钮（或者选择菜单“插入”→“零部件”→“现有零件 / 装配体”命令），弹出“插入零部件”属性管理器，如图 5-1-4 所示。

（2）单击“浏览”按钮，浏览并选取需要装配的零部件，单击“打开”按钮后在合适位置单击鼠标，即可依次导入零部件，如图 5-1-5 所示。

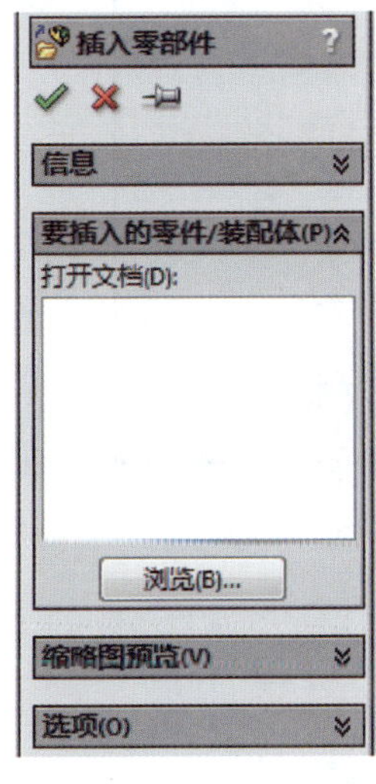

图 5-1-4　“插入零部件”属性管理器

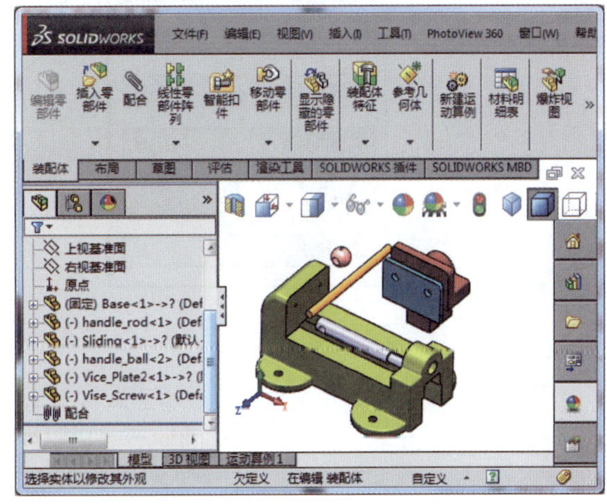

图 5-1-5　导入零部件

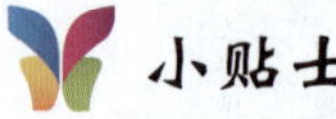

小贴士

可通过多种方法将零部件添加到一个新的或现有的装配体中，例如：

方法一：使用“插入零部件”属性管理器。

方法二：从一个打开的文件窗口中拖动。

方法三：在装配体中拖动以复制添加现有的零部件。

方法四：选择菜单“工具”→“特征调色板”命令，在特征调色板窗口中拖动所需的零部件到装配体中。

二、添加标准配合关系

配合是在装配体零部件之间生成几何约束的关系。通过约束可以减少零部件的自由度，从而使零件具有确定的运动方式或者空间位置。

1. 装配的标准约束类型

单击“装配体”选项卡上的“配合”按钮，出现如图 5-1-6 所示的“配合”属性管理器，其中“标准配合”栏中罗列出了装配的标准约束类型，各类型的名称和功能说明见表 5-1-1。

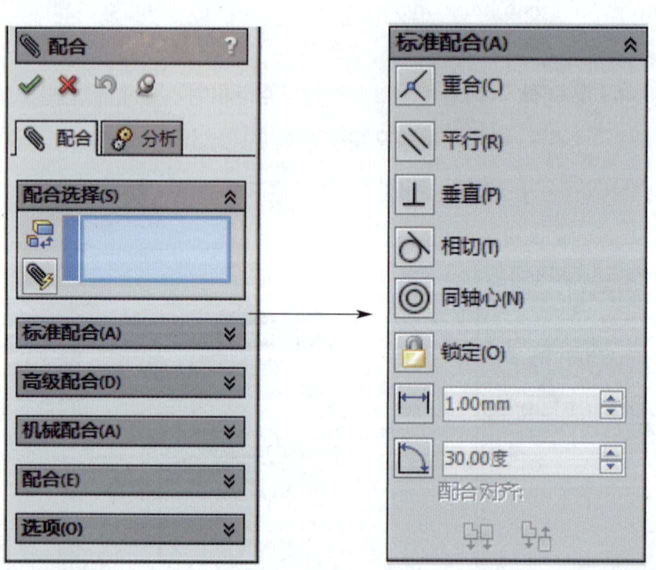

图 5-1-6 “配合”属性管理器

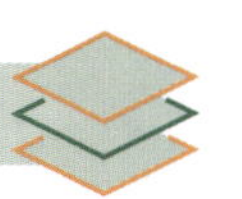

▼ 表 5-1-1　标准配合约束类型及其功能说明

标准配合约束类型图标	名称	功能说明
	重合	使所选项目（基准面、直线、边线、曲面之间相互组合或与单一顶点组合）重合在一条无限长的直线上，或将两个点重合等
	平行	使所选的项目相互平行
⊥	垂直	使所选项目保持垂直
	相切	使所选项目相切（其中所选项目必须至少有一项为圆柱面、圆锥面或球面）
◎	同轴心	使所选项目位于同一中心点
	锁定	将两个零部件锁定在一起
	距离	使所选项目之间保持指定距离
	角度	使所选项目以指定的角度配合

2. 添加配合方法

添加配合方法是先在“装配体”选项卡上单击“配合”按钮 ，然后在绘图区选择所需配合约束的点、线、面。在弹出的“配合”属性管理器中设置约束类型，单击“确定”按钮 ，即完成配合约束；也可按住“Ctrl”键直接在绘图区选择点、线、面，在弹出的快捷临时工具栏中选择所需的配合约束。

以添加螺栓和螺母配合为例，其操作步骤为：

（1）按住“Ctrl”键在绘图区选择螺栓和螺母的两个平面，松开“Ctrl”键后在弹出的快捷临时工具栏中单击“重合”按钮 ，完成重合配合，如图 5-1-7 所示。

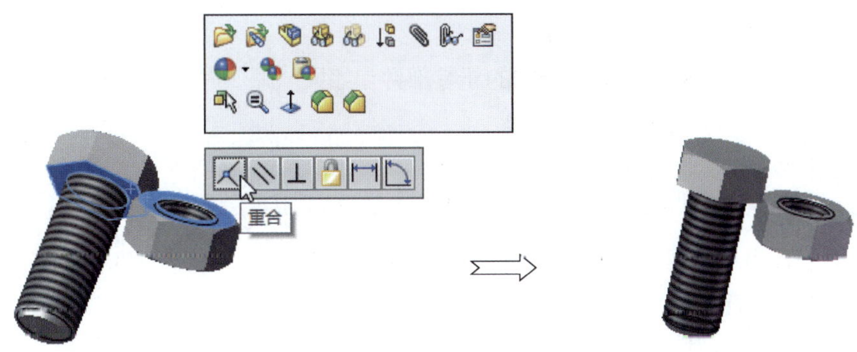

图 5-1-7　重合配合

（2）按住“Ctrl”键在绘图区选择螺栓和螺母的两个圆柱面，松开“Ctrl”键后在弹出的快捷临时工具栏中单击“同轴心”按钮◎，完成同轴心配合，如图 5-1-8 所示。

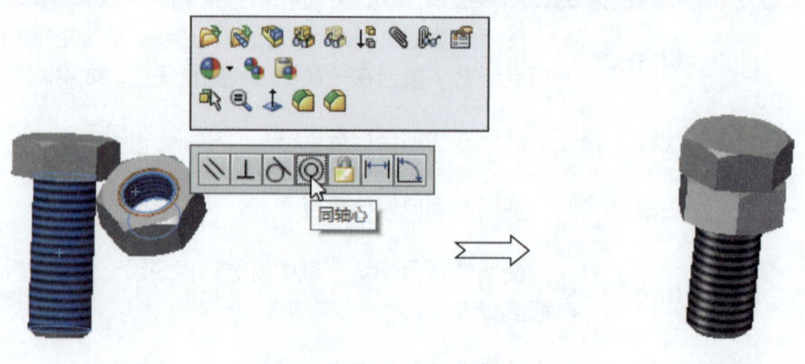

图 5-1-8　同轴心配合

（3）按住“Ctrl”键在绘图区选择螺栓和螺母的两个侧平面，松开“Ctrl”键后在弹出的快捷临时工具栏中单击“平行”按钮⑊，完成平行配合，如图 5-1-9 所示。

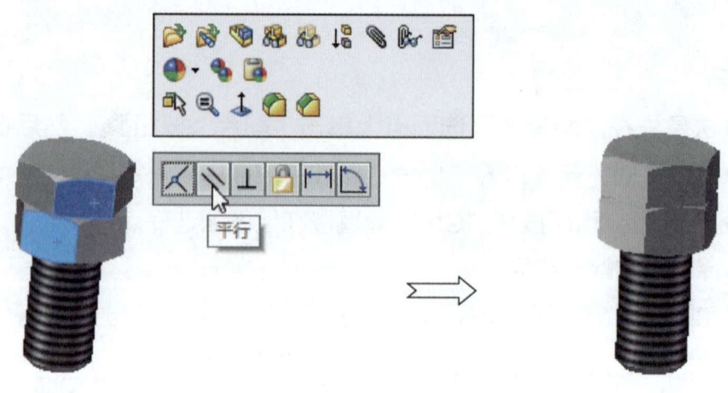

图 5-1-9　平行配合

三、镜像零部件

镜像零部件可以生成具有对称结构的新零部件。如果“源”零部件更改，所镜像的零部件也随之更改。

镜像零部件操作步骤如下：

单击菜单栏“插入”→“镜像零部件”按钮，弹出“镜像零部件”属性管理器，将镜像基准面设置为“前视基准面”，如图 5-1-10 所示，单击“确定”按钮✔，完成镜像，效果如图 5-1-11 所示。

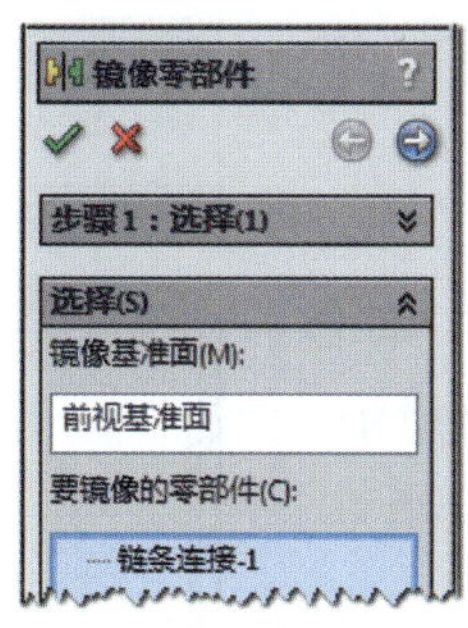

图 5-1-10　镜像零部件参数设置

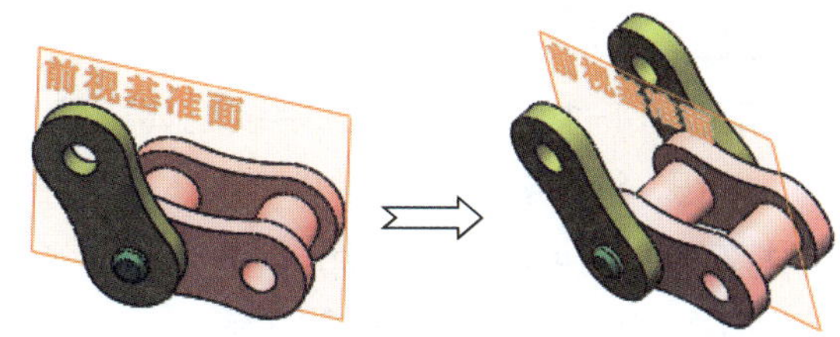

图 5-1-11　镜像零部件

四、移动零部件

当零部件所在的位置不便于装配操作时，可以移动零部件。

移动零部件的操作步骤如下：

单击“装配体”选项卡中的“移动零部件”按钮（或单击“旋转零部件”按钮），弹出“移动零部件”属性管理器，在“移动”栏中将移动方式设为“自由拖动”，如图 5-1-12 所示，选择要进行移动的零部件，然后就可以在配合约束限制的范围内移动零部件了，如图 5-1-13 所示。

图 5-1-12　移动零部件参数设置

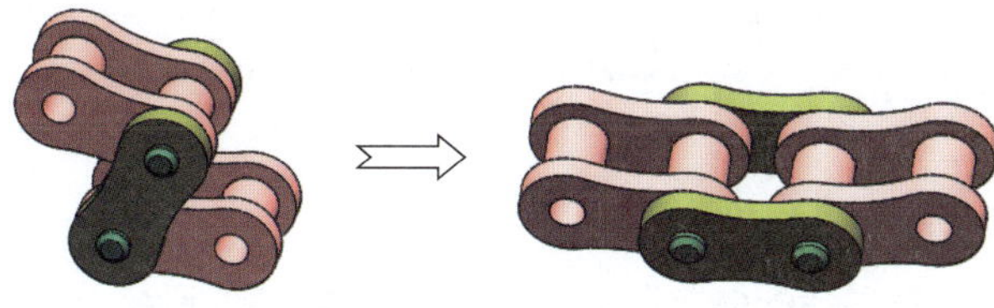

图 5-1-13　移动零部件

任务实施

操作演示

一、导入零部件

1. 新建装配体文件

启动 SolidWorks 软件，单击“新建”按钮，在弹出的“新建 SolidWorks 文件”对话框中选择“装配体”图标（装配模块），单击“确定”按钮，进入装配体环境。

图 5-1-14 “开始装配体”属性管理器

2. 导入泵体

在如图 5-1-14 所示的“开始装配体”属性管理器中单击“浏览”按钮，选择要插入的零件“泵体”，如图 5-1-15 所示，单击“打开”按钮后再单击“确定”按钮，将泵体导入装配模块并定位到原点处，如图 5-1-16 所示。

 **小贴士**

SolidWorks 软件默认第一个导入的零件约束为固定，直接单击“确定”按钮后，其坐标系将与装配体坐标系自动约束重合，相应基准面也默认为重合。

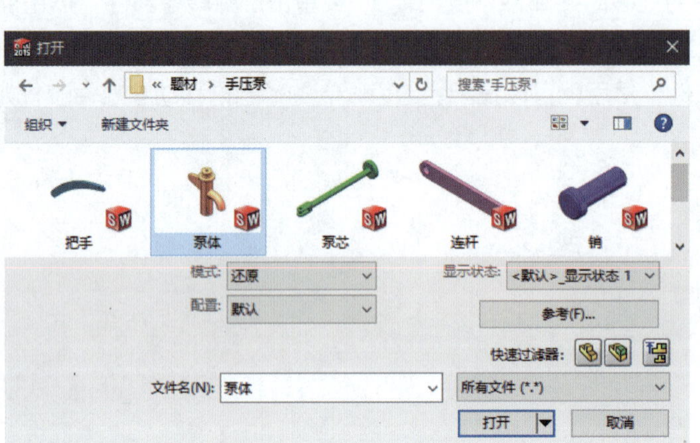

图 5-1-15 打开泵体零件

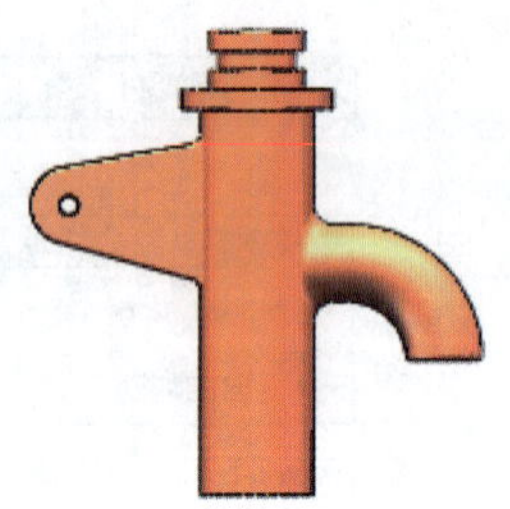

图 5-1-16 导入泵体

3. 导入其他零件

在“装配体”选项卡中单击“插入零部件”按钮，在弹出的“插入零部件”属性管理器中单击“浏览”按钮，选择其余的所有零件，单击“打开”按钮后在泵体旁边合适位置单击鼠标，即可依次导入其他零件，然后通过“移动零部件”命令可将各零部件的位置和朝向进行调整，如图 5-1-17 所示。

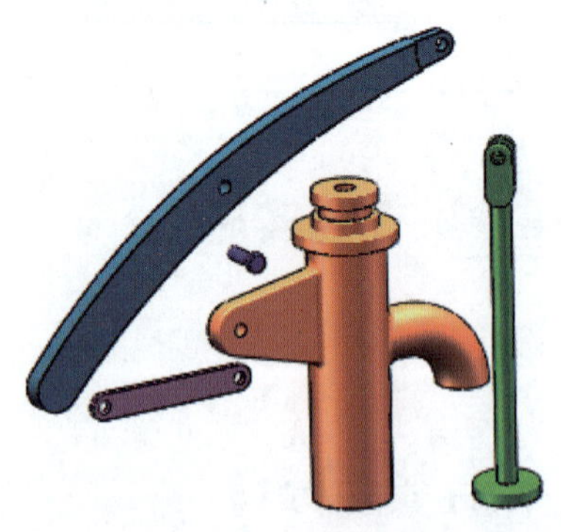

图 5-1-17 导入其他零件

 **小贴士**

1. 调整零部件位置，可单击拖动零部件。

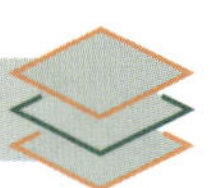

2. 调整零部件方向，可右键拖动零部件。

二、装配泵芯

1. 同轴心配合

按住“Ctrl”键在绘图区选择“泵体”和“泵芯”两个零件的外圆柱表面，松开“Ctrl”键后在弹出的快捷临时工具栏中单击“同轴心”按钮◎，完成同轴心配合，效果如图 5-1-18 所示。

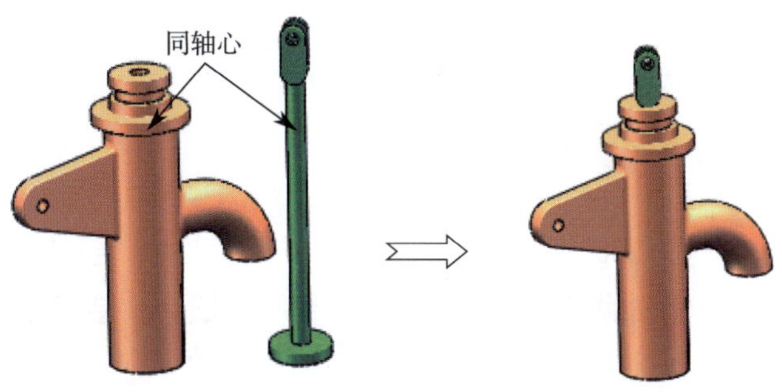

图 5-1-18　同轴心配合

2. 平行配合

按住“Ctrl”键在绘图区选择“泵体”和“泵芯”两平面，松开“Ctrl”键后在弹出的快捷临时工具栏中单击“平行”按钮，完成平行配合，效果如图 5-1-19 所示。

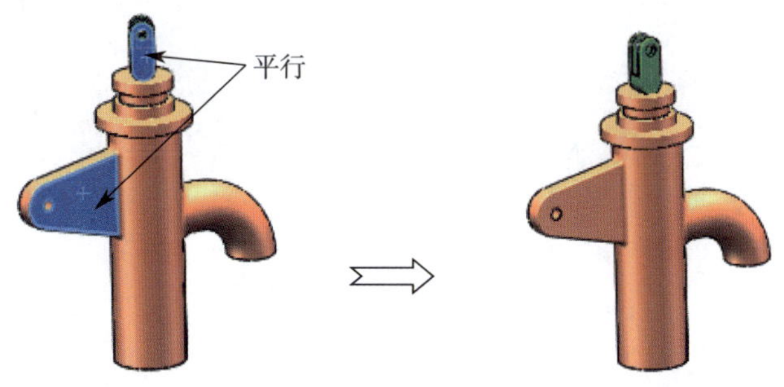

图 5-1-19　平行配合

三、装配把手

1. 同轴心配合

按住“Ctrl”键在绘图区选择“把手”和“泵芯”的两个孔表面，松开“Ctrl”键后在弹出的快捷临时工具栏中单击“同轴心”按钮◎，完成同轴心配合，效果如图 5-1-20 所示。

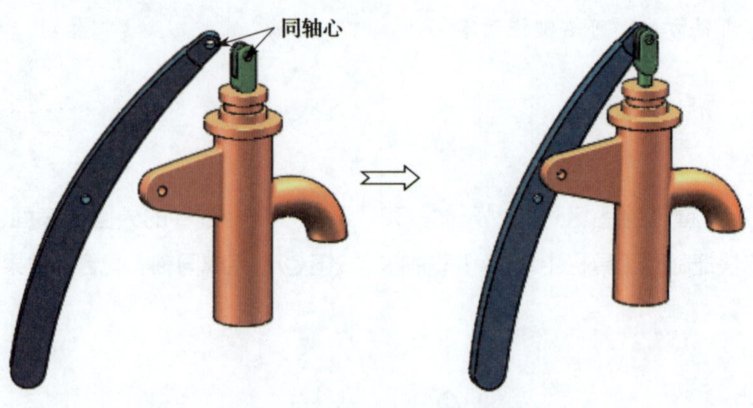

图 5-1-20　同轴心配合

2. 重合配合

调整视图朝向，按住“Ctrl”键在绘图区选择“把手”和“泵芯”的两个侧面，松开“Ctrl”键后在弹出的快捷临时工具栏中单击“重合”按钮 ⋌，完成重合配合，效果如图 5-1-21 所示。

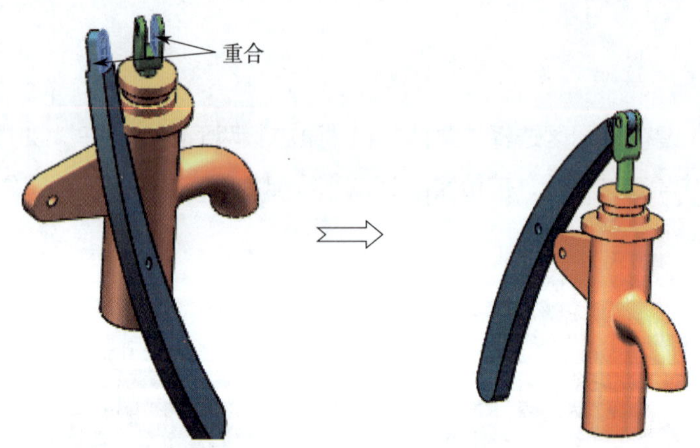

图 5-1-21　重合配合

四、装配连杆

1. 重合配合

按住“Ctrl”键在绘图区选择“泵体”和“连杆”的两个侧面，松开“Ctrl”键后在弹出的快捷临时工具栏中单击“重合”按钮 ⋌，完成重合配合，效果如图 5-1-22 所示。

2. 同轴心配合

按住“Ctrl”键在绘图区选择“泵体”和“连杆”的两个孔表面，松开“Ctrl”键后在弹

出的快捷临时工具栏中单击“同轴心”按钮◎，完成同轴心配合，效果如图 5-1-23 所示。

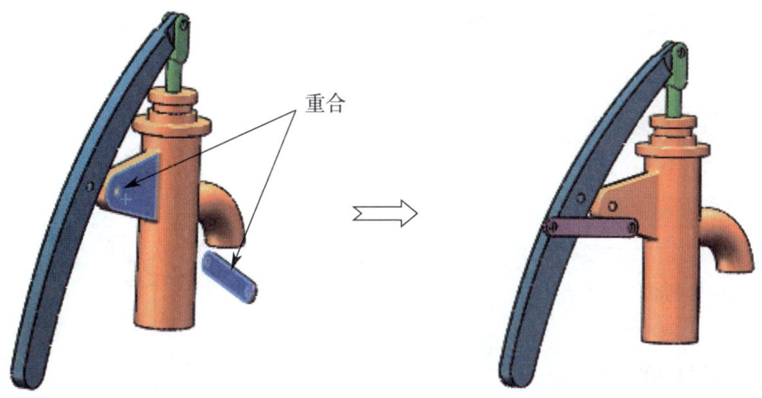

图 5-1-22　重合配合

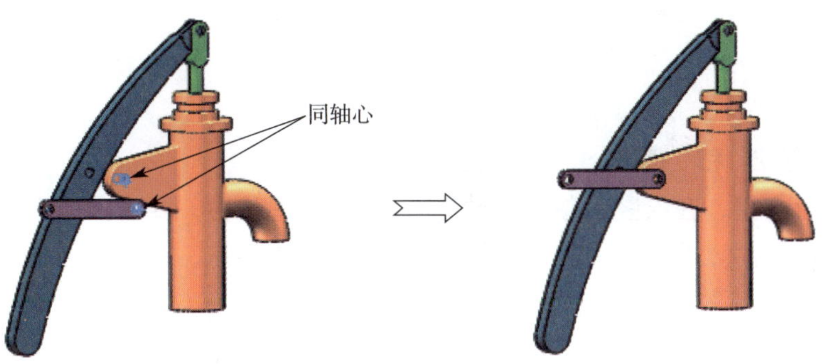

图 5-1-23　同轴心配合

按照同样的操作方法，完成“把手”与“连杆”的同轴心配合，效果如图 5-1-24 所示。

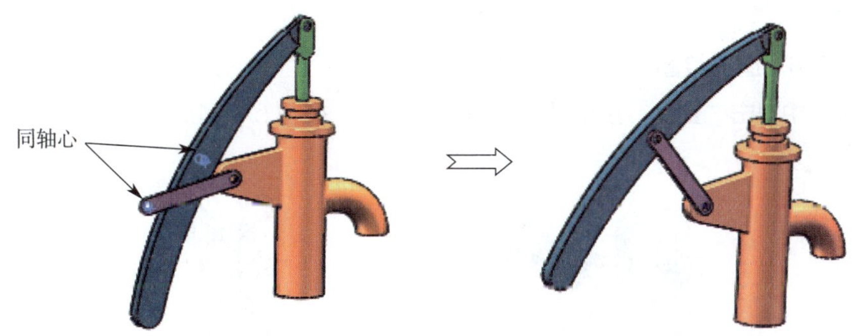

图 5-1-24　同轴心配合

3. 镜像连杆

单击菜单栏“插入”→“镜像零部件”按钮，在设计树中选择“前视基准面”为镜像基准面，其他参数设置如图 5-1-25 所示，单击“确定”按钮，效果如图 5-1-26 所示。

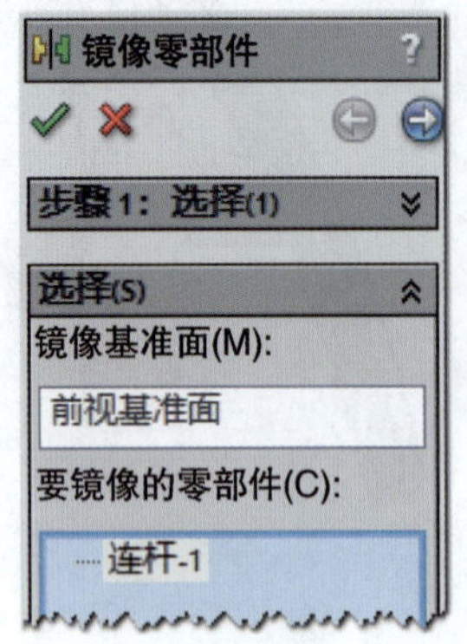

图 5-1-25　镜像零部件参数设置

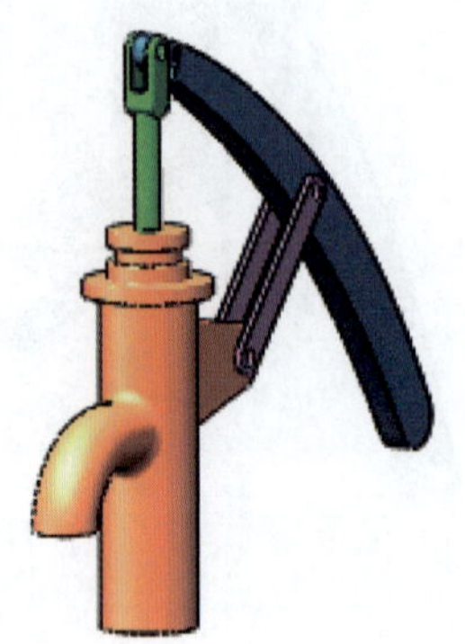
图 5-1-26　镜像连杆

五、装配销轴

1. 复制创建“销 2”和“销 3”

按住“Ctrl”键，在绘图区单击拖动“销 1”到合适位置，释放鼠标后即可得到“销 2”，同样的操作方法，复制出“销 3”，效果如图 5-1-27 所示。

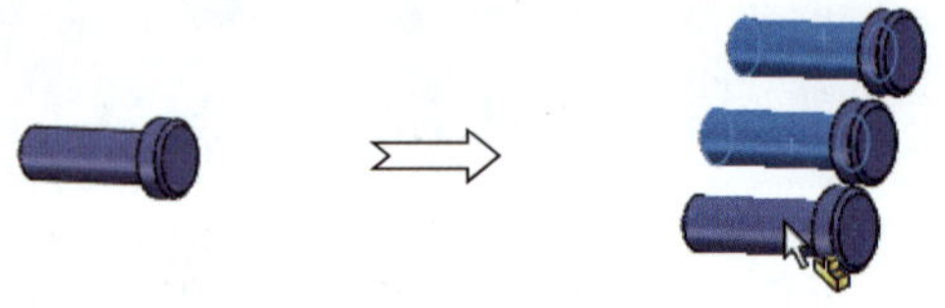
图 5-1-27　复制出销 2 和销 3

2. 重合配合

按住“Ctrl”键在绘图区选择“泵芯”和“销”两个面，松开“Ctrl”键后在弹出的快捷临时工具栏中单击“重合”按钮，完成重合配合，如图 5-1-28 所示。

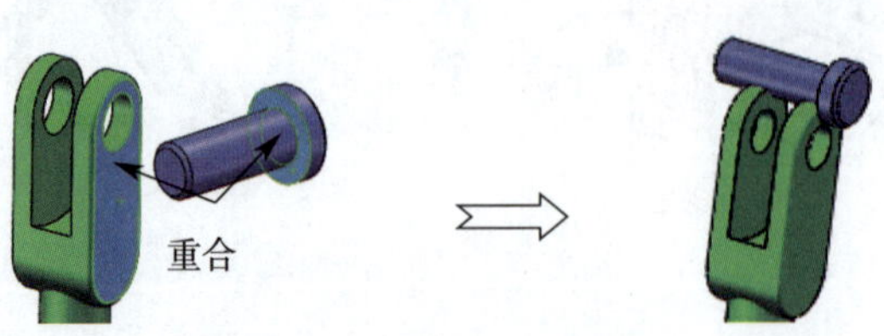

图 5-1-28　重合配合

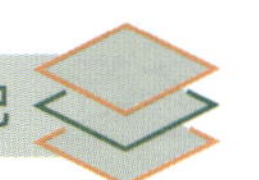

3. 同轴心配合

按住“Ctrl”键在绘图区选择“泵芯”内孔和“销”轴表面，松开“Ctrl”键后在弹出的快捷临时工具栏中单击“同轴心”按钮◎，完成同轴心配合，如图 5-1-29 所示。

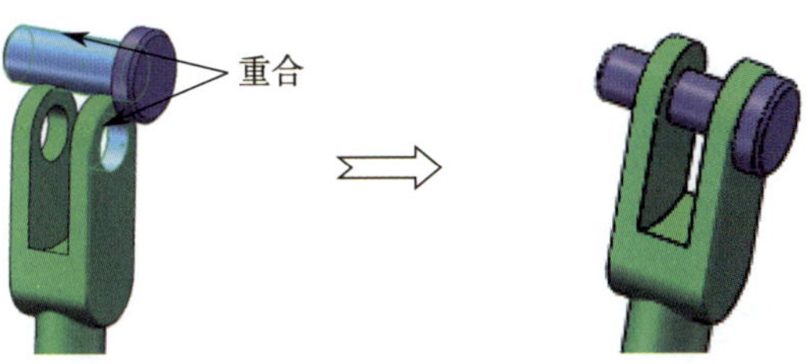

图 5-1-29　同轴心配合

按照同样的操作方法，分别将“销 2”“销 3”依次添加配合关系，最后完成手压泵的装配体，如图 5-1-30 所示。

将装配体存盘，重命名为“手压泵”。

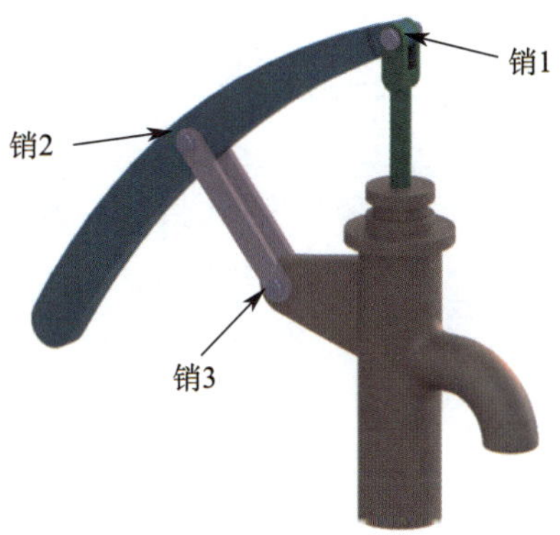

图 5-1-30　手压泵

任务巩固

利用“素材\项目五　组件装配\任务 1\链条”文件夹中所提供的零件素材，完成如图 5-1-31 所示的链条装配体。

操作演示

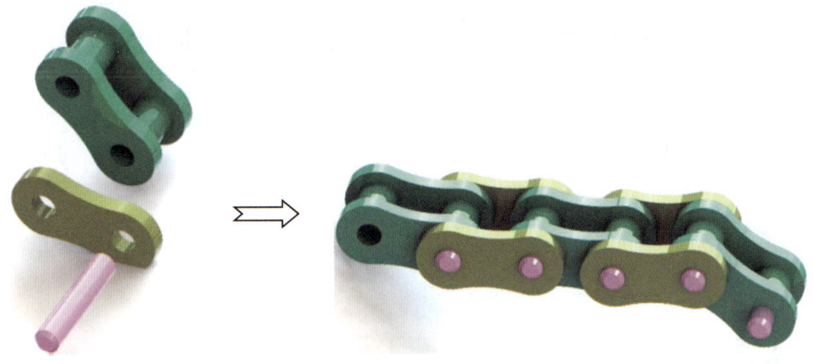

图 5-1-31　链条

任务 2　分解开瓶器

任务目标

1. 掌握创建装配爆炸视图和添加爆炸直线的方法。
2. 掌握对装配体进行干涉检查的操作方法。
3. 能够通过编辑装配零部件优化结构设计。

任务描述

在装配体环境下，结合“素材 \ 项目五　组件装配 \ 任务 2\ 开瓶器”中所提供的装配体素材，对该开瓶器装配体进行干涉分析检查，并通过编辑零件进行结构优化，然后生成如图 5-2-1 所示的爆炸视图。

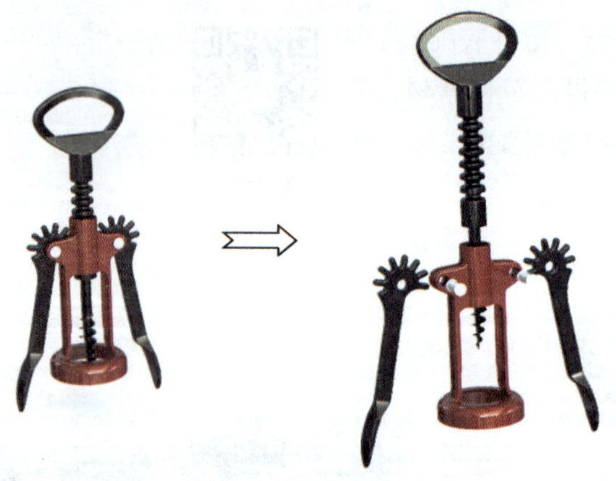

图 5-2-1　开瓶器爆炸视图

知识准备

一、创建装配爆炸视图

装配爆炸视图是在装配模型中组件按照装配关系偏离原来位置的拆分图形。通过创建爆

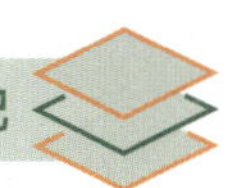

炸视图可以方便用户查看装配模型中的零件及其相互之间的装配关系。

创建爆炸视图的操作步骤如下：

单击“装配体”选项卡中的“爆炸视图” 按钮，弹出“爆炸”属性管理器，如图 5-2-2 所示。在装配体中选择需分解的零部件，在弹出的坐标方向中，单击拖动坐标箭头到适当的位置，即可创建爆炸视图，如图 5-2-3 所示。

图 5-2-2 “爆炸”属性管理器

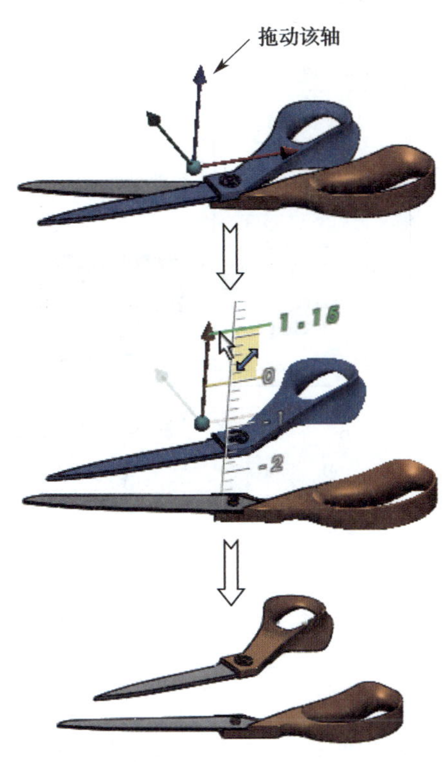

图 5-2-3 爆炸视图

小贴士

当装配模型爆炸分解后，需要对爆炸视图进行编辑或者添加新的爆炸步骤时，可以在左侧窗格中单击“配置”选项卡，右键单击“爆炸视图”，在菜单中选择“编辑特征”（见图 5-2-4）即可打开“爆炸”属性管理器进行编辑。

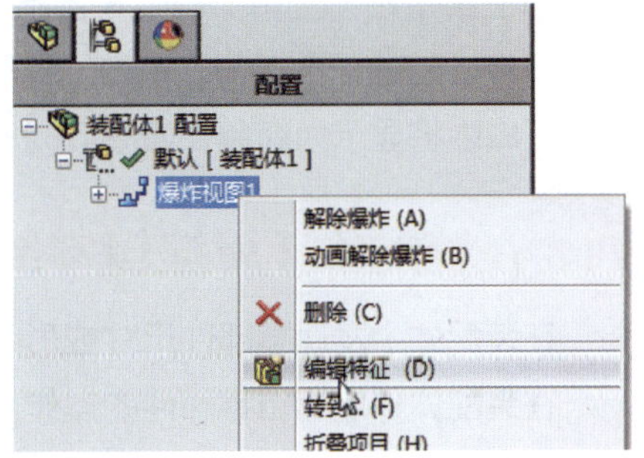

图 5-2-4 选择“编辑特征”命令

二、添加爆炸直线

爆炸视图创建以后，可以添加爆炸直线来表达零部件在装配体中移动的轨迹。

添加爆炸直线的操作步骤如下：

在“装配体”选项卡中单击“爆炸直线草图”按钮，弹出“步路线”属性管理器和“爆炸草图”工具条，如图 5-2-5 所示，系统自动进入 3D 草图模式。在 3D 草图模式中单击“直线”按钮，绘制爆炸直线，如图 5-2-6 所示。

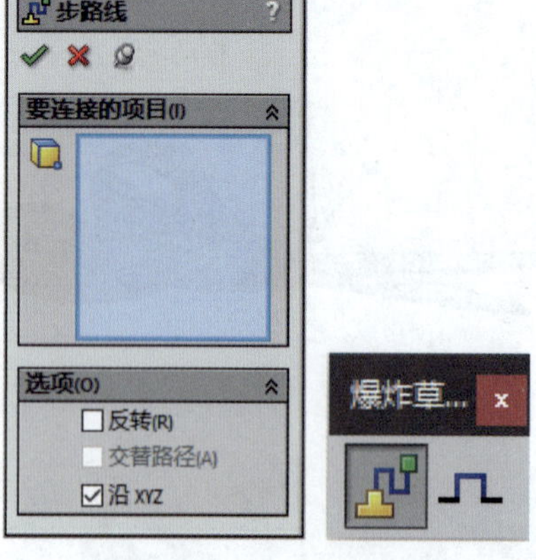

图 5-2-5 “步路线”属性管理器和“爆炸草图”工具条

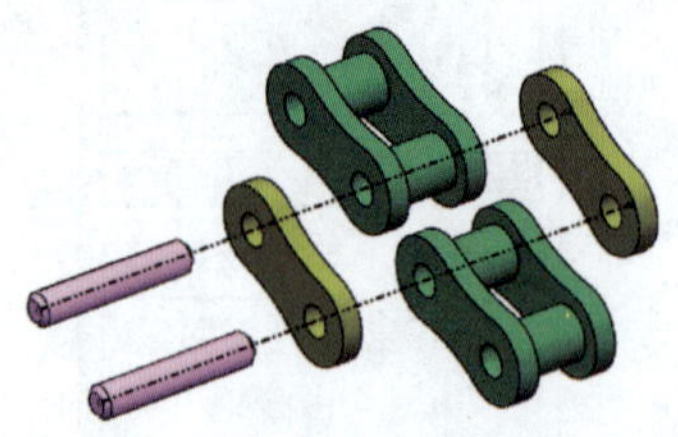

图 5-2-6 绘制爆炸直线

小贴士

爆炸直线不但可以通过 3D 草绘绘制出来，还可以通过直接选择组件的圆柱面自动形成。

三、干涉检查

结构较为复杂的装配体具有多个零部件，通过肉眼很难确定零部件之间是否有冲突的地方，此时可以使用“干涉检查”命令来检查装配体中的任意零件在空间上是否存在重叠。

干涉检查的操作步骤如下：

单击菜单栏“工具”→“干涉检查”按钮，弹出“干涉检查”属性管理器，选择要进行干涉检查的配合实体，单击“计算”按钮，干涉结果会列在“结果”框中，干涉区域在绘图区域中将显示为红色，如图 5-2-7 所示。

四、在装配体环境编辑零部件

在装配体中发现零部件尺寸或形状不对时，可直接对零部件进行编辑。

在装配体环境编辑零部件的操作步骤如下：

选择需要修改的零部件，单击“装配体”选项卡中的“编辑零部件”按钮，此时设计树中该零件名称显示为蓝色，绘图区域中其他零部件透明显示，如图 5-2-8 所示。根据需

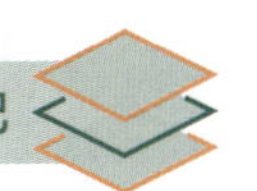

要更改零件后，单击绘图区域右上方按钮，即可退出“编辑零部件”环境，转换到装配体环境。

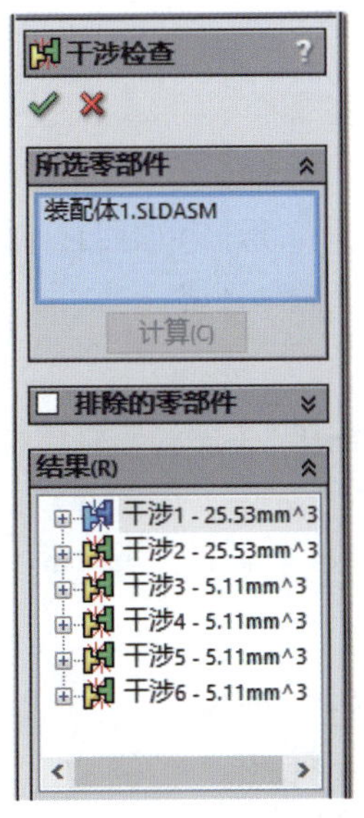

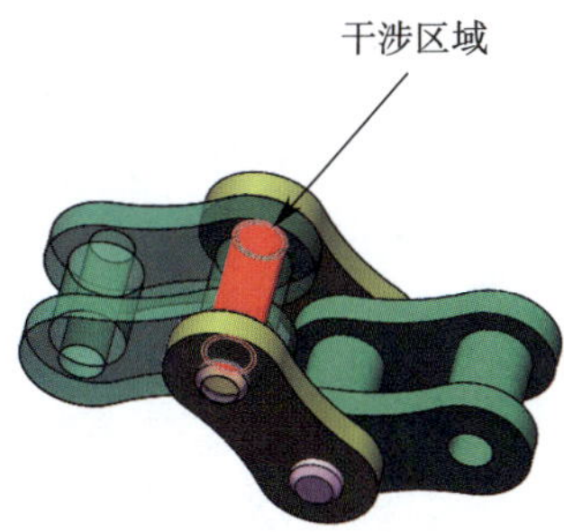

图 5-2-7　干涉检查

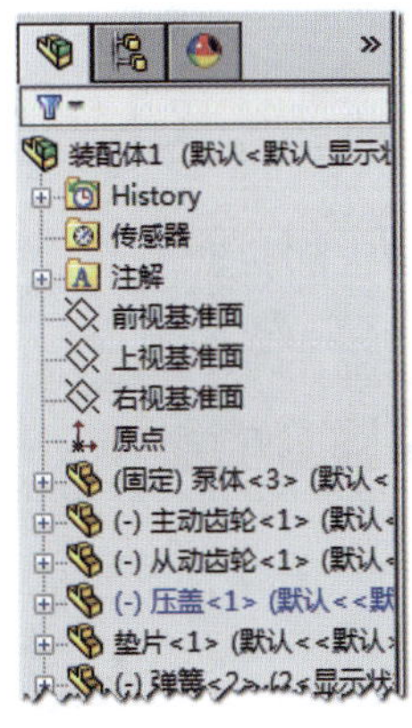

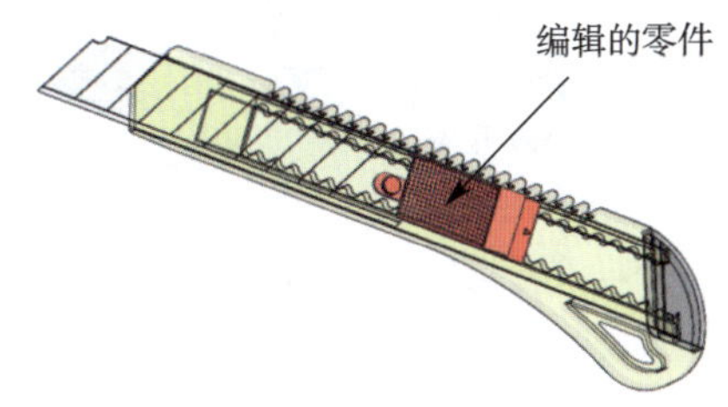

图 5-2-8　编辑零部件模式

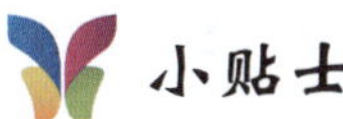

小贴士

如果只是修改零部件的尺寸，可以直接双击零部件，在显示的尺寸中双击尺寸值进行修改，然后单击标准工具栏中的“重建模型”按钮，完成尺寸修改。

任务实施

操作演示

一、干涉检查和编辑装配体

1. 新建装配体文件

启动 SolidWorks 软件，单击“打开”按钮，选择“素材\项目五　组件装配\任务2\开瓶器.SLDASM”文件，单击“打开”按钮，进入装配体环境。

2. 干涉检查

单击“评估”选项卡中的“干涉检查”按钮，弹出“干涉检查”属性管理器，如图5-2-9所示，单击“计算”按钮，计算结果显示共有六个干涉，如图5-2-10所示，全部选中“结果”栏中的各个干涉，装配体中两个铆钉处将变为红色，如图5-2-11所示，检查出问题后单击“确定”按钮，退出干涉检查。

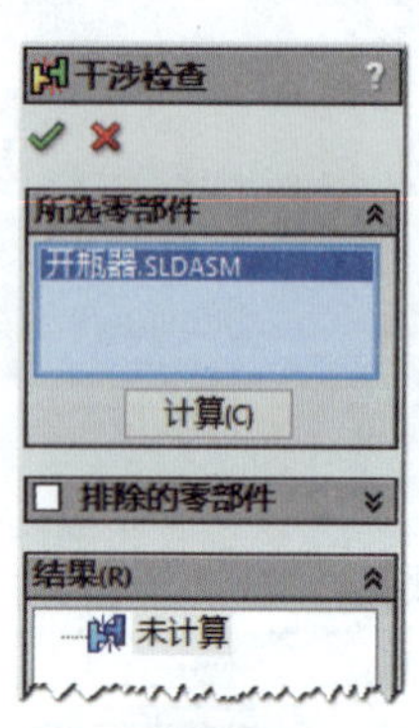

图 5-2-9　“干涉检查”属性管理器

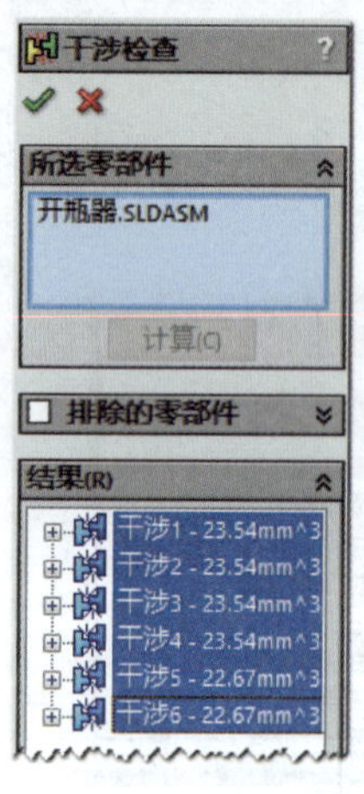

图 5-2-10　干涉情况显示

3. 编辑零件

双击铆钉中间的圆柱面显示出铆钉的半径尺寸“*R*3”，双击尺寸修改为“2.5 mm”，单击“确定”按钮，再单击标准工具栏中的“重建模型”按钮，完成尺寸修改，如图5-2-12所示。

4. 再次干涉检查

按照上述干涉检查的操作步骤对装配体重新进行干涉检查，结果显示如图5-2-13所示，干涉已经排除。

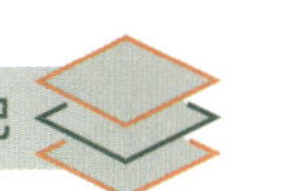

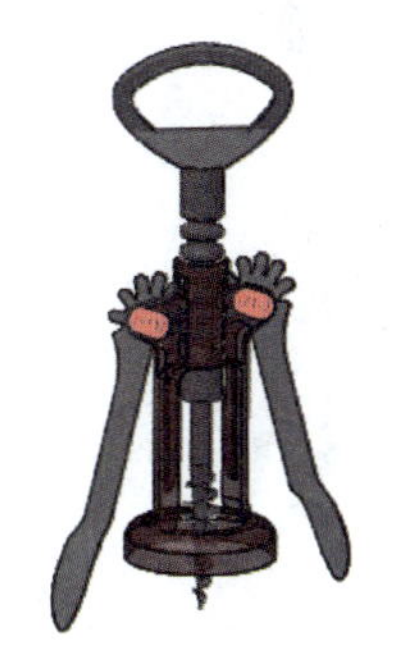

图 5-2-11　干涉位置显示红色

图 5-2-12　编辑铆钉尺寸

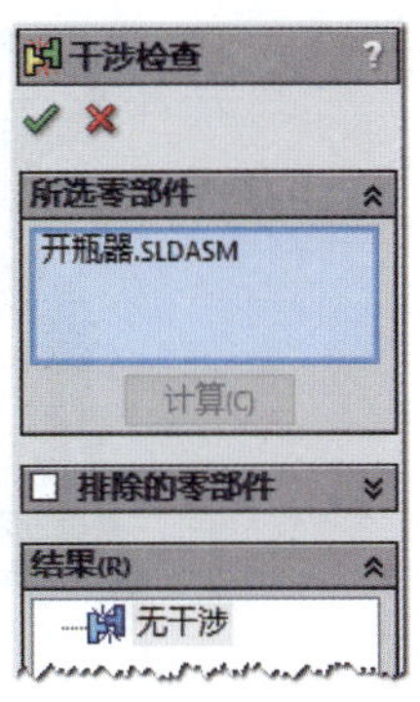

图 5-2-13　干涉检查情况

二、分解爆炸开瓶器

1. 爆炸“铆钉”

单击“装配体”选项卡中的“爆炸视图”按钮，弹出“爆炸”属性管理器，如图 5-2-14 所示，按住“Ctrl”键在装配体中选择两个“铆钉”，弹出坐标方向如图 5-2-15 所示，选择蓝色轴后拖动到适当的位置，完成“铆钉”的爆炸，效果如图 5-2-16 所示。

图 5-2-14　“爆炸”属性管理器

图 5-2-15　选择两个铆钉

2. 爆炸“把手”

在“爆炸”属性管理器的“爆炸步骤类型”栏中单击“径向步骤”按钮，如图 5-2-17 所示，按住“Ctrl”键在装配体中选择两个“把手”，弹出坐标方向如图 5-2-18 所示，选择该轴后拖到适当的位置，完成“把手”的爆炸，效果如图 5-2-19 所示。

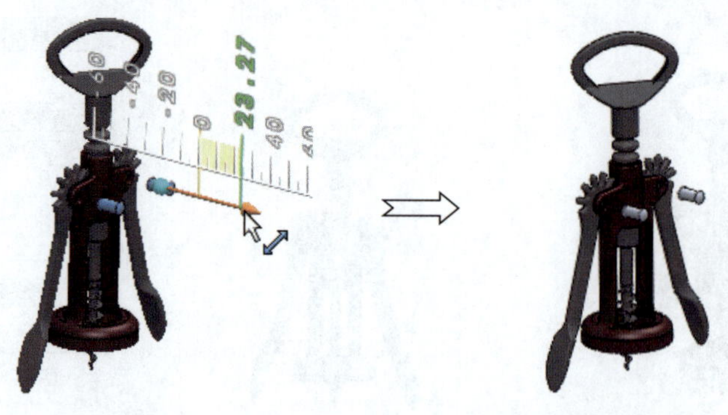

图 5-2-16　爆炸两个铆钉

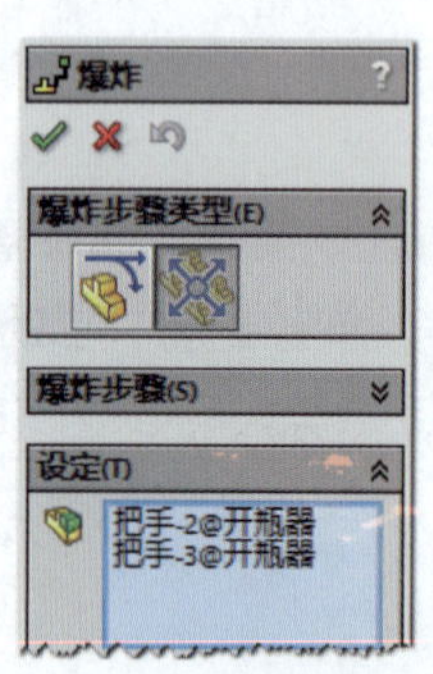

图 5-2-17　选择爆炸步骤类型

图 5-2-18　选择两个把手

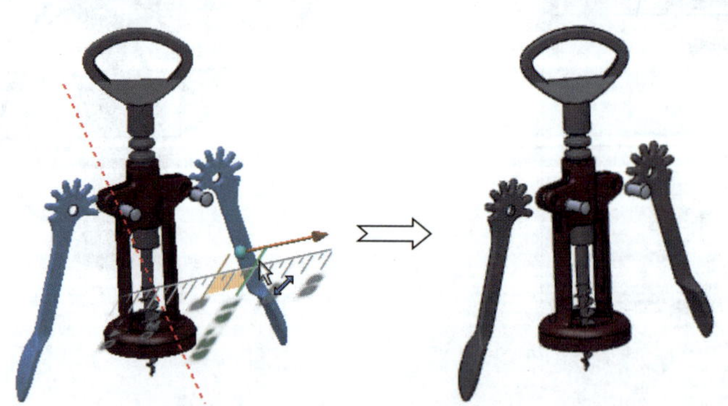

图 5-2-19　爆炸两个把手

3. 爆炸“螺旋钻头”

在“爆炸步骤类型”栏中单击“常规步骤”按钮，如图 5-2-20 所示，在装配体中选择“螺旋钻头”，弹出坐标方向如图 5-2-21 所示，选择绿色轴后拖动到适当的位置，完

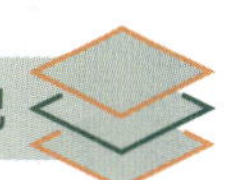

成“螺旋钻头”的爆炸，如图 5-2-22 所示，单击“确定”按钮，完成开瓶器的爆炸分解。

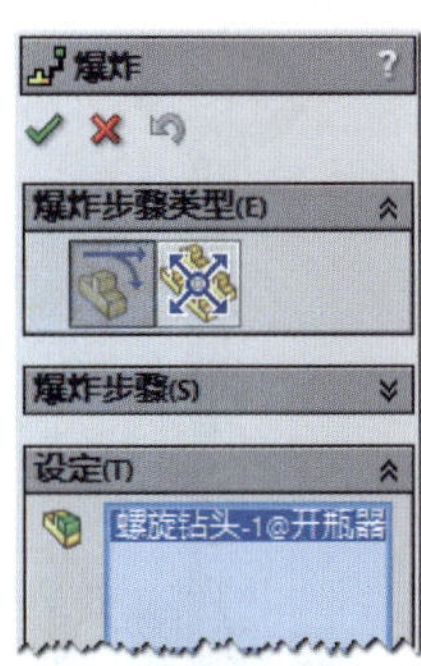

图 5-2-20　单击“常规步骤”按钮

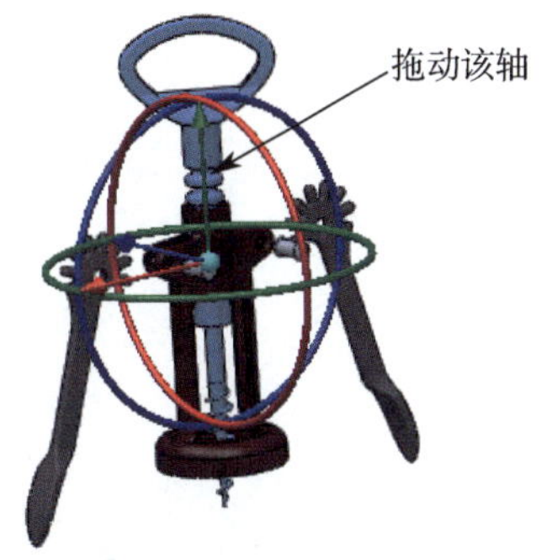

图 5-2-21　选择螺旋钻头

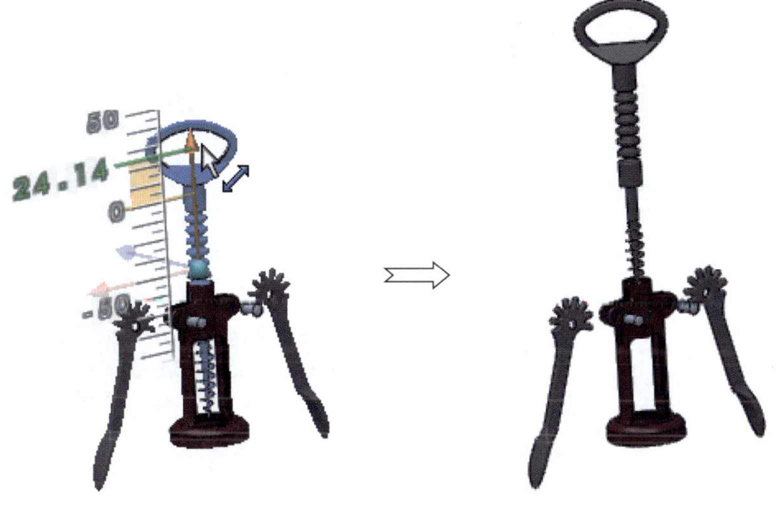

图 5-2-22　爆炸螺旋钻头

三、添加爆炸直线

在“装配体”选项卡中单击“爆炸直线草图”按钮，选择铆钉安装孔和对应的铆钉，单击“确定”按钮，绘制出一条爆炸直线，如图 5-2-23 所示，同样的操作绘制另一个铆钉的爆炸直线，即完成开瓶器的爆炸视图，效果如图 5-2-24 所示。

小贴士

零部件爆炸分解后同时可创建简易的爆炸动画，其步骤如下：

1. 调出动画控制器。在装配体设计树右键单击“开瓶器”，从弹出菜单中选择“动画解除爆炸”命令，如图 5-2-25 所示，弹出“动画控制器”工具条如图 5-2-26 所示。

2. 保存爆炸动画。单击“开始”按钮▶，即可观看装配过程动画，单击工具条中的“保存”按钮，即可保存开瓶器的简易爆炸动画，如图 5-2-27 所示。

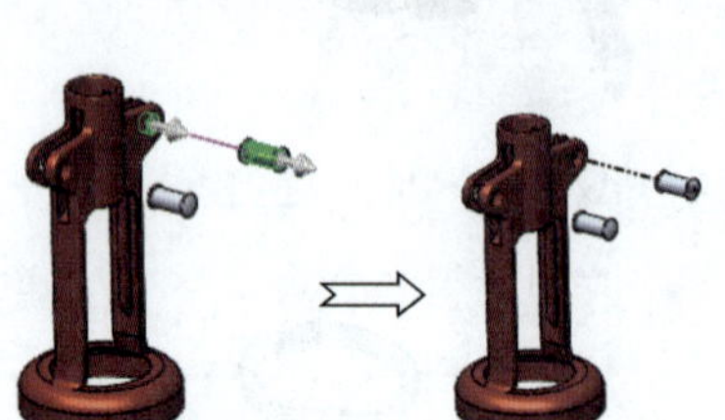

图 5-2-23　添加爆炸直线

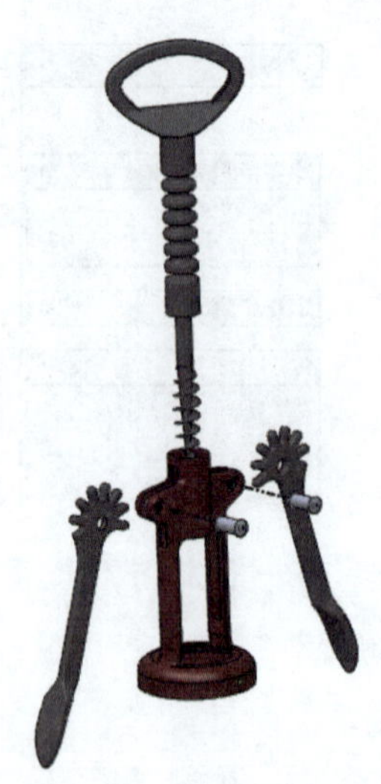

图 5-2-24　开瓶器爆炸视图

图 5-2-25　选择动画解除爆炸

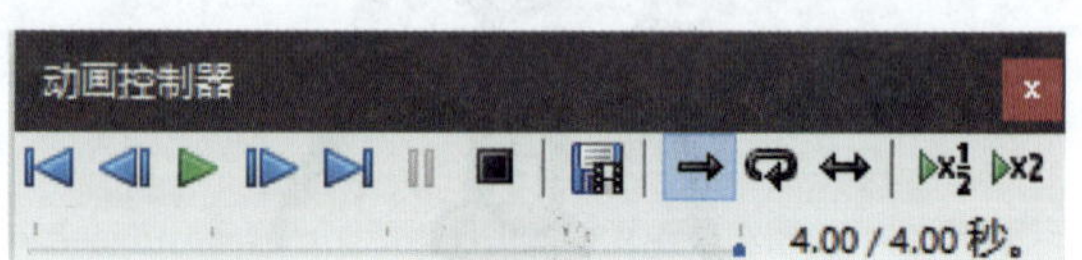

图 5-2-26　“动画控制器”工具条

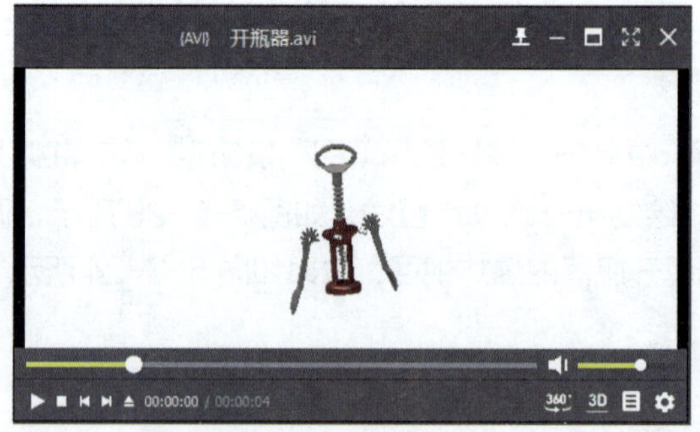

图 5-2-27　开瓶器爆炸动画

任务巩固

排除“素材\项目五　组件装配\任务 2\轮子”中装配体的干涉，并创建爆炸视图，如图 5-2-28 所示。

操作演示

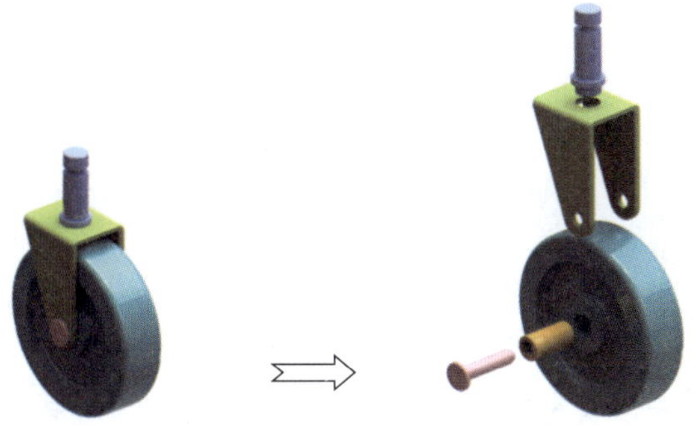

图 5-2-28　轮子的爆炸视图

任务 3　子母门页的装配设计

任务目标

1. 了解自下而上和自上向下的建模设计方式。
2. 掌握装配体中创建新零件的方法。
3. 能够在装配体环境中完成结构简单的产品设计。

任务描述

在装配体模块中，利用自上向下的设计方式完成如图 5-3-1 所示子母门页的设计。子母门页由门页轴、母门页和子门页三部分构成，要求在装配体中使用创建新零件命令完成了母门页各个零件的设计。

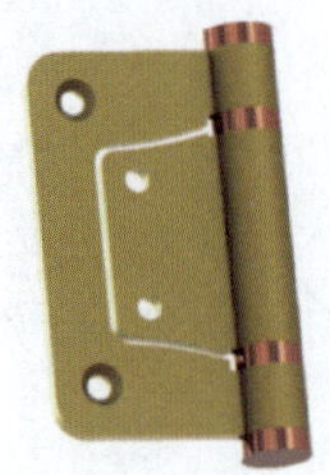

图 5-3-1　子母门页

知识准备

一、装配设计方式

装配体的设计分为自下而上（Down-Top Design）和自上向下（Top-Down Design）两种方式，后者更能体现装配设计中参数及部件间的关联性。

自下而上设计是先设计好每一个零部件，然后在此基础上对每个零部件进行装配，最后形成总体设计。采用这种装配建模需要给定配合构件之间的配合约束关系以实现虚拟装配，如图 5-3-2 所示。

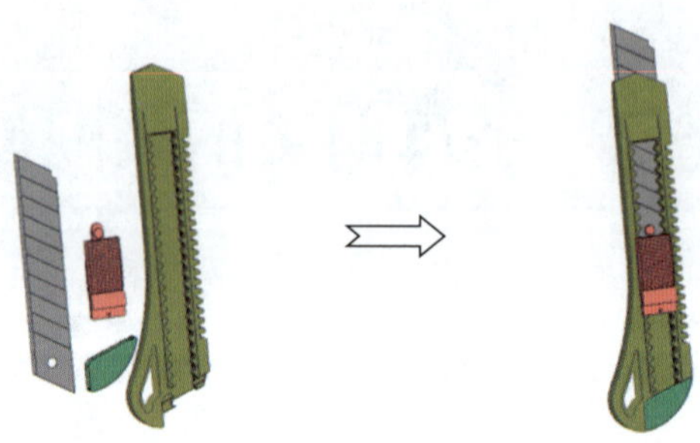

图 5-3-2　自下而上的装配设计

自上向下是指直接在装配体环境下按照工艺流程设计零件，设计完第一个零件后，再在第一个零件的基础上建立第二个零件（做完的零件会自动装配），依次创建第三、第四个零件等，最终完成总体设计，如图 5-3-3 所示。

小贴士

1. 自上向下设计方法一定要按照工艺流程来建模。因为这种设计方法中参数及部件间有一定的关联性，一旦失去关联性，所设计的装配体就会出现错误。

2. 在设计过程中通常根据实际需要来选择设计方式，有时也会两种方式混合使用。

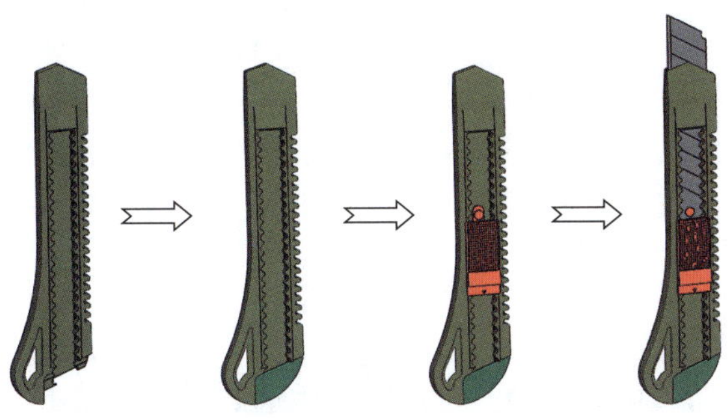

图 5-3-3　自上向下的装配设计

二、在装配体中创建新零件

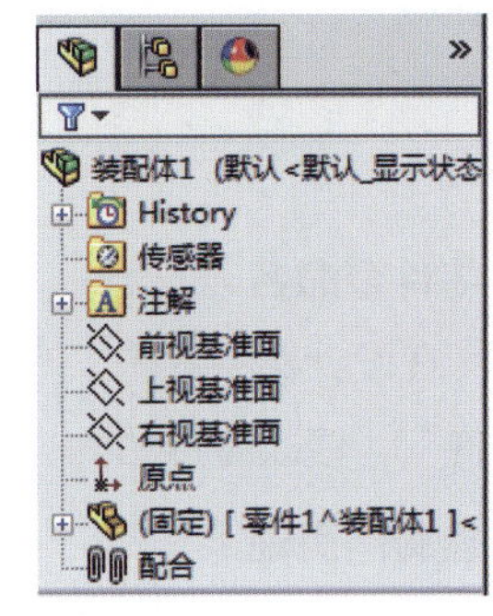

图 5-3-4　模型树中的新零件文件

在装配体中创建新零件时可以参考其他装配体零部件的几何特征，装配体中创建新零件只有在选择了自上向下的装配方式后，才可以使用。

在装配体中创建新零件的操作步骤如下：

1. 在“装配体”选项卡中单击“插入零部件”下方的小三角，在下拉选项中单击“新零件”按钮，设计树中将显示一个空的虚拟装配文件，如图 5-3-4 所示，单击选择一个基准面，即进入零部件编辑环境。

2. 在新零件文件内创建模型。

3. 建模完成后，单击绘图区域右上方按钮，退出“编辑零部件”环境，转换到装配体环境。

 **小贴士**

对于内部保存的零件，可不选基准面，单击绘图区的一个空白区域，此时一个空白零件就添加到装配体中了，可编辑或打开空白零件文件创建模型。

 **任务实施**

操作演示

一、创建门页轴

1. 新建装配体文件

启动 SolidWorks 软件，单击“新建”按钮，在弹出的“新建 SolidWorks 文件”对话框中选择“装配体”图标，单击“确定”按钮，进入装配体环境。

2. 新建零件

单击“开始装配体”属性管理器中的“取消”按钮 ，在“装配体”选项卡中单击“插入零部件”下方的小三角，在下拉选项中单击“新零件”按钮 ，弹出“SolidWorks”对话框，如图 5-3-5 所示，单击“确定”按钮，在装配体的设计树中选择“前视基准面”，进入零件的草绘环境。

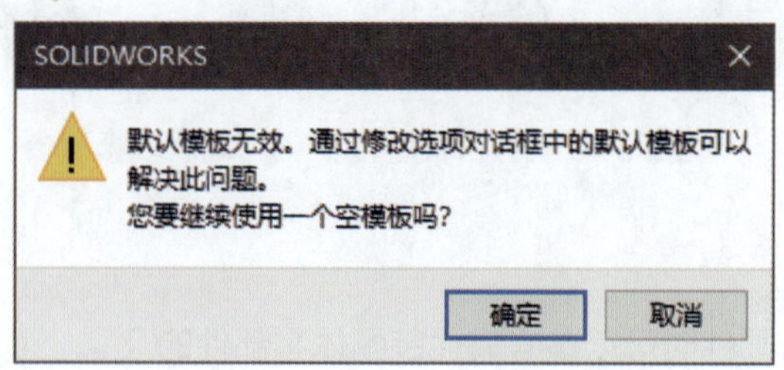

图 5-3-5 “SolidWorks”对话框

3. 零件重命名

在设计树中双击“零件 1”（或在“零件 1”上单击右键，在弹出菜单中选择“重新命名零件”），修改零件名为“门页轴”。

4. 旋转门页轴

绘制“草图 1”（门页轴），如图 5-3-6 所示；单击“旋转凸台 / 基体”按钮 ，选择竖直中心线为旋转轴，单击“确定”按钮 ，完成门页轴的建模，如图 5-3-7 所示。

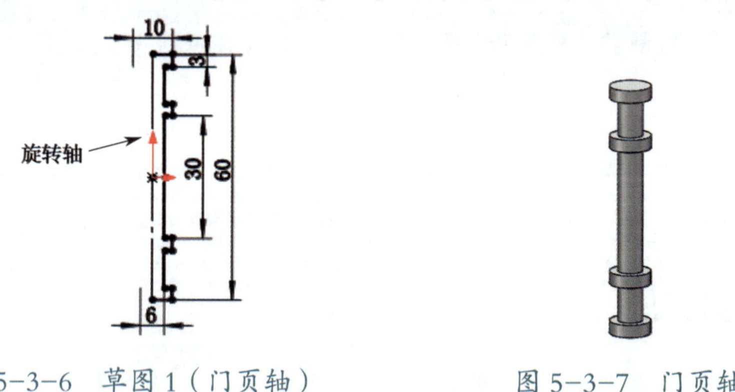

图 5-3-6 草图 1（门页轴）　　图 5-3-7 门页轴

单击按钮 ，退出“编辑零部件”环境，转换到装配体环境。

二、创建母门页

1. 新建零件

单击“新零件”按钮 ，弹出“SolidWorks”对话框，单击“确定”按钮，在设计树

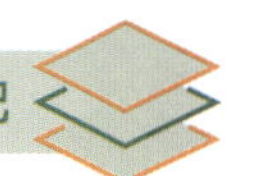

中选择“前视基准面”，进入零件的草绘环境（此时零件门页轴变为透明）。

2. 零件重命名

在设计树中双击“零件 2”，修改零件名为“母门页”。

3. 拉伸母门页叶片

在前视基准面上绘制“草图 1”（母门页），如图 5-3-8 所示；单击“拉伸凸台 / 基体”按钮，设置终止条件为“两侧对称”，拉伸深度为“2.5 mm”，如图 5-3-9 所示，单击“确定”按钮，效果如图 5-3-10 所示。

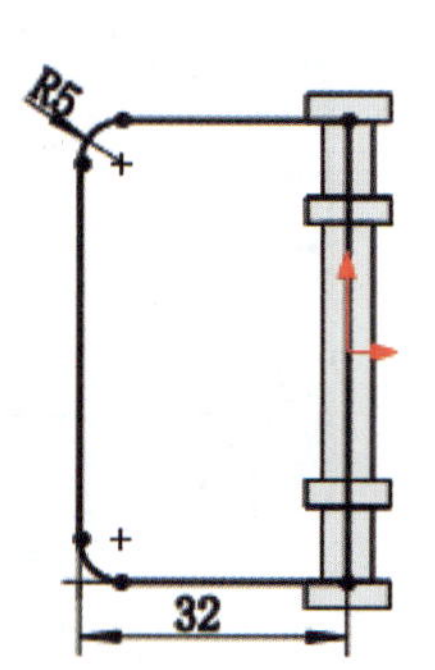

图 5-3-8　草图 1（母门页）

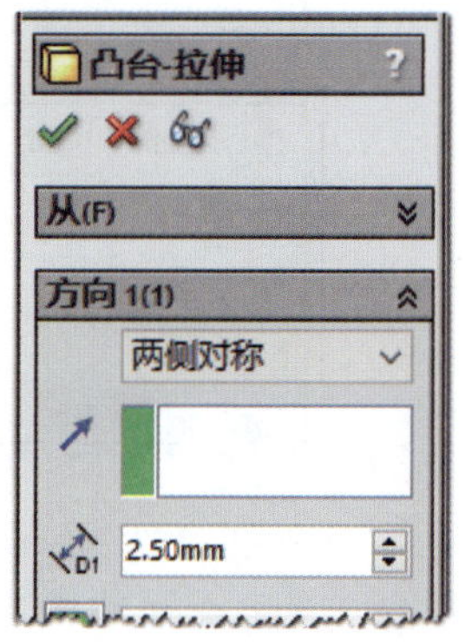

图 5-3-9　拉伸参数设置

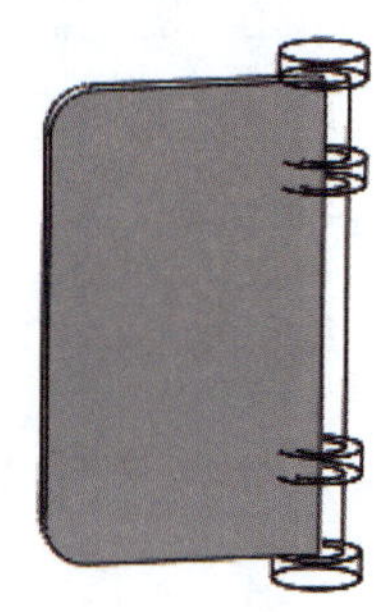

图 5-3-10　母门页叶片

4. 拉伸母门页轴

选中母门页的上端面，单击“草图绘制”按钮，选中门页轴的外圆柱面，单击“转换实体引用”按钮，完成“草图 2（母门页）”的绘制，如图 5-3-11 所示；单击“拉伸凸台 / 基体”按钮，设置终止条件为“成形到一面”，选择母门页的下端面，如图 5-3-12 所示，单击“确定”按钮，效果如图 5-3-13 所示。

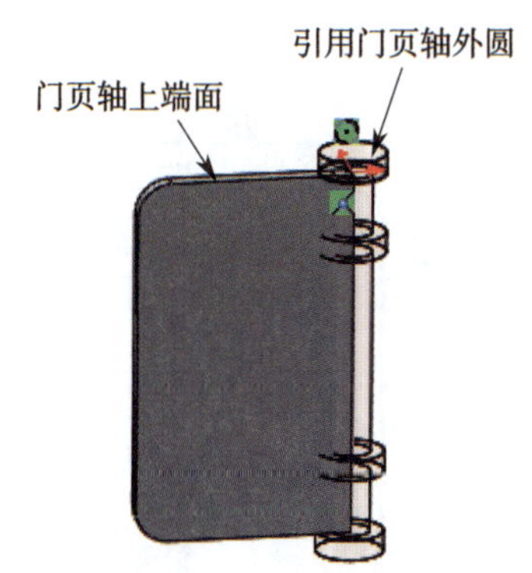

图 5-3-11　草图 2（母门页）

图 5-3-12　拉伸参数设置

图 5-3-13　母门页轴

5. 拉伸切除母门页

在母门页零件的设计树中选择“前视基准面”，单击“草图绘制”按钮，按“Space”键，单击“正视于”按钮，绘制“草图3”（母门页），如图5-3-14所示；单击“拉伸切除”按钮，设置终止条件为“完全贯穿 - 两者”，如图5-3-15所示，单击“确定”按钮，效果如图5-3-16所示。

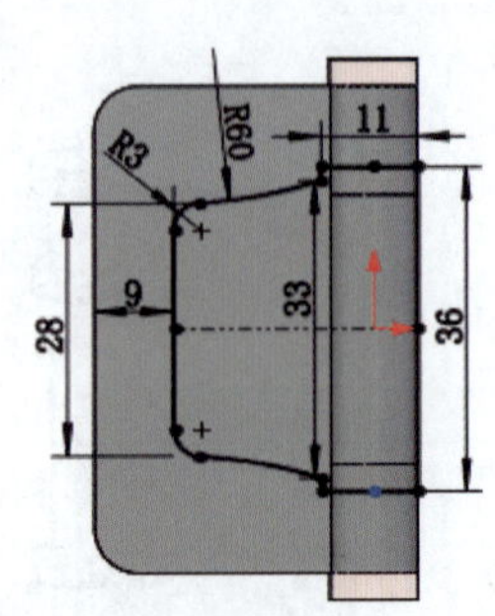

图5-3-14　草图3（母门页）

图5-3-15　拉伸切除参数设置

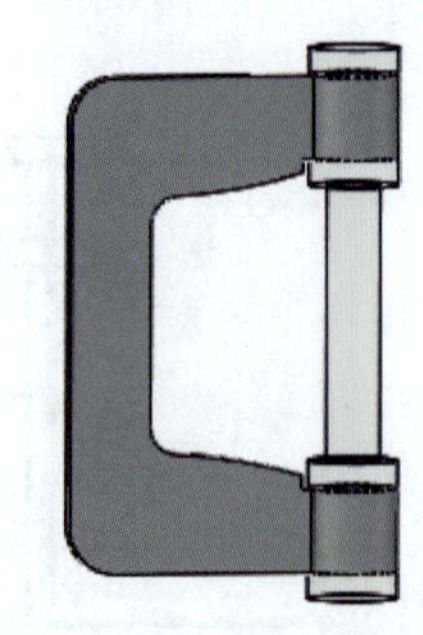
图5-3-16　切除母门页

6. 锥形沉头孔

单击“异形孔向导”按钮，设置如图5-3-17所示异形孔相关参数，转换至“位置”选项卡，单击门页端面确定孔大概位置，进行尺寸标注，如图5-3-18所示，单击“确定”按钮，生成锥形沉头孔，效果如图5-3-19所示。

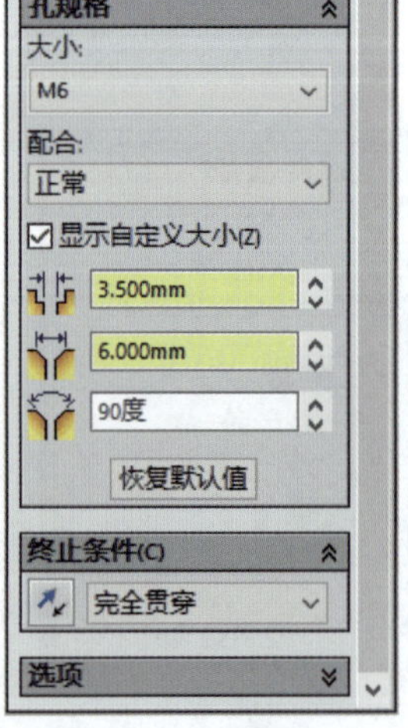

图5-3-17　异形孔参数设置

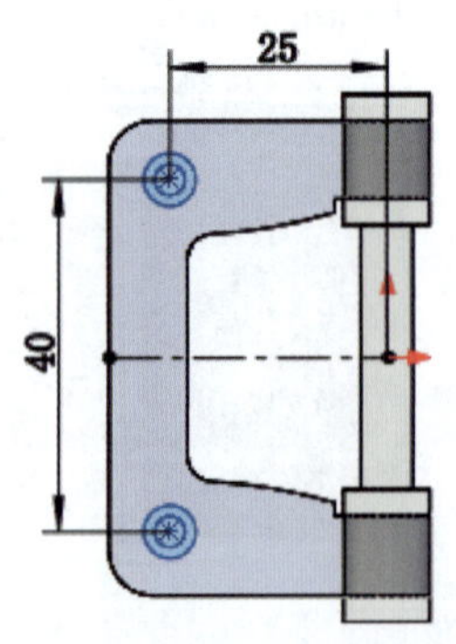

图5-3-18　确定孔位置

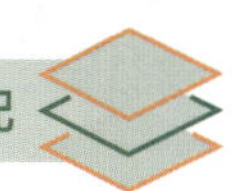

单击右上角按钮，转换进入装配体环境，如图 5-3-20 所示。

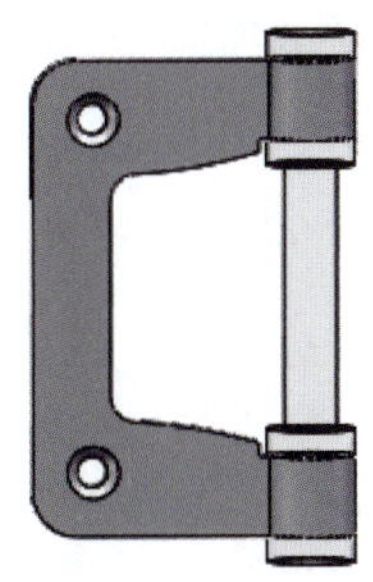

图 5-3-19　锥形沉头孔

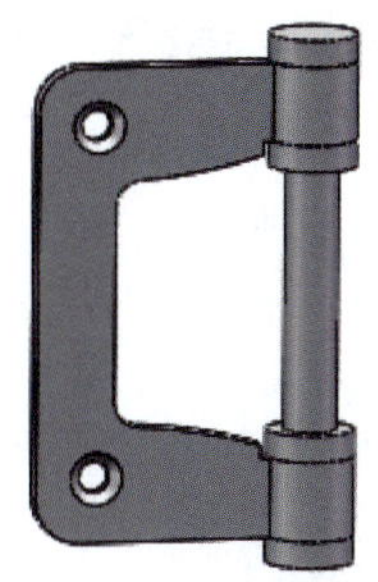

图 5-3-20　进入装配体环境

三、创建子门页

1. 新建零件

单击“新零件”按钮，弹出“SolidWorks”对话框，单击“确定”按钮，在设计树中选择“前视基准面”，进入零件的草绘环境（此时零件门页轴和母门页变为透明）。

2. 零件重命名

在设计树中双击“零件 3”，修改零件名为“子门页”。

3. 拉伸子门页叶片

在前视基准面上绘制“草图 1”（子门页），如图 5-3-21 所示；单击“拉伸凸台 / 基体”按钮，方向 1 和方向 2 终止条件都设置为“成形到一面”，分别选择母门页片的端面和后端面，如图 5-3-22 所示，单击“确定”按钮，效果如图 5-3-23 所示。

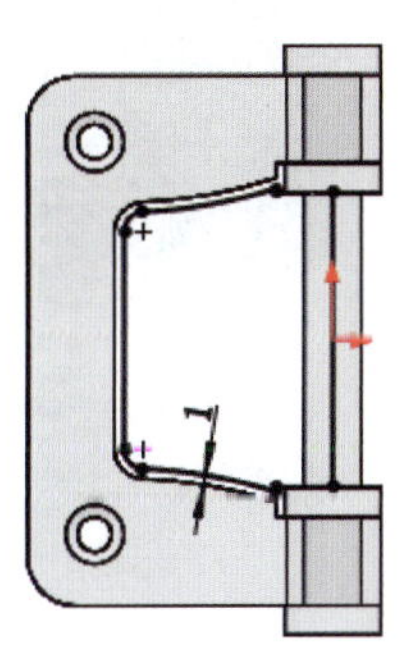

图 5-3-21　草图 1（子门页）

图 5-3-22　拉伸参数设置

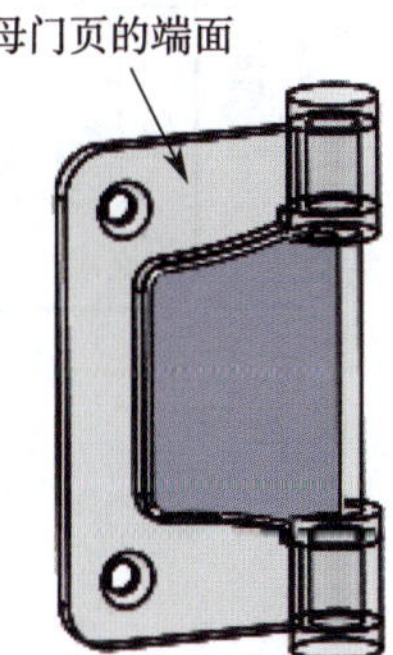

图 5-3-23　子门页叶片

4. 拉伸子门页轴

选择子门页的上端面，单击“草图绘制”按钮，进入草绘环境，选中门页轴的外圆，单击“转换实体引用”按钮，完成“草图 2”（子门页）的绘制，如图 5-3-24 所示；单击“拉伸凸台 / 基体”按钮，设置终止条件为“成形到一面”，选择子门页的下端平面，如图 5-3-25 所示，单击“确定”按钮，效果如图 5-3-26 所示。

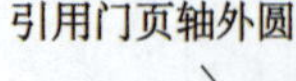

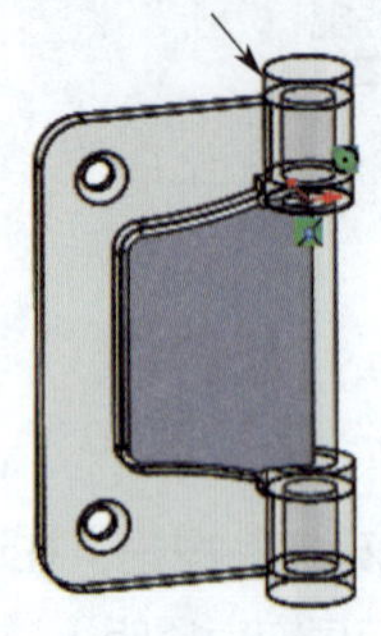

图 5-3-24 草图 2（子门页）

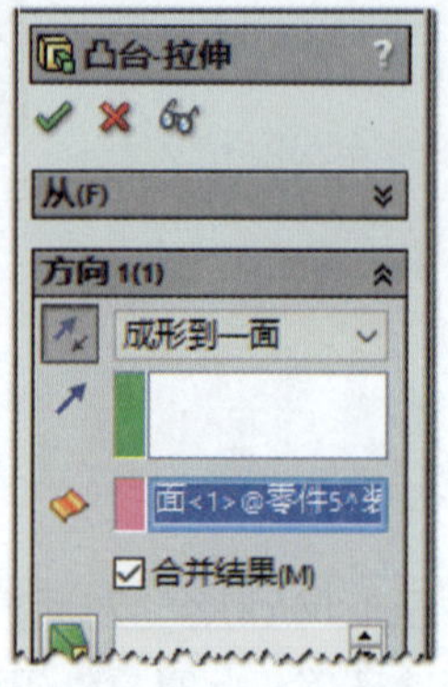

图 5-3-25 拉伸参数设置

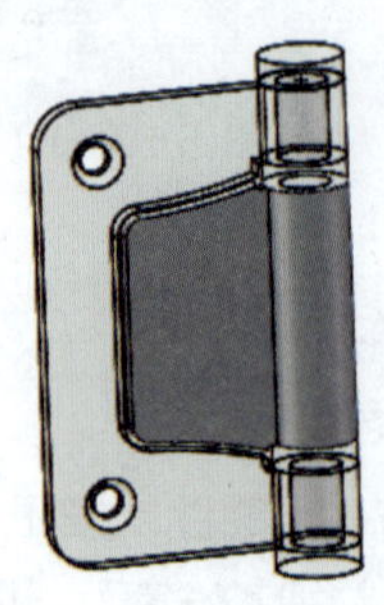

图 5-3-26 子门页轴

5. 拉伸切除子门页的安装孔

在子门页零件的设计树中选择“前视基准面”，单击“草图绘制”按钮，绘制“草图 3”（子门页），如图 5-3-27 所示；单击“拉伸切除”按钮，设置终止条件为“完全贯穿 - 两者”，单击“确定”按钮，效果如图 5-3-28 所示。

单击右上角按钮，转换进入装配体环境，如图 5-3-29 所示。

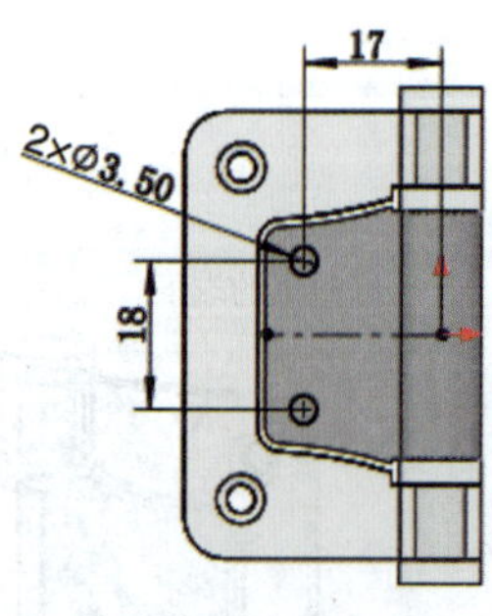

图 5-3-27 草图 3（子门页）

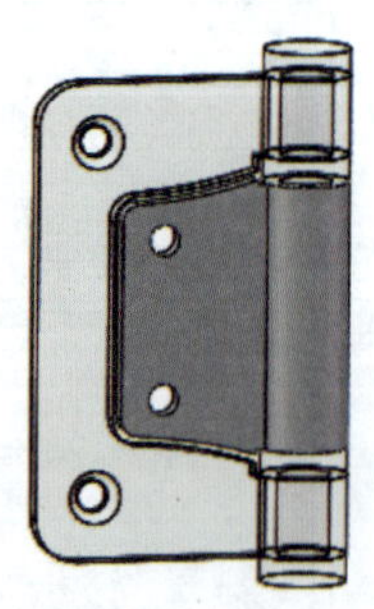

图 5-3-28 子门页安装孔

图 5-3-29 进入装配体环境

小贴士

此时选择门页轴，单击临时工具栏中的“隐藏零部件”按钮，可查看母门页和子门页的结构关系，效果如图 5-3-30 所示。

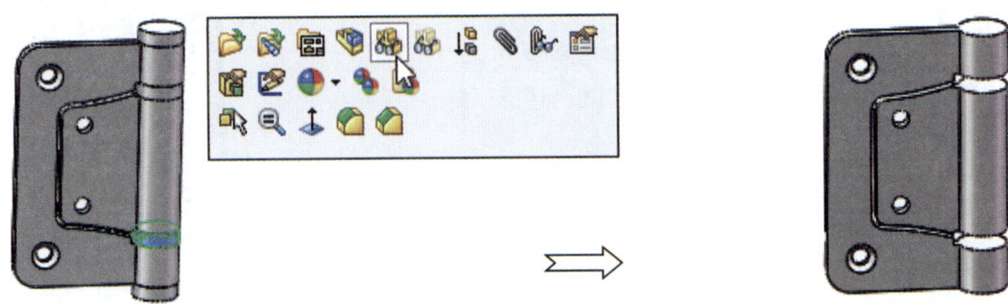

图 5-3-30　母门页和子门页的结构关系

四、创建子母门页的配合孔

选中门页轴的上端面，如图 5-3-31 所示，单击“草图绘制”按钮，按“Space”键，单击“正视于”按钮，在悬浮工具栏中单击“显示样式”按钮，在下拉选项中单击“隐藏线可见”按钮，绘制“草图 1”(装配体)，如图 5-3-32 所示；单击“拉伸切除”按钮，设置终止条件为“完全贯穿”，在“特征范围”栏中勾选“将特征传播到零件”复选框，并选入“母门页”和“子门页”两个零件，如图 5-3-33 所示，单击“确定”按钮，效果如图 5-3-34 所示。

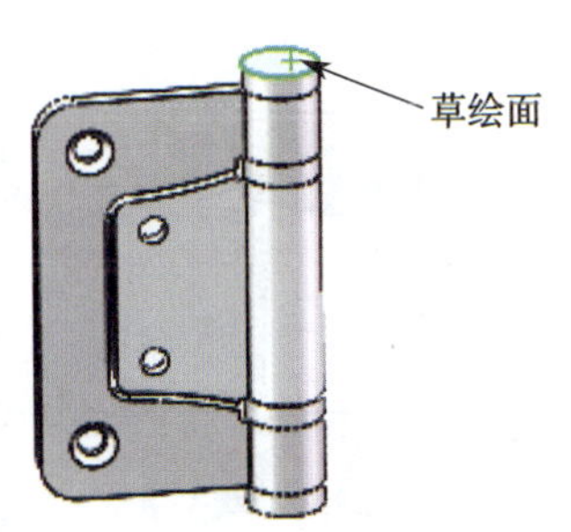

图 5-3-31　选择草绘面

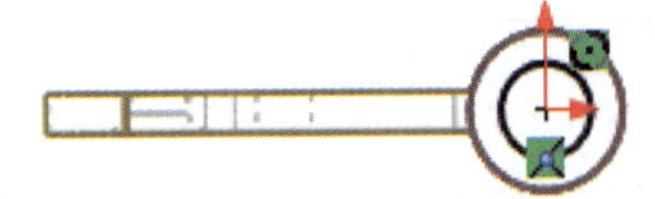

图 5-3-32　草图 1(装配体)

五、干涉检查和添加外观

单击菜单栏“工具”→“干涉检查”按钮，弹出“干涉检查”属性管理器，单击“计算”按钮，计算结果显示“无干涉”，如图 5-3-35 所示。至此子母门页的结构设计完成，其设计树和爆炸图如图 5-3-36 所示，然后添加外观，最终效果如图 5-3-37 所示。

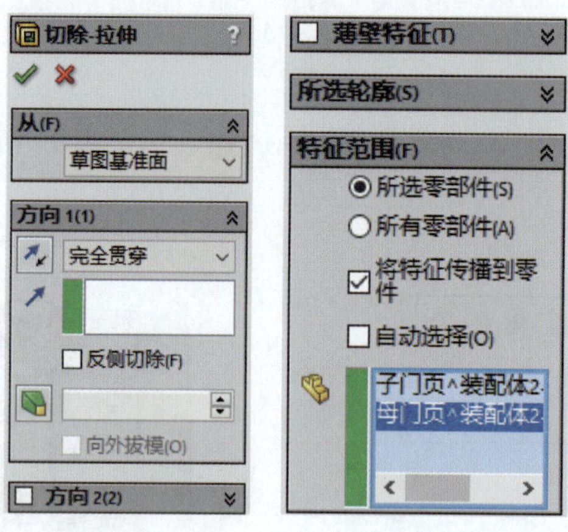

图 5-3-33　拉伸切除参数设置

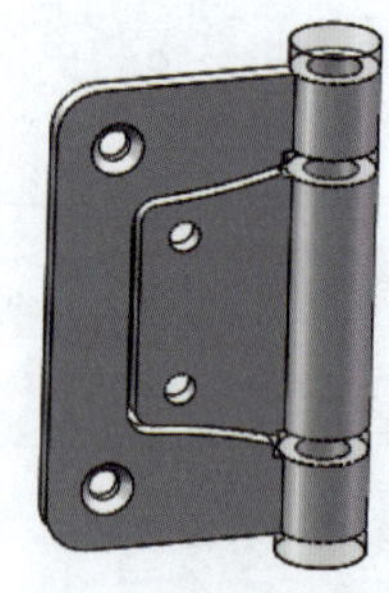

图 5-3-34　子母门页的配合孔

六、保存装配体和各个零件

在标准工具栏中单击“保存”按钮，弹出“保存”对话框，命名为“子母门页”，单击“保存”按钮，弹出“另存为”对话框，选择“外部保存”，如图 5-3-38 所示，单击“确定”按钮，各个零件和装配体保存完毕。

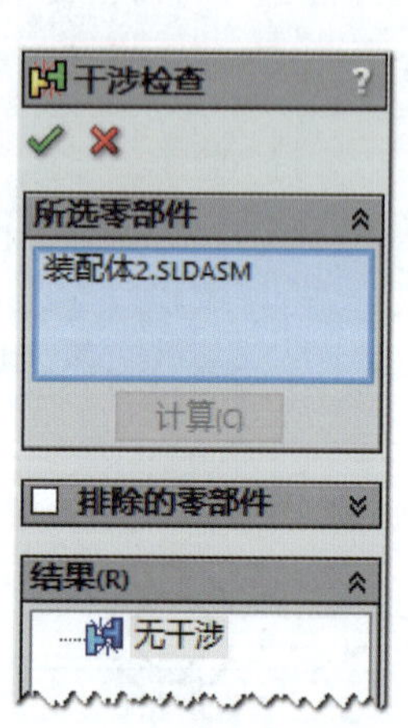

图 5-3-35　干涉检查

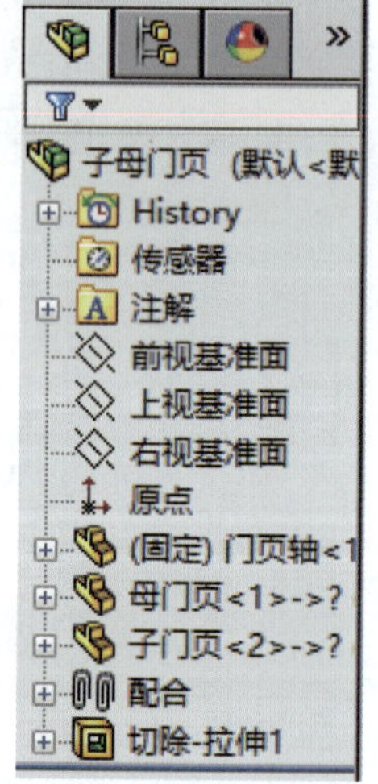

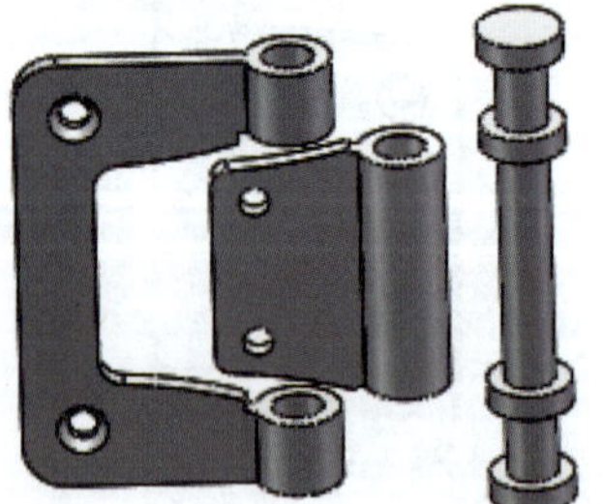

图 5-3-36　子母门页的设计树和爆炸图

任务巩固

在装配体模块中，以自上向下的设计方法完成心形盒子的设计，如图 5-3-39 所示。

操作演示

图 5-3-37 子母门页的最终设计效果

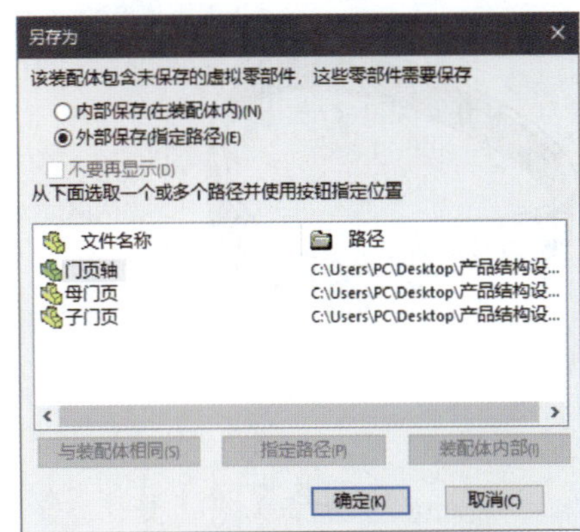

图 5-3-38 选择“外部保存”

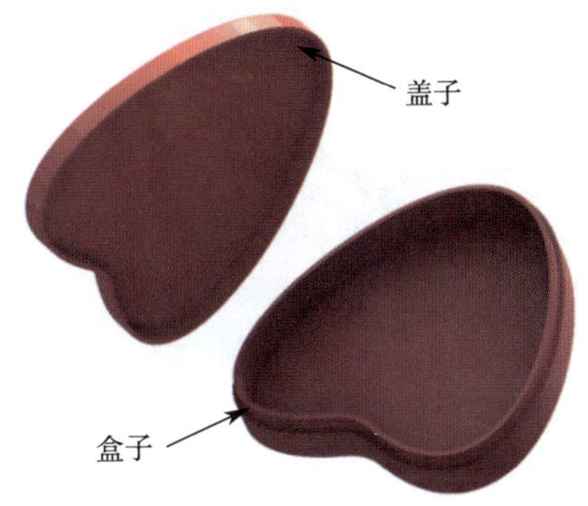

图 5-3-39 心形盒子

提示：盒子的设计参考步骤如图 5-3-40 所示。

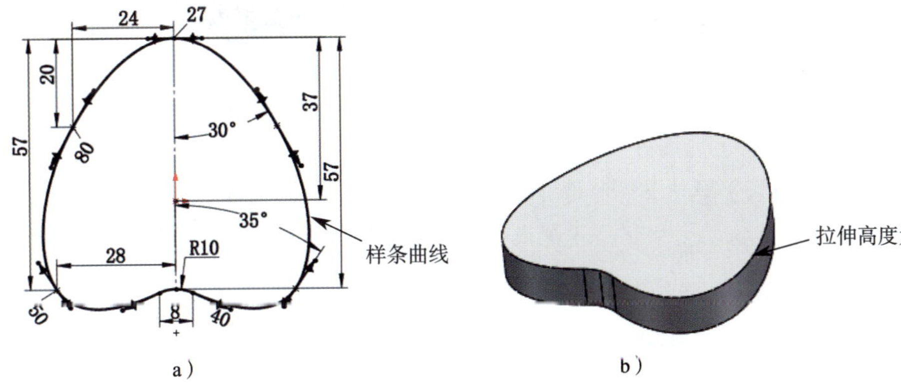

图 5-3-40　盒子的设计参考步骤

a）绘制草图　b）拉伸实体　c）抽壳　d）拉伸切除唇缘

盖子的设计参考步骤如图 5-3-41 所示。

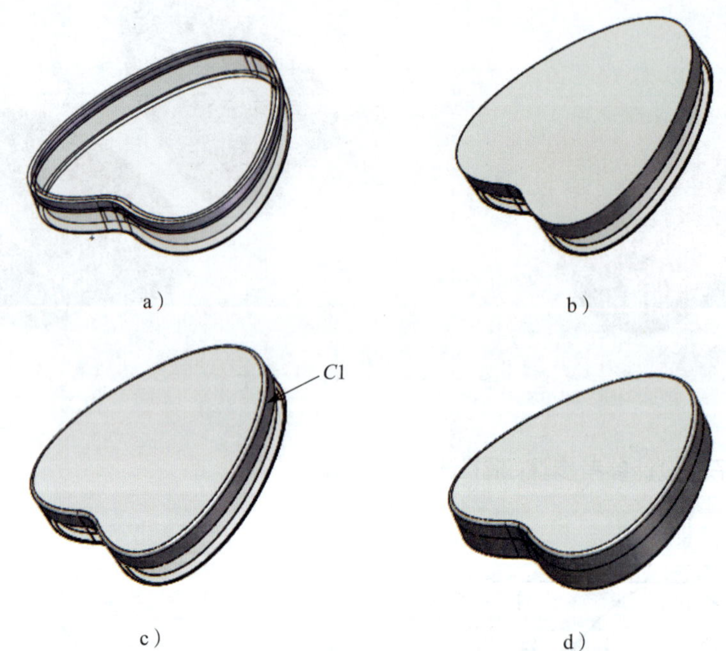

图 5-3-41　盖子的设计参考步骤

a）拉伸盖子凹槽　b）拉伸盖子盖面　c）倒圆角

d）完成心形盒子设计

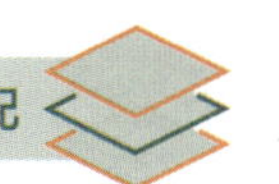

任务 4　搅拌器的运动仿真和分析

任务目标

1. 了解碰撞检查和运动算例中的动画仿真。
2. 掌握添加马达、运动分析和仿真求解的操作步骤。
3. 能够对简单运动的装配体进行运动分析。

任务描述

“素材\项目五　组件装配\任务 4\搅拌器”中提供的搅拌器装配体，如图 5-4-1 所示，首先对该装配体进行碰撞检查，然后在运动算例中通过添加马达制作出运动动画，并对搅拌连杆端点的线性位移和线性速度以及搅拌连杆的角速度进行运动分析，得出图解。

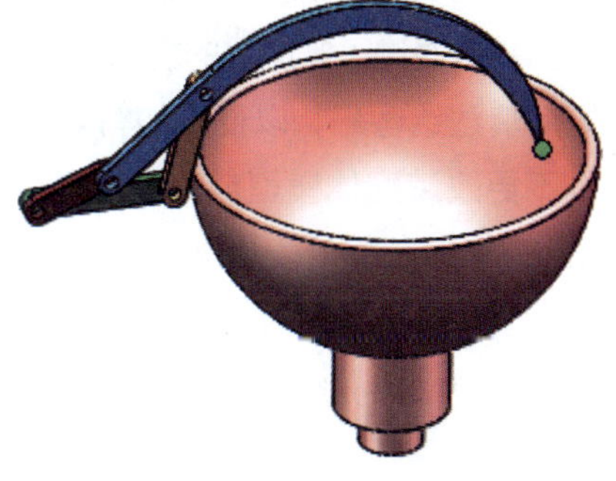

图 5-4-1　搅拌器

知识准备

一、碰撞检查

碰撞检查是指在移动或旋转零部件过程中检查整个装配体或者所选零部件之间的碰撞冲突。

以滑块机构碰撞检查为例，其操作步骤如下：

1. 打开“素材\项目五　组件装配\任务 4\滑块机构”中的装配体文件，在“装配体”选项卡中单击“移动零部件”按钮，弹出“移动零部件”属性管理器。

2. 在“选项”栏内选择“碰撞检查”，其他选项保持默认，如图 5-4-2 所示，使用光标拖动“主动杆”，使其转动，如图 5-4-3 所示，如主动杆转动期间停止则说明该机构在运动过程中有碰撞干涉，如在转动期间没有停止则说明该机构在运动过程中没有碰撞干涉，完成碰撞检查后单击“确定”按钮，退出碰撞检查。

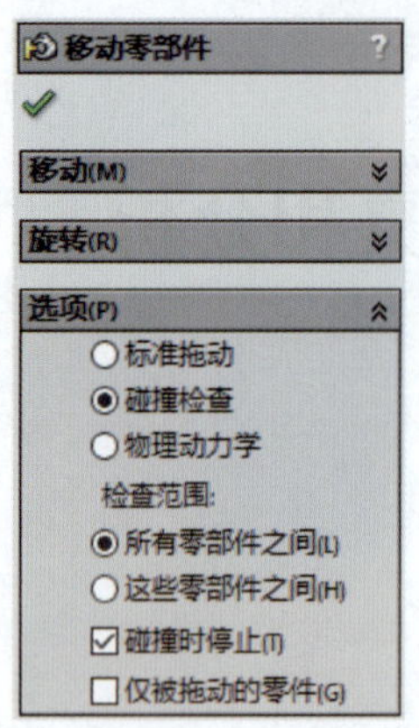

图 5-4-2　选择碰撞检查

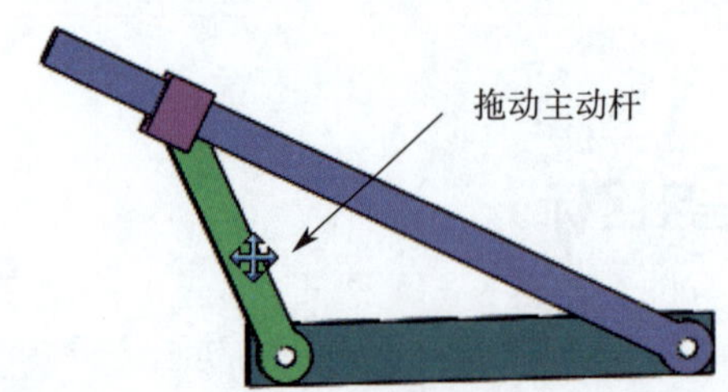

图 5-4-3　拖动主动杆进行碰撞检查

二、运动算例

1. 运动算例界面

运动算例是装配体模型运动的图形模拟，可以实现 SolidWorks 三维模型的虚拟运动，并且通过录制产品的模拟装配过程、模拟拆卸过程和模拟运行过程，将设计者的意图更好地传达给客户，以便更加有效地交流设计思想、促进多方设计人员的协同工作。运动算例不更改装配体模型或其属性，其界面如图 5-4-4 所示，包括 MotionManager 工具栏、MotionManager 模型树、时间线、时间栏、更改栏等。

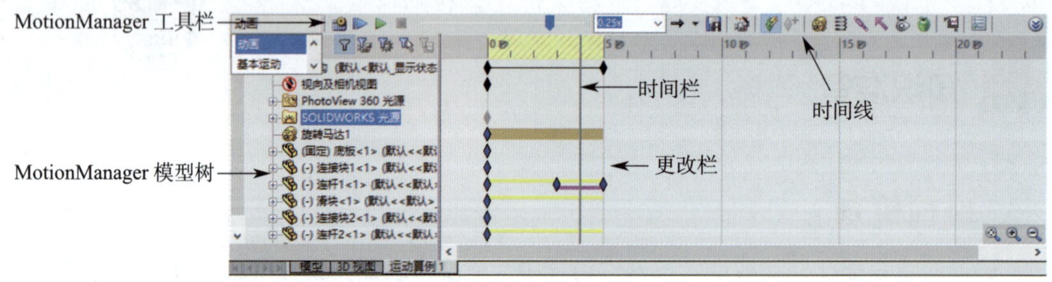

图 5-4-4　运动算例界面

运动算例具有动画、基本运动和运动分析三种类型，其用途如下：

（1）动画：可使用动画来演示装配体的运动。例如添加马达（本书中的马达即为电动机）来驱动装配体一个或多个零件运动。

（2）基本运动：可使用基本运动在装配体上模仿马达、弹簧、碰撞，以及引力，基本运动在计算运动时会考虑到质量。

（3）运动分析（Motion 分析）：SolidWorks Motion 是 SolidWorks 自带插件之一，可分析装配体上运动单元的运动效果。Motion 分析计算能力强大，在计算时会考虑到材料属

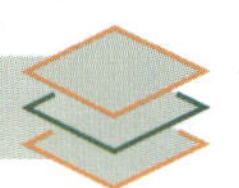

性、质量及惯性。

2. 添加马达

马达能为零部件添加动力，使其能够运动。马达有线性马达和旋转马达两种类型。

以滑块机构添加旋转马达为例，其操作步骤如下：

（1）单击绘图区下部的运动算例选项卡，切换到运动算例界面，单击 MotionManager 工具栏中的“马达”按钮，弹出“马达”属性管理器。

（2）在属性管理器的“马达类型”栏中，单击“旋转马达”按钮，为滑块机构添加旋转类型的马达。

（3）在“运动”栏中，选择“马达类型”为“等速”，马达的转速设置为“12RPM”，如图 5-4-5 所示，单击“确定”按钮，生成马达。

（4）单击“马达位置”显示框，然后在绘图区中单击主动杆的圆柱面如图 5-4-6 所示，将其指定为添加马达的位置（马达的方向采用默认的顺时针方向）。

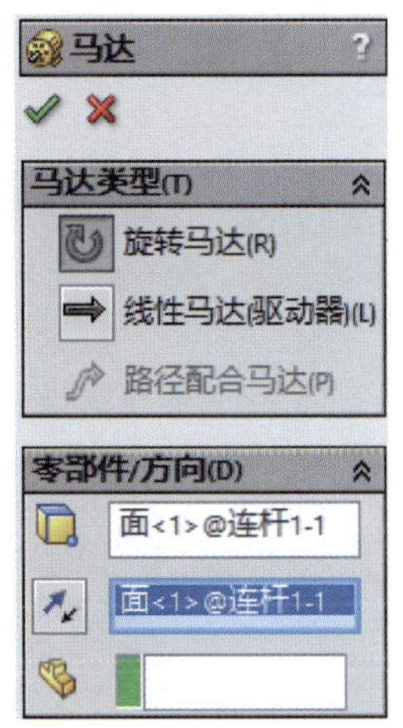

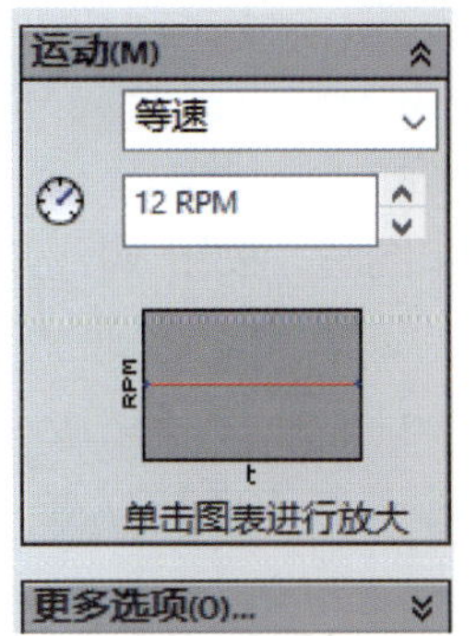

图 5-4-5　马达参数设置

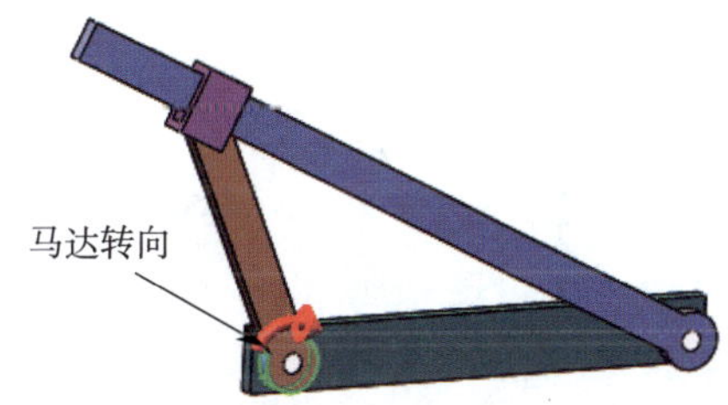

图 5-4-6　马达位置和转向

（5）单击 MotionManager 工具栏中的“计算”按钮，观察滑块机构运动的动画。

小贴士

在左侧设计树中找到马达，右键单击马达，在弹出菜单栏中选择“编辑特征”命令，如图 5-4-7 所示，弹出马达属性管理器，在此可对该马达参数进行重新设置。

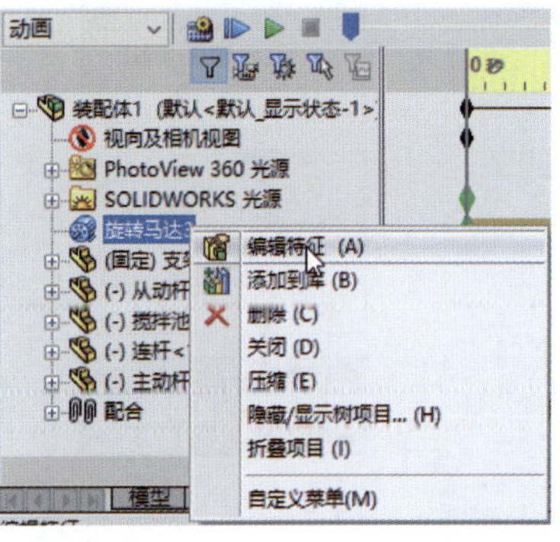

图 5-4-7　修改马达参数

3. 运动分析

启动 SolidWorks Motion 插件后方可使用运动分析。

运动分析的操作步骤如下：

单击 Motion Manager 工具栏中的“算例类型”下拉选项，将“动画”类型改为“motion 分析”类型，然后添加马达以及阻尼、弹簧、力、引力等参数后，单击 MotionManager 工具栏中的“计算”按钮 即可进行运动分析。

小贴士

软件默认的 MotionManager 工具栏中的算例类型列表里没有“Motion 分析”选项，这时选择菜单栏“工具”→“插件”命令，弹出“插件”窗口，勾选“SolidWorks Motion”选项前后的复选框，即可启动 SolidWorks Motion 插件，如图 5-4-8 所示。

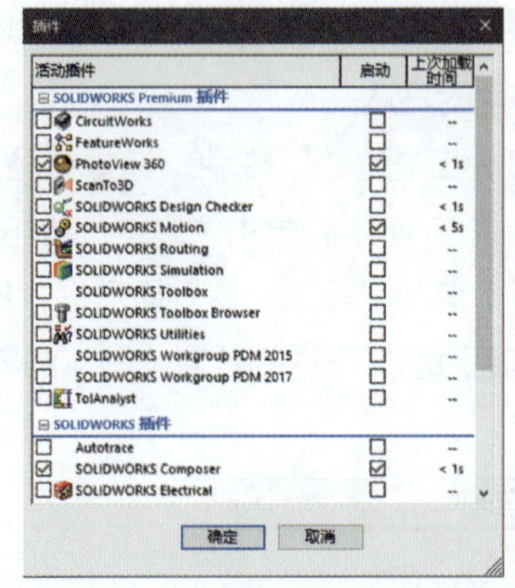

图 5-4-8　启动 SolidWorks Motion 插件

4. 仿真求解

运动分析完成后，可以对结果进行后处理，分析计算的结果和进行图解，如对运动零部件的位移、速度、加速度以及力等进行分析。

以分析滑块机构的连杆角速度为例，其操作步骤如下：

单击 MotionManager 工具栏中“结果和图解”按钮 ，弹出“结果”属性管理器，在“结果”栏中的“选取类别”下拉选项中，选择“位移 / 速度 / 加速度”，在“选取子类别”下拉选项框中，选择“角速度”，在“选取结果分量”下拉选项中，选择“幅值”，如图 5-4-9 所示，在绘图区连杆上选择一面，如图 5-4-10 所示，单击“确定”按钮 后将显示角速度，如图 5-4-11 所示。

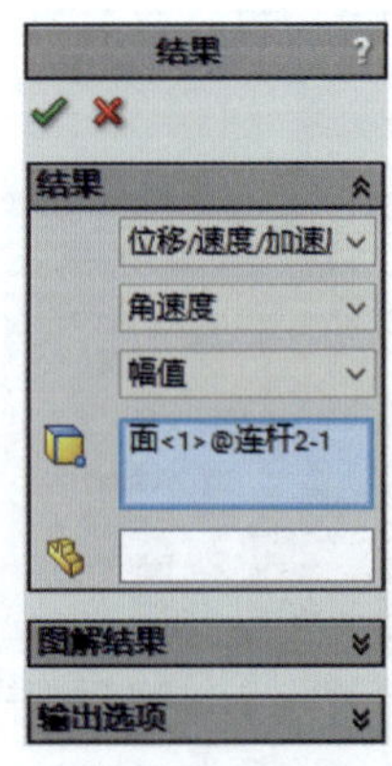

图 5-4-9　结果分析参数设置

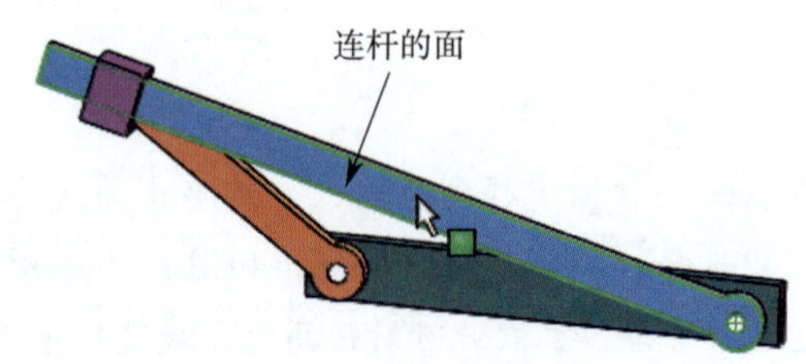

图 5-4-10　选择连杆

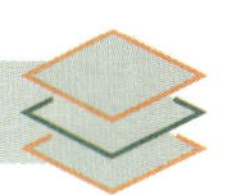

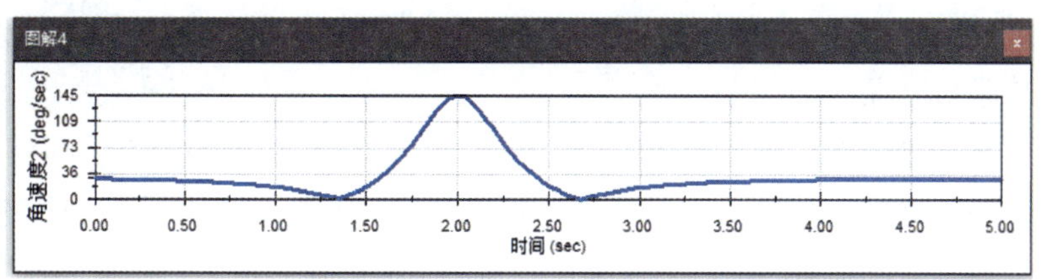

图 5-4-11　连杆角速度

任务实施

操作演示

一、碰撞检查

1. 打开搅拌器的装配体

启动 SolidWorks 软件后，单击“打开”按钮，打开“素材\项目五　组件装配\任务 4\搅拌器\搅拌器 .SLDASM”文件，如图 5-4-12 所示。

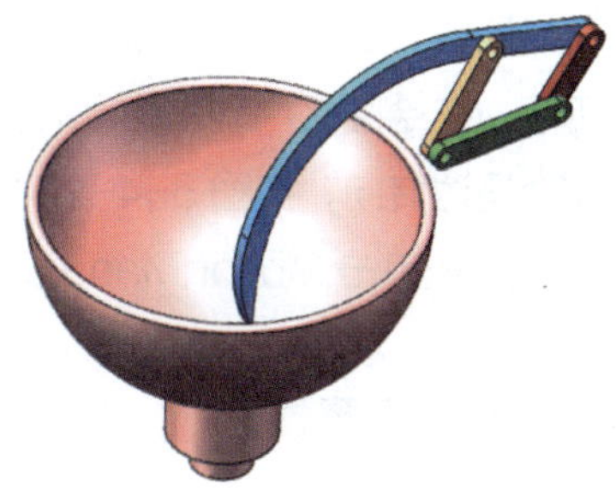

图 5-4-12　打开搅拌器

2. 碰撞检查

（1）在“装配体”选项卡中单击“移动零部件”按钮，弹出“移动零部件”属性管理器，在“选项”栏内选择“碰撞检查”，其他选项保持默认，如图 5-4-13 所示。

（2）使用光标拖动“主动杆”，使其转动，如图 5-4-14 所示。主动杆转动期间有停止，说明搅拌器在运动过程中有碰撞干涉，经检查从动杆和搅拌池距离太近。

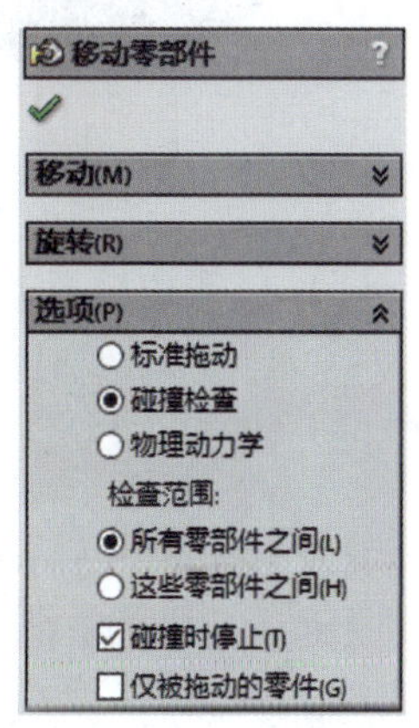

图 5-4-13　选择碰撞检查

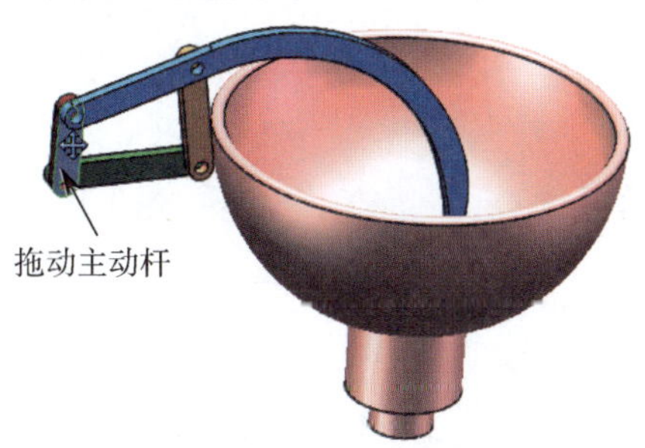

图 5-4-14　拖动主动杆旋转

（3）在“移动零部件”属性管理器的“选项”栏内选择“标准拖动”，将搅拌池拖动到距离从动杆较远的位置。

（4）在“移动零部件”属性管理器的“选项”栏内选择“碰撞检查”，根据上述方法检查主动杆转动期间有否停止情况，如果还有停止就需要重复前述步骤，再次调整搅拌池和从动杆的距离，直到碰撞检查时没有停止为止，完成碰撞检查，单击“确定”按钮✔退出属性管理器。

二、运动仿真和分析

1. 添加马达

（1）装配碰撞检查完成后，单击绘图区下部的“运动算例 1”选项卡，切换到运动算例界面。

（2）单击 MotionManager 工具栏中的“马达”按钮，弹出“马达”属性管理器。在“运动”栏中设置“马达类型”为“等速”，马达的转速设置为“12RPM”，如图 5-4-15 所示，在绘图区中单击主动杆的圆孔，将其指定为添加马达的位置，单击“反向”按钮，改变马达转向，如图 5-4-16 所示，单击“确定”按钮✔退出属性管理器。

（3）单击 MotionManager 工具栏中的“计算”按钮，观察搅拌器机构运动的动画。

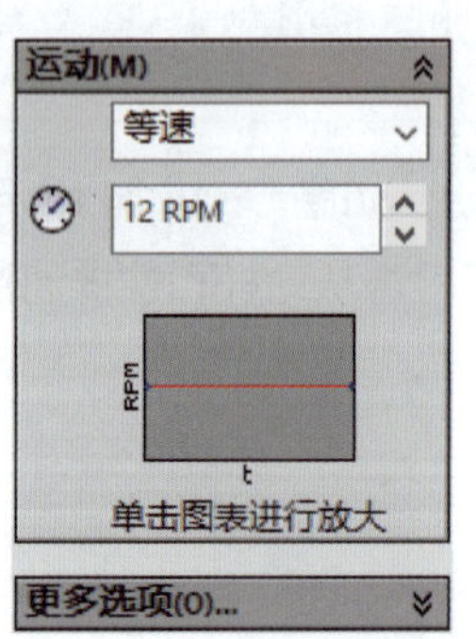

图 5-4-15　马达参数设置

马达转向

图 5-4-16　马达位置和转向

小贴士

单击 MotionManager 工具栏中的“保存”按钮，可输出搅拌器机构运动的动画。

2. 仿真计算

（1）单击 MotionManager 工具栏中的算例类型下拉选项，选择“Motion 分析”。

（2）单击 MotionManager 工具栏中的“运动算例属性”按钮，系统弹出“运动算例属性”属性管理器，在“Motion 分析”栏内输入“每秒帧数”为“50”，其余参数保持默

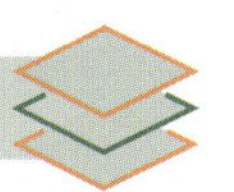

认，单击“确定”按钮✔，如图 5-4-17 所示。

（3）单击“计算”按钮，对搅拌器机构进行运动分析计算。

分析计算完成后，可以对结果进行后处理，分析计算的结果和进行图解。

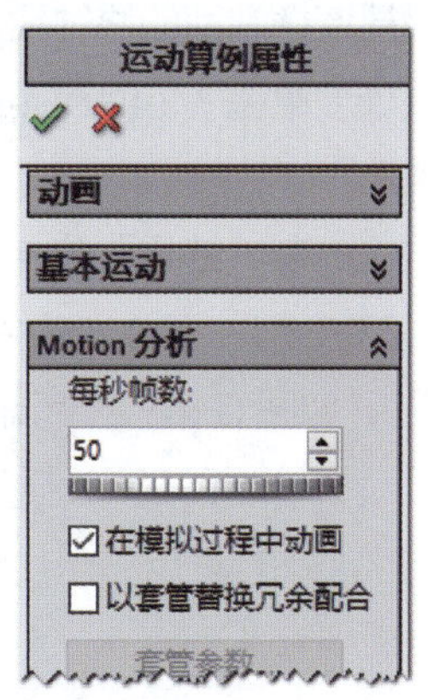

图 5-4-17 修改运动帧数

3. 搅拌连杆端点的线性位移分析

（1）单击 MotionManager 工具栏中“结果和图解”按钮，弹出“结果”属性管理器。

（2）在“结果”栏中的“选取类别”下拉选项中，选择“位移 / 速度 / 加速度”，在“选取子类别”下拉选项中，选择“线性位移”，在“选取结果分量”下拉选项中，选择“*X* 分量”，如图 5-4-18 所示。

（3）在绘图区分别在连杆和支架上选择一点（分析两点间的位移），如图 5-4-19 所示，单击“确定”按钮✔后显示线性位移，如图 5-4-20 所示。

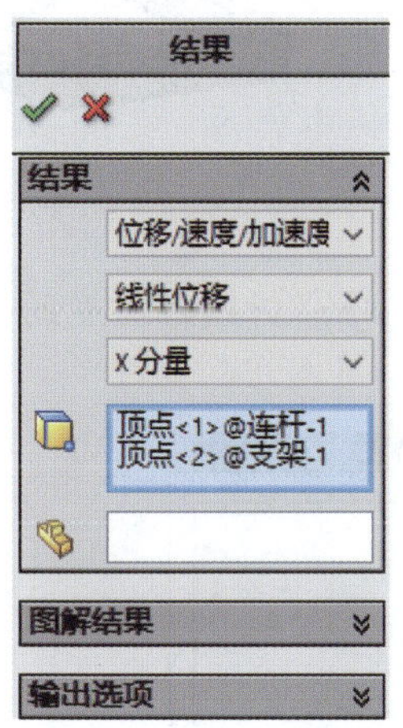

图 5-4-18 结果分析参数设置

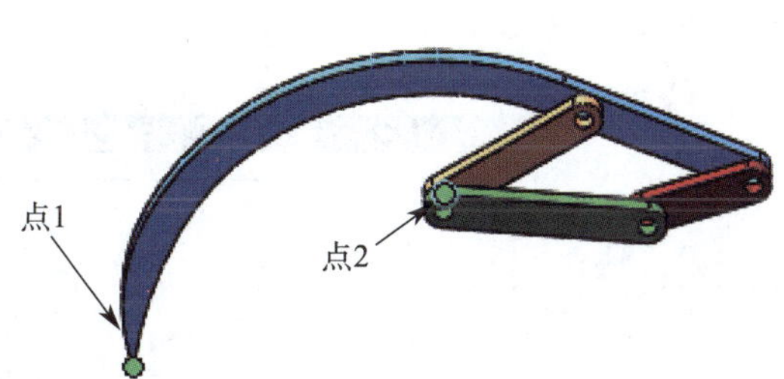

图 5-4-19 选择分析两点间的位移

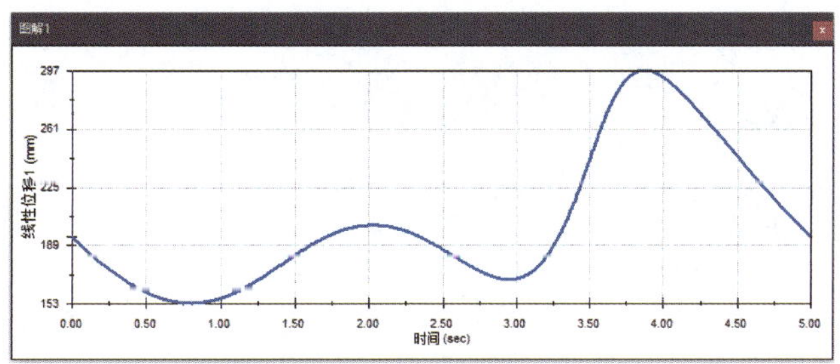

图 5-4-20 线性位移显示

4. 搅拌连杆端点的线性速度分析

（1）单击 MotionManager 工具栏中“结果和图解”按钮，弹出“结果”属性管理器。

（2）在“结果”栏中内的“选取类别”下拉选项中，选择“位移 / 速度 / 加速度”，在“选取子类别”下拉选项中，选择“线性速度”，在“选取结果分量”下拉选项中，选择“*X* 分量”，如图 5-4-21 所示。

（3）在绘图区在连杆上选择一点（分析该点的线性速度），如图 5-4-22 所示，单击“确定”按钮 后显示线性速度，如图 5-4-23 所示。

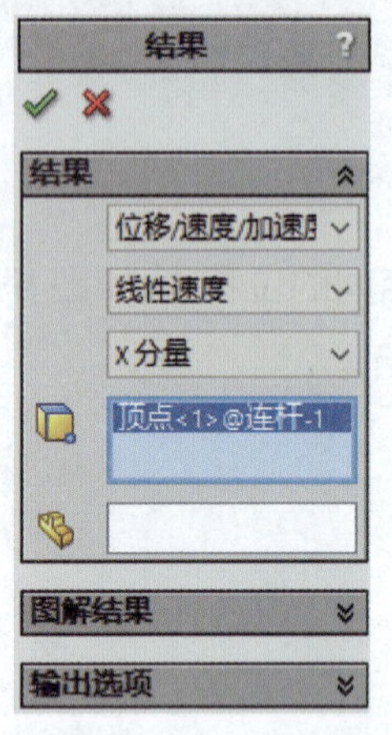

图 5-4-21　结果分析参数设置

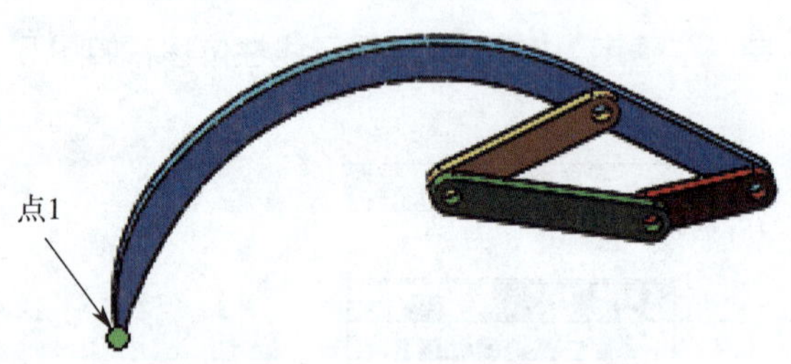

图 5-4-22　选择分析线性速度的点

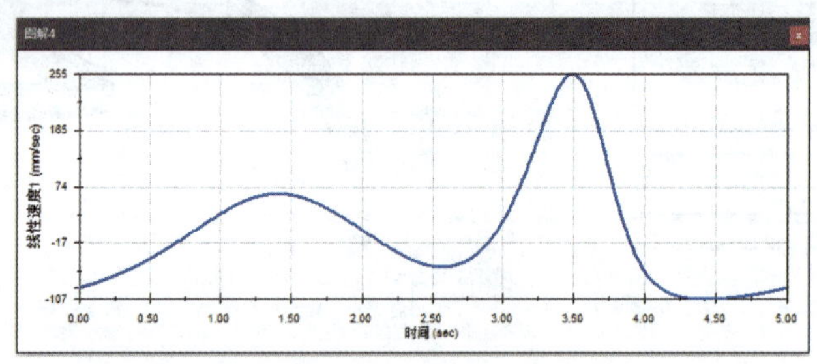

图 5-4-23　线性速度显示

5. 搅拌连杆的角速度分析

（1）单击 MotionManager 工具栏中“结果和图解”按钮，弹出“结果”属性管理器。

（2）在“结果”栏中内的“选取类别”下拉选项中，选择“位移 / 速度 / 加速度”，在“选取子类别”下拉选项中，选择“角速度”，在“选取结果分量”下拉选项中，选择“幅值”，如图 5-4-24 所示。

（3）在绘图区选择连杆的一面，如图 5-4-25 所示，单击“确定”按钮 ✔ 后显示角速度，如图 5-4-26 所示。

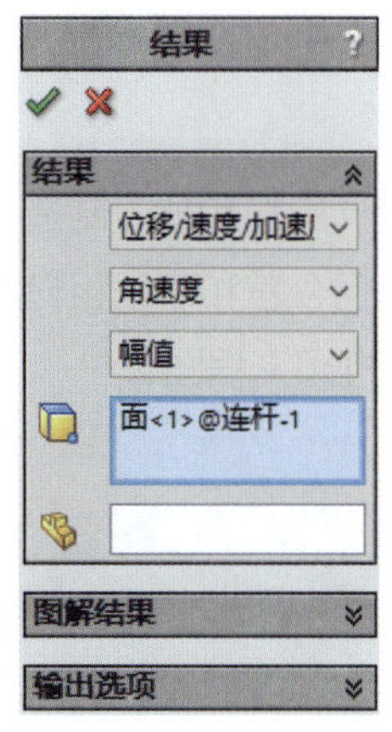

图 5-4-24　结果分析参数设置

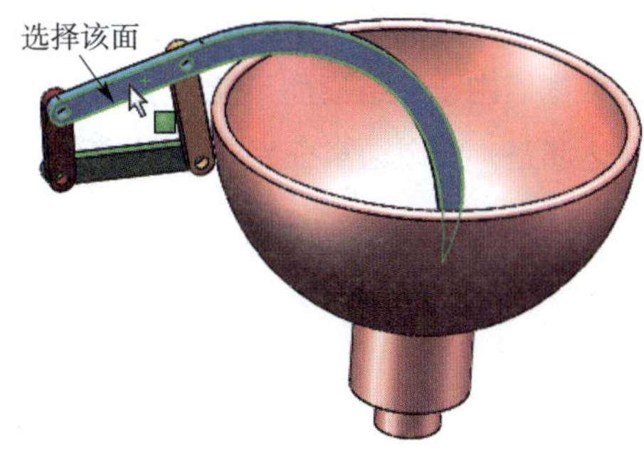

图 5-4-25　选择连杆的一面

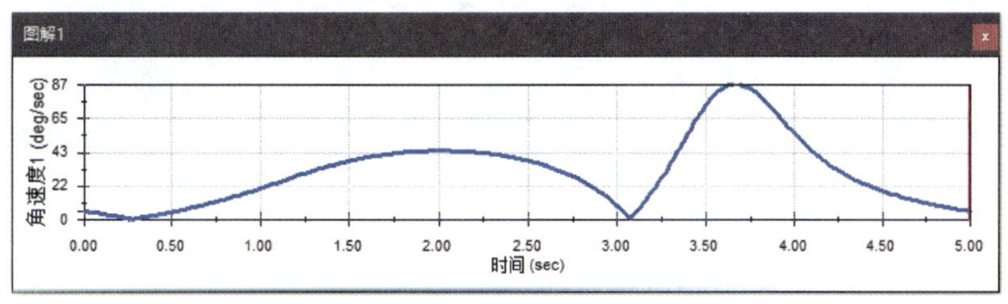

图 5-4-26　角速度显示

任务巩固

根据“素材 \ 项目五　组件装配 \ 任务 4\ 插床机构”中的零件素材，完成如图 5-4-27 所示的连杆装配体，制作出动画，并对机构中“滑块”零件的线性速度、线性加速度和线性位移进行图解分析。

操作演示

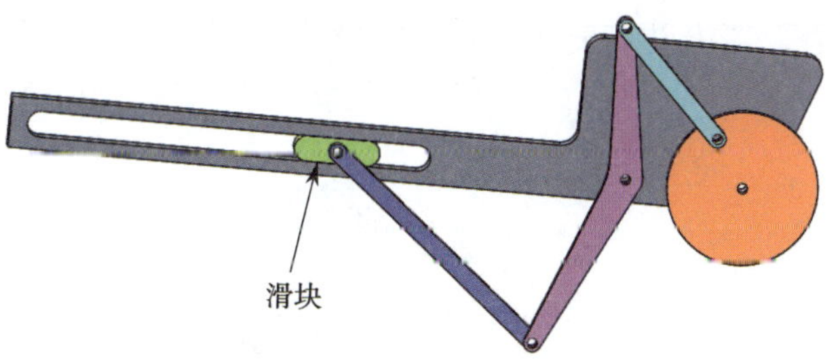

图 5-4-27　插床机构的运动分析

项目六

工程图

工程图是工程技术人员交流的重要载体，是表达设计思想和加工制造、装配零部件的依据。由于三维模型不能将加工的尺寸精度、几何公差和表面粗糙度等参数完全表达清楚，所以通常在完成模型设计后需要绘制并打印工程图。

任务 1　创建压紧块工程图

任务目标

1. 掌握标准三视图、模型视图、投影视图和辅助视图的创建方法。
2. 熟悉裁剪视图等视图的编辑方法。
3. 掌握添加中心线和中心符号线的方法。
4. 能够创建形状简单的零件工程图。

任务描述

打开“素材 \ 项目六　工程图 \ 任务 1\ 压紧块 .SLDPRT”文件，如图 6-1-1a 所示，在 gb_a3 模板图样上完成如图 6-1-1b 所示的压紧块工程图。该工程图由主视图、仰视图、向视图组成。视图表达和尺寸标注是工程图中最重要的内容，在创建工程图时一般先创建主视图，再创建其他视图，最后进行尺寸标注。

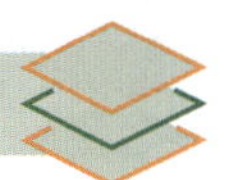

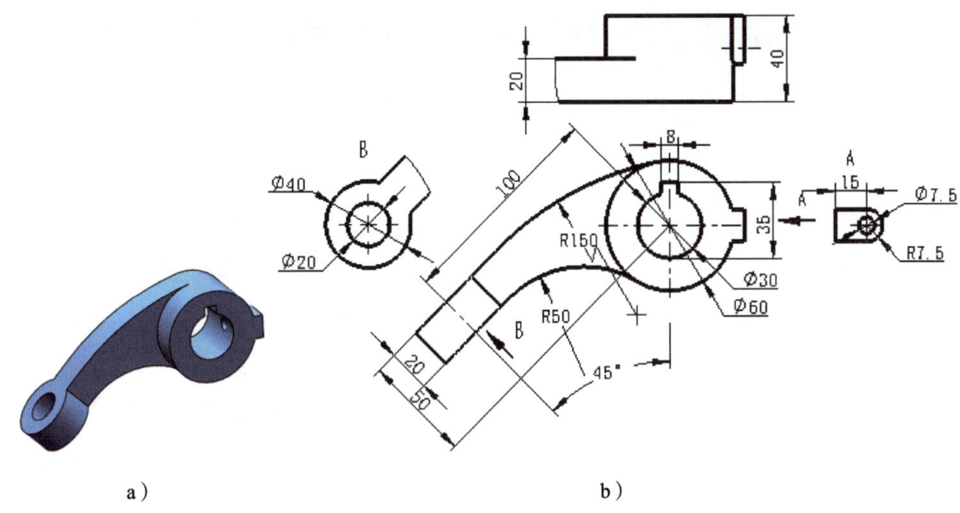

图 6-1-1 压紧块工程图

知识准备

一、新建工程图

启动 SolidWorks 软件，单击“新建”按钮 ，在弹出的“新建 SolidWorks 文件”对话框中选择“工程图”图标，如图 6-1-2 所示，单击“确定”按钮进入工程图环境，如图 6-1-3 所示。

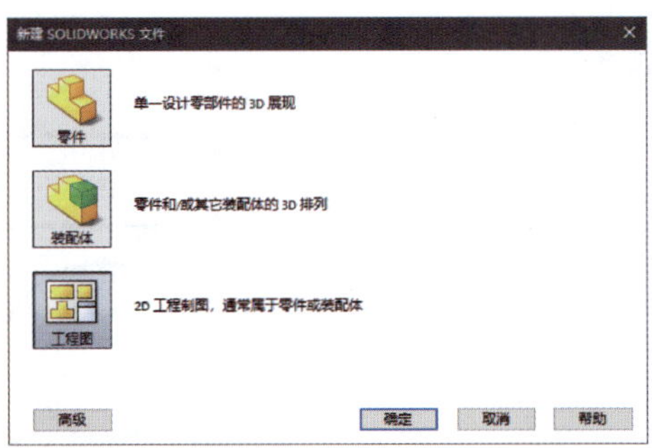

图 6-1-2 选择“工程图”图标

二、创建工程图

1. 标准三视图

标准三视图是表达零件信息的最基本视图，软件默认的视图就是标准三视图，即前视图（主视图）、上视图（俯视图）和侧视图（左视图）。

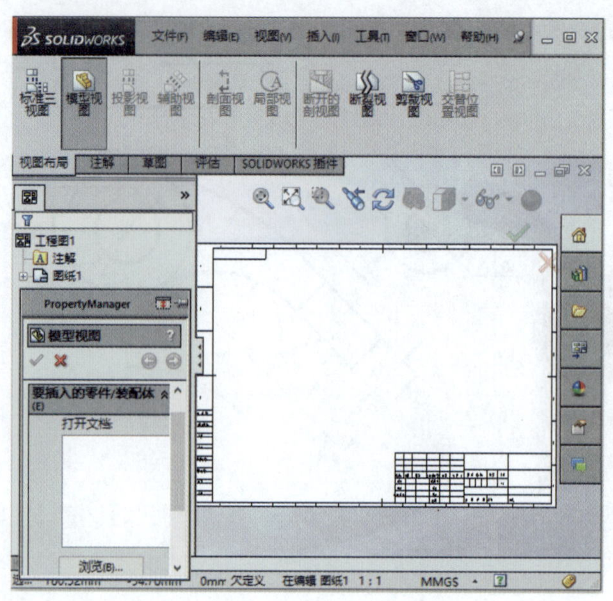

图 6-1-3　进入工程图环境

生成标准三视图的操作步骤如下：

单击“视图布局”选项卡中的“标准三视图”按钮，弹出“标准三视图”属性管理器如图 6-1-4 所示，单击“浏览”查找文件并打开，即可生成标准三视图，如图 6-1-5 所示。

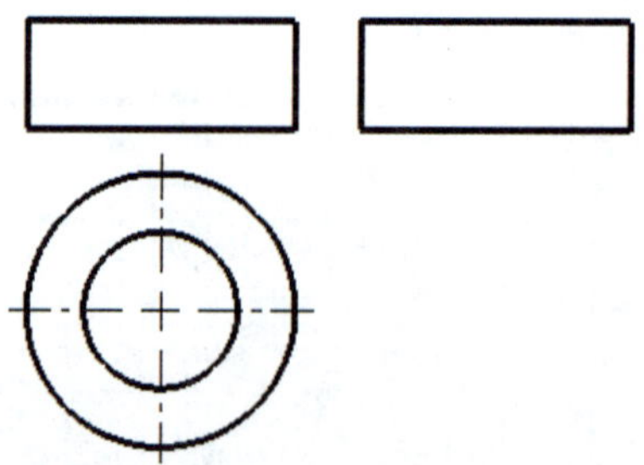

图 6-1-4　“标准三视图”属性管理器　　图 6-1-5　生成标准三视图

2. 模型视图

在模型视图中可以根据用户要求直接全部生成或部分生成 6 个基本视图（主视图、俯视图、左视图、右视图、后视图和仰视图）以及轴测图等。

生成模型视图的操作步骤如下:

单击“视图布局”选项卡中的“模型视图”按钮，弹出“模型视图”属性管理器，单击“浏览”查找文件并打开，在“模型视图”属性管理器的方向栏中选择“生成多视图”的复选框，如图 6-1-6 所示（选择主视图、俯视图和轴测图选项），单击“确定”按钮，生成相应视图，如图 6-1-7 所示。

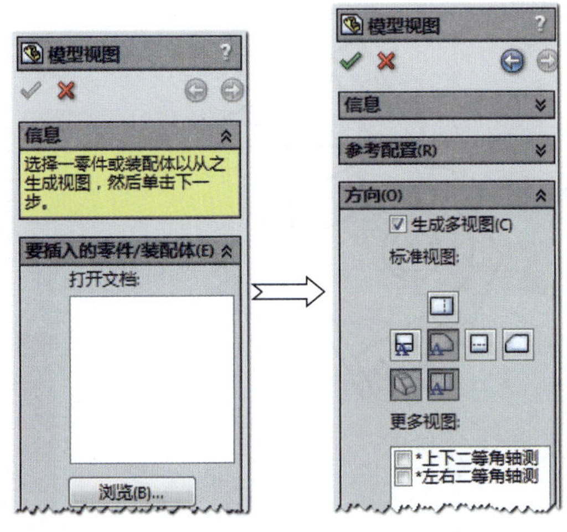

图 6-1-6 “模型视图”属性管理器

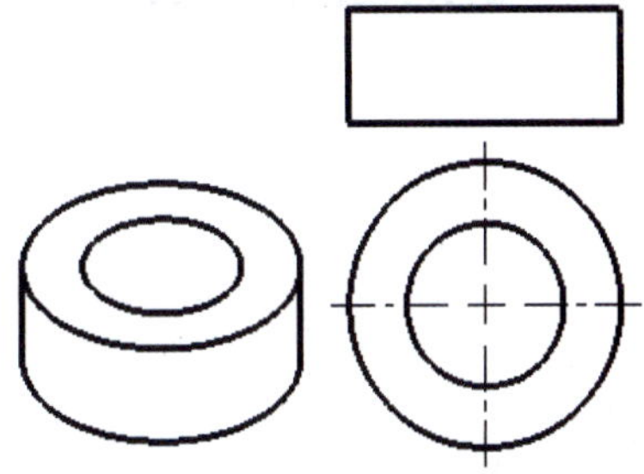

图 6-1-7 生成模型视图

3. 投影视图

投影视图是利用工程图中现有视图进行投影所建立的视图。投影视图为正交视图。

生成投影视图的操作步骤如下:

单击“视图布局”选项卡中的“投影视图”按钮，在绘图区域选择一个投影用的视图，将光标移动到所选视图的相应一侧，单击以放置视图，即可生成投影视图，如图 6-1-8 所示。

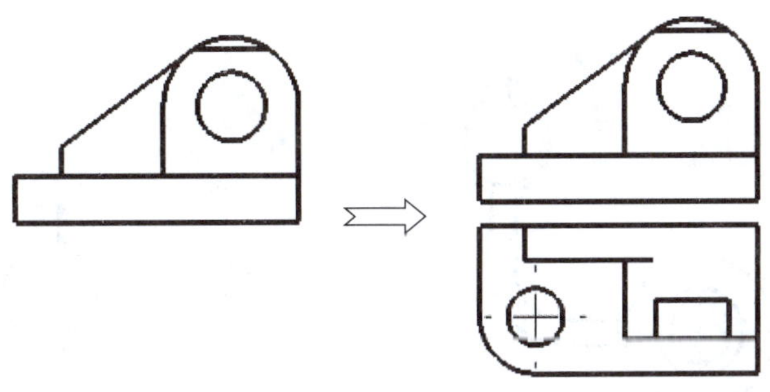

图 6-1-8 生成投影视图

4. 辅助视图

辅助视图是垂直于现有视图中轮廓边线的投影视图，相当于机械制图中的斜视图。

生成辅助视图的操作步骤如下：

单击“视图布局”选项卡中的“辅助视图”按钮，在绘图区域选择参考边线以确定投影方向，将光标移动到所选视图的相应一侧，单击以放置视图，生成辅助视图，如图6-1-9所示。

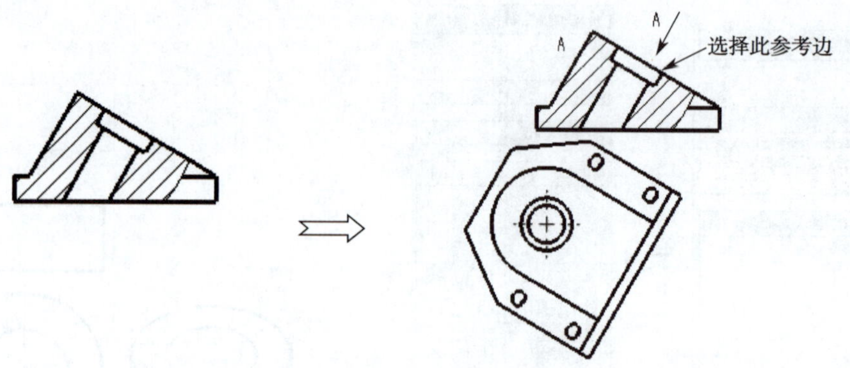

图 6-1-9　生成辅助视图

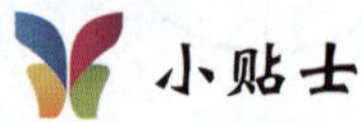

在生成投影视图、辅助视图及剖面视图时，生成的视图会默认与主视图有对齐关系，若要解除这种对齐关系，在放置视图时按住“Ctrl”键即可。

三、剪裁视图

剪裁视图是把现有视图剪去不需要的部分，类似局部视图。

剪裁视图的操作步骤如下：

单击“草图”选项卡中的“样条曲线”按钮，在视图中绘制一个封闭的样条曲线，再单击“视图布局”选项卡中的“剪裁视图”按钮，即完成视图的剪裁，如图6-1-10所示。

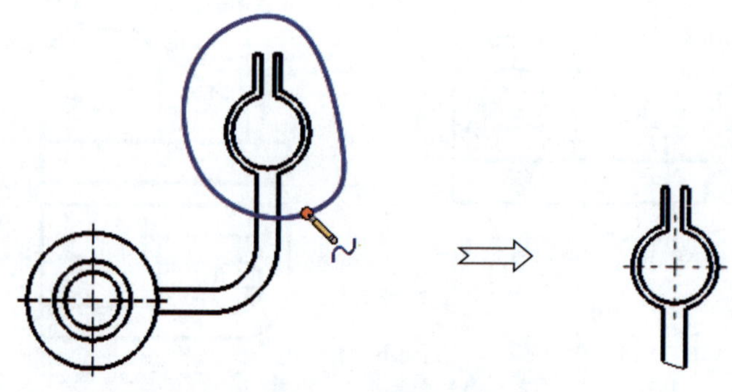

图 6-1-10　剪裁视图

四、创建中心线和中心符号线

中心线是指孔、回转体的轴线或图形的对称线等。

创建中心线的操作步骤如下：

单击“注解”选项卡中的“中心线”按钮，然后选择圆柱体或视图中两条平行的边线，即可插入中心线，如图 6-1-11 所示的主视图。

中心符号线用于标识圆或圆弧的中心点。

创建中心符号线的操作步骤如下：

单击“注解”选项卡中的“中心符号线”按钮，然后选择视图中圆（或圆弧），即可插入中心符号线，如图 6-1-12 所示的俯视图。

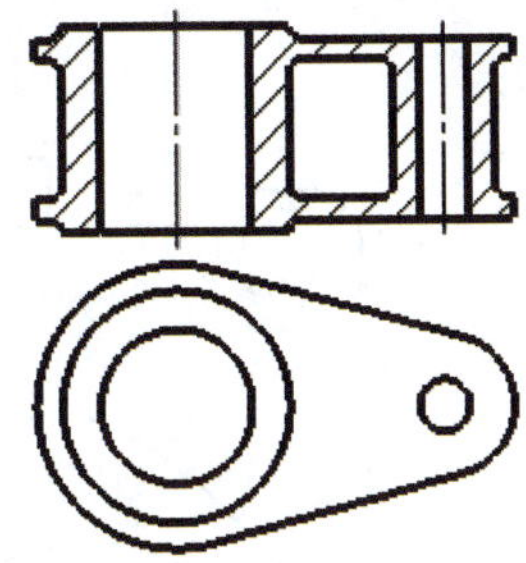

图 6-1-11　主视图中插入中心线

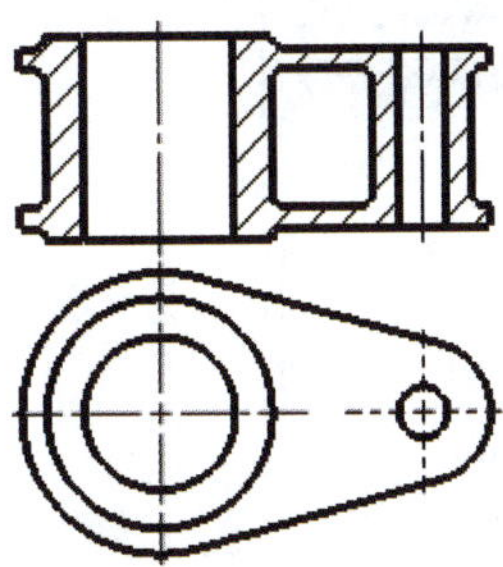

图 6-1-12　俯视图中插入中心符号线

任务实施

操作演示

一、新建工程图文件

启动 SolidWorks 软件，单击“新建”按钮，在弹出的“新建 SolidWorks 文件”对话框中单击“高级”→“gb_a3”模板图标，如图 6-1-13 所示，单击“确定”按钮，进入工程图界面。

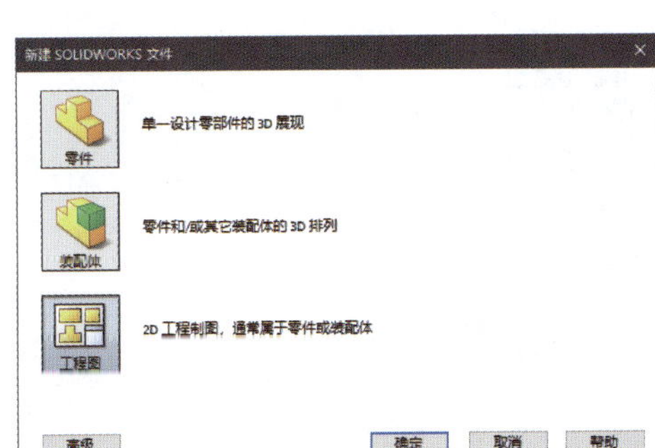

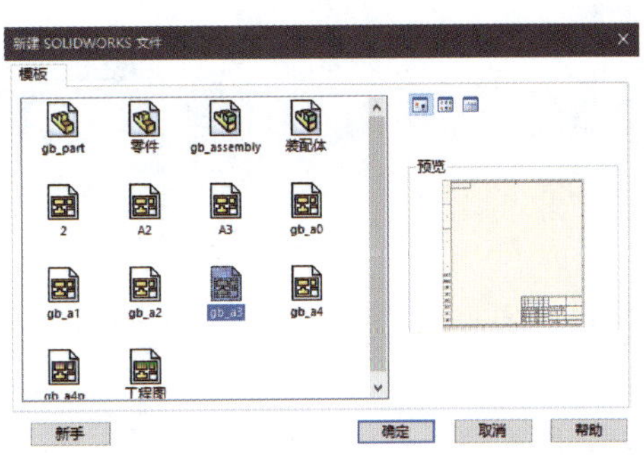

图 6-1-13　选择“gb_a3”模板图标

二、创建视图

1. 插入投影视图

（1）进入工程图模块后，在如图 6-1-14 所示的“模型视图”管理器中单击“浏览”按钮，查找并打开“素材\项目六　工程图\任务 1\压紧块 .SLDPRT”文件。

（2）在工程图区域中间合适位置单击生成主视图，如图 6-1-15 所示。

（3）将光标移动到主视图的上方合适位置，单击生成仰视图，如图 6-1-16 所示。

图 6-1-14　“模型视图”属性管理器

图 6-1-15　生成主视图

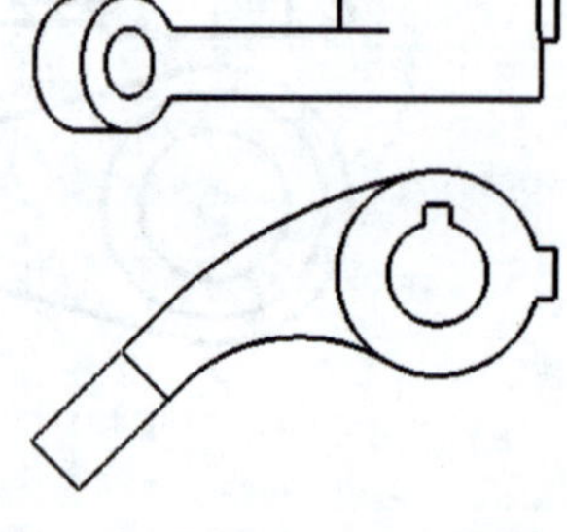

图 6-1-16　生成仰视图

 小贴士

工程图模块中，生成的第一个视图会根据图样大小自动得出一个合适的比例值，如需要修改视图比例，单击视图，在弹出的属性管理器的“比例”栏中选择“使用自定义比例”，修改比例值，如图 6-1-17 所示，单击“确定”按钮后各个视图以修改后的比例显示。

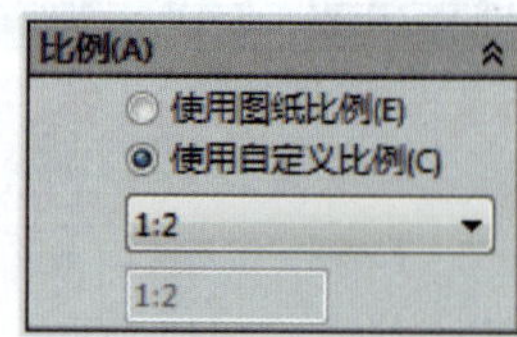

图 6-1-17　修改视图比例

2. 创建辅助视图

（1）创建辅助视图 A。在“视图布局”选项卡中单击“辅助视图”按钮；选中如图

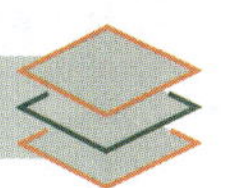

6-1-18 所示的边线，光标自动移动到主视图左边位置，此时按“Ctrl”键（取消视图对齐关系），再移动光标将视图拖到主视图右边合适位置，单击生成辅助视图 A，然后在属性管理器中将“箭头”栏内的标号修改为“A”，单击“确定”按钮，如图 6-1-19 所示。

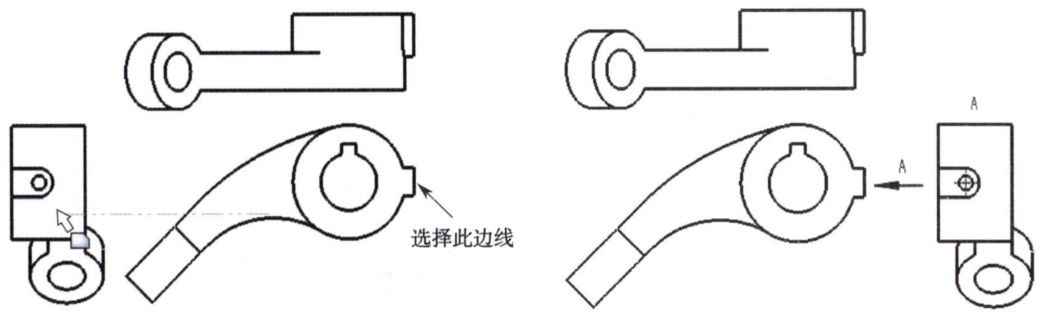

图 6-1-18 选择边线生成辅助视图　　图 6-1-19 生成辅助视图 A

（2）创建辅助视图 B。在“视图布局”选项卡中单击“辅助视图”按钮，选中如图 6-1-20 所示的边线，光标向上移动到合适的位置，单击即生成辅助视图 B，然后在属性管理器中将“箭头”栏内的标号修改为“B”，单击“确定”按钮，如图 6-1-21 所示。

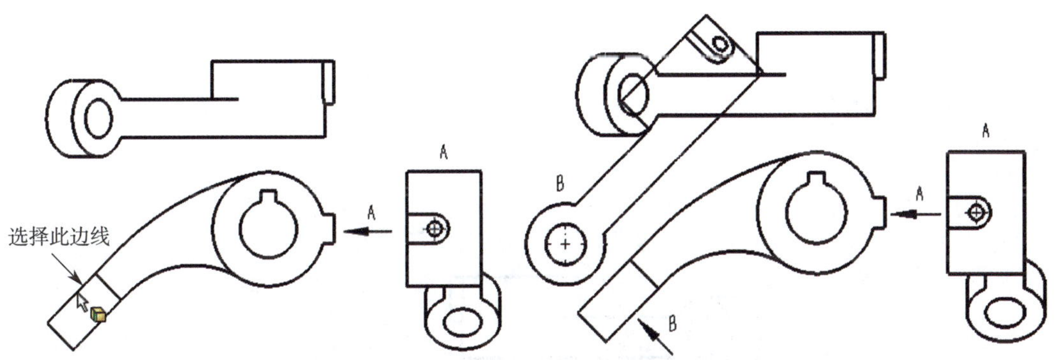

图 6-1-20 选择边线生成辅助视图　　图 6-1-21 生成辅助视图 B

三、编辑视图

1. 剪裁视图

在“草图”选项卡中单击“样条曲线”按钮，在辅助视图 B 中绘制一个封闭的曲线，然后单击“视图布局”选项卡中的“剪裁视图”按钮，即完成视图的剪裁，如图 6-1-22 所示。

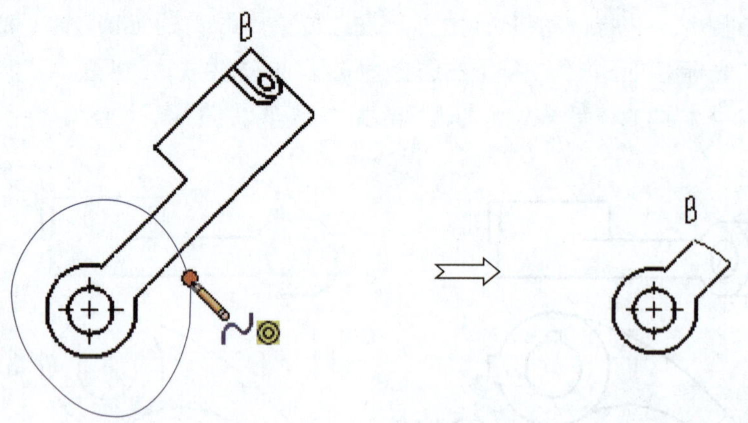

图 6-1-22　剪裁辅助视图 B

使用同样的方法，将仰视图进行剪裁，完成后效果如图 6-1-23 所示。

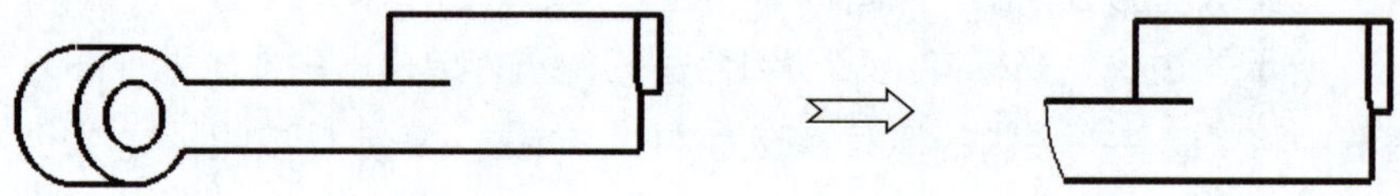

图 6-1-23　剪裁仰视图

 小贴士

当指定视图的外框显示品红色后再进行草图绘制，可以确保绘制的线条在该视图上，如图 6-1-24 所示。

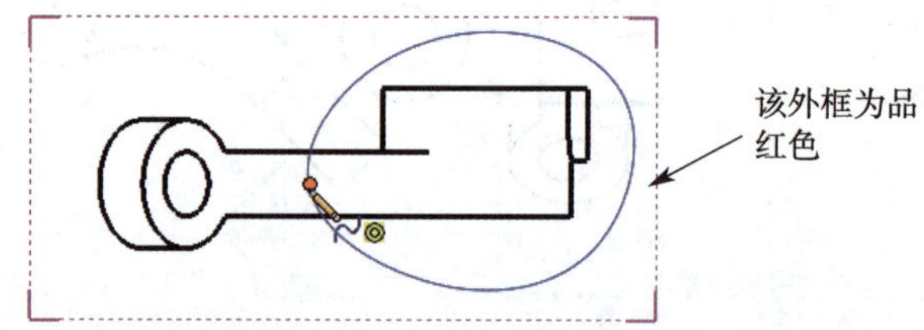

图 6-1-24　在视图上绘制草图

2. 隐藏图线

选择辅助视图 A，在光标右上角的快捷工具栏中单击“隐藏 \ 显示边线”按钮 ，选择需要隐藏的图线，单击右键即完成图线的隐藏，如图 6-1-25 所示。

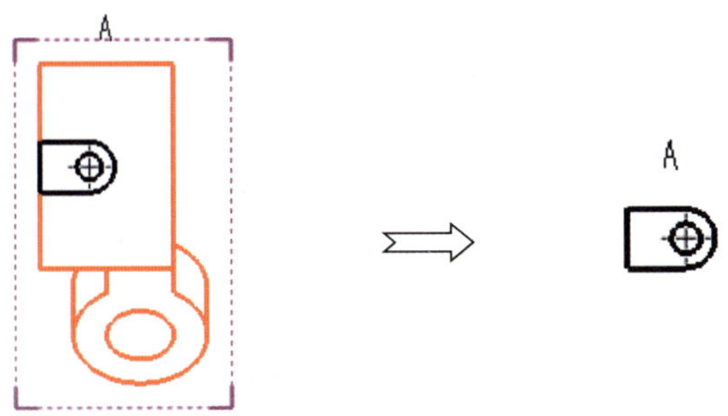

图 6-1-25　隐藏图线

小贴士

需隐藏的线条较多时，可以使用反选的方法，具体做法是先框选该视图所有图线，再单击或框选需显示的图线，如图 6-1-26 所示。

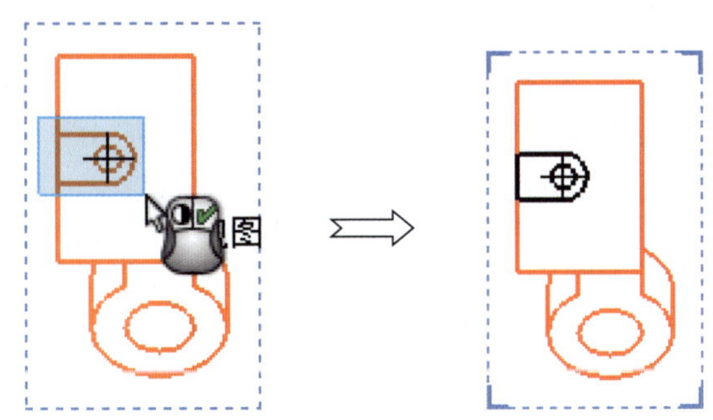

图 6-1-26　反选法隐藏图线

此时完成的工程图效果如图 6-1-27 所示。

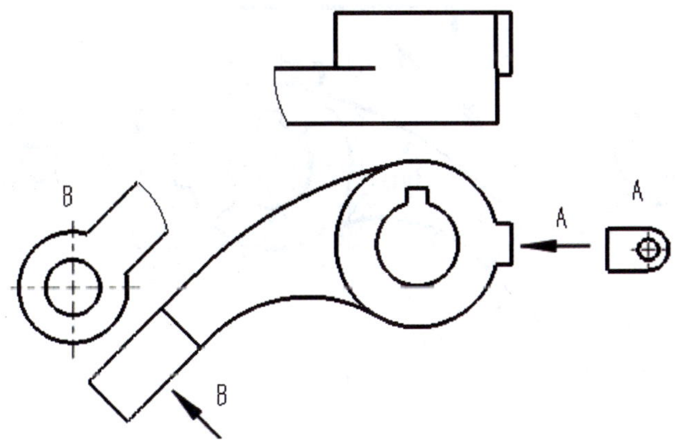

图 6-1-27　压紧块视图

四、尺寸标注

1. 插入中心符号线和中心线

（1）在“注解”选项卡中单击“中心符号线”按钮，选择主视图中的圆，生成中心符号线，单击“确定”按钮，效果如图 6-1-28 所示。用同样方法标注辅助视图 A、B。

（2）在“注解”选项卡中单击“中心线”按钮，在视图中选择圆柱体生成中心线，单击“确定”按钮，效果如图 6-1-29 所示。用同样方法标注辅助视图 A、B。

2. 手工标注尺寸

在“注解”选项卡中单击“智能尺寸”按钮可以进行尺寸标注，标注方式与在零件草图中的标注方式相同，完成所有标注后的压紧块工程图如图 6-1-30 所示。

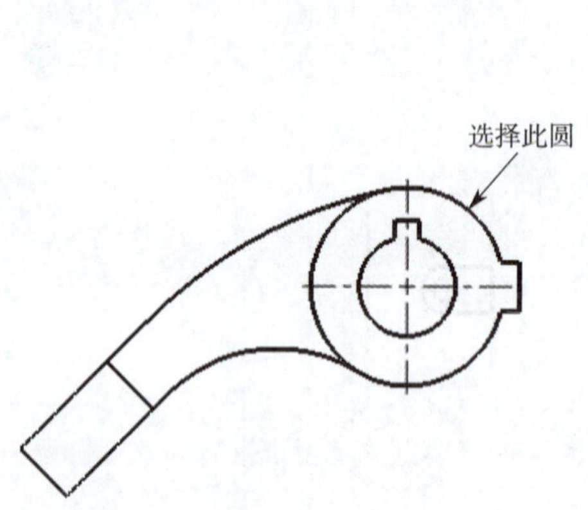

图 6-1-28　创建中心符号线

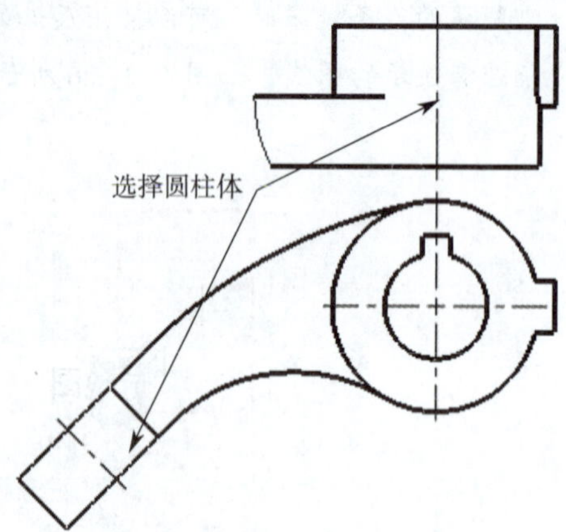

图 6-1-29　创建中心线

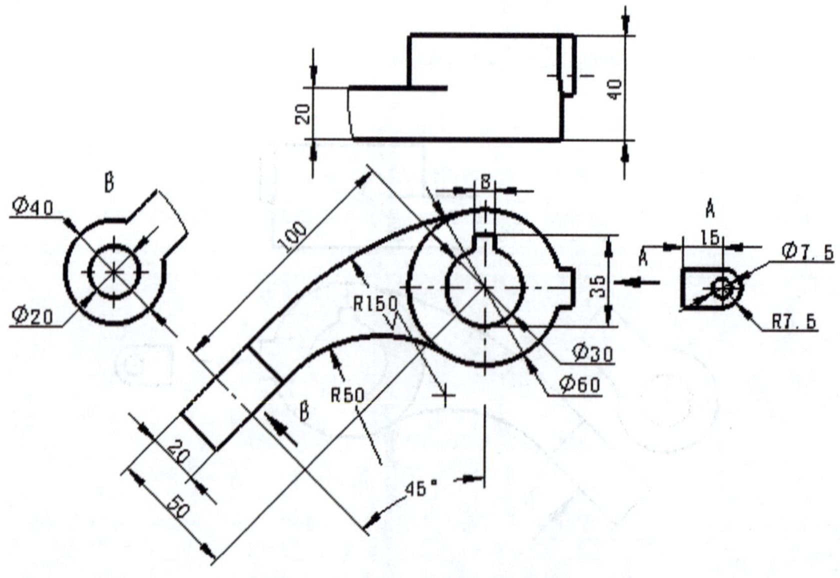

图 6-1-30　压紧块工程图

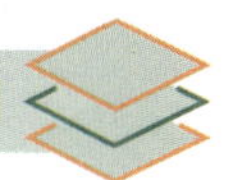

将工程图存盘，文件命名为“压紧块工程图”。

任务巩固

打开“素材\项目六　工程图\任务 1\拨片 .SLDPRT”文件，如图 6-1-31a 所示，创建如图 6-1-31b 所示的工程图。

操作演示

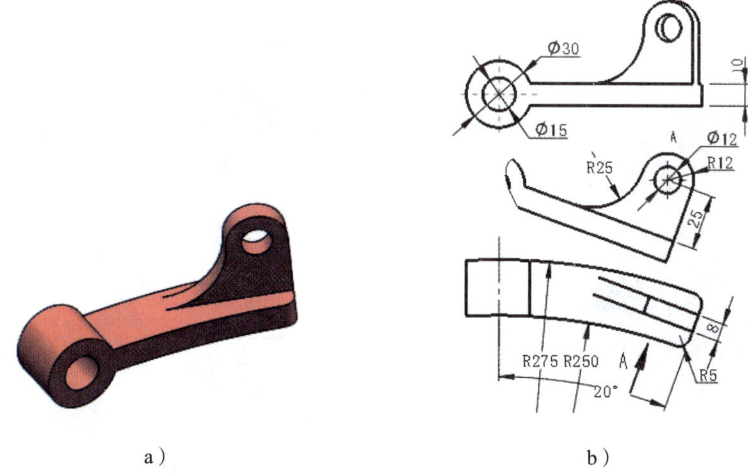

a）　　b）

图 6-1-31　拨片

任务 2　创建轴承座工程图

任务目标

1. 掌握全剖视图、半剖视图等剖视图的创建方法。
2. 掌握使用模型项目自动尺寸标注的方法。
3. 能够保存分离的工程图。
4. 能够创建需要剖面表达的零件工程图。

任务描述

打开“素材 \ 项目六　工程图 \ 任务 2\ 轴承座 .SLDPRT”文件，如图 6-2-1a 所示，在 gb_a3 模板图样上完成如图 6-2-1b 所示的轴承座工程图。该工程图由三个视图构成，主视图上有局部剖视图，左视图和俯视图都是全剖视图，左视图中的筋不做剖面处理。

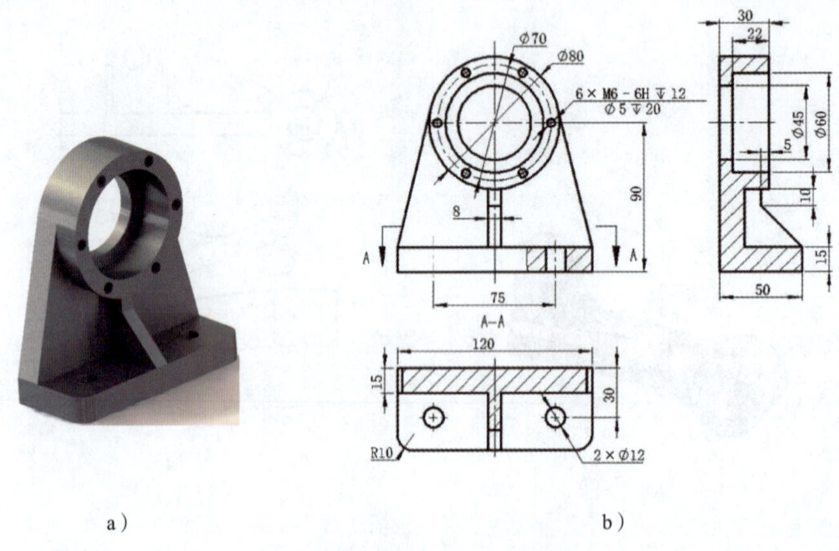

a）　　b）

图 6-2-1　轴承座工程图

知识准备

一、剖面视图

剖面视图是通过一条剖切线来切割某视图，可以显示模型内部的形状和尺寸。实际工作中，可根据需要创建全剖视图、半剖视图、断开的剖视图、阶梯剖视图和旋转剖视图等不同的剖面视图。

1. 全剖视图

全剖视图是利用一个剖切平面将零件（或者装配体）完全剖开所得的剖视图。全剖视图切割方式包括竖直、水平、辅助和对齐。

以水平方式切割为例，其操作步骤如下：

在“视图布局”选项卡中单击“剖面视图”按钮 ，弹出“剖面视图辅助”属性管理器，在“切割线”栏中选择“水平”方式，如图 6-2-2 所示，选取如图 6-2-3 所示的剖面位置，在弹出的临时工具栏中单击“确定”按钮 ，将光标移到视图下方位置，单击生成

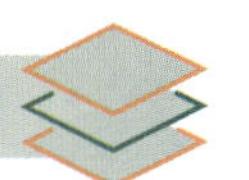

全剖视图，如图 6-2-4 所示。

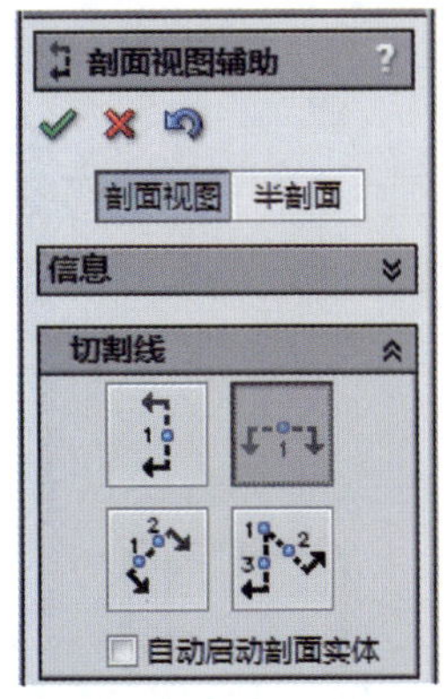

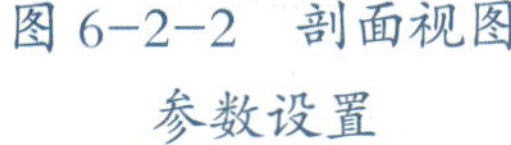

图 6-2-2　剖面视图参数设置

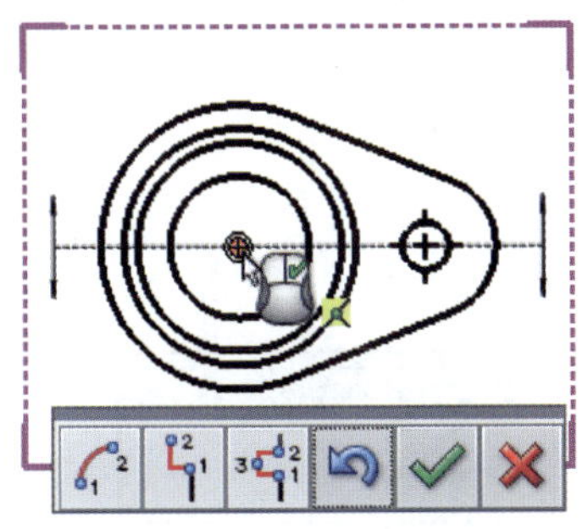

图 6-2-3　选择剖面位置

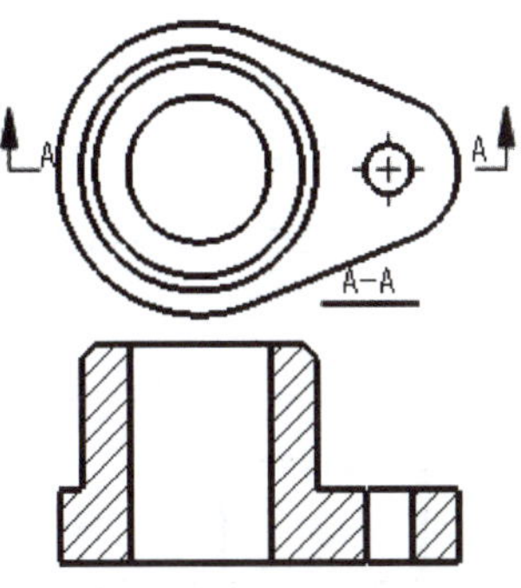

图 6-2-4　全剖视图

2. 半剖视图

半剖视图是当模型具有垂直于投影面的对称平面时，只将该视图一半显示成剖视图。半剖视图切割方式包括顶部右侧、顶部左侧、底部右侧、底部左侧、右侧向下、左侧向下、右侧向上、左侧向上。

以左侧向下方式切割为例，其操作步骤如下：

在“视图布局”选项卡中单击“剖面视图”按钮，弹出“剖面视图辅助”属性管理器，选择“半剖面”选项卡，在“半剖面”栏中选择“左侧向下”方式，如图 6-2-5 所示，选取剖面位置，将光标移到视图下方位置，单击生成半剖视图，如图 6-2-6 所示。

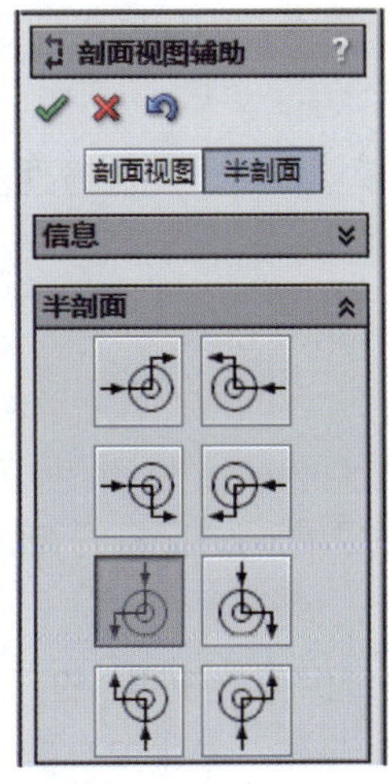

图 6-2-5　剖面视图选项设置

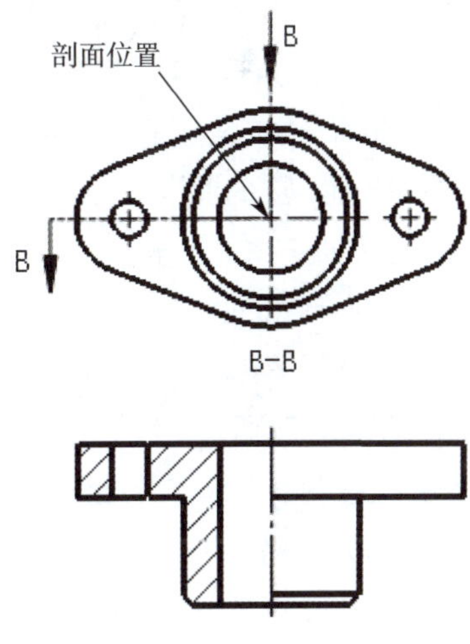

图 6-2-6　半剖视图

3. 断开的剖视图

断开的剖视图即为局部剖视图，是在现有视图的某局部位置将视图进行剖切，显示其内部结构。

创建断开的剖视图的操作步骤如下：

在“视图布局”选项卡中单击“断开的剖视图”按钮，在视图中绘制一条封闭曲线，如图 6-2-7 所示，在“断开的剖视图”属性管理器中选取圆作为深度参考，如图 6-2-8 所示，单击“确定”按钮，完成断开的剖视图，如图 6-2-9 所示。

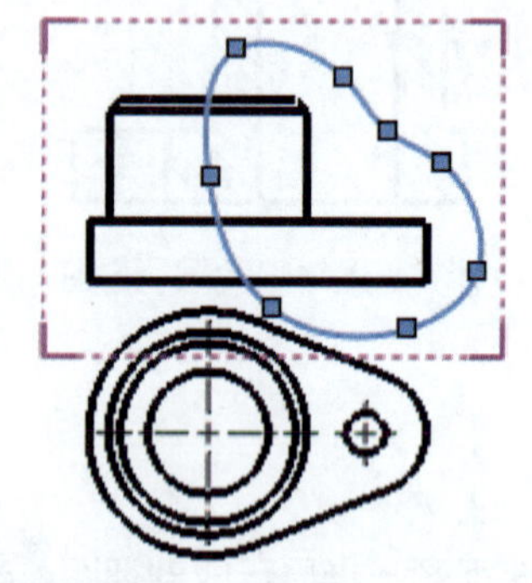

图 6-2-7　绘制封闭曲线

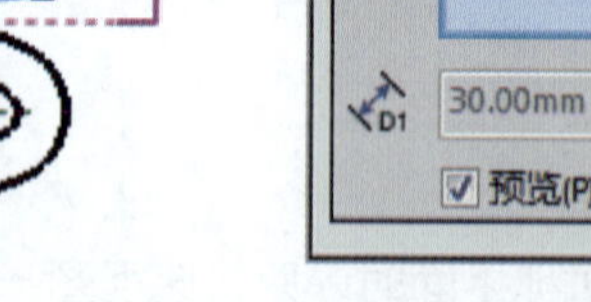

图 6-2-8　参数设置

此圆为参考

图 6-2-9　断开的剖视图

小贴士

创建断开的剖视图时，确定剖切深度的方法有两种：一是从其他视图中选择直线或圆的边线作参考来确定剖切位置；二是给定数值确定剖切深度。

二、模型项目

通过“模型项目”命令可以将模型文件中的尺寸、注解及参考几何体插入到工程图中。

插入模型项目尺寸标注的操作步骤如下：

在“注解”选项卡中单击“模型项目”按钮，弹出“模型项目”属性管理器，在“来源/目标”栏中选择“整个模型”，其他选项保持默认，如图 6-2-10 所示，单击“确定”按钮，效果如图 6-2-11 所示。

三、分离的工程图

通过分离的工程图无须将三维模型文件装入内存，即可对工程图进行打开和编辑操作。

创建分离的工程图的操作步骤如下：

打开要转换为分离格式的工程图，在标准工具栏中单击“保存”按钮，在“保存类型”下拉选项中选择“分离的工程图（*.slddrw）”，如图 6-2-12 所示，单击保存即可创建分离的工程图文件。

图 6-2-10　模型项目参数设置

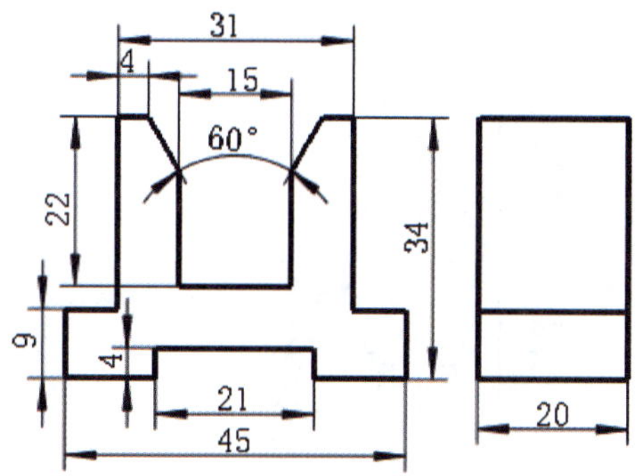

图 6-2-11　插入模型项目尺寸标注

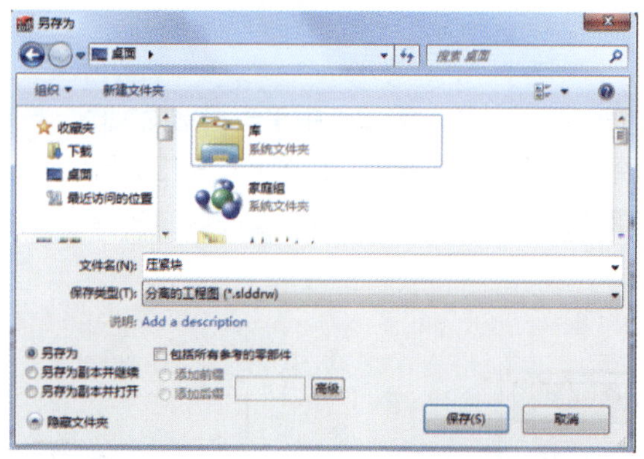

图 6-2-12　保存为分离的工程图

任务实施

操作演示

一、创建剖面视图

1. 新建工程图文件

启动 SolidWorks 软件，单击“新建”按钮，在弹出的“新建 SolidWorks 文件”对话框中选择“高级”→“gb_a3”模板图标，单击“确定”按钮，进入工程图界面。

2. 生成主视图

在右侧任务窗格中单击“视图调色板”按钮，在弹出的窗格中单击“预览以选取零

件 / 装配图”按钮 ，查找并打开“素材 \ 项目六　工程图 \ 任务 2\ 轴承座 .SLDPRT”文件，在如图 6-2-13 所示的视图调色板中将主视图拖动到绘图区域中间合适位置，单击生成主视图，如图 6-2-14 所示。

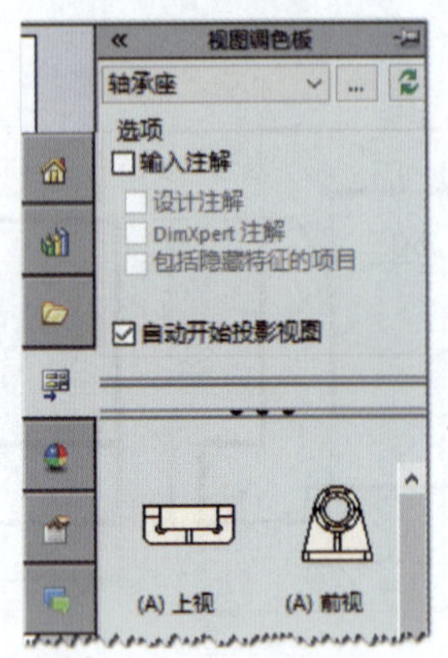

图 6-2-13　视图调色板

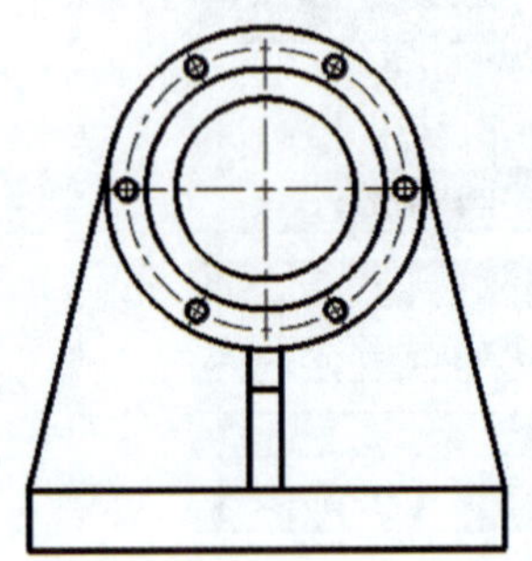

图 6-2-14　生成主视图

3. 创建全剖的俯视图

（1）选择主视图，在“视图布局”选项卡中单击“剖面视图”按钮 ，弹出“剖面视图辅助”属性管理器，选择“水平”剖切方式，如图 6-2-15 所示。

（2）在主视图中选取如图 6-2-16 所示的剖面位置，在弹出的临时工具栏中单击“确定”按钮 。

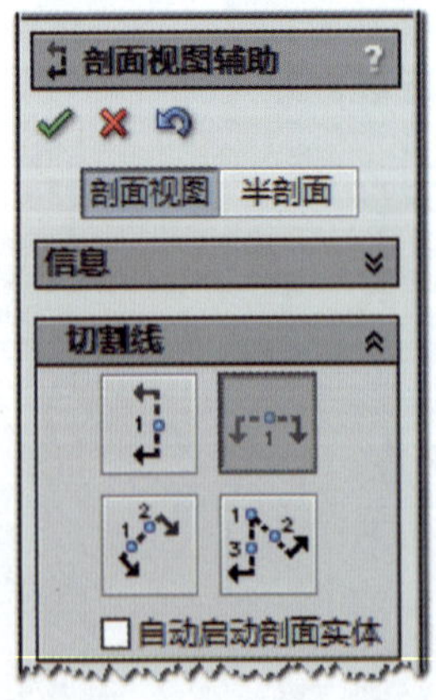

图 6-2-15　剖面视图选项设置

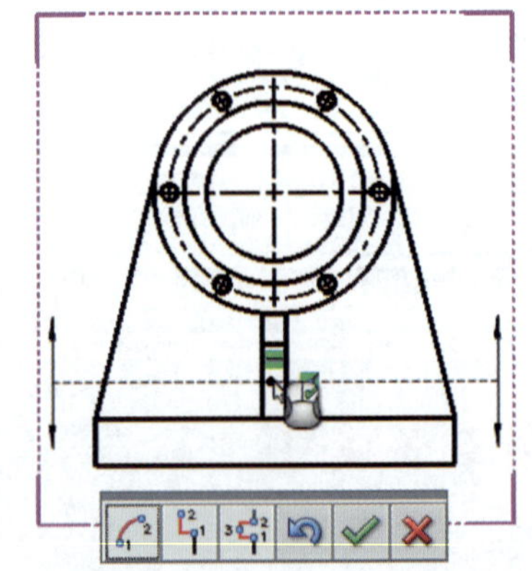

图 6-2-16　选择剖面的位置

（3）弹出如图 6-2-17 所示的“剖面视图”对话框，单击“确定”按钮关闭对话框。

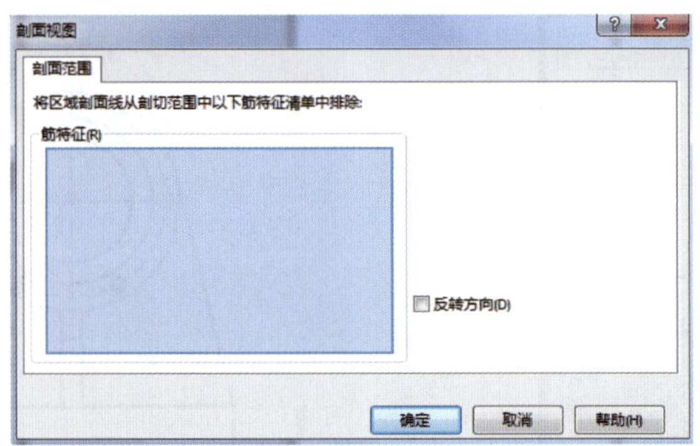

图 6-2-17 “剖面视图”对话框

小贴士

根据机械制图标准，该俯视图中的筋也同样要剖，所示不用选择特征，单击“确定”按钮关闭对话框即可。

（4）在左侧属性管理器中单击“反转方向”按钮，将视图标号修改为“A”，如图 6-2-18 所示，将光标移到主视图下方位置，单击生成全剖的俯视图，如图 6-2-19 所示。

图 6-2-18 剖面视图选项设置

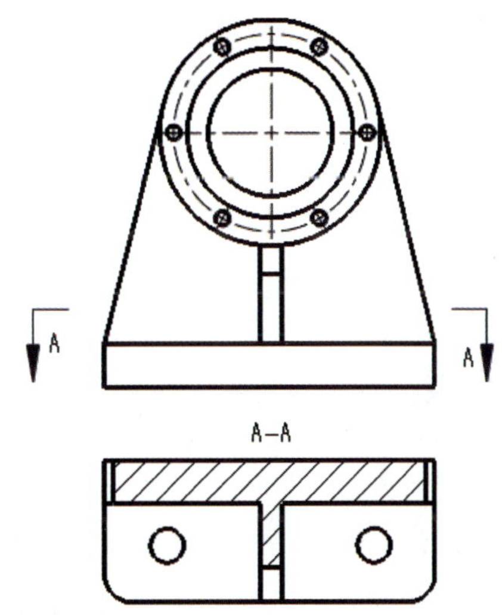

图 6-2-19 生成俯视图

4. 创建全剖的左视图

（1）选择前视图，在“视图布局”选项卡中单击“剖面视图”按钮，弹出“剖面视图辅助”属性管理器，选择“竖直”剖切图标，如图 6-2-20 所示。

（2）在主视图中选取如图 6-2-21 所示的圆心，在弹出的临时工具栏中单击“确定”按钮。

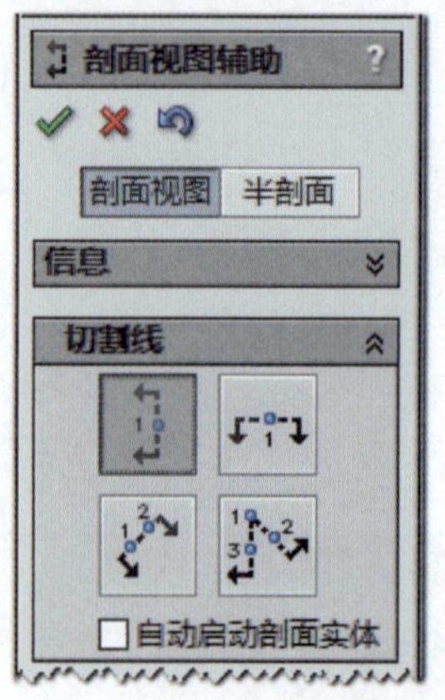

图 6-2-20　剖面视图选项设置

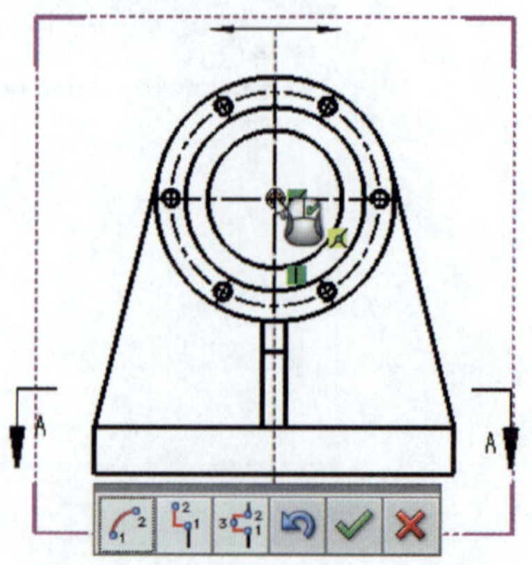

图 6-2-21　选择剖面的位置点

（3）此时弹出“剖面视图”对话框，在主视图中选择筋，如图 6-2-22 所示，单击“确定”按钮关闭对话框。

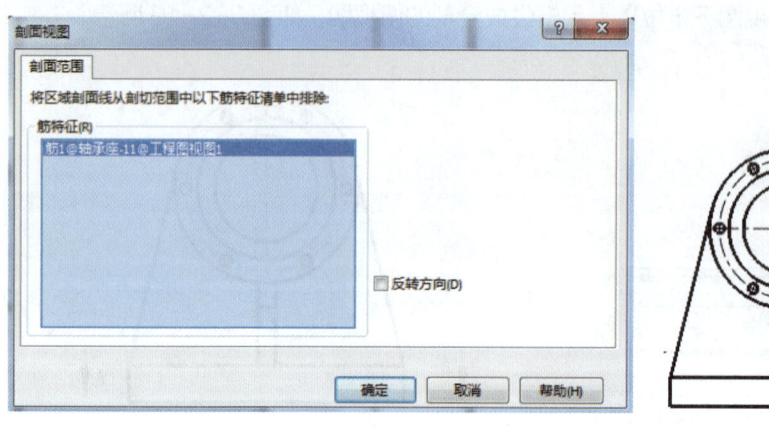

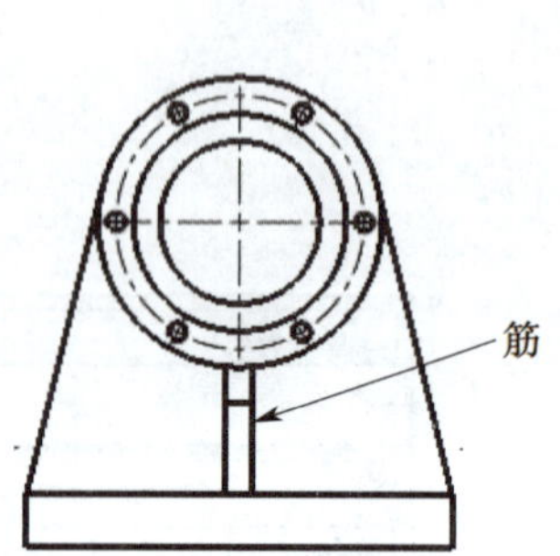

图 6-2-22　剖面范围中选择筋特征

（4）在属性管理器中单击“反转方向”按钮，删除视图标号，如图 6-2-23 所示，将光标移到主视图右边合适的位置单击，即得到全剖的左视图，然后选中剖面切割线，单击右键，在弹出菜单中选择“隐藏切割线”，效果如图 6-2-24 所示。

5. 在主视图中创建局部剖视图

（1）在“视图布局”选项卡中单击“断开的剖视图”按钮，在主视图中绘制一条封闭曲线，如图 6-2-25 所示。

（2）绘制完封闭曲线后，弹出“断开的剖面”属性管理器，选取如图 6-2-26 所示的圆作为深度参考，单击“确定”按钮，完成局部剖视图的创建。

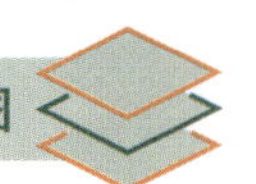

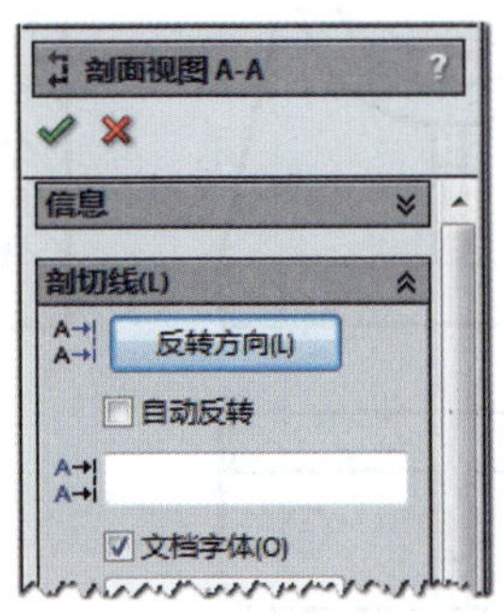

图 6-2-23　剖面视图选项

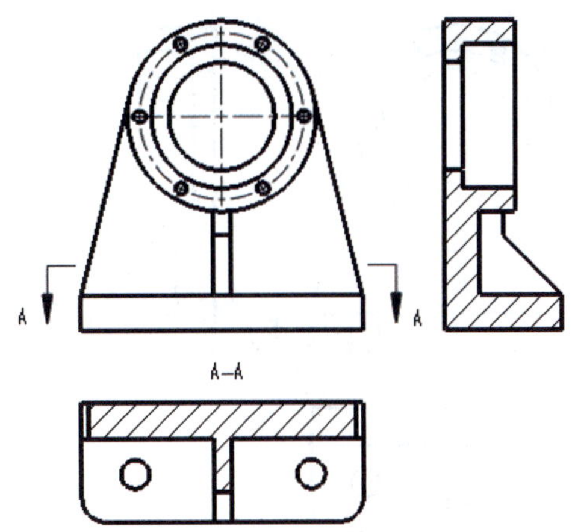

图 6-2-24　生成全剖的左视图

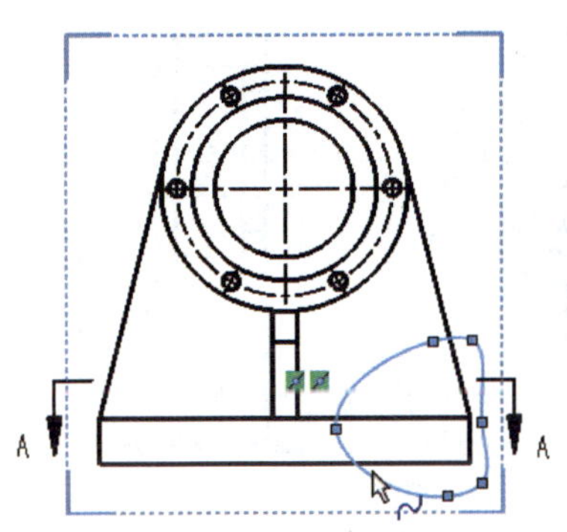

图 6-2-25　绘制封闭曲线

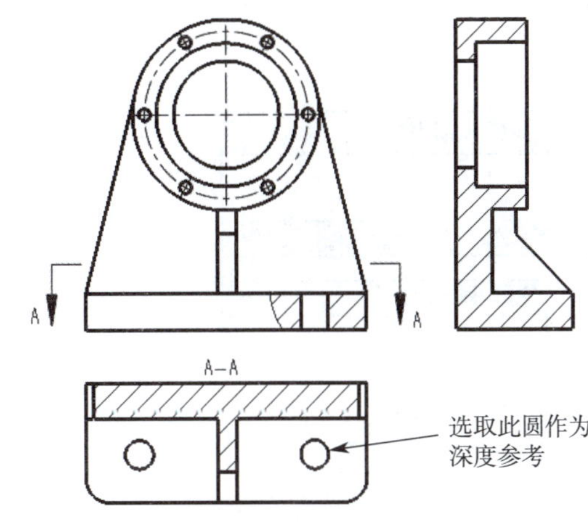

图 6-2-26　生成局部剖视图

二、自动生成标注尺寸

1. 生成中心线和中心符号线

（1）单击“注解”选项卡中的“中心线”按钮，通过选择圆柱面或两边线方式生成中心线，单击“确定”按钮后如图 6-2-27 所示。

（2）单击“注解”选项卡中的“中心符号线”按钮，选择俯视图中的两个小圆，生成中心符号线，单击“确定”按钮后如图 6-2-28 所示。

2. 生成标注尺寸

在“注解”选项卡中单击“模型项目”按钮，弹出“模型项目”属性管理器，在“来源 / 目标”栏中选择“整个模型”，勾选“将项目输入到所有视图”复选框，在“尺寸”栏中按如图 6-2-29 所示进行勾选，其他选项保持默认，单击“确定”按钮，效果如图 6-2-30 所示。

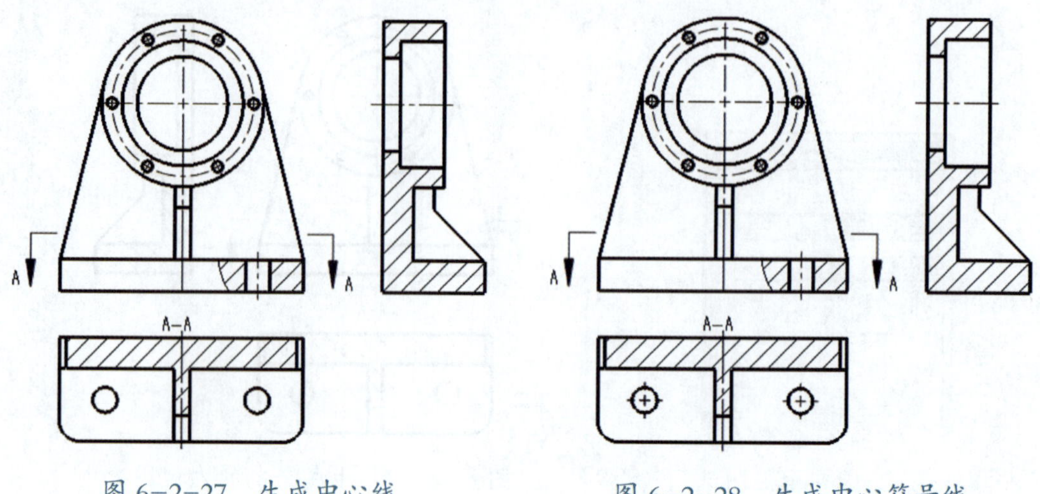

图 6-2-27　生成中心线　　　　图 6-2-28　生成中心符号线

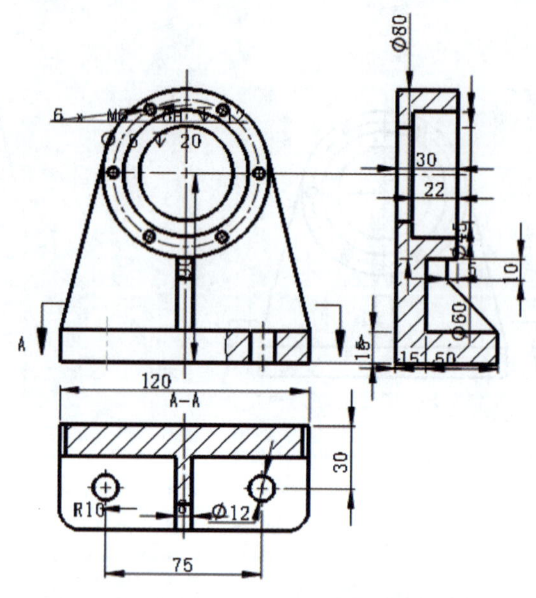

图 6-2-29　模型项目参数设置　　　　图 6-2-30　生成标注尺寸

框选所有的尺寸，单击右键，在弹出的快捷菜单中选择“对齐”→“自动排列”，效果如图 6-2-31 所示。

3. 修整尺寸

使用“模型项目”命令生成的尺寸是系统自动插入的，有些尺寸可能是不合理的，因此需要按照尺寸标注的要求对插入的尺寸进行调整。

（1）在工程图中拖动尺寸文本，可以移动尺寸位置，调整到合适位置。

（2）在拖动尺寸时按“Shift”键，可以将尺寸从一个视图移动到另一视图。

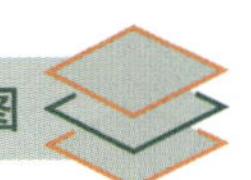

（3）选中需要删除的尺寸，按“Delete”键即可删除。

（4）在进行尺寸调整过程中，可以删除一些尺寸，再使用“注解”选项卡中的“智能尺寸”命令进行标注。

尺寸修整后的工程图效果如图 6-3-32 所示。

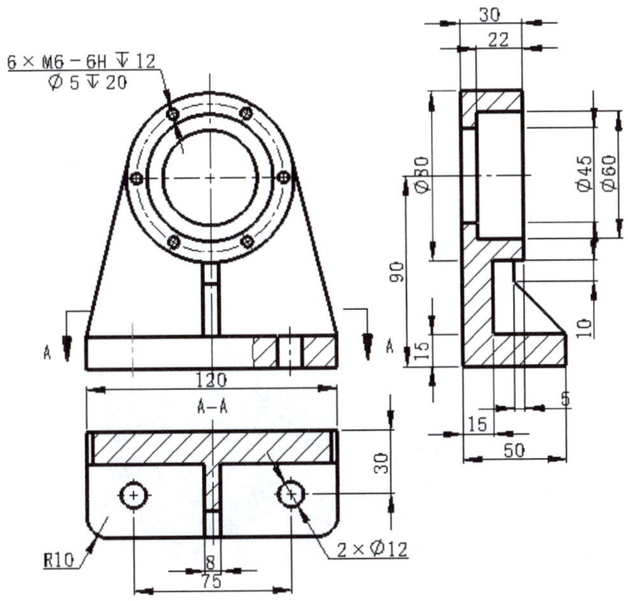

图 6-2-31　自动排列后的标注尺寸

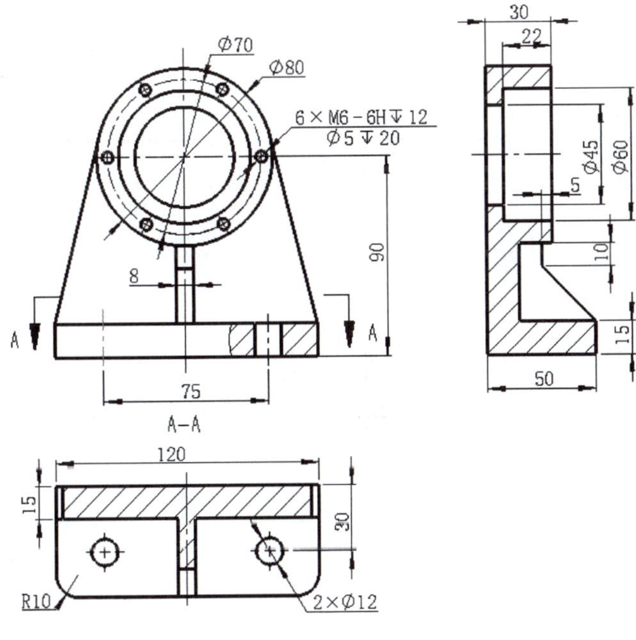

图 6-2-32　修整好尺寸标注的工程图

三、保存分离的工程图

单击菜单栏“文件”→“另存为”按钮，在“保存类型”下拉选项中选择“分离的工程图（*.slddrw）”，将工程图文件命名为“轴承座工程图”，单击“保存”按钮，即可完成轴承座工程图的保存。

任务巩固

打开“素材\项目六　工程图\任务 2\钳座.SLDPRT”文件，如图 6-2-33a 所示，创建如图 6-2-33b 所示的工程图。

操作演示

a）

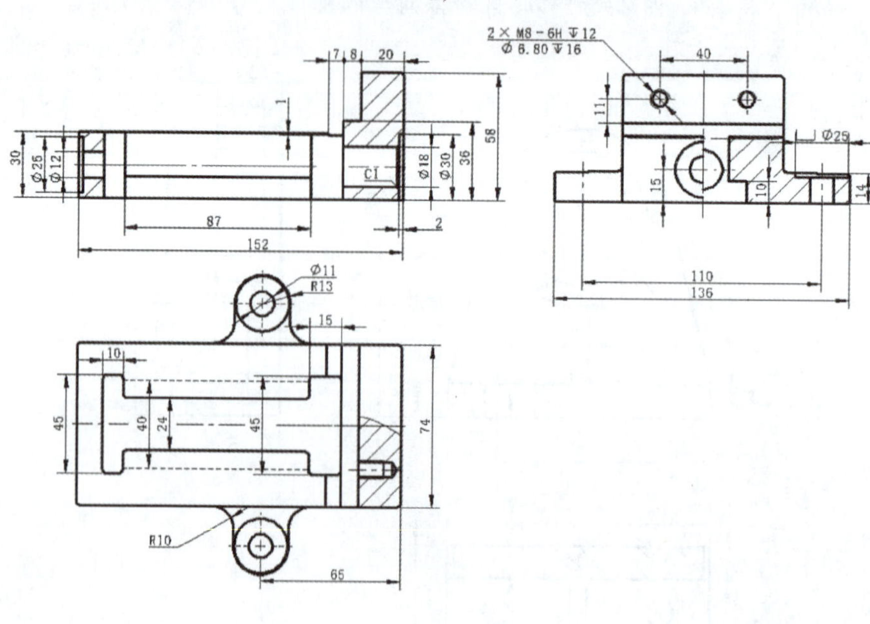

b）

图 6-2-33　钳座

任务 3　创建传动轴工程图

任务目标

1. 掌握断裂视图和局部视图的创建方法。
2. 掌握尺寸公差和几何公差的标注方法。
3. 掌握添加注释、表面粗糙度和基准特征符号的方法。
4. 能够创建完整的产品零件工程图。

任务描述

打开“素材 \ 项目六　工程图 \ 任务 3\ 传动轴 .sldprt”文件，如图 6-3-1a 所示，在 gb_a3 模板图样上完成如图 6-3-1b 所示的传动轴工程图。该工程图由断裂视图、局部放大视图和截面剖视图组成，其中技术要求较多，除了尺寸公差的标注外还有几何公差、表面粗糙度的标注要求，以及技术要求说明。在实际生产中，各种公差的标注和技术要求说明是零件工程图中不可缺少的内容。

知识准备

一、断裂视图

断裂视图常用于截面相同的长杆件，可将其断开后绘制，而断裂区域相关的尺寸反映实际的模型数值。

创建断裂视图的操作步骤如下：

（1）在“视图布局”选项卡中单击“断裂视图”按钮，弹出“断裂视图”属性管理器，如图 6-3-2 所示。

（2）按照“信息”栏的提示，在绘图区中选择传动轴工视图，此时“断裂视图”属性管理器变成如图 6-3-3 所示，在“折断线样式”下拉选项中选择“曲线切断”，缝隙大小设置为“5 mm”。

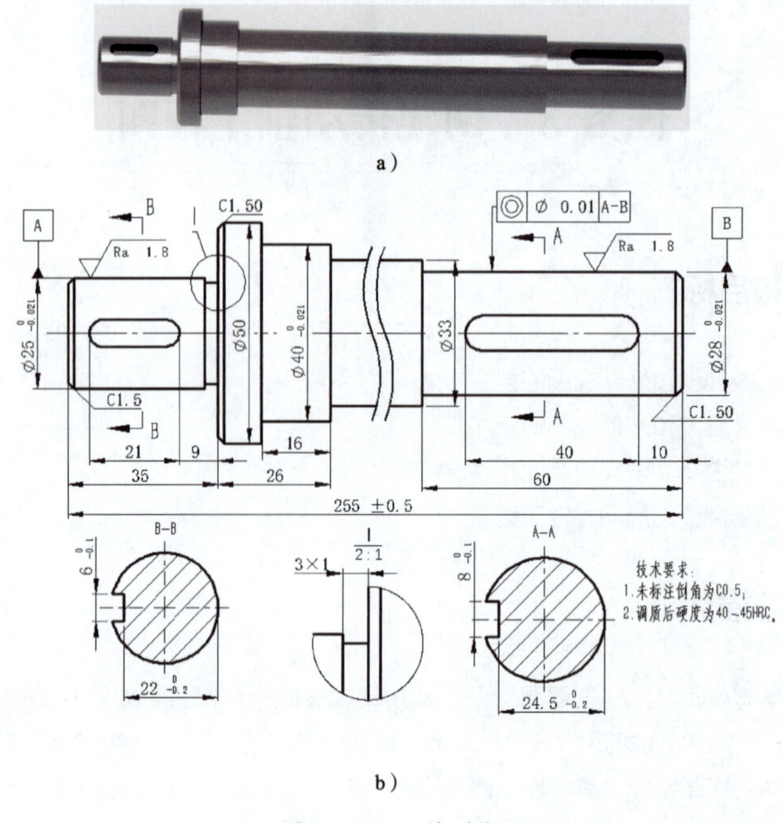

图 6-3-1　传动轴

（3）在轴上合适的位置单击，确定第一条折断线的位置，然后移动光标到如图 6-3-4 所示的另一个位置再次单击，确定第二条折断线的位置，单击“确定”按钮 ✔，得到传动轴的断裂视图，如图 6-3-5 所示。

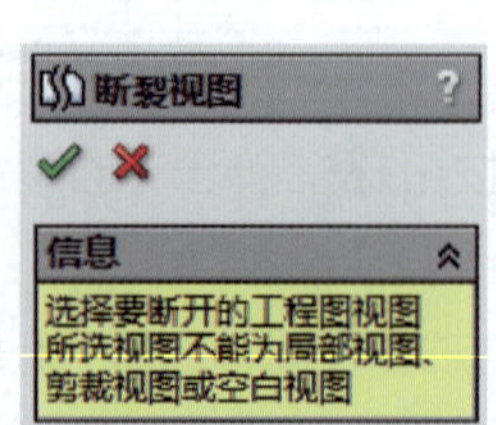

图 6-3-2　“断裂视图”属性管理器 1

图 6-3-3　“断裂视图”属性管理器 2

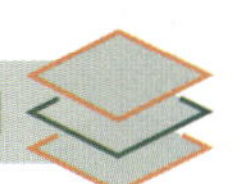

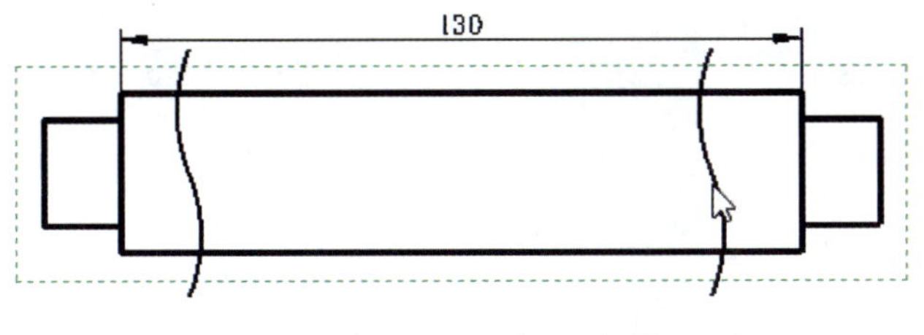

图 6-3-4　确定两条折断线位置

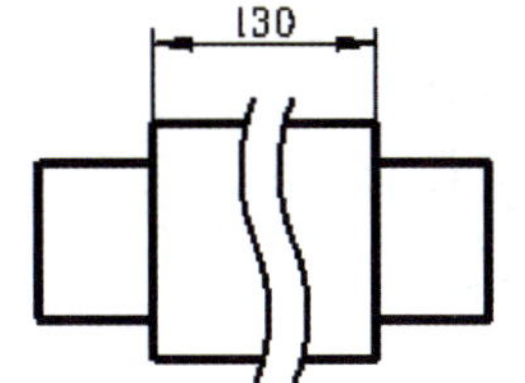

图 6-3-5　生成断裂视图

二、局部视图

局部视图用来显示现有视图中某一局部的形状，常用放大比例显示。

创建局部视图的操作步骤如下：

在“视图布局”选项卡中单击“局部视图”按钮，草图中的圆自动被激活，在需放大的区域绘制一个圆，拖动视图到合适的位置，单击鼠标生成局部视图，如图 6-3-6 所示。

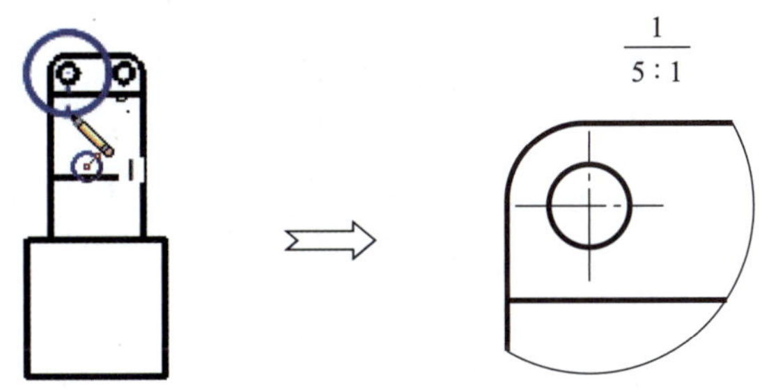

图 6-3-6　生成局部放大视图

三、尺寸公差

在 SolidWorks 中，尺寸公差包括基本、双边、对称、最小、最大等多种公差类型，如图 6-3-7 所示。

以创建双边公差为例，其操作步骤如下：

单击工程图上一个尺寸，在“尺寸”属性管理器中选择“双边”类型，输入上下偏差值，如图 6-3-8 所示，转换到“其他”选项卡，在“文字字体”栏中设置公差字体比例为“0.6”，如图 6-3-9 所示，单击“确定”按钮，完成公差尺寸创建，如图 6-3-10 所示。

四、几何公差

几何公差（旧称形位公差）是机械加工中一项非常重要的技术指标，尤其在精密机器和仪表的加工中，几何公差是评定产品质量的重要依据。

以创建同轴度几何公差符号为例，其操作步骤如下：

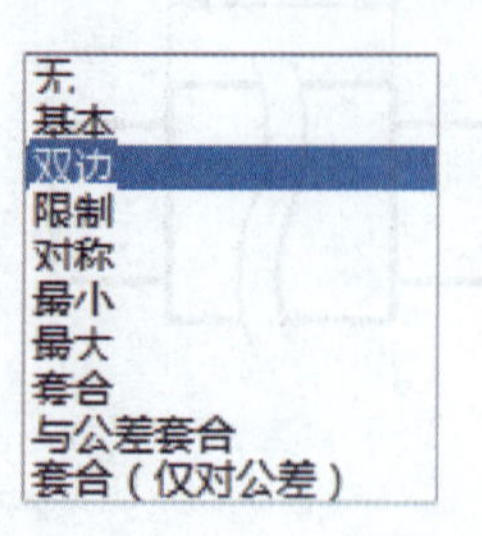

图 6-3-7 公差类型

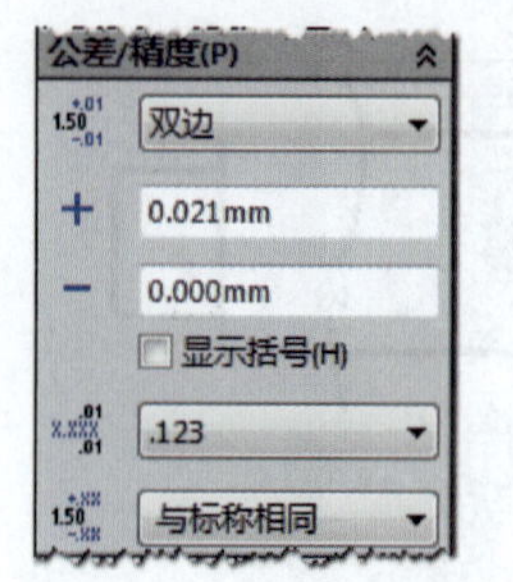

图 6-3-8 设置公差参数

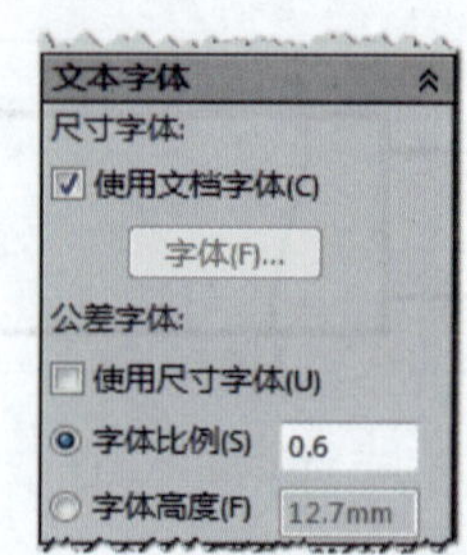

图 6-3-9 设置公差字体比例

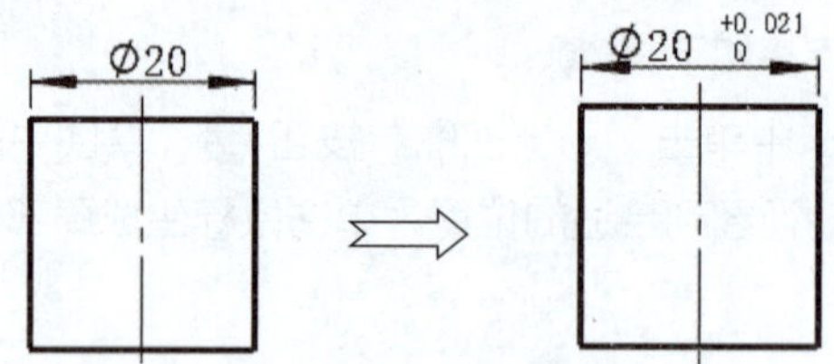

图 6-3-10 创建双边尺寸公差

在“注解”选项卡中单击“形位公差”按钮，弹出“形位公差”属性管理器和“属性”对话框。在“属性”对话框中设定几何公差内容，如图 6-3-11 所示。在“形位公差”属性管理器的“引线”栏中选择“自动引线”和“折弯引线”选项，如图 6-3-12 所示。在工程图中单击选择标注的基准，拖动预览后单击，即完成几何公差符号的标注，如图 6-3-13 所示。

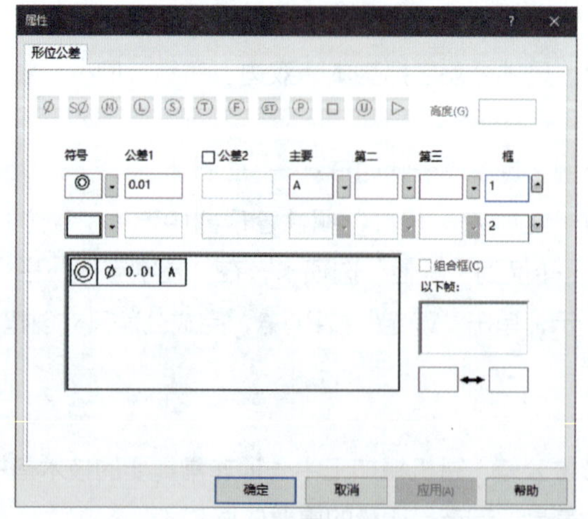

图 6-3-11 “属性”对话框

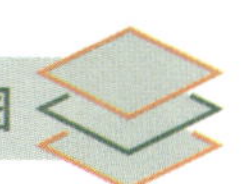

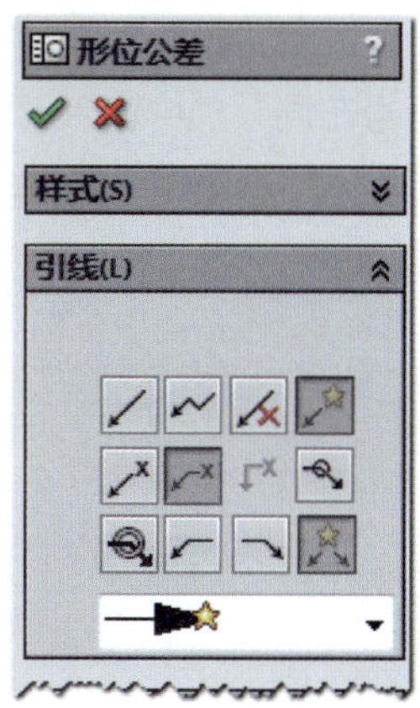

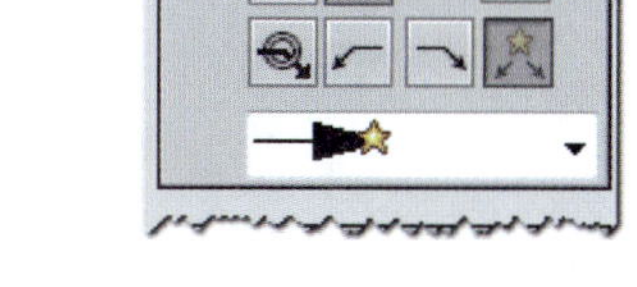

图 6-3-12　形位公差参数设置

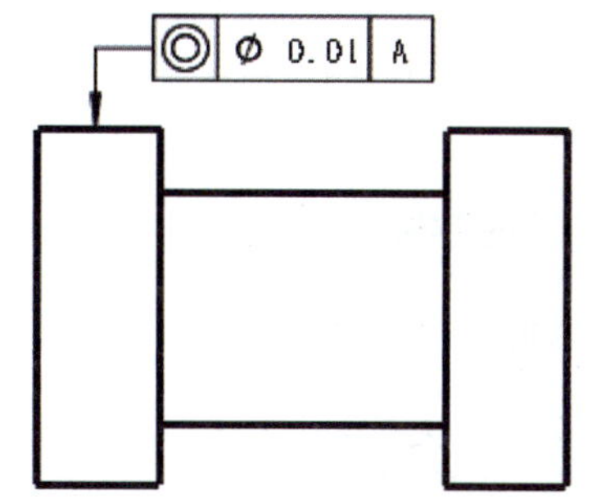

图 6-3-13　标注同轴度形位公差

五、注释

通过注释功能可以在工程图中添加一些文字信息及特殊的标注等。

添加注释的操作步骤如下:

在“注解”选项卡中单击“注释”按钮 **A**，弹出如图 6-3-14 所示的属性管理器，在绘图区中单击确定文本框的放置位置，在文本框内键入注释文字，单击“确定”按钮 ✔，完成注释添加，如图 6-3-15 所示。

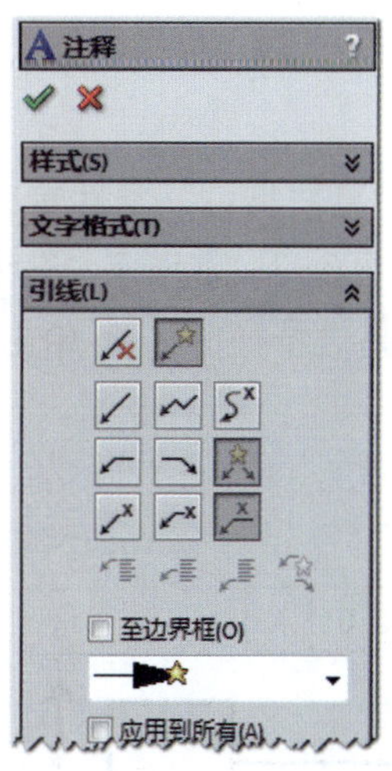

图 6-3-14　注释选项设置

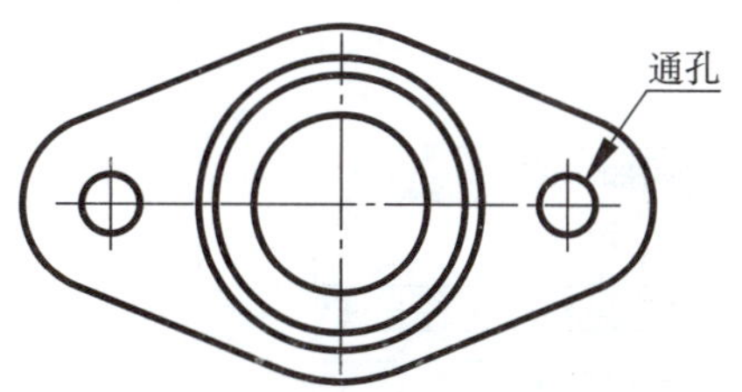

图 6-3-15　添加注释

六、表面粗糙度

表面粗糙度用来表示零件加工表面上的微观几何形状特征。

添加表面粗糙度的操作步骤如下:

在“注解”选项卡中单击“表面粗糙度符号”按钮，弹出“表面粗糙度”属性管理器，在“符号”栏中选择“要求切削加工”符号，在“符号布局”栏中输入“Ra”“6.3”，如图 6-3-16 所示，在绘图区域中单击确定放置表面粗糙度的位置，单击“确定”按钮，完成表面粗糙度添加，如图 6-3-17 所示。

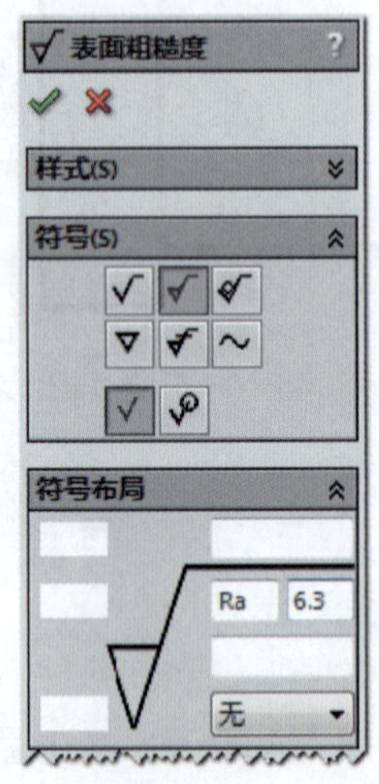

图 6-3-16　表面粗糙度参数设置

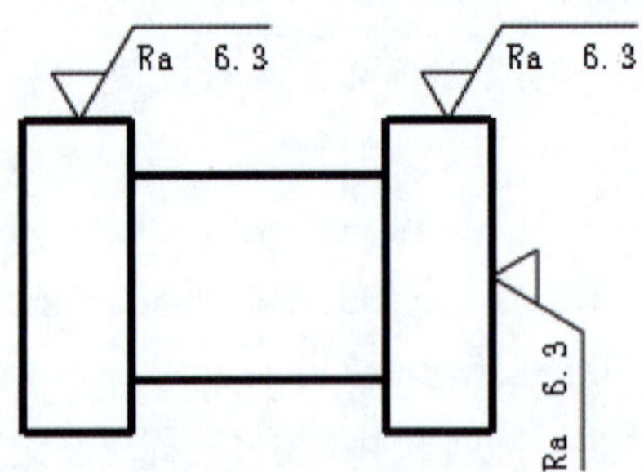

图 6-3-17　添加表面粗糙度

七、基准特征符号

基准特征符号用来表示模型平面或参考基准面。

添加基准特征符号的操作步骤如下：

在“注解”选项卡中单击“基准特征”按钮，弹出“基准特征”属性管理器，在“标号设定”栏中将标号修改为“A”，其他选项保持默认，如图 6-3-18 所示，在绘图区域中单击，以放置符号（不关闭属性管理器情况下可放置多个基准特征符号），单击“确定”按钮，完成基准特征符号添加，如图 6-3-19 所示。

图 6-3-18　基准特征选项设置

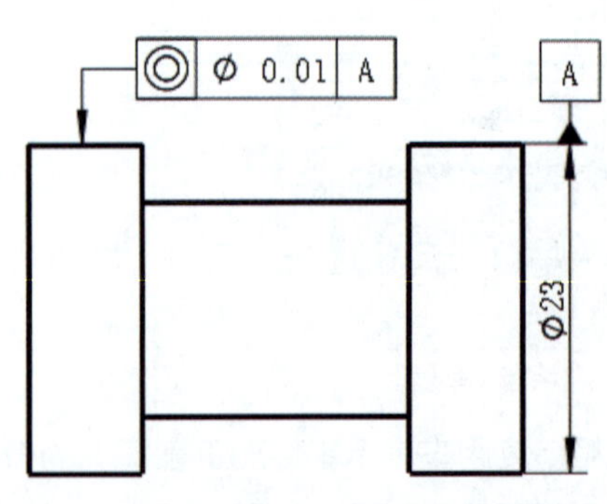

图 6-3-19　添加基准特征符号

任务实施

操作演示

一、创建视图

1. 生成主视图

（1）新建工程图文件。单击“新建”按钮，在弹出的“新建 SolidWorks 文件”对话框中选择“高级”→“gb_a3”模板图标，单击“确定”按钮，进入工程图界面。

（2）生成主视图。在右侧任务窗格中单击“视图调色板”按钮，在弹出窗格中单击“预览以选取零件 / 装配图”按钮，查找并打开“素材 \ 项目六　工程图 \ 任务 3\ 传动轴 .sldprt”文件，在调色板中将主视图拖到绘图区域合适位置，单击生成主视图，如图 6-3-20 所示。

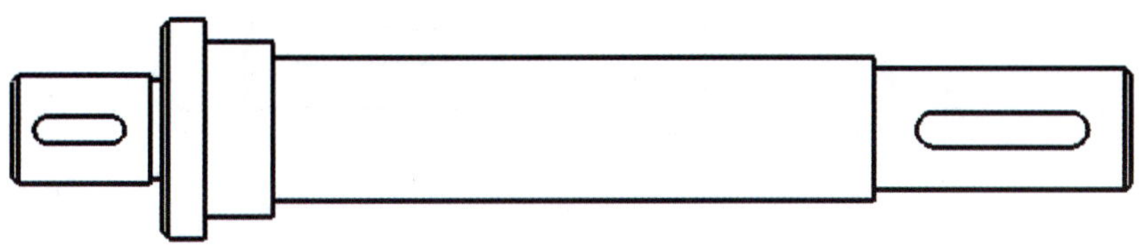

图 6-3-20　生成主视图

2. 创建断裂视图

（1）在“视图布局”选项卡中单击“断裂视图”按钮，弹出“断裂视图”属性管理器，如图 6-3-21 所示。

（2）按照“信息”栏的提示，在绘图区中选择传动轴主视图，此时“断裂视图”属性管理器变成如图 6-3-22 所示，在“折断线样式”下拉选项中选择“曲线切断”，缝隙大小设置为“5 mm”，其他选项保持默认。

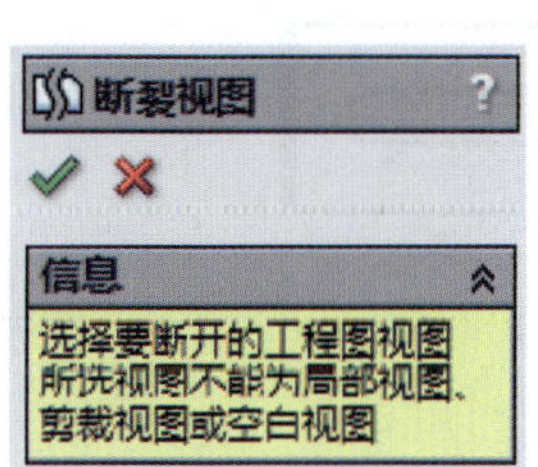

图 6-3-21　“断裂视图”属性管理器 1

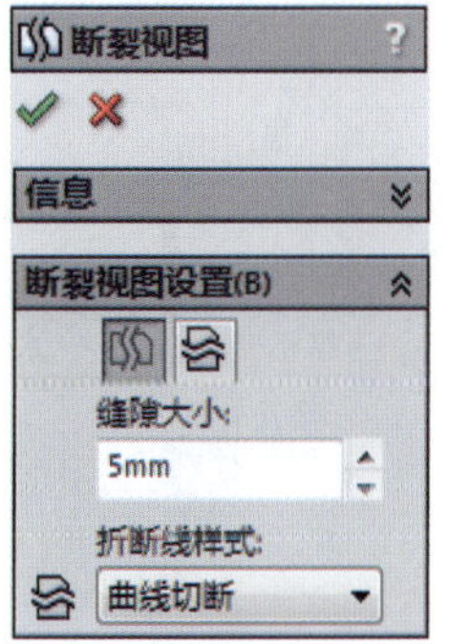

图 6-3-22　“断裂视图”属性管理器 2

（3）在轴上合适的位置单击，确定第一条折断线的位置，然后移动光标到如图 6-3-23 所示的另一个位置再次单击，确定第二条折断线的位置，单击“确定”按钮 ✔，得到传动轴的断裂视图，如图 6-3-24 所示。

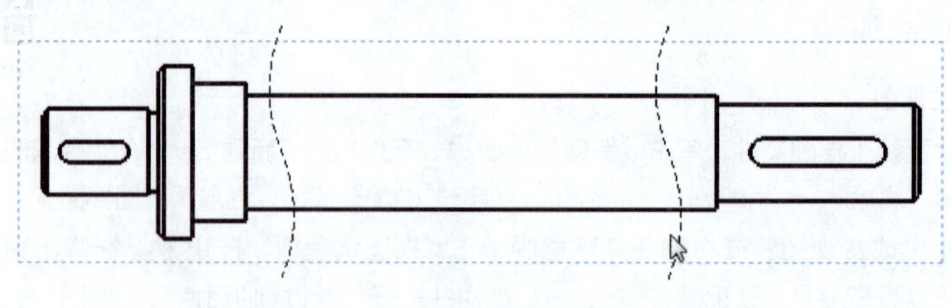

图 6-3-23 确定两条折断线位置

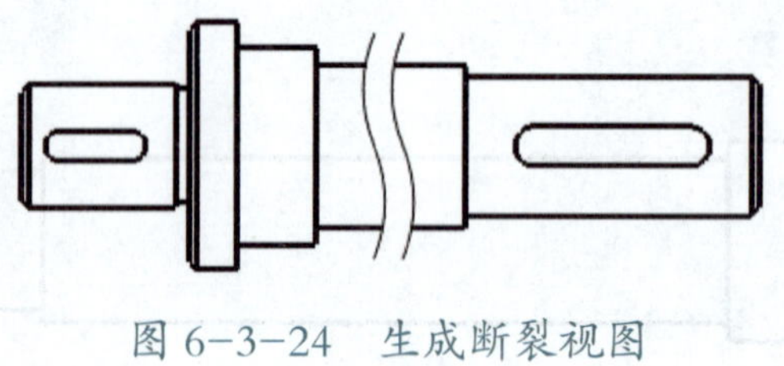

图 6-3-24 生成断裂视图

3. 创建截面视图

（1）选择前视图，在“视图布局”选项卡中单击“剖面视图”按钮，弹出“剖面视图辅助”属性管理器，在“切割线”栏中选择“竖直”方式，选取如图 6-3-25 所示的位置，在弹出的临时工具栏中单击“确定”按钮 ✔。

（2）此时按“Ctrl”键，移动光标将视图拖到主视图下方合适的位置，单击生成剖面视图，在剖面视图属性管理器的“剖面视图”栏中勾选“部分剖面”和“横截剖面”复选框，如图 6-3-26 所示，单击“确定”按钮 ✔ 完成截面视图 A 的创建，如图 6-3-27 所示。

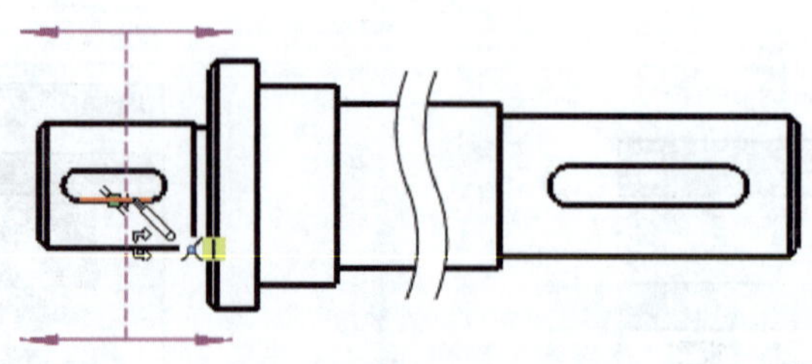

图 6-3-25 选择截面视图 A 的剖切位置

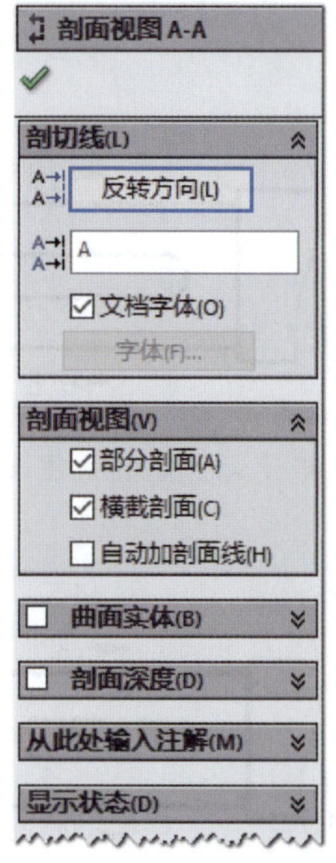

图 6-3-26　剖面视图参数设置

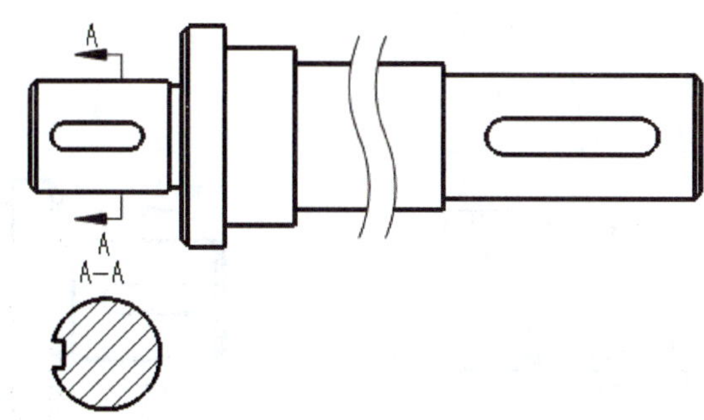

图 6-3-27　创建截面视图 A

通过相同的方法创建传动轴上的另一个键槽处的截面视图 B，如图 6-3-28 所示。

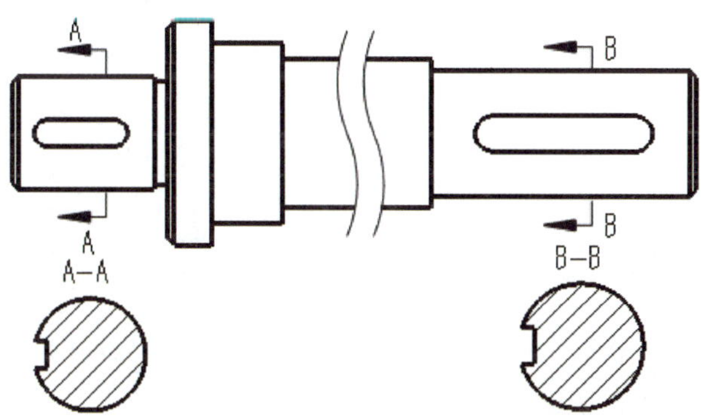

图 6-3-28　创建截面视图 B

4. 创建局部放大视图

（1）在“视图布局”选项卡中单击“局部视图”按钮，弹出“局部视图”属性管理器 1，如图 6-3-29 所示，在主视图中需局部放大的位置绘制圆，如图 6-3-30 所示。

（2）弹出“局部视图”属性管理器 2，如图 6-3-31 所示，选择“带引线”的样式，移动光标将视图拖到主视图下方合适的位置，单击创建局部放大视图，如图 6-3-32 所示。

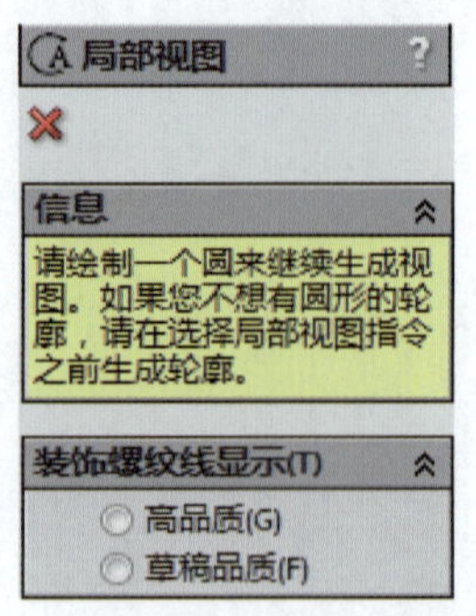

图 6-3-29 “局部视图”属性管理器 1

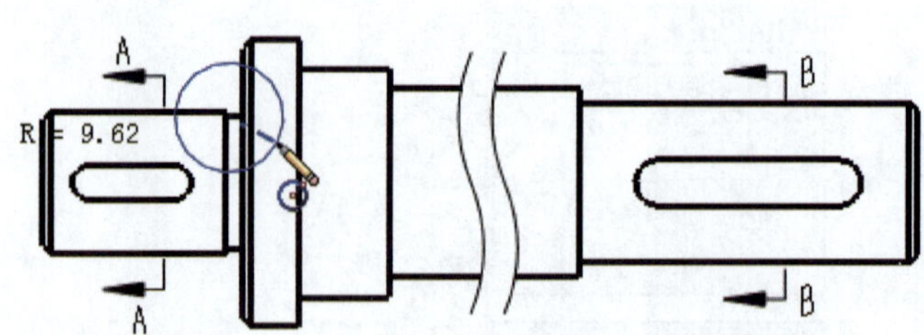

图 6-3-30 确定局部放大视图的范围

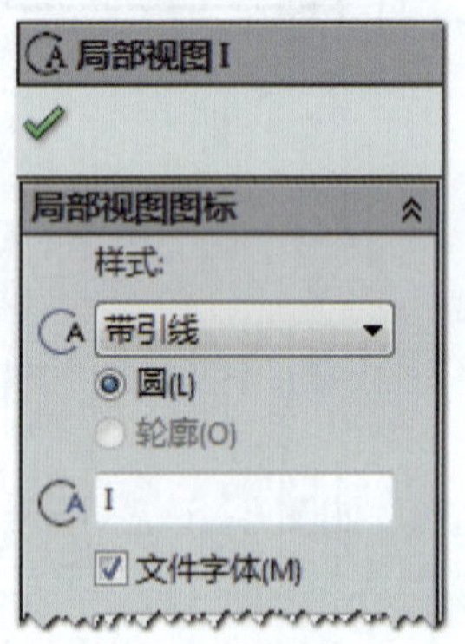

图 6-3-31 “局部视图”属性管理器 2

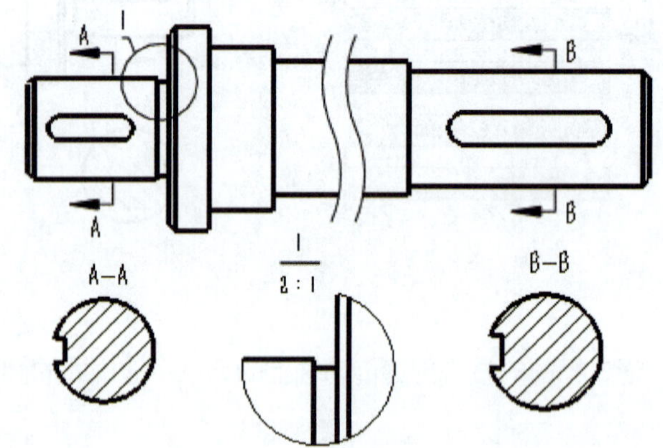

图 6-3-32 创建局部放大视图

二、尺寸标注

1. 插入模型尺寸

在“注解”选项卡中单击“模型项目”按钮，弹出“模型项目”属性管理器，按照如图 6-3-33 所示进行设置，单击“确定”按钮插入模型尺寸。经过尺寸修整后的尺寸标注效果如图 6-3-34 所示。

2. 标注双边尺寸公差

（1）在工程图中单击轴右端圆柱尺寸“ϕ28”，弹出“尺寸”对话框，在“公差 / 精度”栏中的“公差类型”下拉选项中选择“双边”类型，在“最小变量”数值框中输入“-0.021 mm”，在“主要单位精度”下拉选项中选择“.123”，其他选项保持默认，如图 6-3-35 所示。

（2）在“尺寸”属性管理器中单击转换到“其他”选项卡，“字体比例”设置为“0.6”，如图 6-3-36 所示，单击“确定”按钮，完成双边尺寸公差的添加，公差标注效果如

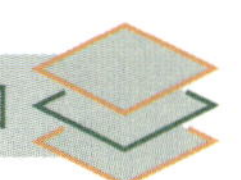

图 6-3-37 所示。

图 6-3-33 模型项目参数设置

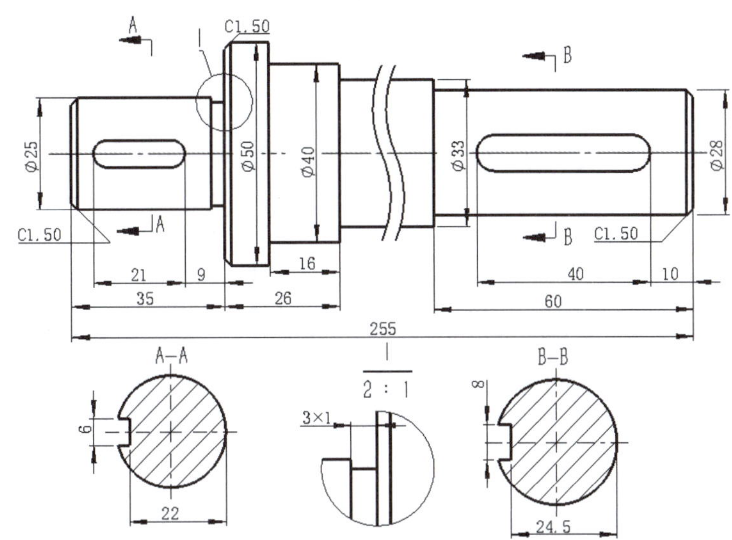

图 6-3-34 生成标注尺寸

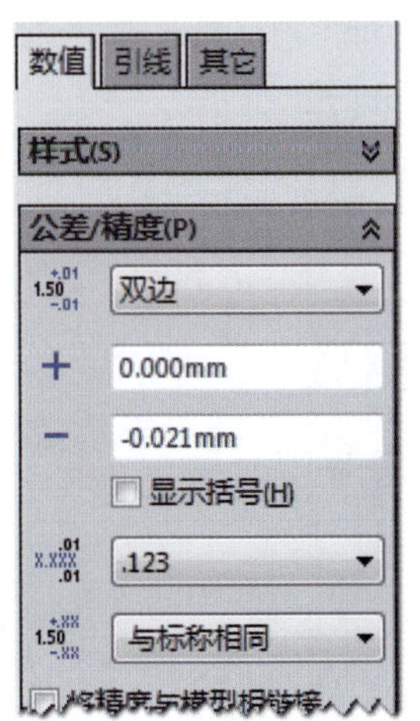

图 6-3-35 双边尺寸参数设置

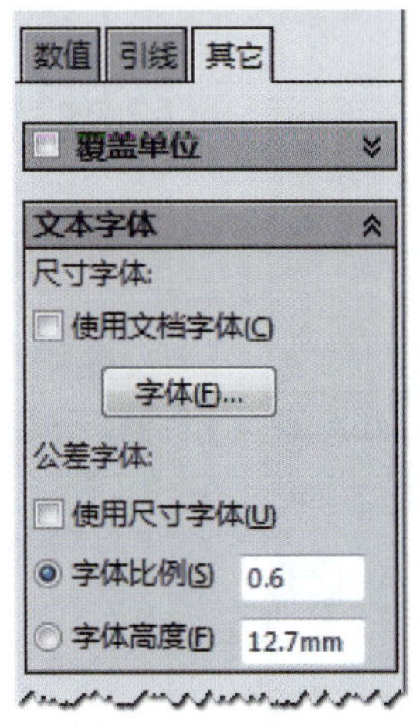

图 6-3-36 设置公差字体比例

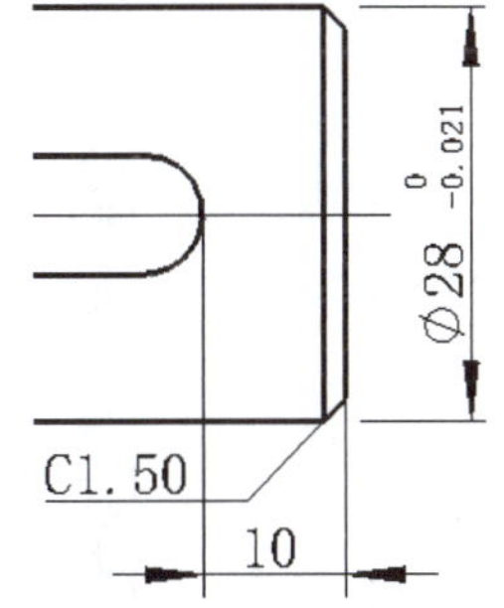

图 6-3-37 尺寸公差标注效果

通过同样的方法将轴的其他双边尺寸公差标注完成，如图 6-3-38 所示。

3. 标注对称尺寸公差

（1）在工程图中单击轴总长度尺寸“255”，弹出“尺寸”对话框，在“公差 / 精度”栏中，选择“对称”类型，数值框中输入“0.5 mm”，其他参数设置如图 6-3-39 所示。

（2）单击转换到“其他”选项卡，将字体比例设置为“1”，单击“确定”按钮 ✔，完成对称尺寸公差的添加，效果如图 6-3-40 所示。

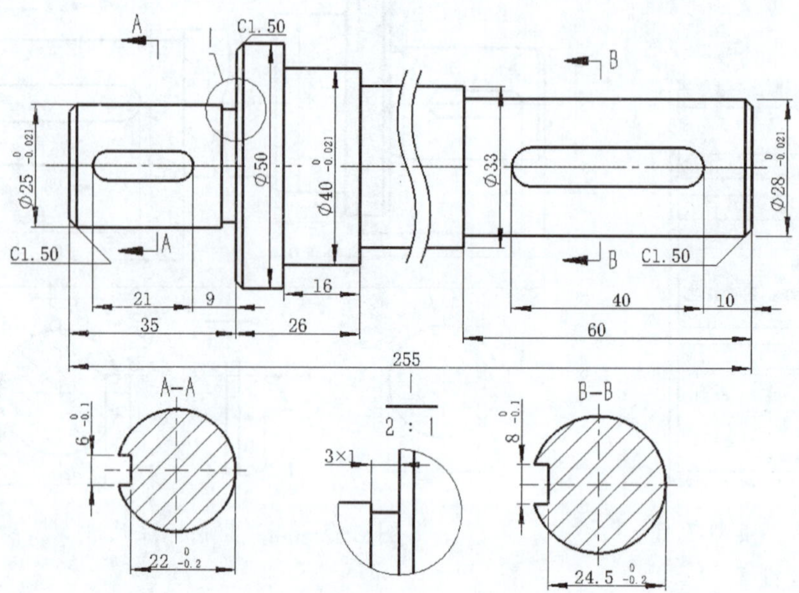

图 6-3-38 添加双边尺寸公差标注

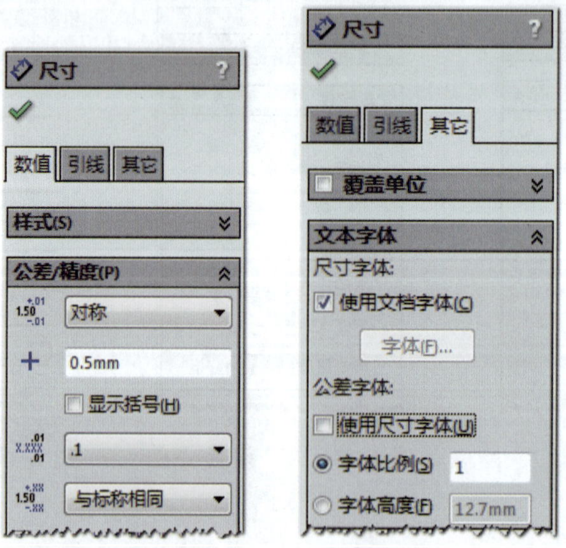

图 6-3-39 “尺寸”属性管理器参数设置

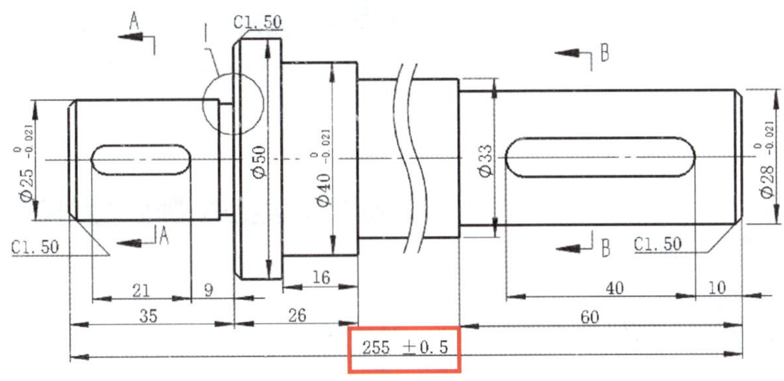

图 6-3-40　添加对称尺寸公差标注

4. 添加表面粗糙度符号

（1）在“注解”选项卡中单击“表面粗糙度符号”按钮，弹出“表面粗糙度”属性管理器，在“符号”栏中选择“要求切削加工”符号，输入值“Ra”“1.8”，如图 6-3-41 所示。

（2）在工程图中的相应位置单击进行标注，单击“确定”按钮，完成表面粗糙度符号的添加，效果如图 6-3-42 所示。

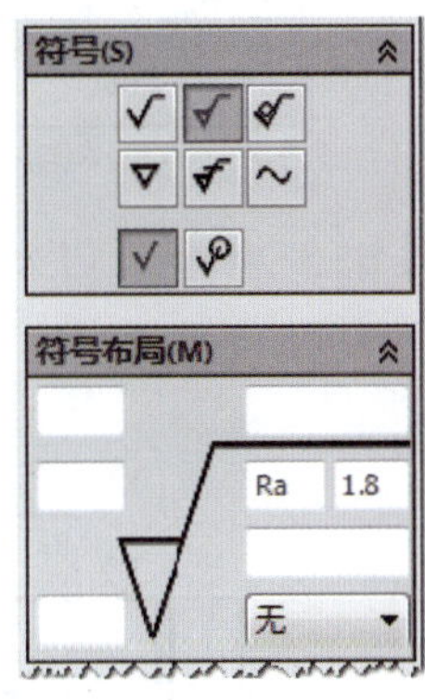

图 6-3-41　表面粗糙度参数设置

5. 标注几何公差

（1）在“注解”选项卡中单击“形位公差”按钮，弹出“形位公差”属性管理器和“属性”对话框。

（2）在“形位公差”属性管理器中选择“自动引线”和“折弯引线”选项，如图 6-3-43 所示；在“属性”对话框中设定几何公差内容，如图 6-3-44 所示。

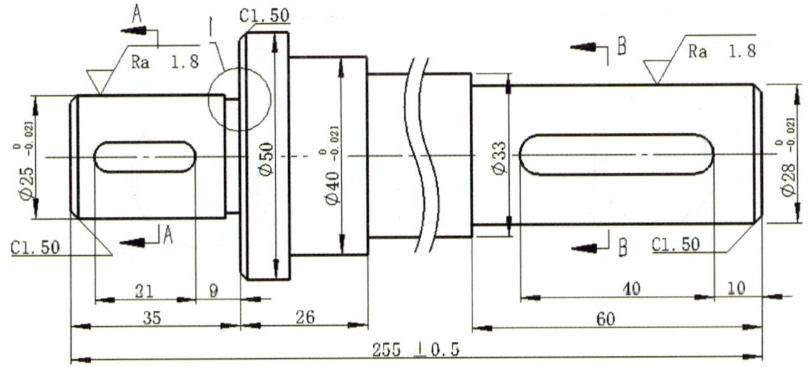

图 6-3-42　添加表面粗糙度符号标注

（3）在工程图中单击选择标注的基准，再移动光标到适合位置单击放置几何公差符号。

（4）完成几何公差标注后，单击“确定”按钮，关闭“属性”对话框，添加后效果如图 6-3-45 所示。

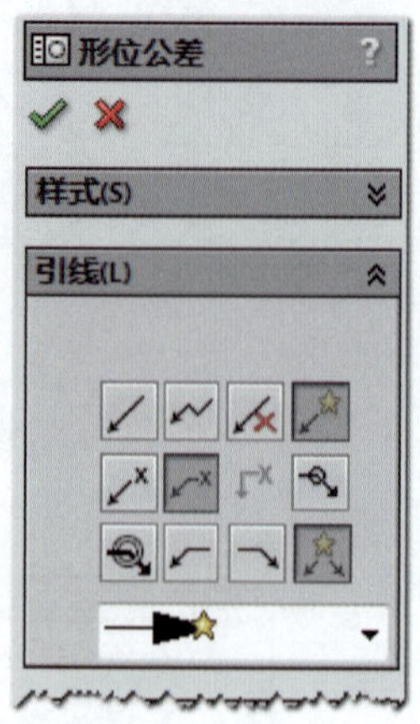

图 6-3-43　几何公差选项设置

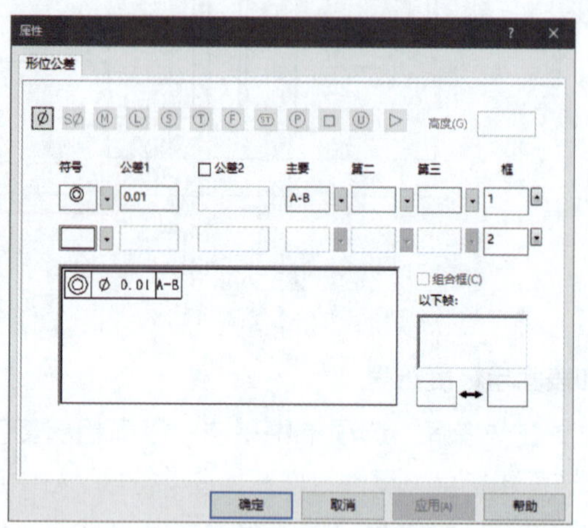

图 6-3-44　“属性”对话框设置

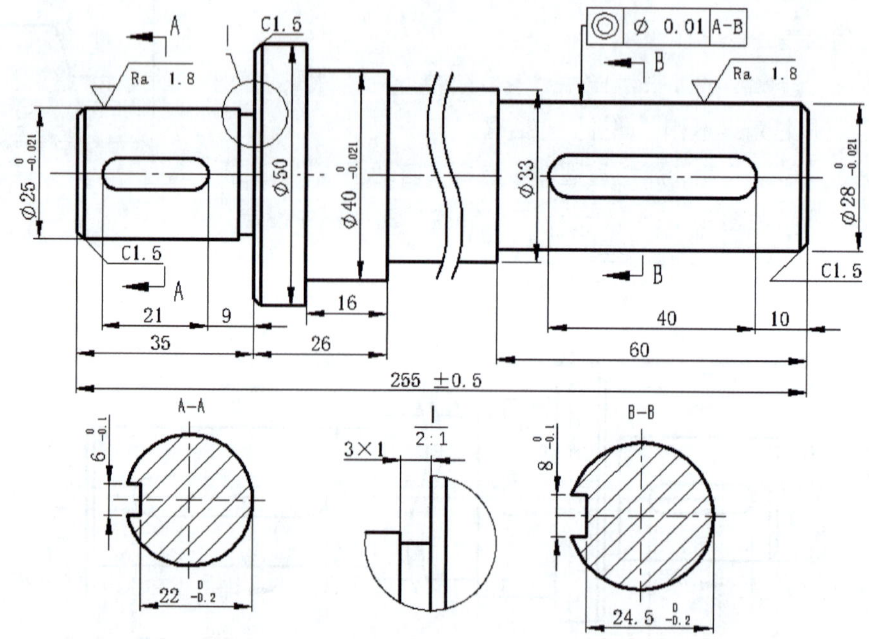

图 6-3-45　添加几何公差标注

6. 添加基准特征符号

（1）在“注解”选项卡中单击“基准特征”按钮，弹出“基准特征”属性管理器，

在“标号设定”栏中，将标号修改为“A”，引线样式选择“方形”，如图 6-3-46 所示。

（2）在工程图中单击选择标注的基准，拖动预览并单击放置标准符号，完成基准 A 的标注。用相同的方法完成基准 B 的标注，添加基准特征符号后效果如图 6-3-47 所示。

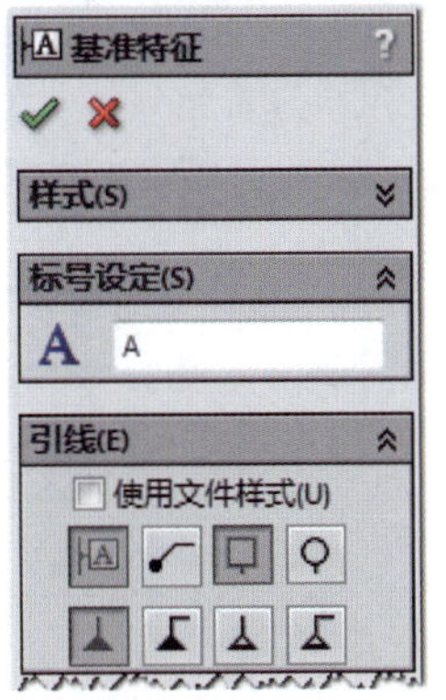

图 6-3-46　基准特征参数设置

7. 添加技术要求文本

在“注解”选项卡中单击“注释”按钮 A，弹出“注释”属性管理器，其中引线样式选择“无引线”，如图 6-3-48 所示，在工程图合适位置框选文本输入范围，输入技术要求文本，如图 6-3-49 所示，单击“确定”按钮 ✔ 后完成技术要求文本的添加。

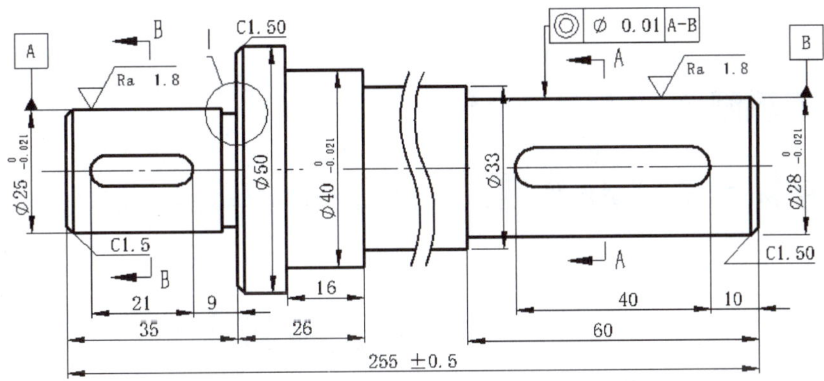

图 6-3-47　添加基准特征符号标注

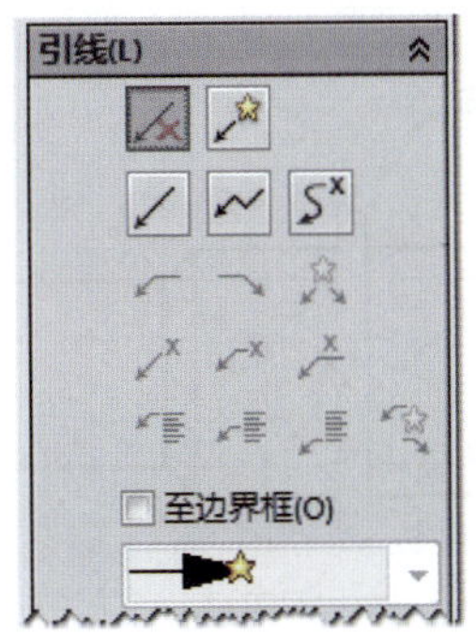

图 6-3-48　引线样式设置

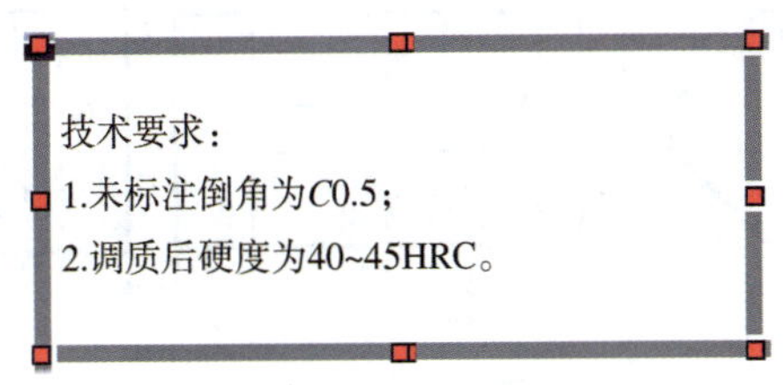

图 6-3-49　输入技术要求文本

所有的技术要求标注齐全后的效果如图 6-3-50 所示。

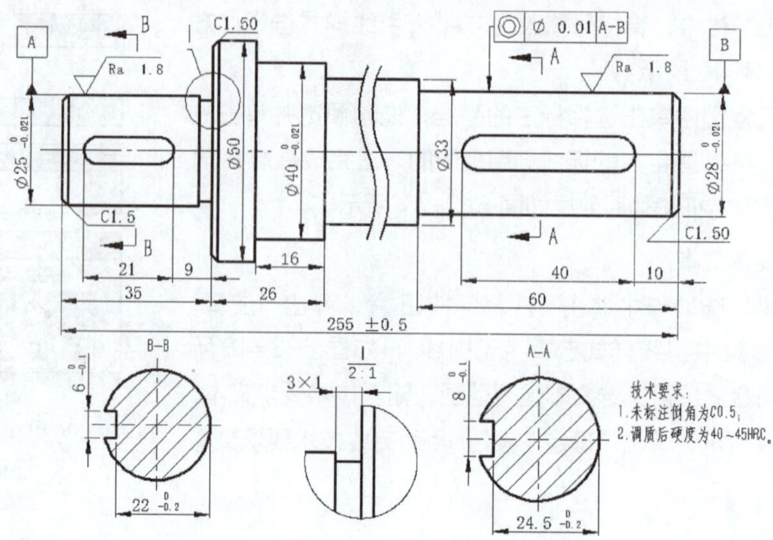

图 6-3-50　完整的传动轴工程图

 任务巩固

打开“素材\项目六　工程图\任务 3\螺杆 .SLDPRT”文件，如图 6-3-51a 所示，创建如图 6-3-51b 所示的工程图。

操作演示

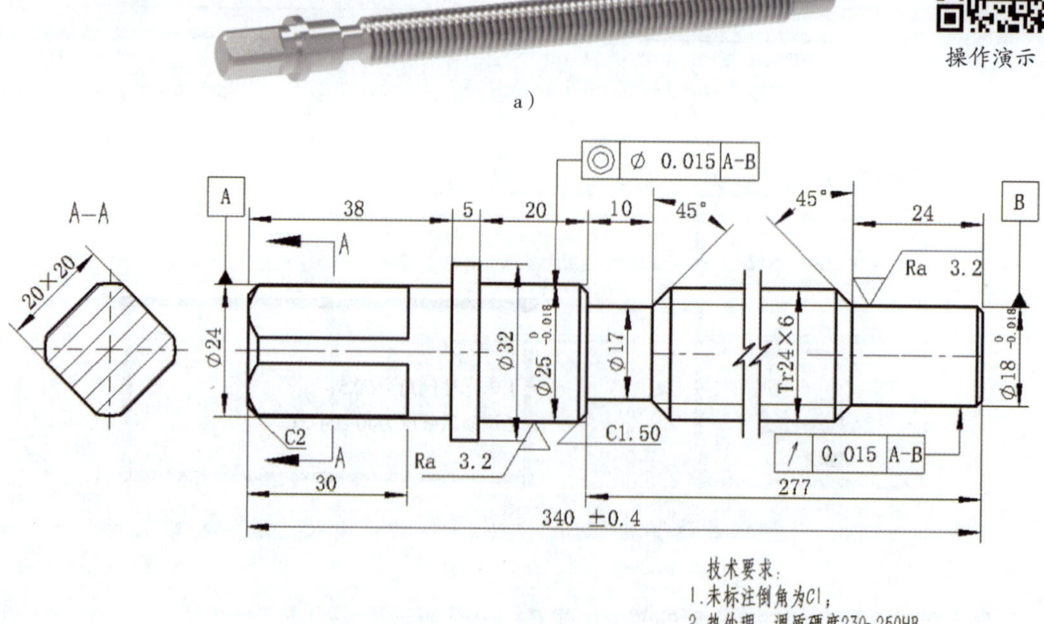

图 6-3-51　螺杆

任务 4　创建定滑轮爆炸工程图

任务目标

1. 掌握零件序号的创建方法。
2. 掌握装配体爆炸工程图中零件明细表的创建方法。
3. 能够创建装配体爆炸工程图。

任务描述

打开“素材 \ 项目六　工程图 \ 任务 4\ 定滑轮 .SLDASM”文件，如图 6-4-1a 所示，在 gb_a4p 模板图样中创建如图 6-4-1b 所示的定滑轮爆炸工程图。该工程图是定滑轮在

a）

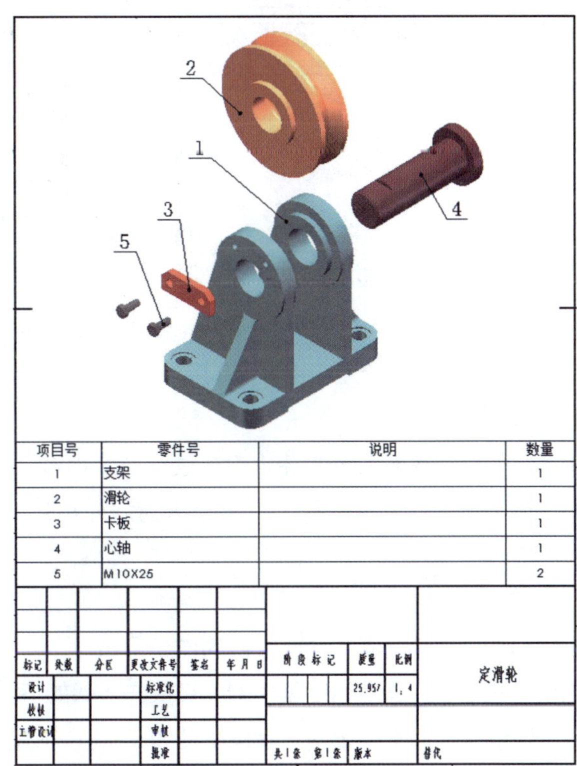

b）

图 6-4-1　定滑轮爆炸工程图

装配体环境下分解后创建的，定滑轮各个零件在工程图上呈实体上色、爆炸分解的状态，添加零件序号和零件明细表后即完成创建。

知识准备

一、零件序号

零件序号用于标记装配体中的零件，装配图中的零件序号应与零件明细表中的序号一致。SolidWorks 提供了手动添加零件序号和自动添加零件序号两种方式。

以在联轴器装配图中手动添加零件序号为例，其操作步骤如下：

在“注解”选项卡中单击“零件序号”按钮，在装配图中选择一个零件，移动光标到合适位置单击放置零件序号，如图 6-4-2 所示。

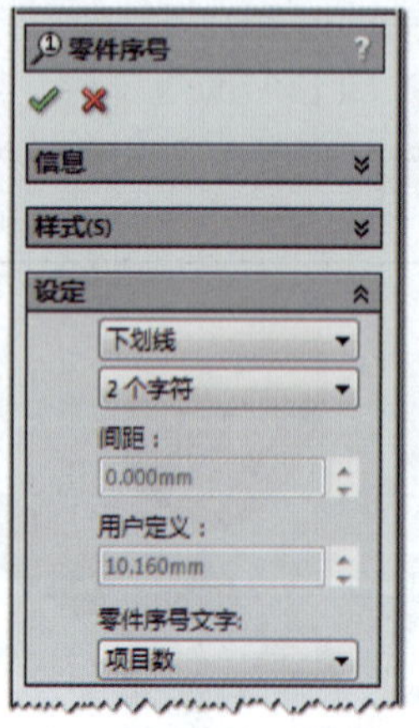

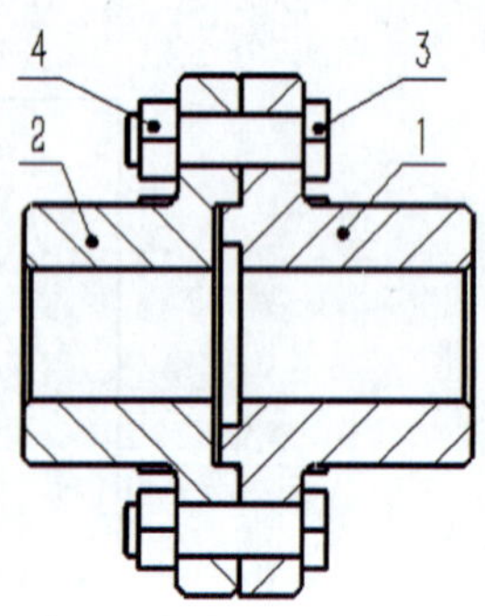

图 6-4-2　插入零件序号

小贴士

零件序号一般依照装配文件中零件装配顺序排列，如果需要修改可以通过在“零件序号文字”下拉选项中选择“文字”，手动输入该零件序号。

二、零件明细表

零件明细表是装配图中全部零件的详细目录。

以创建联轴器的零件明细表为例，其操作步骤如下：

在“注解”选项卡中单击“表格”按钮，在下拉选项中单击“材料明细表”按钮，选择一个视图作为生成零件明细表的指定模型，单击“确定”按钮，在合适位置单击，即可生成零件明细表，如图 6-4-3 所示。

项目号	零件号	说明	数量
1	主动端		1
2	从动端		1
3	螺栓		6
4	螺母		6

图 6-4-3　零件明细表

任务实施

操作演示

一、创建爆炸视图

1. 新建工程图文件

单击“新建”按钮，在弹出的“新建 SolidWorks 文件”对话框中选择“高级”→“gb_a4p”模板图标，如图 6-4-4 所示，单击“确定”按钮，进入工程图界面。

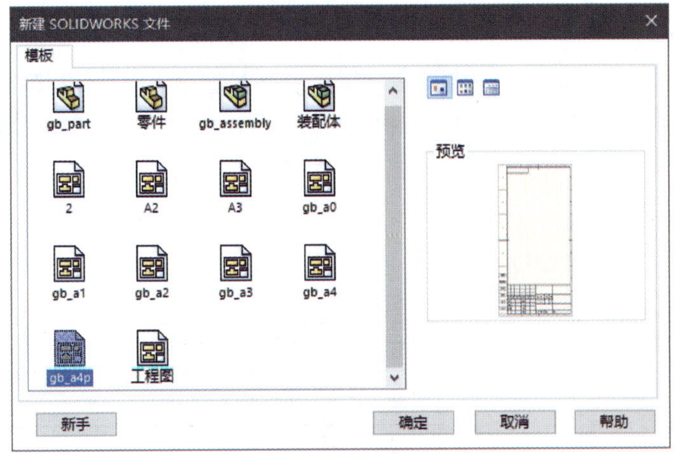

图 6-4-4　选择 gb_a4p 模板

2. 创建爆炸视图

进入工程图模块后，在左侧属性管理器中单击“取消”按钮（取消插入模型视图）。在右侧任务窗格中单击“视图调色板”按钮，单击“预览以选取零件 / 装配图”按钮，查找并打开“素材\项目六　工程图\任务 4\定滑轮 .SLDASM”文件，在调色板中将“爆炸等轴测”视图拖动到绘图区域合适位置，单击创建视图，如图 6-4-5 所示。

3. 修改比例

在弹出的“工程图视图”属性管理器“显示样式”栏中选择“上色”按钮，“比例”栏中选择“使用自定义比例”，选择“用户定义”，修改比例值为“1 ： 4”，如图 6-4-6 所示，单击“确定”按钮 ✔ 后，视图显示如图 6-4-7 所示。

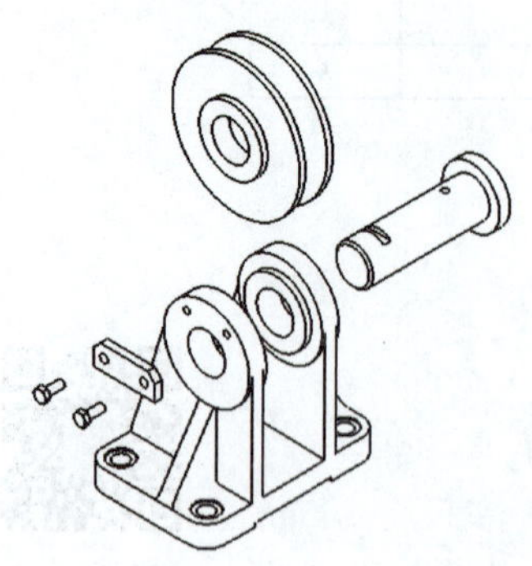

图 6-4-5　创建爆炸视图

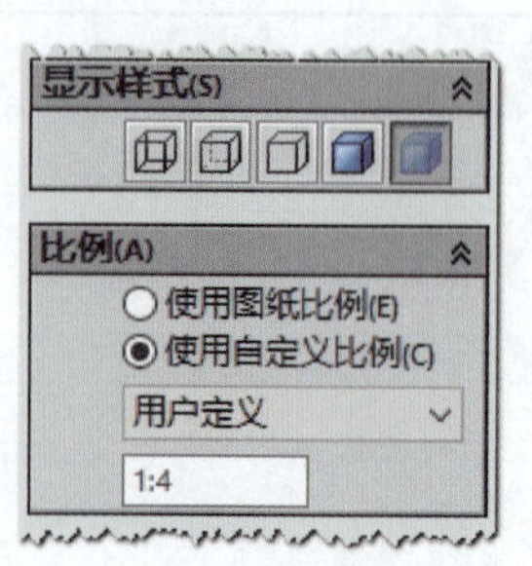

图 6-4-6　修改视图比例

图 6-4-7　修改比例后的上色爆炸视图

二、添加零件明细表

1. 插入表格

在“注解”选项卡中单击“表格”按钮，在下拉选项中单击“材料明细表”按钮，在绘图区单击选择定滑轮的视图，弹出“材料明细表”属性管理器，将表格模板选为“bom-standard”，如图 6-4-8 所示，单击“确定”按钮 ✔，移动光标将该表放置到标题栏上方，效果如图 6-4-9 所示。

图 6-4-8　“材料明细表”属性管理器

项目号	零件号	说明	数量
1	支架		1
2	滑轮		1
3	卡板		1
4	心轴		1
5	M10X25		2

标记　处数　分区　更改文件号　签名　年 月 日
设计　标准化
校核　工艺
主管设计　审核
批准
阶段标记　重量　比例
29.095　1:5
"图样名称"
"图样代号"
共 张　第 张　版本　替代

图 6-4-9　生成零件明细表

2. 调整表格宽度

光标移动到零件明细表的左上角，当光标变成拖动符号时，拖动表格与标题栏对齐，

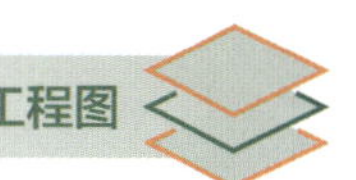

如图 6-4-10 所示。

项目号	零件号	说明	数量
1	支架		1
2	滑轮		1
3	卡板		1
4	心轴		1
5	M10X25		2

标记	处数	分区	更改文件号	签名	年 月 日	阶段标记	重量	比例	'图样名称'
设计			标准化				29.095	1:5	
校核			工艺						'图样代号'
主管设计			审核						
			批准			共1张 第1张	版本		替代

图 6-4-10 调整零件明细表

小贴士

右键单击要更改的列，在弹出的快捷菜单中选择“格式化”→“列宽”命令，输入列的宽度数值也可改变列宽。

三、添加零件序号

在“注解”选项卡中单击“零件序号”按钮，在工程图中依次选择每一个零件，移动光标到合适位置单击放置零件序号，如图 6-4-11 所示。

小贴士

零件序号如果文字高度过小，可以在标准工具栏中选择“选项”→“文档属性”→“注解”→“零件序号”→“文字”命令，在弹出的“文字”对话框中设置文字的高度。

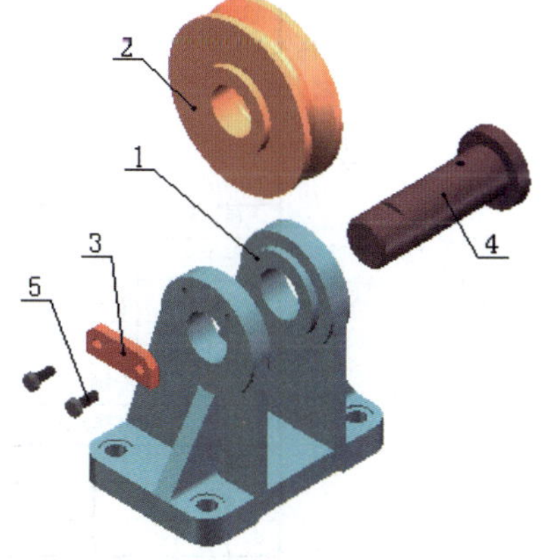

图 6-4-11 添加零件序号

四、填写标题栏

在图样空白处右键单击，在弹出的菜单中选择“编辑图样格式”，在标题栏中输入“定滑轮”，删除“图样代号”字样，修改比例值为“1：4”，如图 6-4-12 所示，单击绘图区右上角的按钮，进入工程图编辑格式。

标记	处数	分区	更改文件号	签名	年 月 日	阶 段 标 记	质量	比例	定滑轮
设计			标准化				25.957	1：4	
校核			工艺						
主管设计			审核						
			批准			共1张 第1张	版本		替代

图 6-4-12　填写标题栏

至此，定滑轮爆炸工程图创建完毕，如图 6-4-13 所示。

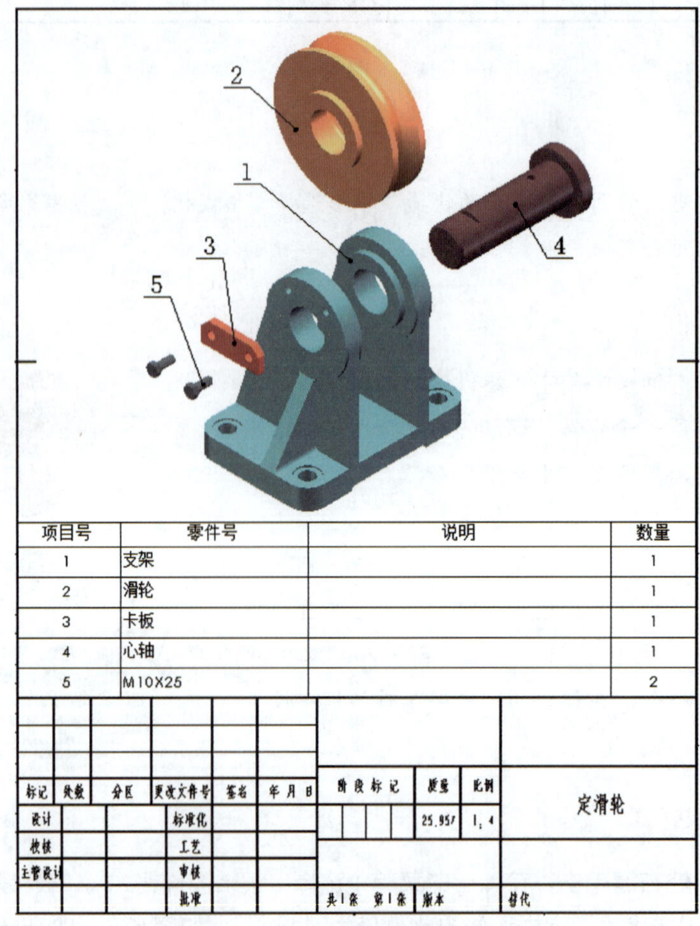

项目号	零件号	说明	数量
1	支架		1
2	滑轮		1
3	卡板		1
4	心轴		1
5	M10X25		2

标记	处数	分区	更改文件号	签名	年 月 日	阶 段 标 记	质量	比例	定滑轮
设计			标准化				25.957	1：4	
校核			工艺						
主管设计			审核						
			批准			共1张 第1张	版本		替代

图 6-4-13　定滑轮爆炸工程图

任务巩固

打开“素材\项目六　工程图\任务4\120度钻孔模.SLDDRW”中的装配体文件，如图6-4-14a所示，在gb_a3模板中创建如图6-4-14b所示的爆炸工程图。

操作演示

a）

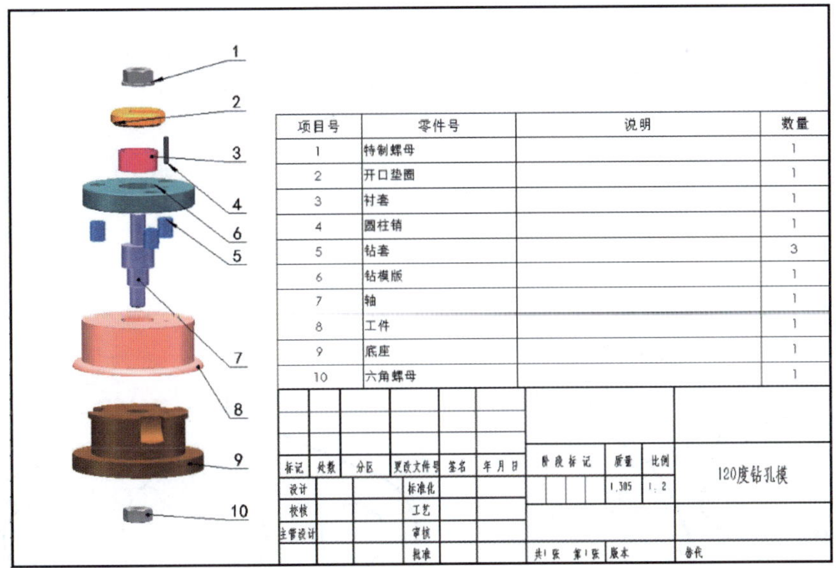

项目号	零件号	说明	数量
1	特制螺母		1
2	开口垫圈		1
3	衬套		1
4	圆柱销		1
5	钻套		3
6	钻模版		1
7	轴		1
8	工件		1
9	底座		1
10	六角螺母		1

b）

图6-4-14　120度钻孔模爆炸工程图

练习素材集

一、草图练习

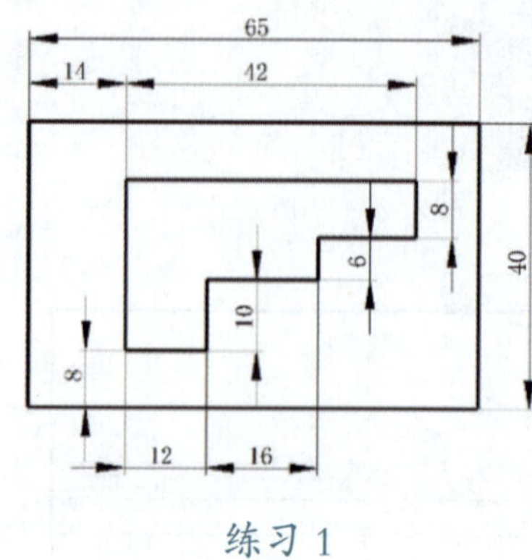

练习 1

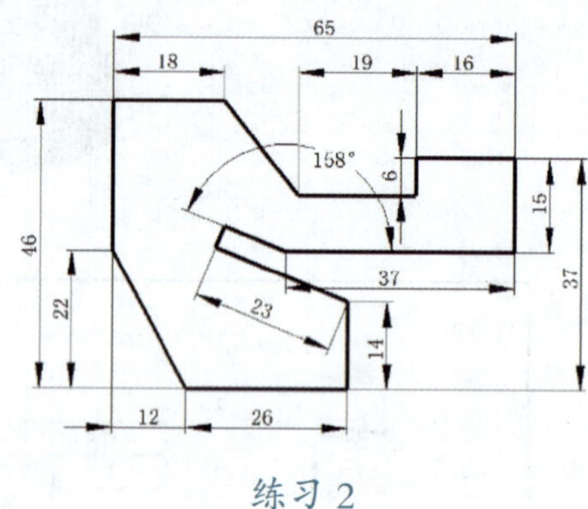

练习 2

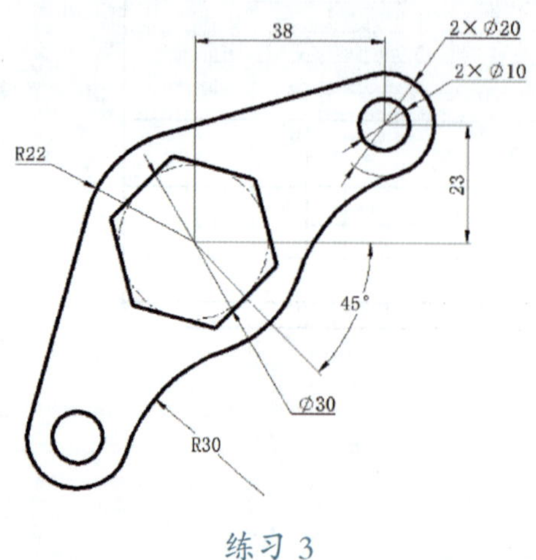

练习 3

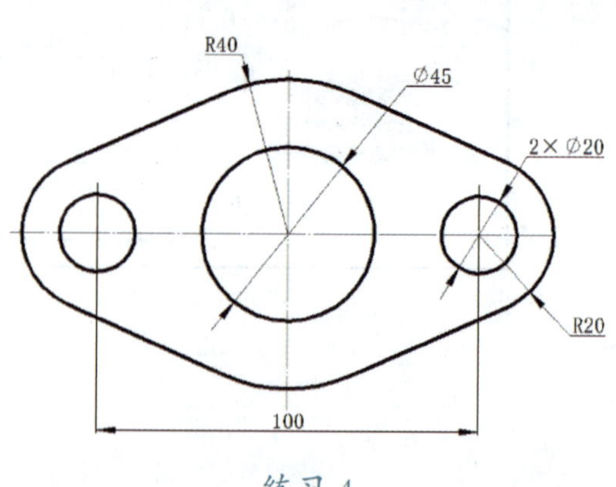

练习 4

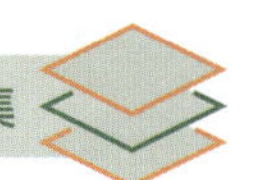

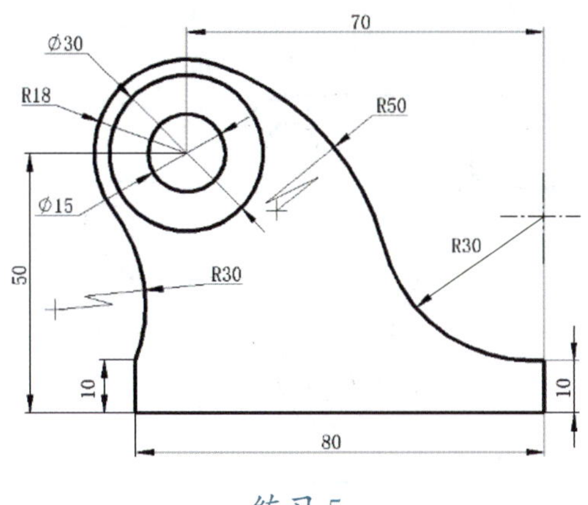

练习 5

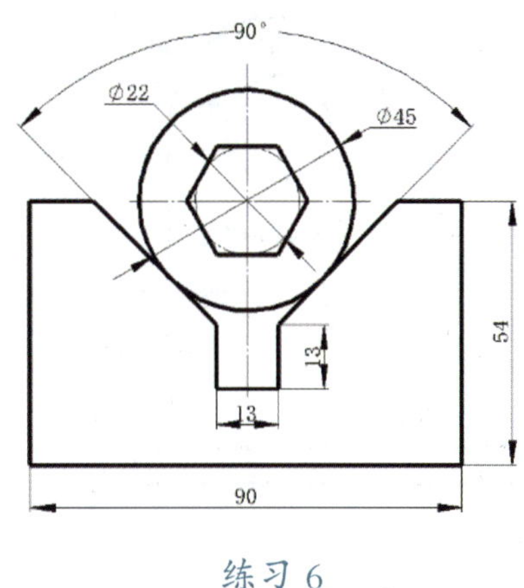

练习 6

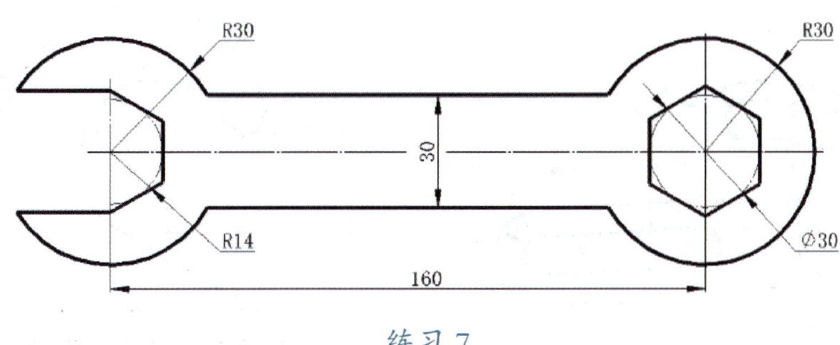

练习 7

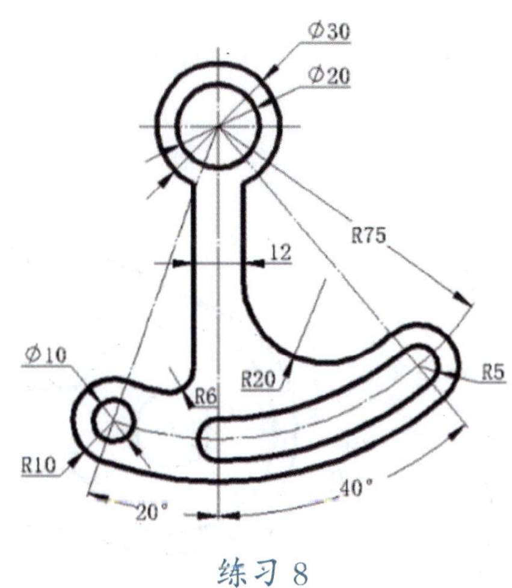

练习 8

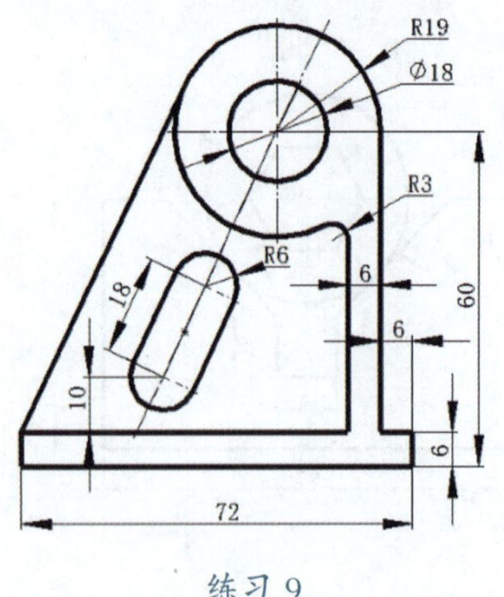

练习 9

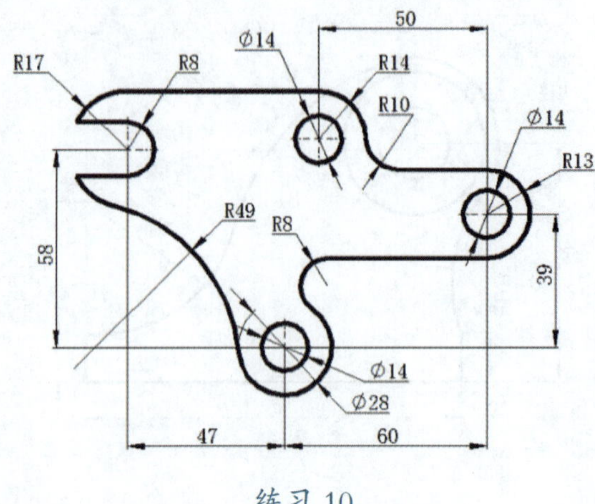

练习 10

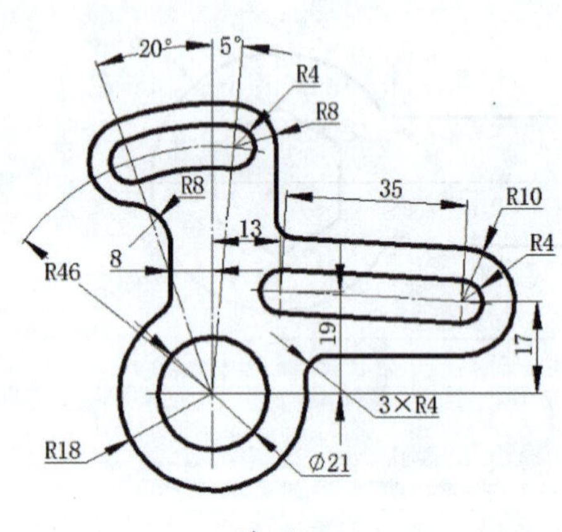

练习 11

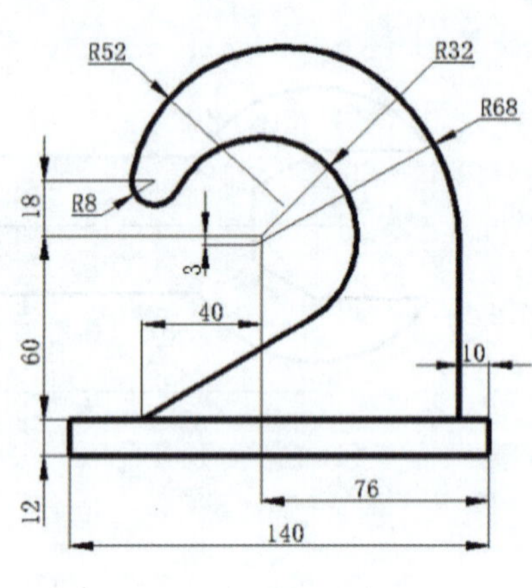

练习 12

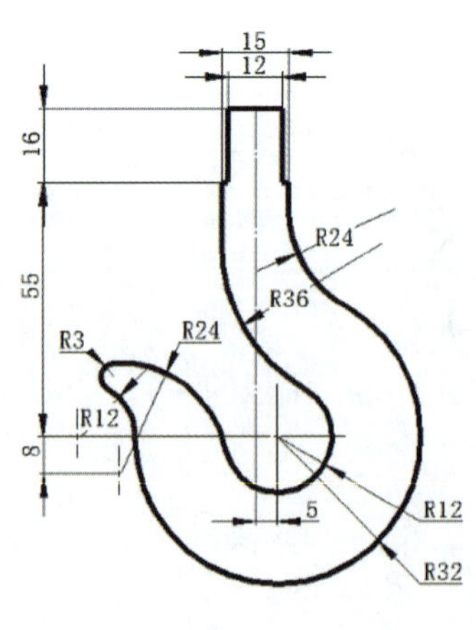

练习 13

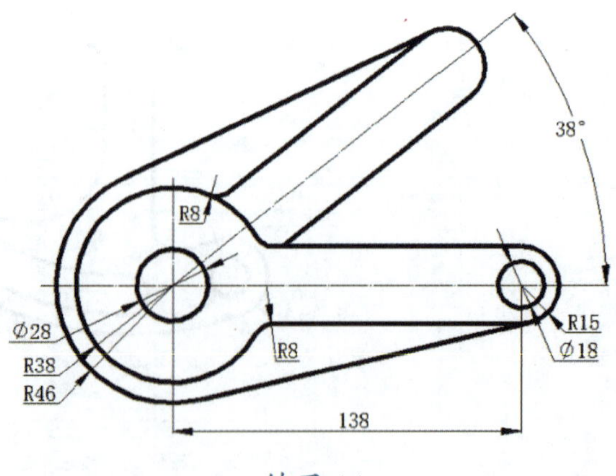

练习 14

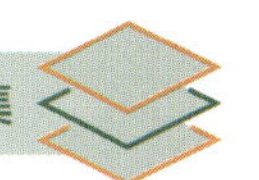

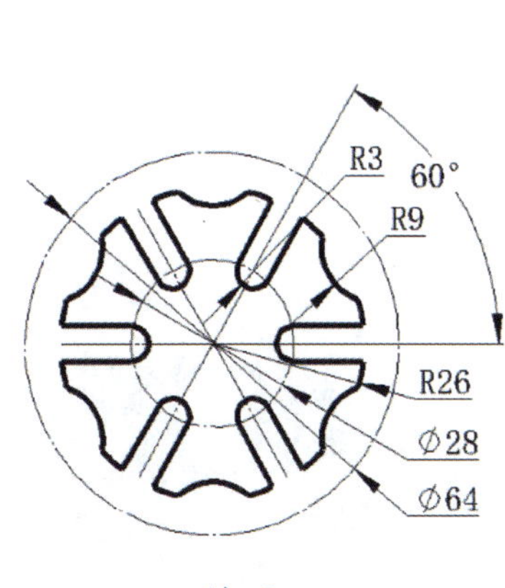

练习 15

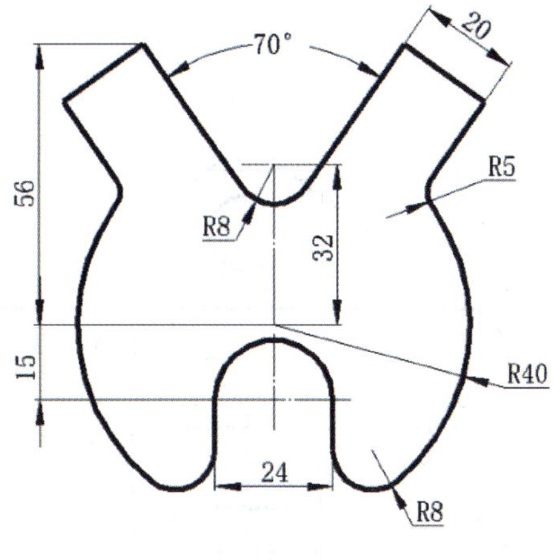

练习 16

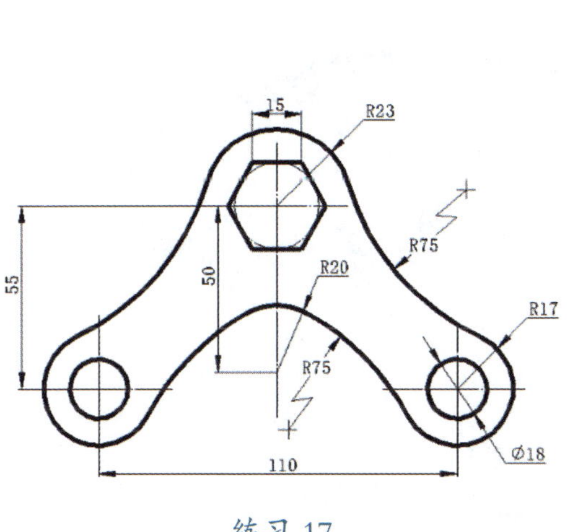

练习 17

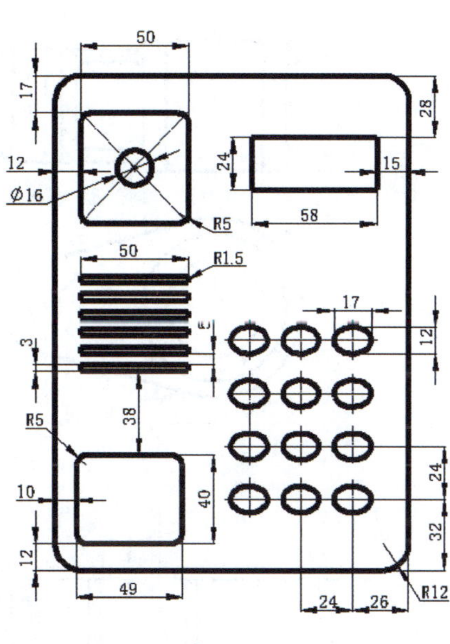

练习 18

二、零件练习

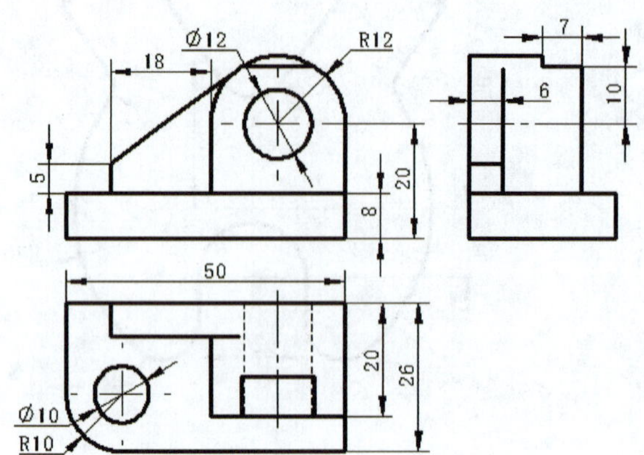

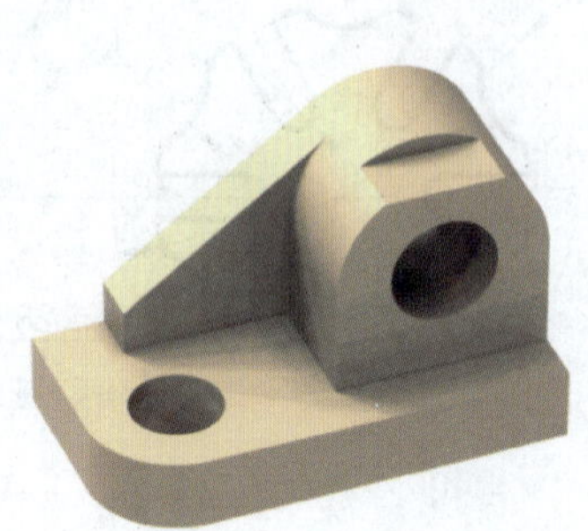

练习 19　定位块

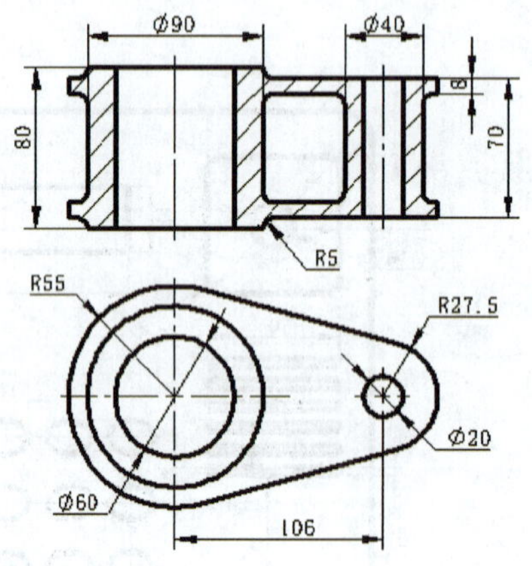

练习 20　套筒

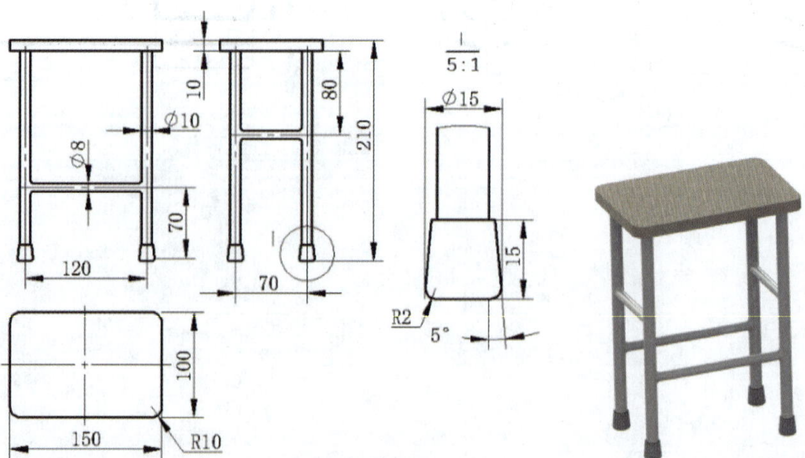

练习 21　凳子

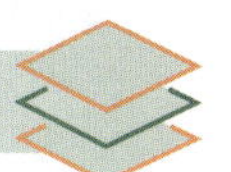

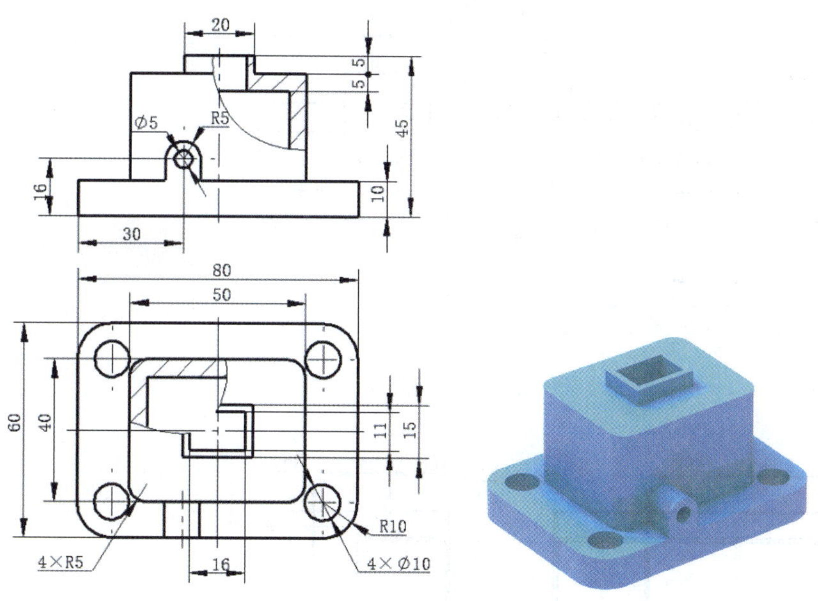

练习 22　箱体

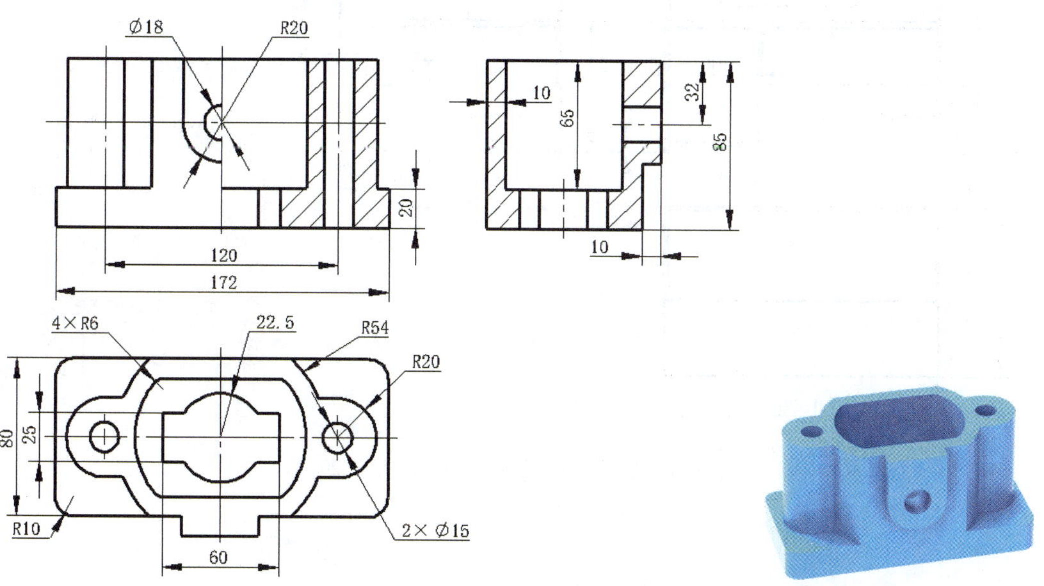

练习 23　连接头

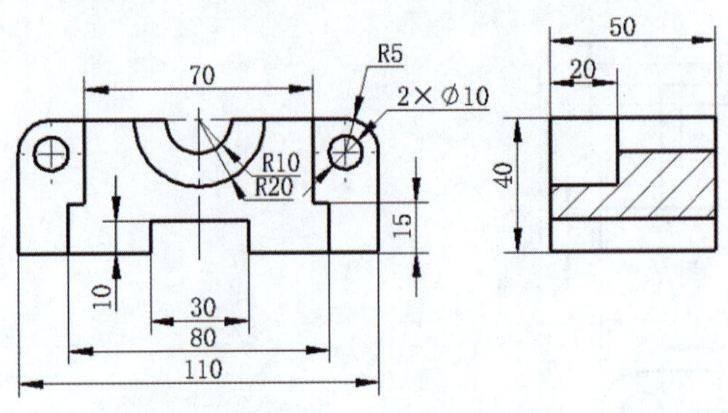

练习 24　轴端放置块

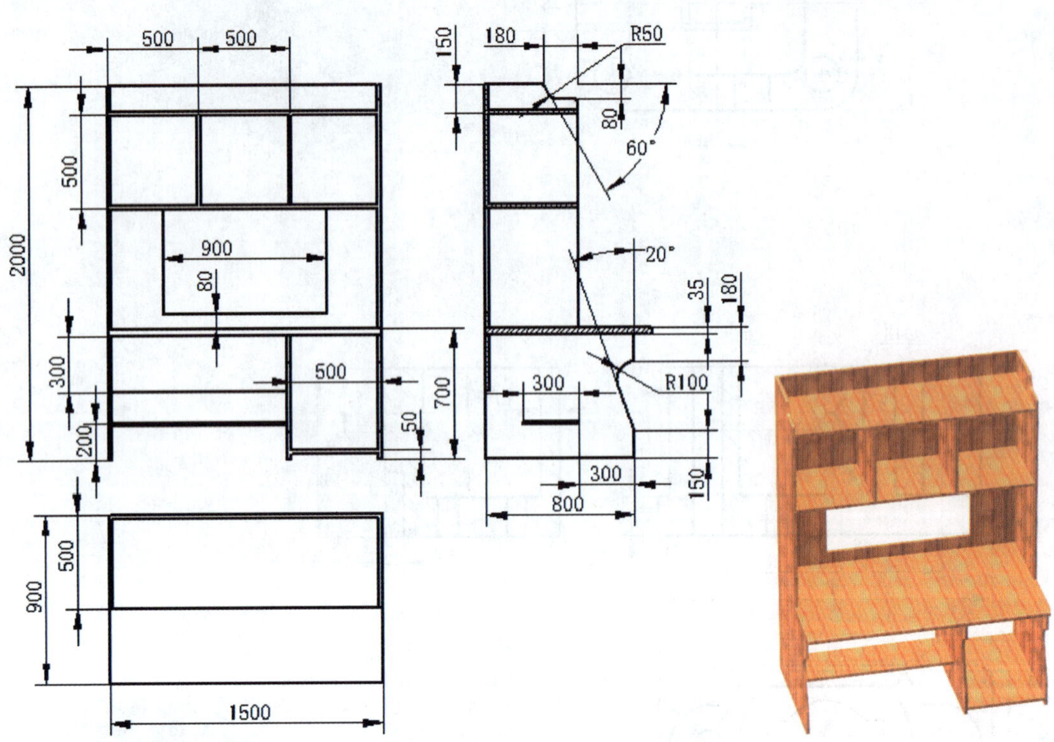

注：桌面使用板厚度为 35，其他板厚度为 20。

练习 25　书桌

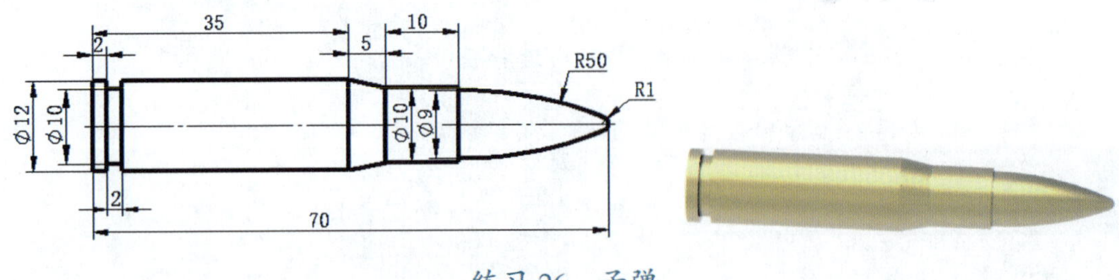

练习 26　子弹

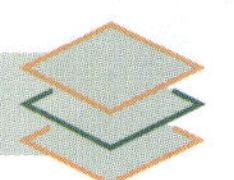

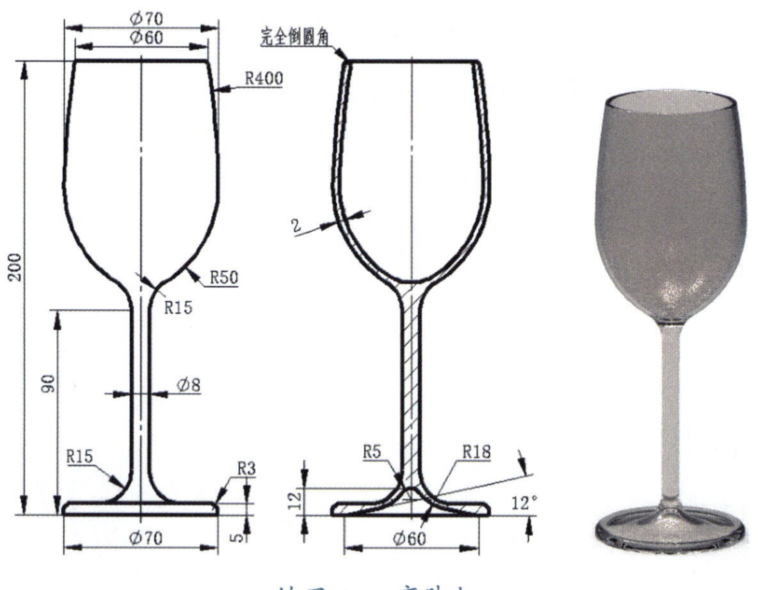

练习 27　高脚杯

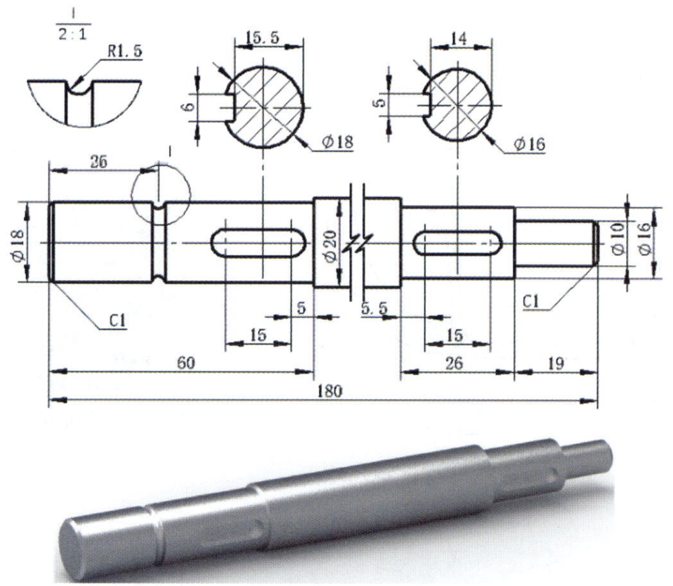

练习 28　轴

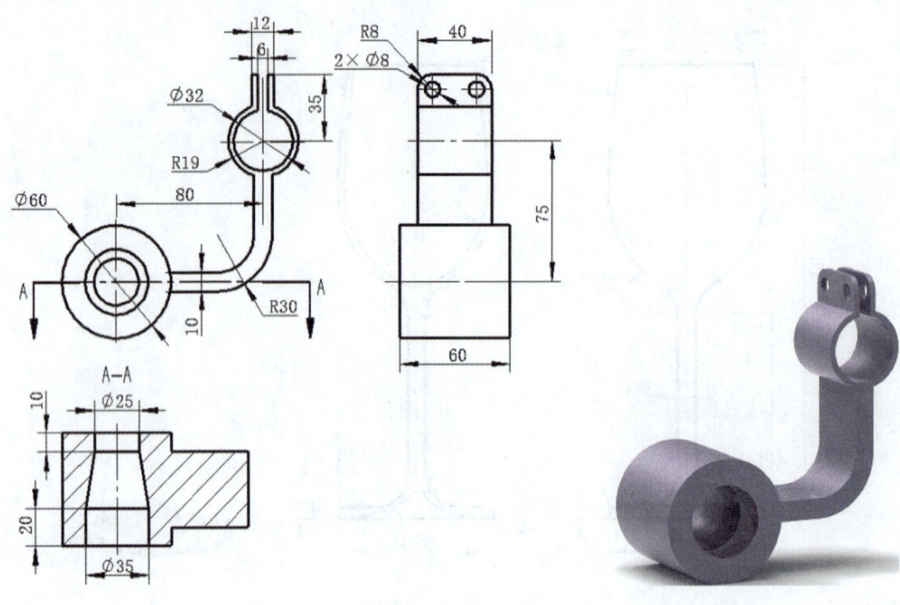

练习 29 定位块

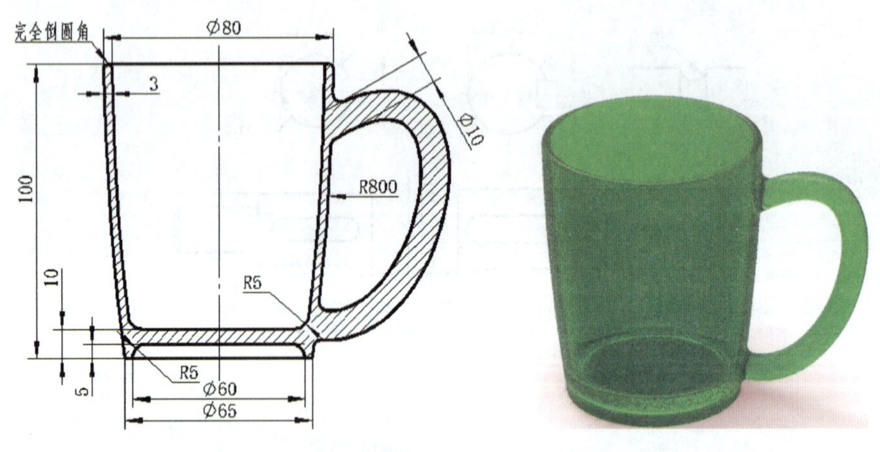

练习 30 水杯

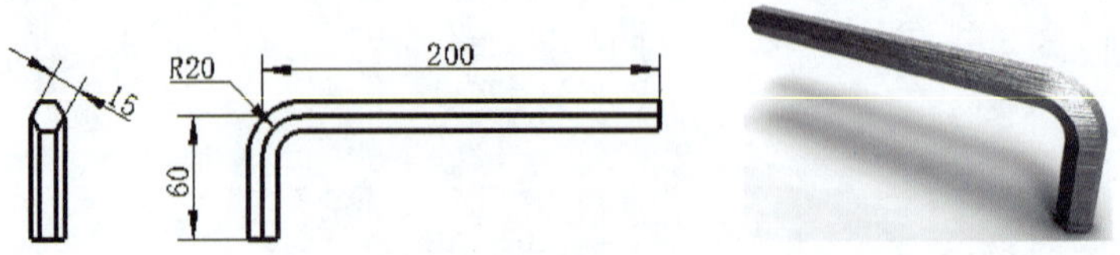

练习 31 六角扳手

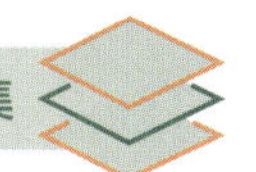

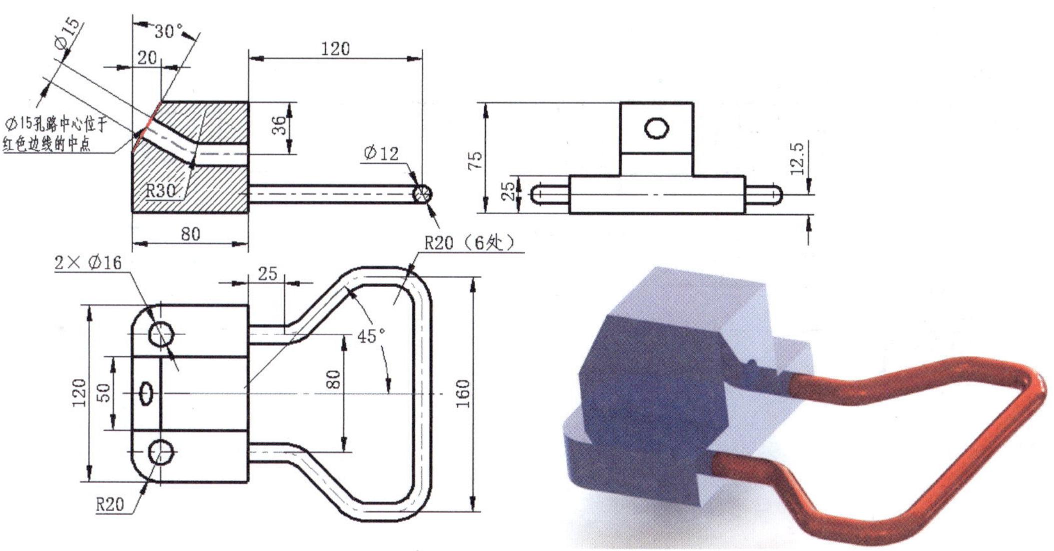

练习 32　连接扣

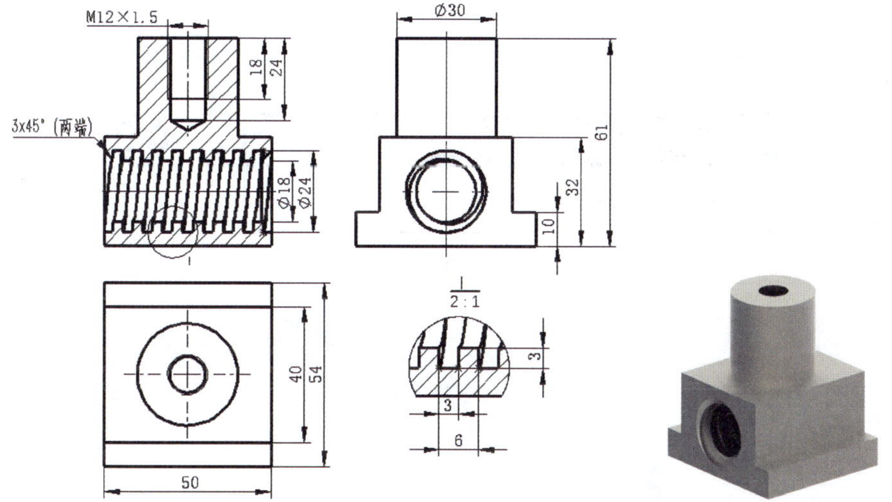

练习 33　丝杠螺母

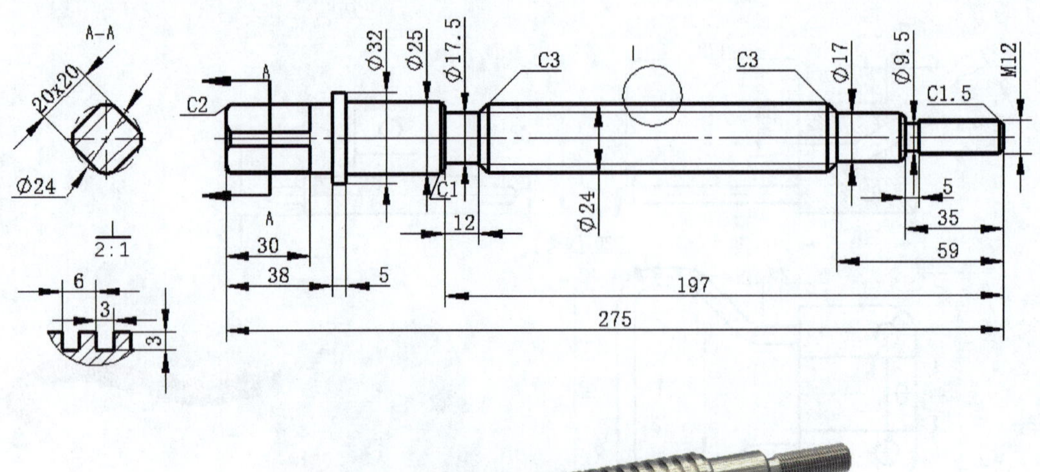

练习 34　丝杠

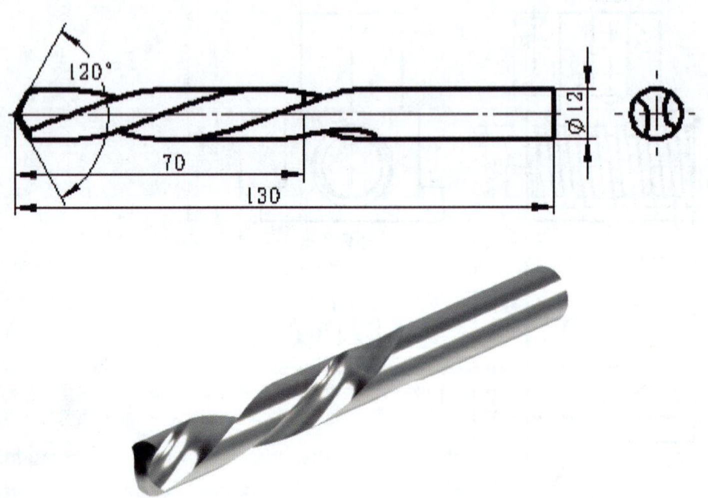

注：扫描轨迹线的螺旋线直径是 ϕ17，螺距是 100；扫描截面为 ϕ13 的圆。

练习 35　钻头

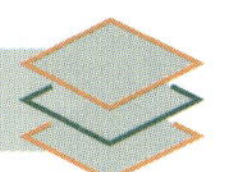

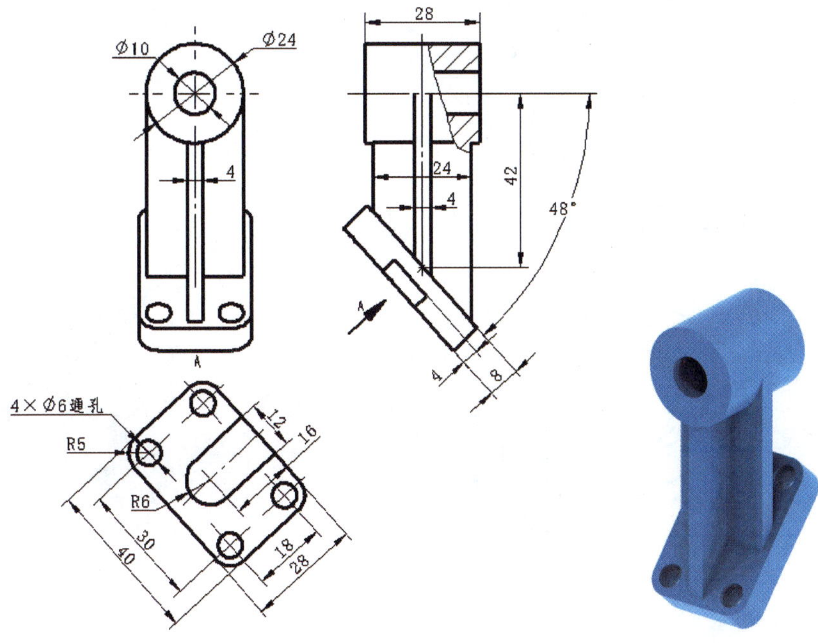

练习 36　支撑块

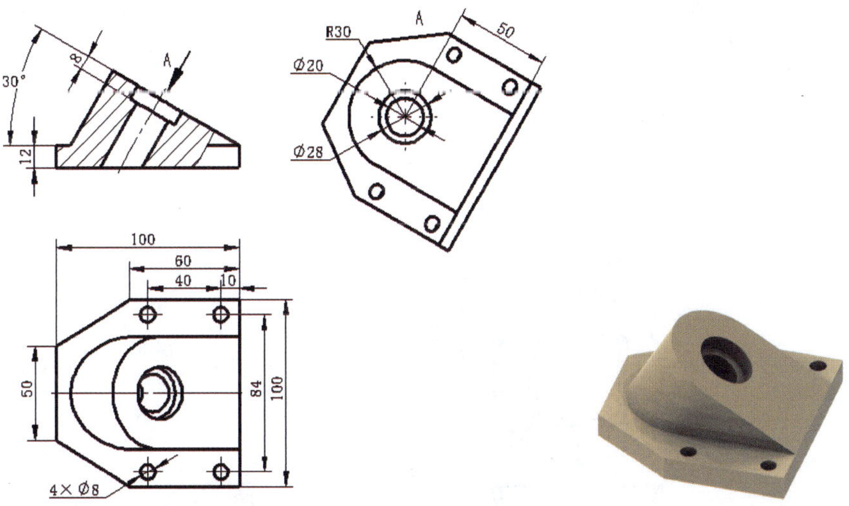

练习 37　楔块

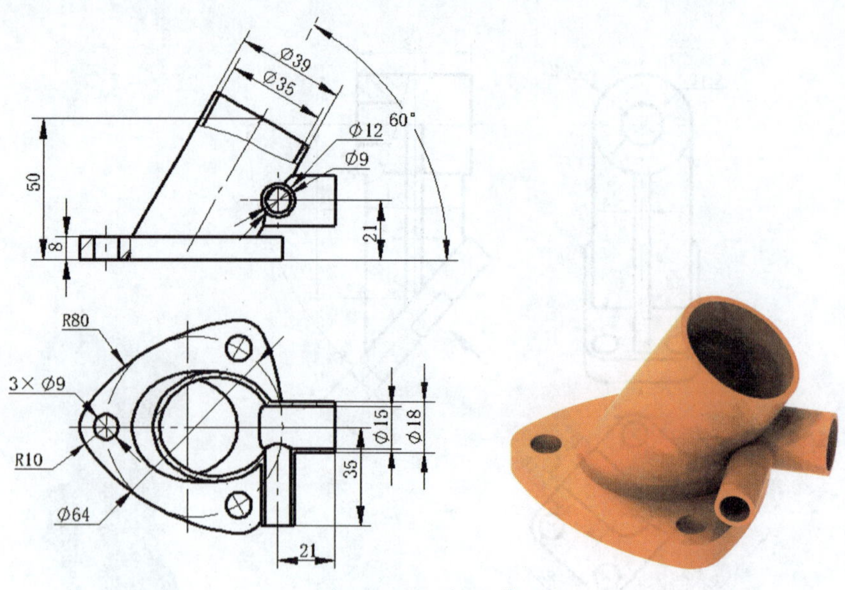

练习 38 连接管

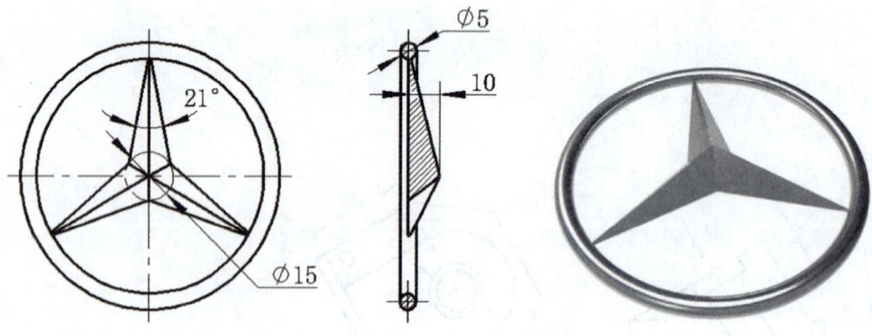

练习 39 奔驰标记

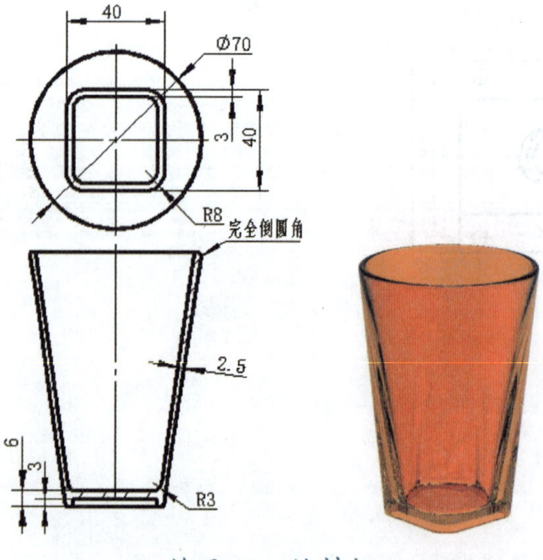

练习 40 饮料杯

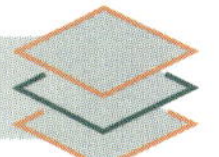

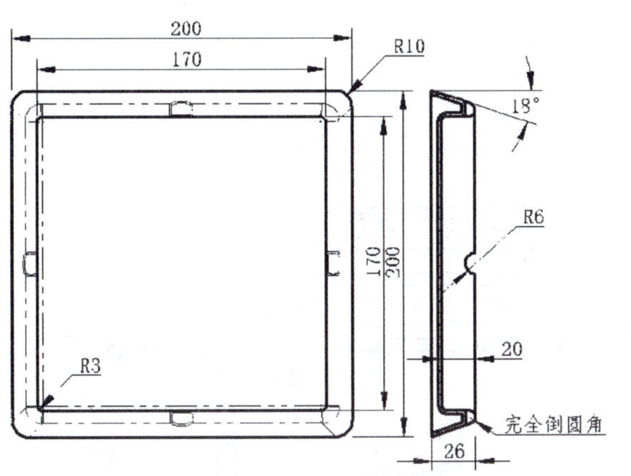

练习 41　烟灰缸

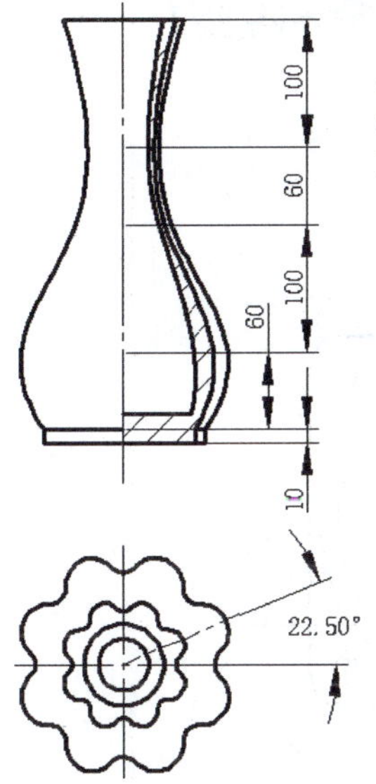

注：花瓶各截面图形均根据最大截面进行适当比例缩放生成，缩放系数可自行设定。

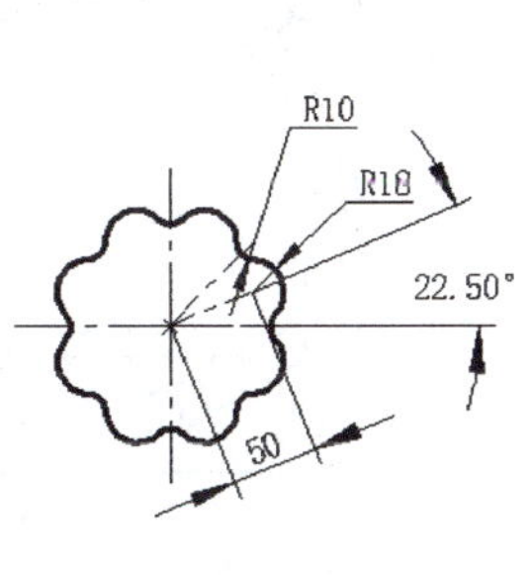

练习 42　花瓶

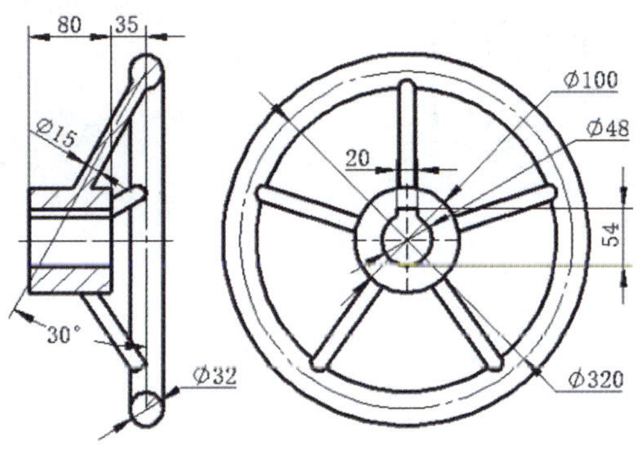

练习 43　转盘

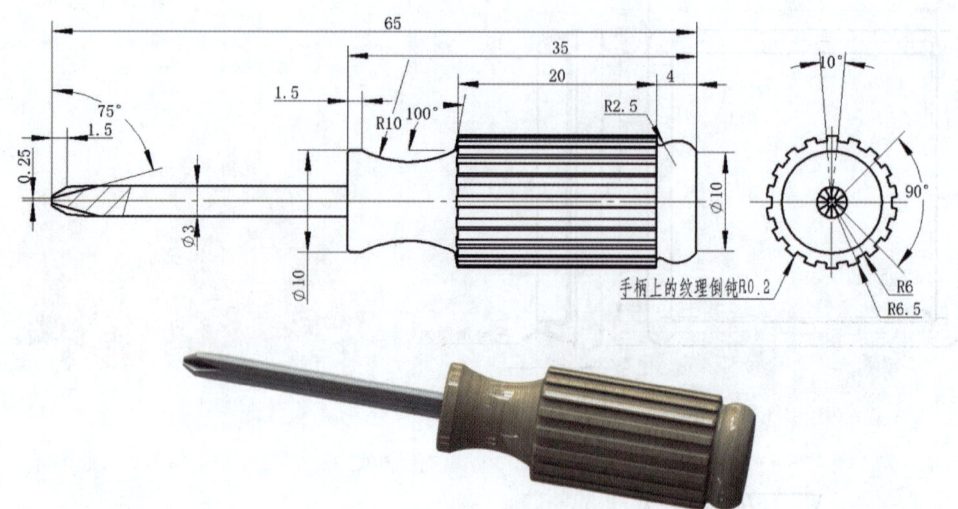

练习 44　十字旋具

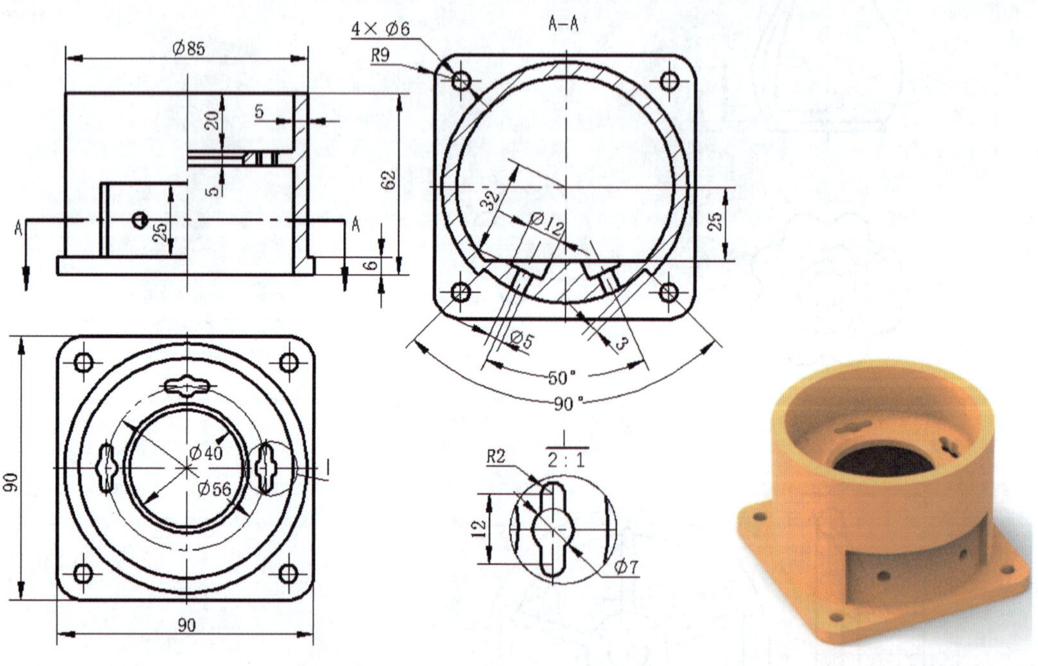

练习 45　连接阀

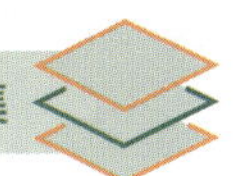

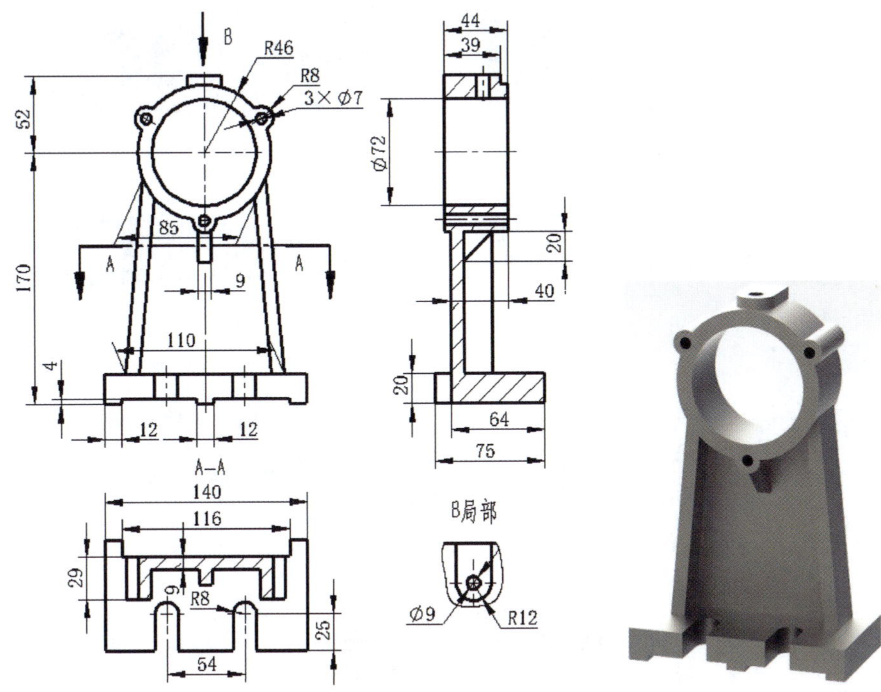

练习 46　轴承座

三、曲面练习

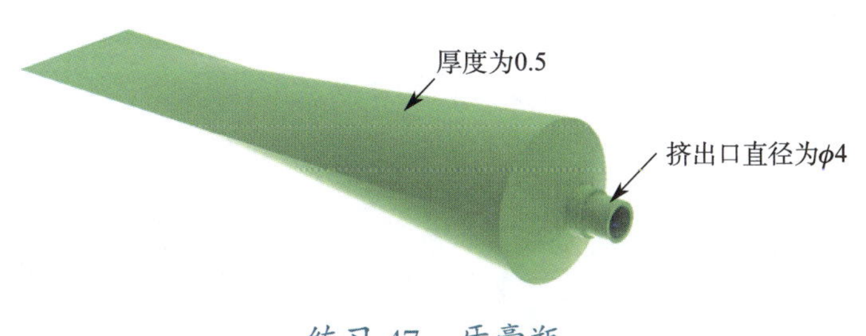

练习 47　牙膏瓶

提示：牙膏的设计参考步骤如下：

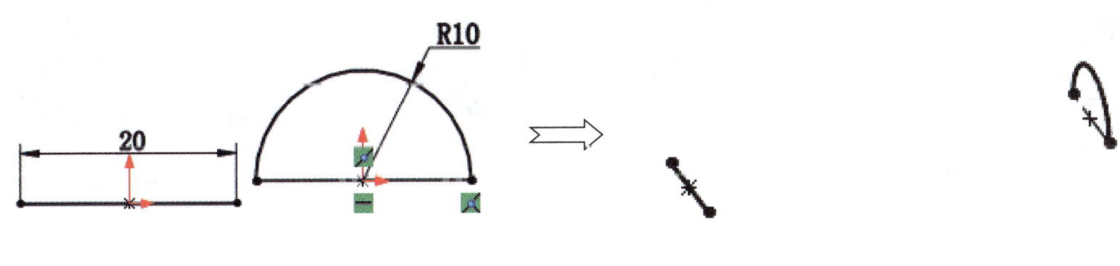

a）

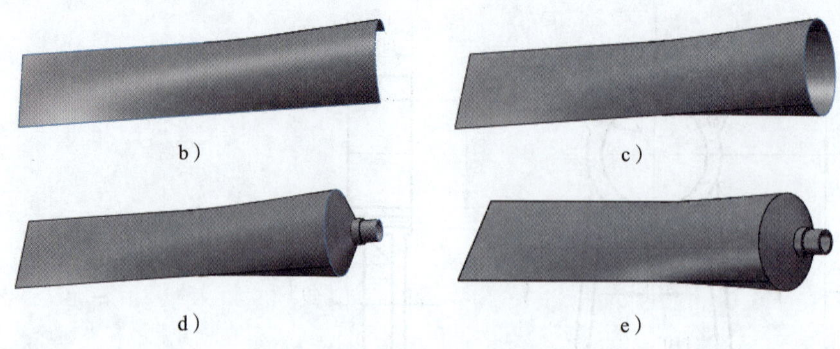

牙膏瓶的设计参考步骤

a）绘制草图　b）放样曲面　c）镜像曲面　d）旋转曲面　e）缝合曲面和加厚

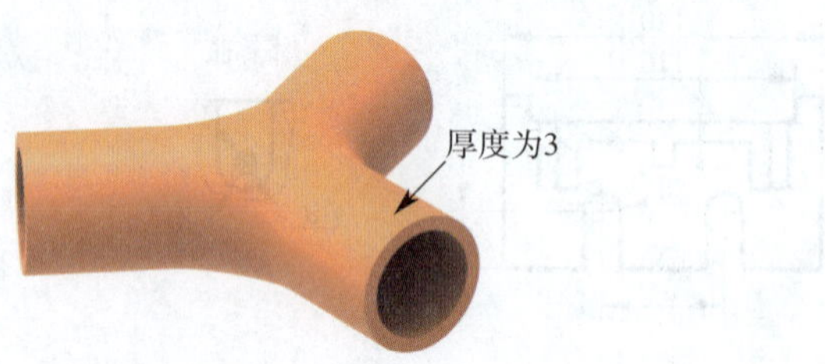

管道内径为 $\phi 50$，长度自定。

练习 48　三通管道

提示：三通管道的设计参考步骤如下：

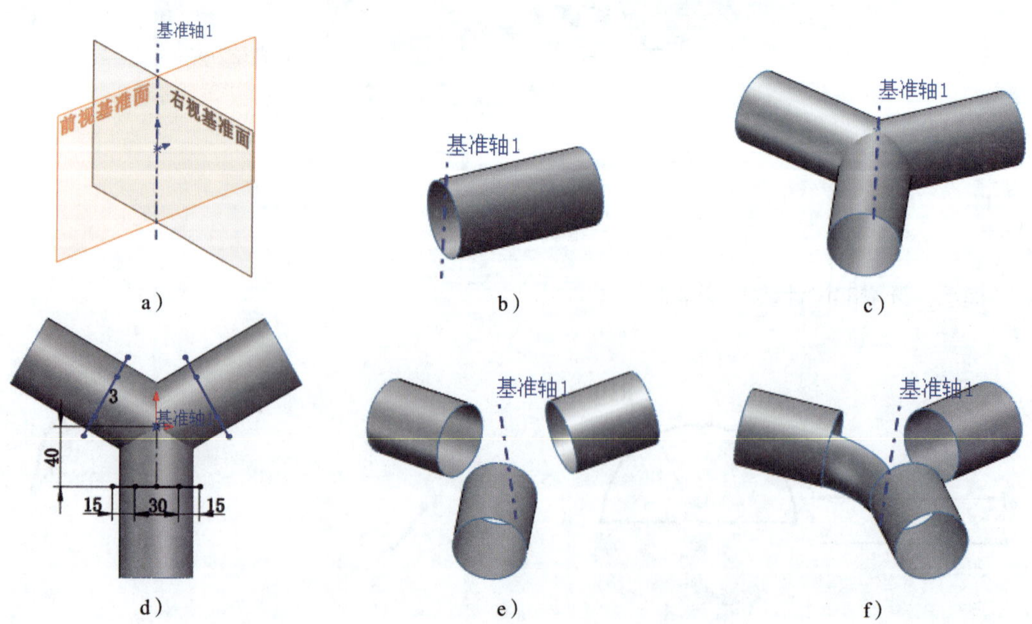

a）　b）　c）　d）　e）　f）

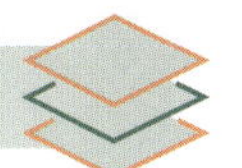

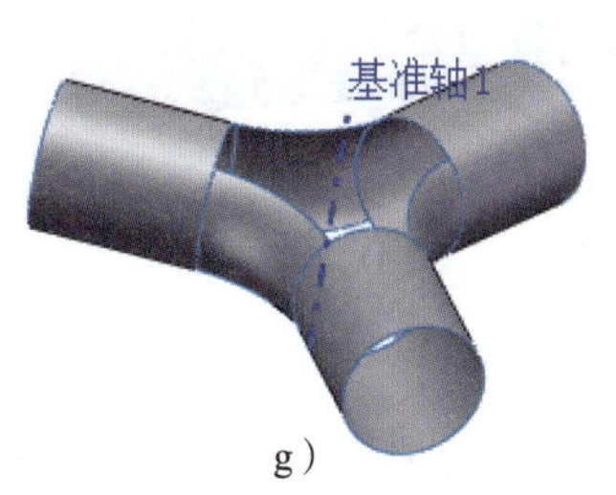

g）

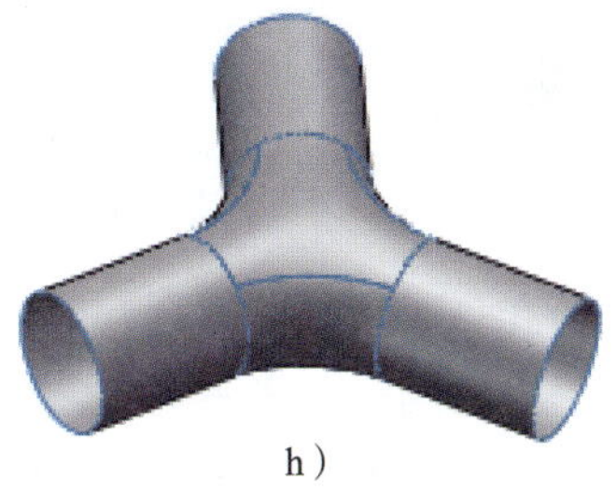
h）

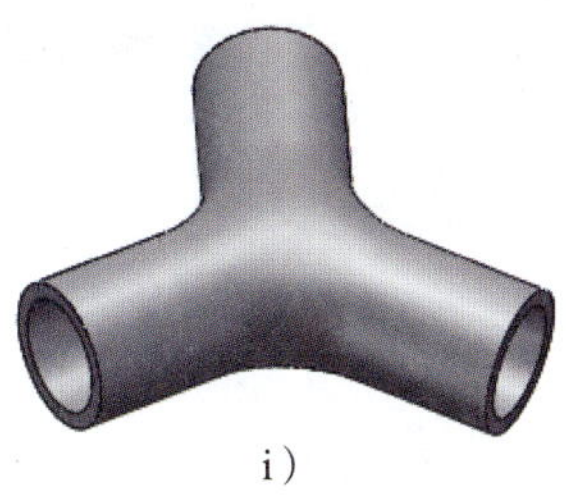
i）

三通管道的设计参考步骤

a）创建基准轴 b）拉伸曲面 $\phi 50$ c）阵列曲面 d）创建草绘

e）裁剪曲面 f）放样曲面 g）阵列曲面 h）填充曲面 i）缝合曲面并加厚

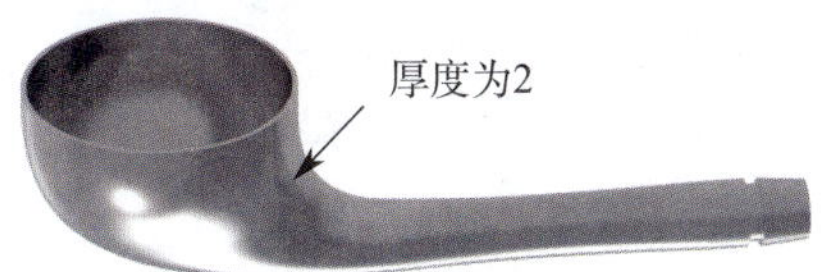

练习 49 花洒头

提示：花洒头的设计参考步骤如下：

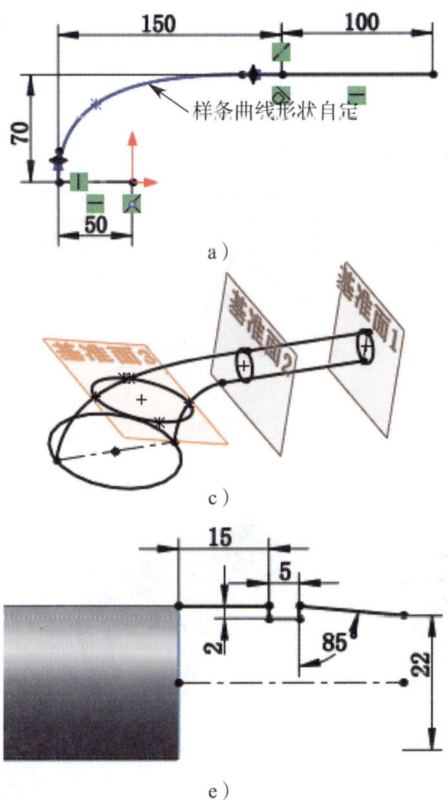

a）

c）

e）

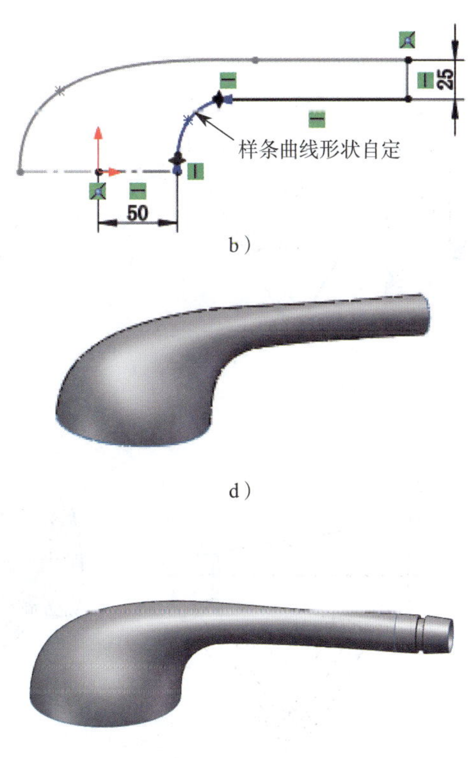

b）

d）

f）

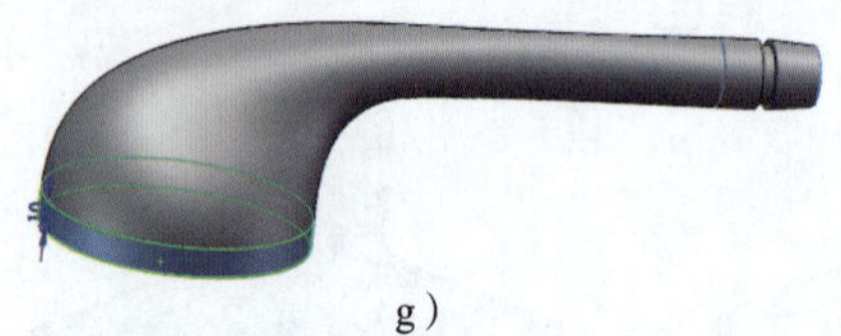
g）

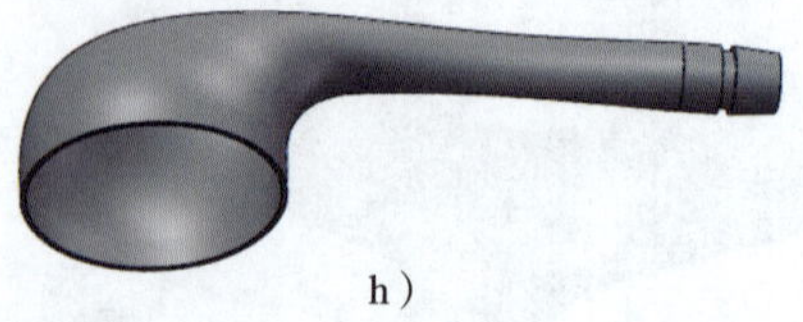
h）

花洒的设计参考步骤

a）绘制草图 1　b）绘制草图 2　c）创建基准面，并在基准面上绘制圆　d）放样曲面　e）绘制草图　f）旋转曲面　g）延伸曲面　h）缝合并加厚

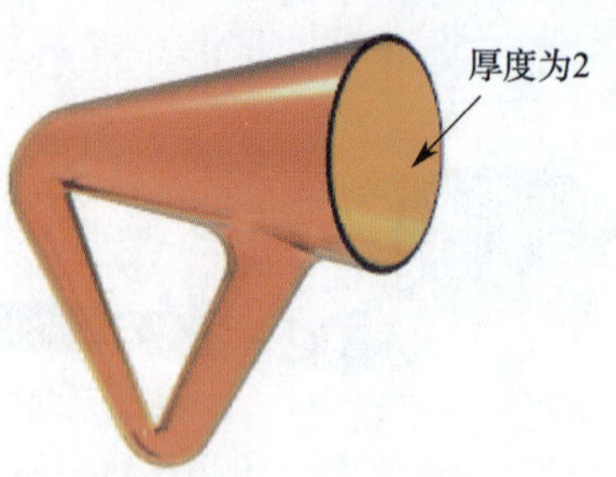

练习 50　盛器

提示：盛器的设计参考步骤如下：

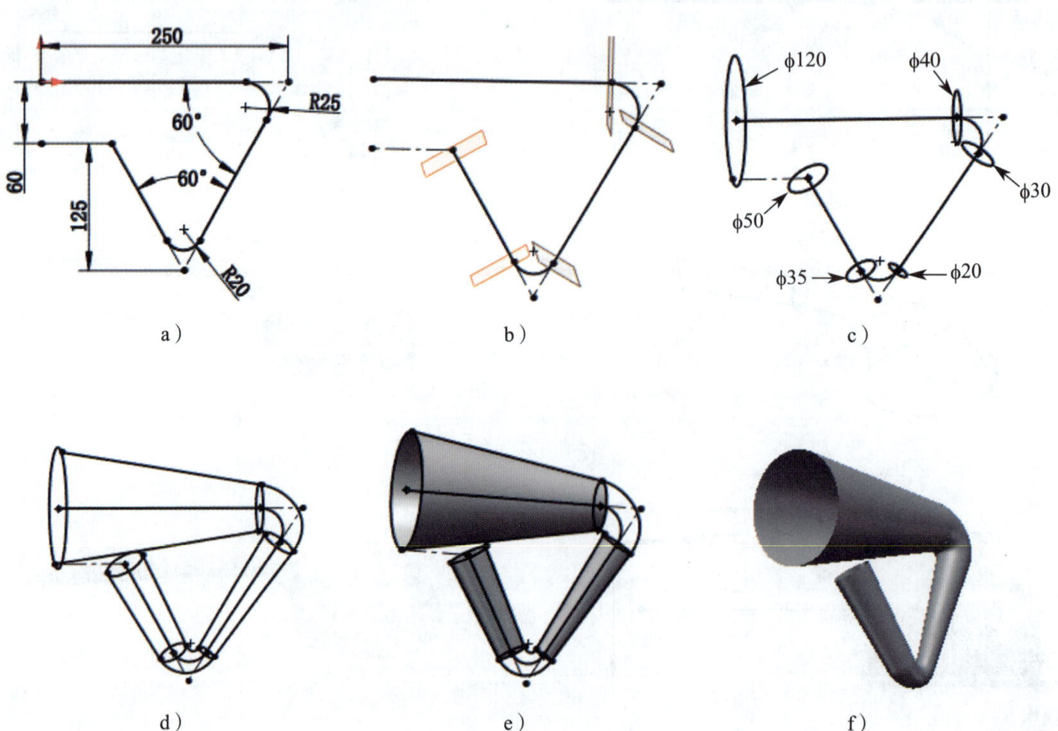

a）　b）　c）　d）　e）　f）

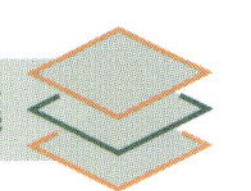

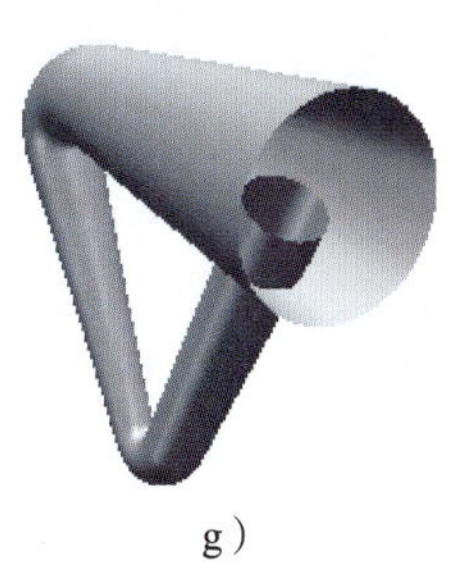
g）

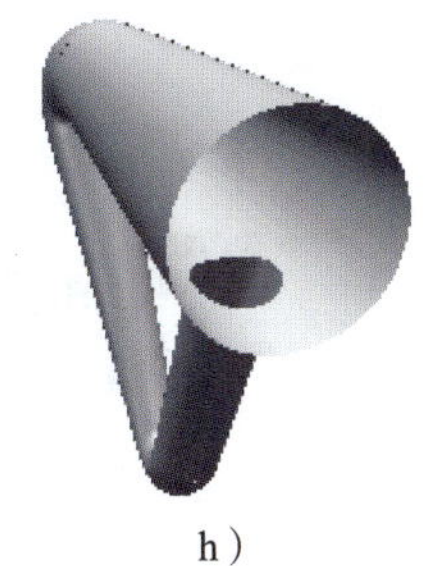
h）

i）

盛器的设计参考步骤

a）绘制草图　b）使用点和线建立五个基准面　c）在各个基准面上绘制圆
d）绘制两条引导线　e）放样三个曲面　f）放样两个过渡曲面　g）延伸曲面
h）剪裁曲面　i）缝合曲面并加厚

四、装配练习

根据“素材\习题集”中的零部件完成各个装配体。

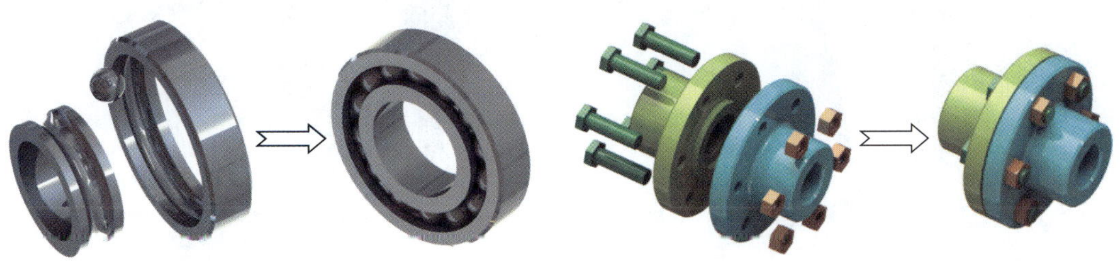

练习 51　轴承　　　练习 52　联轴器

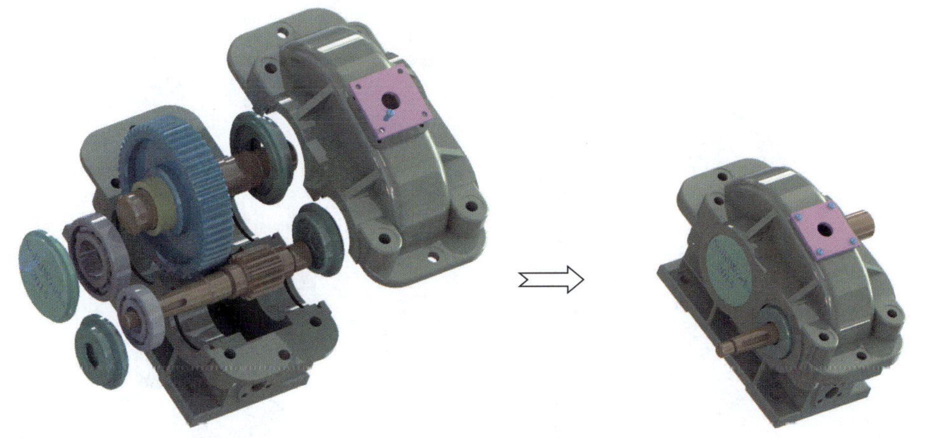

练习 53　减速器

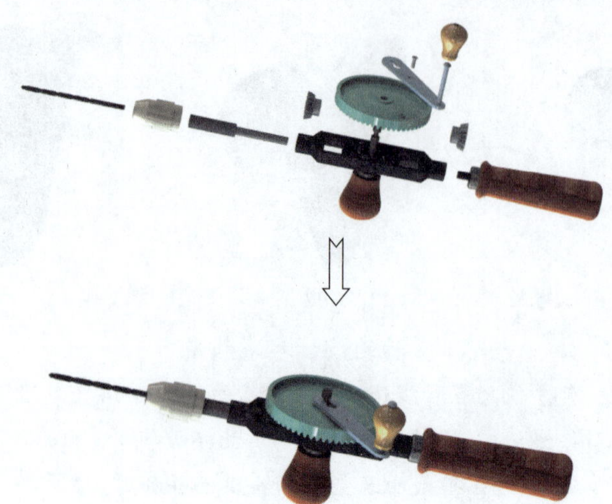

练习 54　手钻

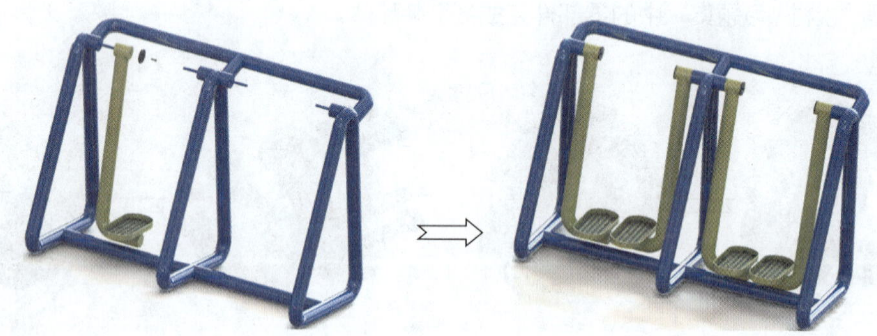

练习 55　双脚双人漫步机

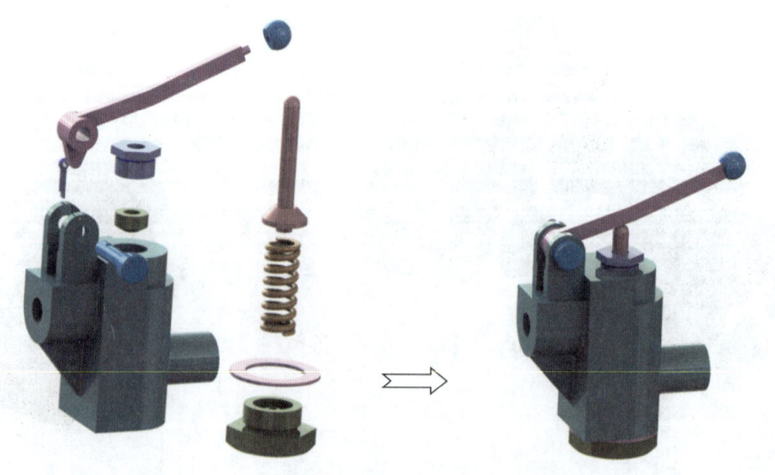

练习 56　手压阀